실험으로 원리를 익히는

제2판

전자회로실험

Experiments in Electronic Circuits

김준수 오상광 지음

도서출판 그린

강의개요

▶ 구성 및 활용방법

이 교재는 모두 23개의 실험들로 구성되어 있다. 회로이론 및 기초회로실험을 선수과목으로 이수한 학생들에 초점을 맞추어 해당 실험들이 상호 연결되어 한 학기 실험교재로 사용할 수 있도록 하였다. 전기전자분야를 공부하는 학생이라면 반드시 손으로 직접 문제를 풀어보며 생각하는 기회를 많이 가지길 바란다. 회로설계를 위해 관련 소프트웨어를 활용하지만, 직접 답을 구하는 경험을 통해 더욱 효율적인 방법을 터득하길 권한다. 어떤 실험이 주어지면 해당 실험의 순서대로 읽어가면서 회로 시뮬레이션 프로그램과 더불어 해결책을 고민하고 측정하는 법을 익혀야 더욱 의미있는 수업이 될 것으로 생각한다. 또한 실험조원들과 협력하여 토의사항들을 진행한다면 실험을 정리할 수 있고 회로적인 사고를 업그레이드할 수 있는 계기도 될 것으로 확신한다.

▶ 강의계획 및 내용

나타낸 강의계획표는 단지 가이드로서 제시할 뿐이며 담당교수가 실험상황을 고려하여 학생들의 흥미를 유발할 수 있도록 적절히 선택하여 사용할 수 있다.

주	실험	제목 및 내용	주	실험	제목 및 내용
1	실험1	다이오드 특성	9	실험11	연산증폭 및 반전증폭기
2	실험2	반파 및 전파정류회로	10	실험12	비반전 및 전압 팔로워
3	실험3	LED 및 Zener 다이오드	11	실험13,14	CMRR, 슬루레이트
4	실험4	BJT 특성	12	실험15	계측증폭기
5	실험5,6	BJT 바이어스, 연기감지기	13	실험16,17	가산 및 감산기, 미적분기
6	실험7	공통이미터 증폭기	14	실험18	비교기 및 Schmitt 회로
7	실험8,9	MOSFET 특성 및 바이어스	15	실험19,20,21	정전압 조절기, 능동필터
8	실험10	공통 소스 증폭기	16	실험22,23	IC 555 및 파형발생회로

▶ 참고문헌

1. Adel S. Sedra and Kenneth C Smith, Microelectronic Circuits, Oxford, 2004
2. Behzad Razavi, Fundamentals of Microelectronics, John Wiley & Sons Inc., 2006
3. A. Malvino and D. J. Bates, Electronics Principles, Mcgraw-Hill, 2007
4. Floyd, Experiments in basic circuit, Prentice Hall, 2005
5. Wikipedia: www.wikipedia.com
6. Paul R. Gray, Analysis and Design of Analog Integrated Circuits, Wiley, 2004

머리말

공학은 반복을 요하는 학문이다. 공학에서 어떤 한 문제의 해결하고자 할 때, 그 문제와 관련된 실험은 해당 시스템의 장단점을 파악하여, 이로부터 더 좋은 방법을 찾아낼 수 있고 더욱 좋은 제품을 제작하기 위해 반드시 필요한 분야이다. 따라서 공학실험은 이론과 실제의 열쇠고리로서 반복을 통해 익히는 것이 필요하다. 아무리 훌륭한 이론이라도 이를 증명하고 뒷받침하는 실험이 없다면 아무런 소용이 없다. 이러한 의미에서 실험은 공학을 비롯한 자연과학에서 필수적인 것이라 할 수 있다.

회로와 관련된 학습은 전기전자공학 및 컴퓨터공학의 기본일 뿐만아니라 이들 분야에서 일하기를 원하는 많은 미래의 기술자들에게 출발점이 된다. 회로를 학습하는 것은 마치 악기연주를 학습하는 것과 같다. 대부분의 경우, 음악레슨을 받은 후 많은 연습을 통해 숙련된 연주가가 된다. 공학교육자들은 전통적인 강의와 실험실습을 결합시키는 것이 학생들의 흥미와 이해를 향상시킨다는 것을 잘 알고 있다.

설계를 효율적으로 구현하기 위해서 전자회로에서 학습한 기본 이론을 바탕으로, 전자회로실험을 통해 실제적인 회로를 설계하는 과정이 필요하다. 실무현장에서 90년대 초반에도 BJT를 중심으로 실험을 수행하였다. 현재는 BJT보다 집적도가 높은 CMOS 공정을 활용하여 공정단가를 낮출 수 있게 됨에 따라 MOSFET가 각종 메모리, 마이크로프로세서 등에 광범위하게 활용되고 있다. 통상 전자회로를 바탕으로 하는 설계분야에 있어서 아날로그회로 및 디지털회로에 활용함에 따라 특히 MOSFET에 관련한 기초실험이 중요하게 되었다. 이를 위해 본 교재에서는 PMOS와 NMOS를 활용한 학습에 많은 부분을 언급한다. 그러나 전통적인 BJT도 주변회로에서 아직 많이 사용되고 있고 MOSFET과 비교하기 위해 해석방법을 근거로 일관성을 가질 수 있도록 상호 보완하고자 노력하였다.

실험구성은 다이오드, BJT, MOSFET의 기본적인 동작원리 및 전류-전압특성을 실험을 통해 익히고 간단한 응용회로를 실습하는 것이다. 특히 향후 마이크로프로세서와 연동하여 개별 트랜지스터를 활용한 부가적인 실험을 잘 이해할 수 있도록 각 소자의 바이어스 기법을 충분히 익힐 수 있도록 부하선을 중심으로 상세히 해석하였다. BJT에서 공통이미터, 공통컬렉터 및 공통베이스 증폭회로와 MOSFET에서 공통소스, 공통드레인 및 공통게이트와 같은 개별 트랜지스터에 대한 전압이득 및 주파수응답 등의 증폭기의 분석은 지양하고, 활용도가 높은 연산증폭기를 이용하여 구성이 쉽고 직관적으로 개념을 학습할 수 있도록 여러 가지 증폭회로 및 비선형회로를 다루었다.

본 서적에서는 예비보고서(preparatory paper), 실험 결과보고서 및 토의사항을 순서대로 실험을 충실히 수행하면 교육내용을 자연스럽게 파악할 수 있도록 하였다. 이 서적의 실험내용은 반드시 알아야 하는 내용을 단계적으로 익히고, 이를 바탕으로 예비문제를 해결하도록 구성되어 있다. 따라서 학생들은 실험을 수행하기 전에 반드시 예비보고서를 작성하고 익힌 후, 이를 바탕으로 실험을 수행하여 결과보고서를 작성하도록 하였다. 각 실험의 끝에 토의사항은 실험을 정리하거나 다양한 형태의 사고를 유발하여 토론이 될 수 있도록 하였다. 또한 결과보고서 및 토의사항에 대한 평가를 받기 위한 보고서 제출은 별도로 작성할 필요가 없이 절취선을 따라 잘라 제출하도록 하였다. 끝으로 학생들이 이 실험서적을 통해 각종 응용회로에 접해서도 더 잘 이해하고 더 나은 학습을 수행하는 데 조금이나마 도움이 되길 바라며, 필요한 내용을 더욱 보충하고 개선하고자 한다.

이 원고편집과 출판에 정성을 다하신 출판사 대표님, 원고정리 및 번역에 도움을 준 가족에게 감사의 마음을 전합니다. 끝으로 오랫동안 원고를 읽고 수정하여 주신 김형우, 김한준님께 감사를 드리며 그들과의 우정, 가치있는 상담 그리고 끝없이 불어 넣어준 용기는 너무나도 값진 것이었습니다.

저자 일동

학습내용

실험1장
다이오드 특성

1. 다이오드 특성 및 구조
2. 전류-전압(I-V)특성곡선
3. 다이오드 극성 및 정상여부 판정

Experiment 1 Diode 특성

What is a diode?

실험목적

다이오드(diode)의 순방향과 역방향 특성을 익히고, 이 소자의 시험 및 특성 측정법을 바탕으로 다이오드회로를 해석하는 기법을 학습한다.

기초이론

1. 다이오드 특성 및 구조

다이오드의 기본적인 구조는 P형 반도체 그리고 N형 반도체의 접합으로 이루어져 PN 접합과 같은 구조를 갖는다. PN 접합은 3가의 불순물(impurity)이 도핑된 P형 반도체와 5가의 불순물이 도핑된 N형 반도체가 서로 접합된 구조이다. 따라서 P형 반도체영역에서는 정공(holes)의 농도가 전자(electrons)보다 크고 N형 반도체에서는 전자농도가 정공보다 매우 크다. 이와 같이 다이오드는 1개 접합면을 가진다. P형 혹은 N형 하나만으로 이루어진 일반적인 저항과는 확실히 다른 특성을 나타낸다. 좀 더 확장하여 2개 접합들을 구성하면 트랜지스터가 되고 3개 접합들을 만들면 실리콘제어 정류기(SCR)가 된다.

그림 1-1은 다이오드의 구조 및 기호를 나타낸다. 다이오드를 나타내는 기호에서 화살표는 한쪽 방향으로만 전류가 잘 흐른다는 것을 나타내고 이와 반대방향으로는 차단 장벽이 있어 전류가 흐르지 않는다는 것을 표시한다. 이는 앞으로 사용될 교류(ac)를 직류(dc)로 전환하는 정류회로 등 여러 분야에서 아주 중요한 부품이다.

제작회사에 출시되는 다이오드는 양극(A: anode)과 음극(K: cathode)로 불리는 두 단자들로 되어 있고, 한쪽 부분에 띠를 표시하여 쉽게 구분하도록 하였다. 즉 이 띠가 표시된 부분이 음극(cathode)를 나타낸다.

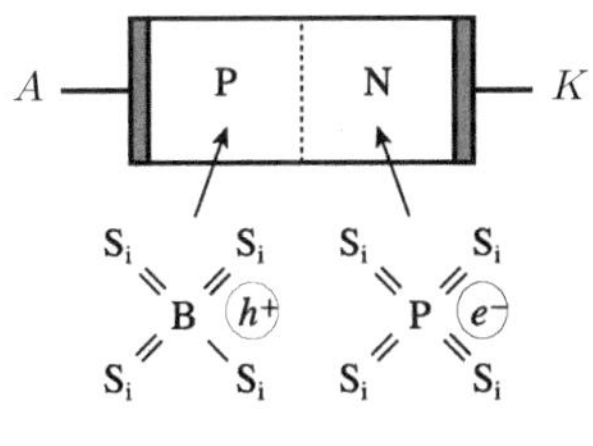

(a) 구조

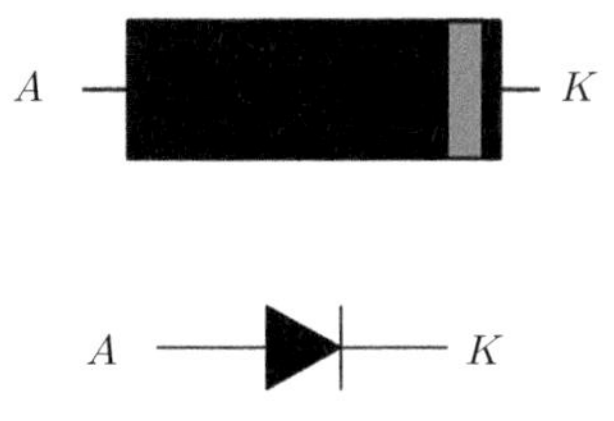

(b) 외관 및 기호

[그림 1-1] 다이오드 구조 및 기호

2. 전류-전압(I-V)특성곡선

다이오드는 기호에 나타낸 화살표처럼 한쪽 방향으로만 전류를 흘리는 특성을 가진다. 이것을 두 영역으로 나누면 순방향 바이어스와 역방향 바이어스이란 단어를 사용한다. 순방향(forward)이란 전류가 잘 흐르는 방향이고 역방향(reverse)은 전류가 흐르지 않는 방향이다. 이것은 다이오드 기호에 잘 나타나 있다. 먼저 회로적으로 접근하고 그 의미를 전류-전압특성으로부터 익혀 보자.

1) 순방향 및 역방향 바이어스란?

그림 1-2는 순방향 바이어스된(forward-biased) 다이오드 회로이다. 순방향이란 그림과 같이 전원전압 V_S가 연결되어 전원에서 흐르는 전류가 다이오드의 화살표와 같은 방향으로 흐르는 상태이다. 이 쉽게 스위치 ON으로 근사시키면 Ohm법칙을 사용하여 쉽게 전류를 구할 수 있다.

$$I_f = \frac{V_R}{R} = \frac{V_S - V_D}{R} = \frac{V_S - 0}{R} \qquad (1-1)$$

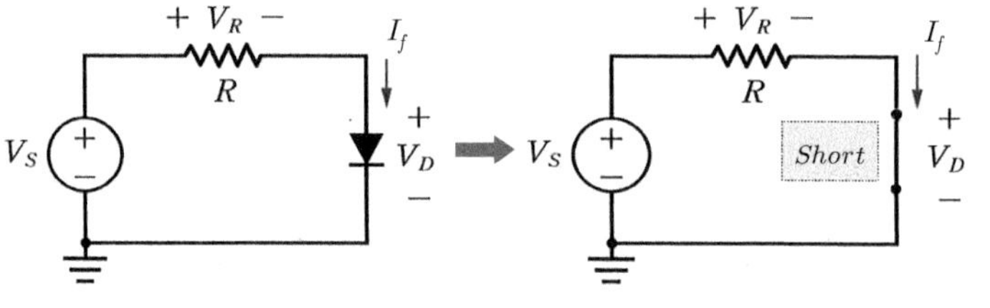

[그림 1-2] 순방향 바이어스된 회로

그림 1-3은 역방향 바이어스된(reverse-biased) 다이오드회로이다. 역방향이란 그림과 같이 전원전압 V_S가 연결되어 전원에서 흐르는 전류방향과 다이오드의 화살표가 서로 반대방향으로 흐르는 상태이다. 이 경우에 등가적으로 스위치가 OFF된 것으로 바꾸면 이 회로에는 전류가 흐르지 못하게 된다. 즉, 역방향전류는 0이다.

$$I_r = 0 \qquad (1-2)$$

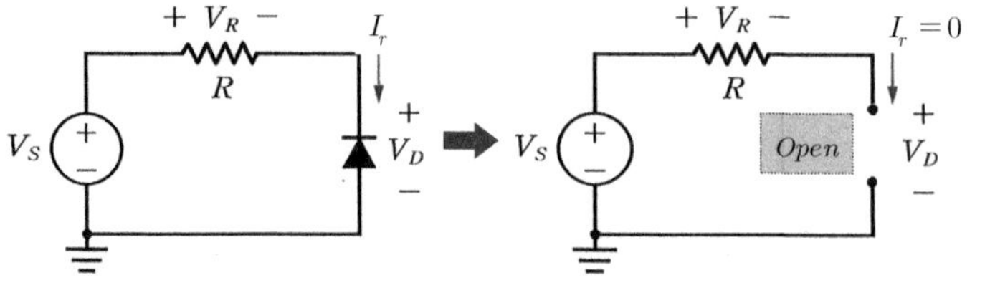

[그림 1-3] 역방향 바이어스된 회로

그림 1-4는 위의 순방향과 역방향의 두 영역별로 구분하여 다이오드의 전류와 전압을 측정한 전류(I)-전압(V)특성곡선이다. 역방향에서는 $-50V$까지 전류가 거의 $0A$임을 알 수 있고, 순방향에서는 $+0.7V$까지는 전류가 조금 증가하다가 이후 급격히 증가함을 알 수 있다. 이 전압을 무릎전압(V_γ or V_k: knee voltage)이라 부른다. 우리는 제1상한을 전류가 잘 흐르는 순방향 영역, 제3상한을 전류가 흐르지 않는 역방향 영역이라 부른다.

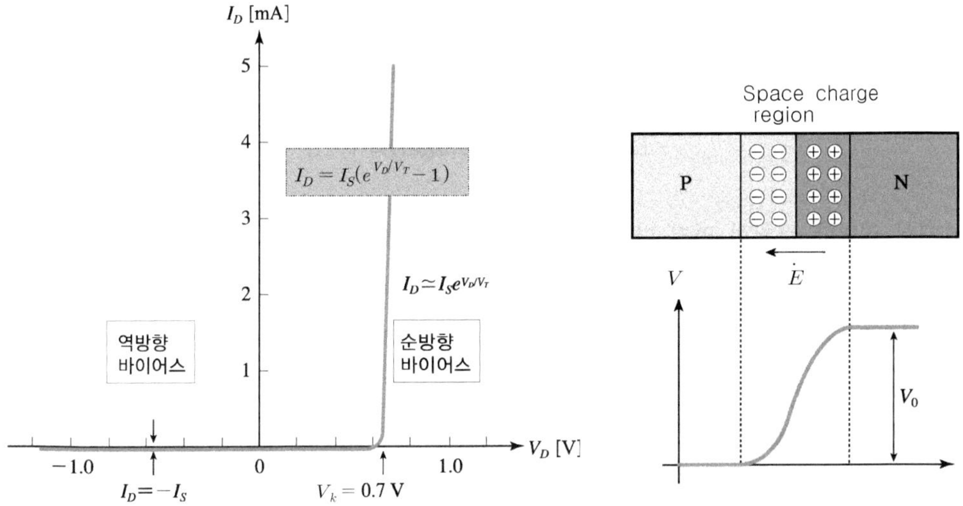

(a) 순방향 및 역방향 특성　　(b) 다이오드의 내부전위

[그림 1-4] 일반 다이오드 전류-전압특성 및 내부전압

P형 반도체영역에서는 정공(holes)의 농도가 전자(electrons)보다 크고 N형 반도체에서는 전자농도가 정공보다 매우 크다. 접촉하면 전자와 정공이 상호 이동하여 P형 영역은 음으로 이온화되고, N형 영역은 전자의 이동으로 양으로 이온화된다. 이 얇은 공간을 공간전하영역(space charge region) 또는 공핍영역이라 부르며 이 폭은 P형 영역과 N형 영역의 도핑농도와 관련이 있다. 이 공간전하영역의 이온화된 원자들에 의해 전계가 생성되며 내부전위차(built-in voltage)도 발생한다.

$$V_0 = \frac{kT}{q} ln(\frac{N_A N_D}{n_i^2}) \qquad (1-3)$$

만약 억셉터 불순물 농도 $N_A = 1 \times 10^{16}/cm^3$, 도우너 불순물 농도 $N_D = 1 \times 10^{17}/cm^3$, 고유농도 $n_i = 1.5 \times 10^{10}/cm^3$이면, $T = 300K$에서 전위차는 $V_0 \simeq 0.75[V]$이다.

6. 다음 물음에 답하시오. 각각의 I-V 그래프들을 그리고 어떤 특성을 가지는 지를 설명하시오.

1〉 전압원(voltage source)

2〉 전류원(current source)

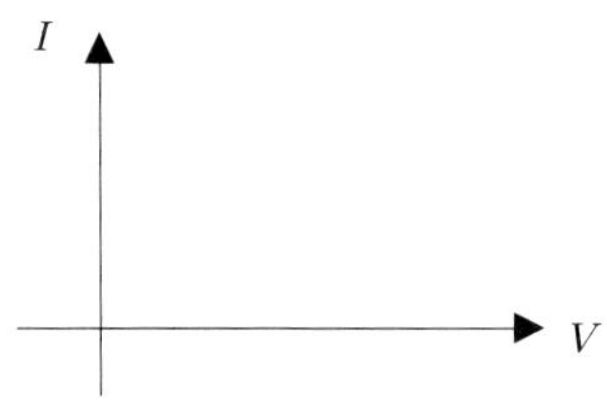

3〉 저항 및 절연체(resistor and insulator)

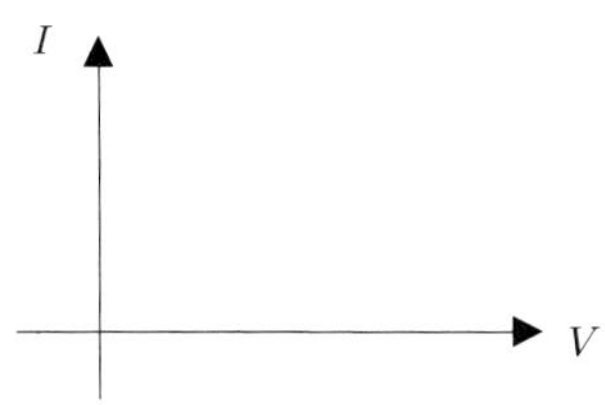

4〉 다이오드(diode)

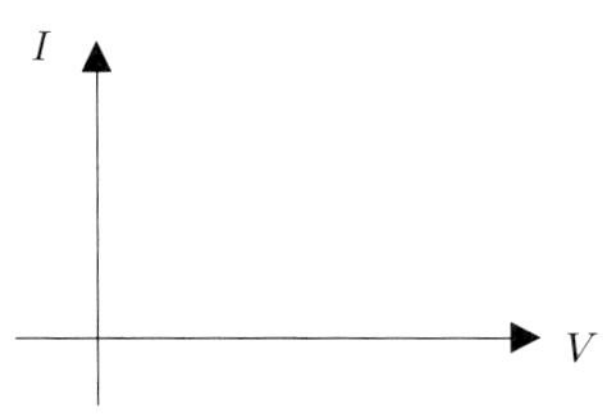

실험2장

반파 및 전파정류회로

1. 반파정류기(half-wave rectifier)
2. 전파정류기(full-wave rectifier)
3. 커패시터 입력필터(capacitor input filter)
4. 변압기(transformer)는 왜 사용하는가?

Experiment 2

반파 및 전파정류회로

Half-wave Rectifier and Full-wave Rectifier

실험목적

다이오드(diode)는 교류(ac)전압을 직류(dc)전압으로 변환하는 정류회로에 사용되는 부품이다. 이 장에서는 반파정류기 및 전파정류기(bridge 정류기) 동작원리에 대해 이해하고 각 정류회로의 특성을 익힌다.

기초이론

1. 반파정류기(half-wave rectifier)

실험 제1장에서 다이오드의 전류-전압 특성곡선 및 동작점을 구하는 과정을 학습하였다. 그림 2-1은 반파 정류회로이다. 교류전원은 정현전압을 발생한다. 이상적인 다이오드라고 가정하고, 앞장에서 학습한 순방향과 역방향특성을 기억하자. 먼저 전원 전압이 양(+)의 반 사이클일 때 다이오드는 순방향 바이어스가 되어 그 신호가 그대로 부하에 출력된다. 음(−)의 반 사이클에서 다이오드는 역방향 바이어스이다. 따라서 부하저항 양단에는 아무런 전압도 나타나지 않는다. 입력파형의 반(1/2)만 출력된다.

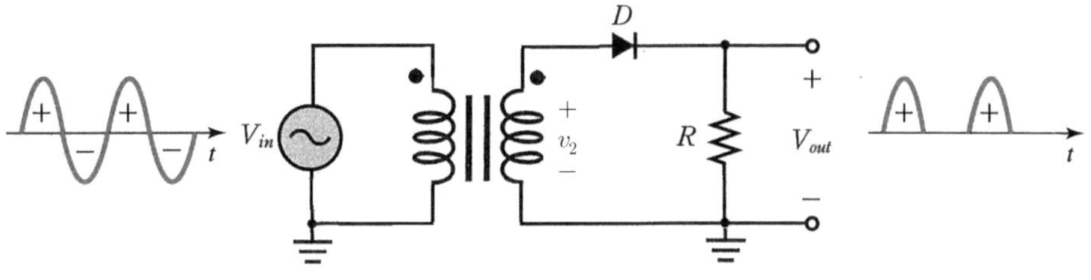

[그림 2-1] 반파정류 회로 및 입출력파형

그림 2-2는 입력전압인 교류파형에 따라 동작하는 과정을 그림으로 보인 것이다. 이것은 순시값 V_{in}과 피크값 $V_{m(in)}$을 가진 정현파이다. 반파정류기에서, 다이오드는 양의 반 사이클 동안 도전하고, 음의 반 사이클 동안에는 도전하지 않는다. 이 때문에 그림과 같이, 회로가 음의 반 사이클을 잘라버린다. 이와 같은 파형을 반파신호(half-wave signal)라 한다.

이 반파전압은 단일방향 부하전류(unidirectional load current)를 발생한다. 이것은 전류가 단지 한 방향으로 흐른다는 것을 의미한다. 이 특성이 교류신호를 직류신호를 바꾸는 원리이다. 즉, 한 방향의 극성만을 가진다.

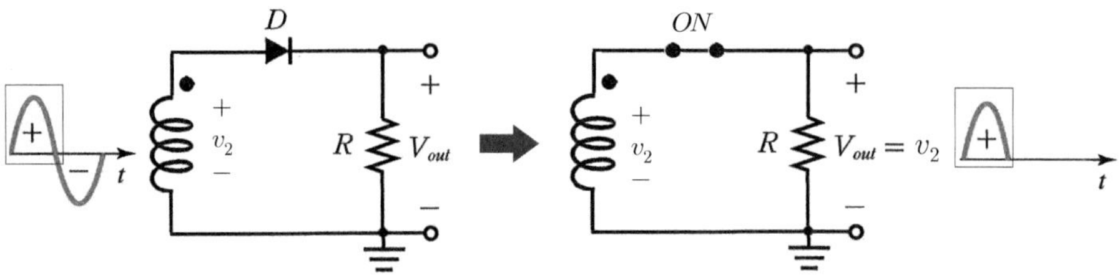

(a) 양(+)의 반 사이클은 다이오드를 순방향 바이어스 시킨다.

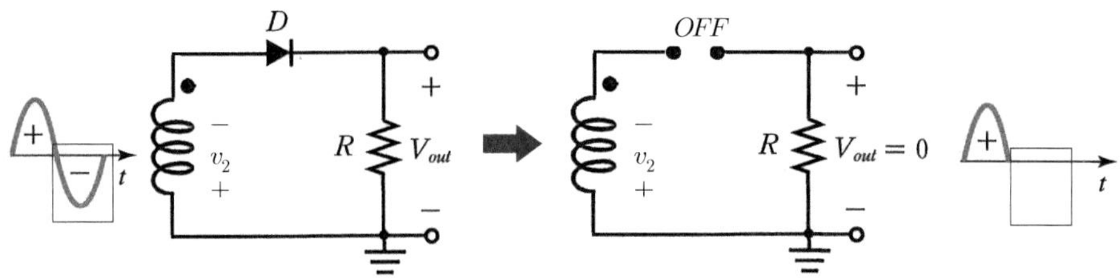

(b) 음(−)의 반 사이클은 다이오드를 역방향 바이어스 시킨다.

[그림 2-2] 입력신호의 한 주기에 대한 구간별 동작특성

고장수리시 반파정류기 해석은 이상적인 다이오드를 사용한다. 따라서 피크 출력전압은 피크 입력전압과 같다.

이상적인 파 : $V_{m(out)} = V_{m(2)}$ (2−1)

1〉 제2근사 해석

부하저항의 양단 전압은 실제로 측정하면 완전한 반파가 아니다. 다이오드는 전위장벽 때문에 교류 전원전압이 대략 0.7V가 될 때까지 동작하지 않는다. 피크 전원전압이 0.7V 이상으로 훨씬 크게 되면 부하전압은 반파신호와 비슷해진다. 예를 들어, 만일 피크 전원전압이 30V이면 부하전압은 완전한 반파전압에 가까운 파형이 된다. 그러나 피크 전원전압이 3V이면, 부하전압은 2.3V의 피크를 갖는다. 보다 나은 해답을 요구할 때는 다음 유도를 이용한다.

제2근사 해석(반파) : $V_{m(out)} = V_{m(2)} - 0.7V$ (2−2)

2〉 반파신호의 직류값

순수한 정현파는 순시전압이 반 사이클마다 크기가 같고 반대극성이므로 한 사이클의 평균값은 0이다. 만일 이 교류전압을 직류전압계로 측정하면 직류전압계의 지시는 평균값이므로 지시치는 0이 될 것이다. 그러나 반파정류된 전압의 평균값은 0이 아니다.

어떤 신호의 직류값(dc value of a signal)은 평균값과 같음을 우리는 알고 있다. 만일 신호를 **직류전압계**(직류모드에서 전압계)로 측정하면 지시치는 평균값과 같다. 반파신호의 직류값을 수학적으로 유도하면 수식은 다음과 같다.

$$\text{평균값} : V_{dc} = \frac{\text{면적}}{\text{주기}} = \frac{1}{T}\int_0^{\frac{T}{2}} V_m \sin\omega t dt = \frac{V_m}{\pi} = 0.318 V_m \qquad (2-3)$$

직류 혹은 평균값(average value)이 피크값의 31.8%임을 알 수 있다.

3〉 출력파형의 실효값

출력된 반파신호를 **교류전압계**(교류모드에서 전압계)로 측정하면 지시치는 실효값이다. 반파신호의 실효값을 수학적으로 유도하면 수식은 다음과 같다.

$$\text{실효값} : V_s = \sqrt{\frac{1}{T}\int_0^{T/2} (V_m \sin\omega t)^2 dt} = \frac{V_m}{2} \qquad (2-4)$$

4〉 출력주파수

이는 그림1의 파형을 비교해 보면 쉽게 알 수 있다. 입력전압 한 사이클마다 출력전압이 한 사이클씩 생긴다. 출력주파수는 입력주파수와 같다.

$$\text{반파} : f_{out} = f_{in} \qquad (2-5)$$

2. 전파정류기(full-wave rectifier)

그림 2-3은 브릿지정류기 회로(bridge rectifier circuit)이다. 다이오드 D_3와 D_2는 양의 반 사이클에서 동작하고 다이오드 D_4와 D_1은 음의 반 사이클에서 동작하여 결과적으로 정류된 부하전류가 두 번의 반 사이클 동안 흐른다.

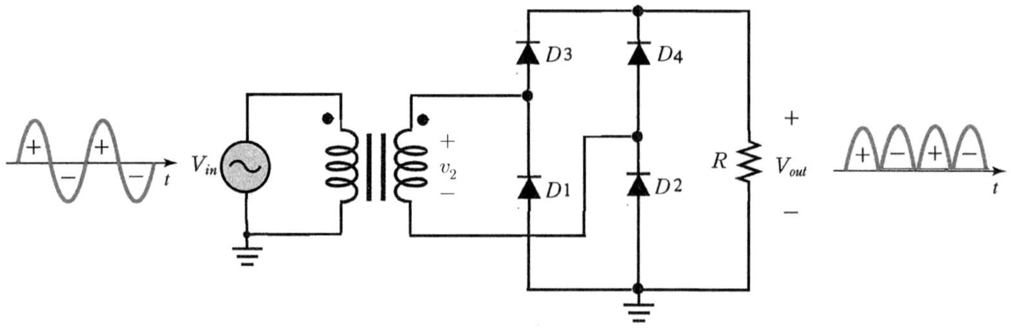

[그림 2-3] 브릿지 정류기 및 출력파형

그림 2-4(a)는 양의 반 사이클인 경우의 등가회로이다. D_3와 D_2는 순방향 바이어스이다. 이 때문에 부하저항 양단에 +와 −극성으로 표시된 것과 같은 양의 부하전압이 발생한다. 그림 2-4(b)의 경우, 음의 반 사이클에 대해서 D_4와 D_1은 순방향 바이어스이므로 역시 양의 부하전압을 발생한다. 두개의 반 사이클 동안 부하전류는 같은 방향으로 흐르며 부하전압은 동일 극성을 가진다.

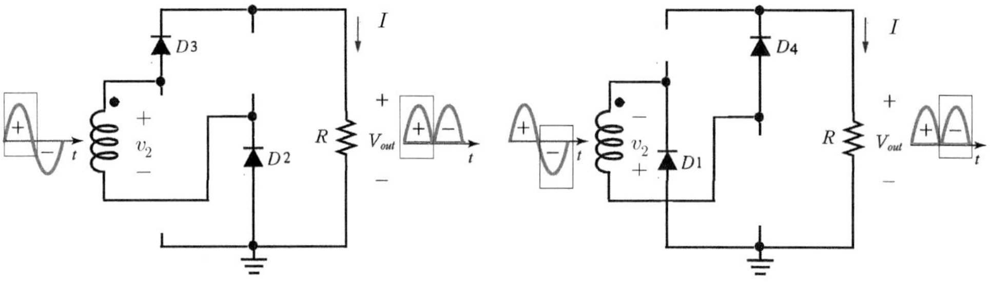

(a) 양(+)의 반 사이클 (b) 음(−)의 반 사이클

[그림 2-4] 입력신호의 한 주기에 대한 전파정류회로 해석

브릿지 정류기의 한 가지 장점은 모든 2차 전압을 정류기의 입력으로 사용할 수 있어서, 교류(ac)를 직류(dc)로 바꾸는 대분분의 정류회로에 활용된다.

1〉 제2근사 해석

부하저항의 양단 전압은 실제로 측정하면 완전한 전파가 아니다. 브릿지 정류기에는 도전(ON)경로에 항상 2개의 다이오드들이 작용하고 있으므로 피크전압(V_m)은 다음과 같다. 보다 정확한 해답을 요구할 때는 다음 관계를 이용한다.

제2근사 해석(전파) : $V_{m(out)} = V_{m(in)} - 1.4\,V$ (2-6)

여기서 전압값 1.4V는 0.7+0.7[V]이기 때문이다.

2〉 평균값

브릿지 정류기는 전파정류이다. 평균값은 2차 교류전압의 반주기의 평균값과 같다. 즉 반파정류의 2배이다. 이의 측정값은 직류(dc) 전압계를 사용하면 쉽게 구할 수 있다.

$$V_{dc} = \frac{면적}{주기} = \frac{2\,V_m}{\pi} = 0.636\,V_m \qquad (2-7)$$

3〉 실효값

브릿지 정류기는 전파출력을 발생하므로 실효값은 교류전압계를 사용하면 쉽게 구할 수 있다. 이는 변압기의 2차 교류전압의 실효값과 동일하다.

$$V_s = \sqrt{\frac{1}{T}\int_0^T (V_m \sin\omega t)^2\, dt} = \frac{V_m}{\sqrt{2}} \qquad (2-8)$$

이는 우리가 배운 정현파전압의 실효값과 동일하다. 이유를 생각해 보길 바란다.

4〉 출력주파수

출력주파수는 입력파형과 출력파형(그림 2-3)을 비교해 보면 쉽게 알 수 있다. 입력전압 한 사이클마다 출력전압이 두 사이클씩 생긴다. 즉, 전파정류의 주기가 반파정류의 주기의 1/2이므로 주파수는 2배가 된다.

$$f_{(out)} = 2f_{(in)} \qquad (2-9)$$

3. 커패시터 입력필터(capacitor input filter)

그림 2-5는 그림 2-3의 전파정류 출력단에 병렬로 커패시터를 연결한 경우이다. 이런 효과는 출력전압을 더욱 직류에 가깝도록 평탄하게 만들 수 있다는 것이다.

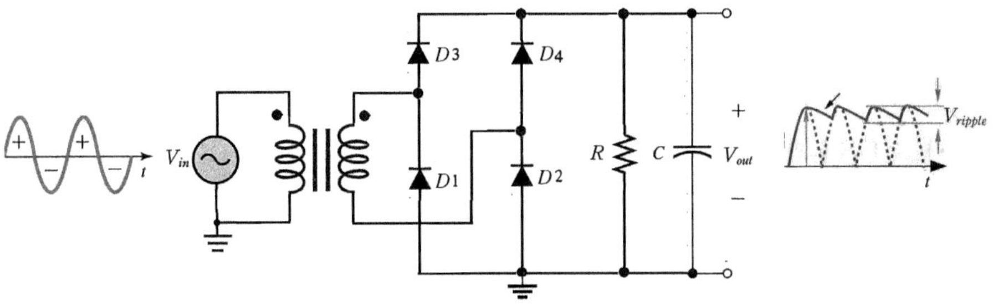

[그림 2-5] 커패시터 입력 평활 필터(smoothing filter)

1〉 시정수(τ: time constant)

커패시터(C)가 저항(R)을 통해 충전과 방전을 할 때, 완전히 충전되거나 완전히 방전될 때에는 어느 정도의 시간이 필요하다.

Ohm 법칙에 의하면 $R=\dfrac{V}{I}$

C의 전류 및 전압관계는 $i_C=C\dfrac{\Delta V}{\Delta I}$ 에서 $C=\dfrac{I\cdot t}{V}$

커패시터의 충전 및 방전에 걸리는 시간은 $R\cdot C$ 곱으로 결정된다.

$$RC=t \tag{2-10}$$

시간의 차원을 가지므로 이것을 우리는 시정수(time constant)라 부른다.

커패시터를 저항과 같이 연결하면 그림과 같이 충전과 방전을 반복한다. 피크값에서 방전하여 어느 값까지 감소하다가 전파신호가 입력되면 다시 충전된다. 이 두 전압값의 차이를 물결전압(ripple voltage)이라고 부르는데 이 값이 작으면 작을수록 양호한 직류전압이 된다.

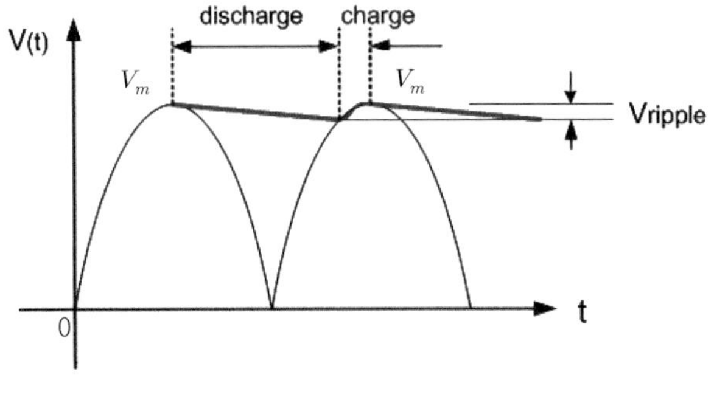

[그림 2-6] 부하에서 측정된 물결전압

2) 물결전압 및 부하의 평균전압

의미를 알아보기 위해 두 가지 방식으로 위의 구간별 식을 처리한다. 커패시터의 충전시의 시정수(charging time constant)는 각각 $\tau_{charge} = (2r_d \parallel R)C \simeq 2r_dC$로서 아주 작고, 방전시에는 시정수(discharging time constant) $\tau_{discharge} = RC$로 아주 크다. 여기서 r_d는 다이오드 교류저항이며, $2r_d$는 2개의 다이오드가 동작된다는 것이다.

먼저 수식적인 방식으로 접근해 보자. RC 회로에서 관심의 대상인 방전은 지수함수적으로 변한다. 커패시터 전압에 대해 먼저 방전구간을 살펴보자.

$$v_C(t) = v_C(\infty) + \{v_C(0^+) - v_C(\infty)\}e^{-t/\tau} \qquad (2\text{-}11)$$

여기서 $v_C(t=\infty) = 0$, $v_C(t=0^+) = V_m$이므로 간략히 정리하면 다음과 같다.

$$v_C(t) = 0 + (V_m - 0)e^{-t/\tau} = V_m e^{-t/\tau} \qquad (2\text{-}12)$$

Taylor 시리즈를 이용하면 $e^x = 1 + \frac{x}{1!} + \frac{x^2}{2!} + \ldots$이므로 x가 아주 작으면 첫 항만 고려하면 충분하므로 다음과 같이 나타낼 수 있다.

$$v_C(t) = V_m(1 - t/\tau) = V_m(1 - \frac{t}{RC}) \qquad (2\text{-}13)$$

또 하나의 방식인 도형을 이용하여 간략히 처리해 보자. 시정수(τ)가 아주 크면 파형은 그림 2-6과 같이 거의 직선으로 감소한다. 이 경우 그래프의 식은 최대값이 V_m이고 직선식은 $v_C(t) = V_m(1 - \frac{t}{RC})$이 되어. $t = RC$ 에서 최소값이 된다. 이 두 최대값과 최소값의 차이가 물결전압이 된다.

완벽한 직류값은 아니지만 전파정류된 파형의 입장에서 보면 전압파형에 기복이 있다. 이 기법은 파형을 가능하면 평탄하게 하기 위해 전파정류회로에 커패시터 C를 삽입하여 전압변화폭을 줄이는 것이다.

$$V_{ripple} = V_m - V_m(1 - \frac{t}{RC}) = V_m \frac{t}{RC} \qquad (2\text{-}14)$$

그림 설명을 위해 확대(zoon-in)해 놓았지만 사실 방전(discharge)시간이 아주 길다. 따라서 시간은 $t \simeq T$ 이다. 이로부터 물결전압은 다음과 같다.

$$V_{ripple} = \frac{V_m t}{RC} = \frac{V_m T}{RC} = \frac{V_m}{fRC} \qquad (2\text{-}15)$$

최종적으로 직류전압 즉 평균전압은 다음과 같이 된다.

$$V_{dc} = V_m - \frac{V_{ripple}}{2} \tag{2-16}$$

직류(dc)전원을 설계하고자 하므로 정현파 항들은 필요없다. 이러한 불필요한 항들의 합은 리플전압을 이룬다.

4. 변압기(transformer)는 왜 사용하는가?

두 코일들이 서로 가까이 놓여 있을 때, 한쪽 코일에 흐르는 전류에 의해 발생된 전자계의 변화는 상호인덕턴스(mutual inductance)에 의해 2차 코일에 유도전압을 발생시킨다. 변화하는 자속선들이 2차 코일에 영향을 미치도록 2차 코일이 1차 코일에 가까이 놓이면 자기적으로 결합되어(coupled) 전압이 유도된다. 만약 1차 코일의 전류가 정현파라면 2차 코일에 유도된 전압도 정현파이다.

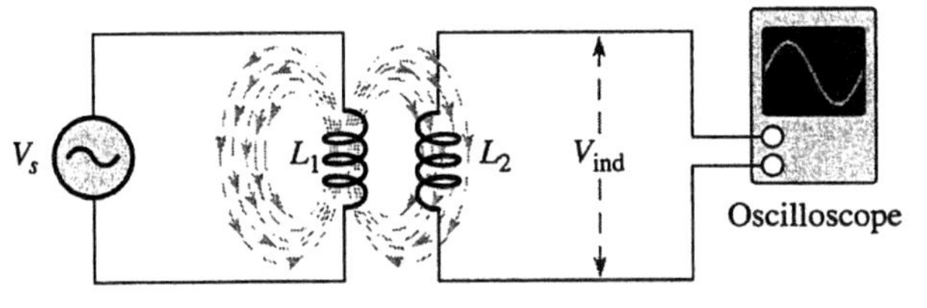

[그림 2-7] 변압기의 원리

변압기라고 하는 이유는 1차 및 2차회로 간의 전압, 전류 및 임피던스를 변화시키기 때문이다.

1〉 권선비(turn ratio)에 따른 전압, 전류 및 전력관계

변압기에서 전압은 감은 수에 비례하므로 다음과 같이 표현 가능하다. 즉 전압을 승압(step-up)할 수도 있고 강압(step-down)할 수도 있다. 보통 선전압이 $220 V_{rms}$로서 너무 크므로 강압하여 사용한다.

$$v_2 = \frac{N_2}{N_1} v_1 = \frac{v_1}{n} \tag{2-17}$$

2차 권선에 부하가 연결된다면 2차 코일에 유도되는 전압으로 인해 2차 회로를 통하여 전류가 흐른다. 또한 기자력(F_m)이 $N_1 i_1 = N_2 i_2$이므로 다음 관계가 성립한다.

$$i_2 = \frac{N_1}{N_2} i_1 = n \times i_1 \qquad (2-18)$$

위의 두 식을 합성하면 변압기에서 다음과 같은 식이 성립한다.

$$\frac{v_1}{v_2} = \frac{N_1}{N_2} = \frac{i_2}{i_1} = n \qquad (2-19)$$

즉 변압기에서 1차 전력($p_1 = v_1 i_1$)과 2차 전력($p_2 = v_2 i_2$)은 동일하다.

2〉 위상 표시점(phase dots)

변압기의 또 하나의 중요한 변수는 코어주위의 권선(windings)이 어떠한 방향으로 감겨져 있는가이다. 권선의 상단에 있는 위상 표시점의 의미를 생각해보자. 위상점이 찍힌 부분에서 순간적으로 동일 위상을 갖는다.

다른 말로 표현하면, 양(+)의 반 사이클($T/2$)이 1차에 나타나면 점으로 표시된 2차에도 양의 반 사이클이 나타난다.

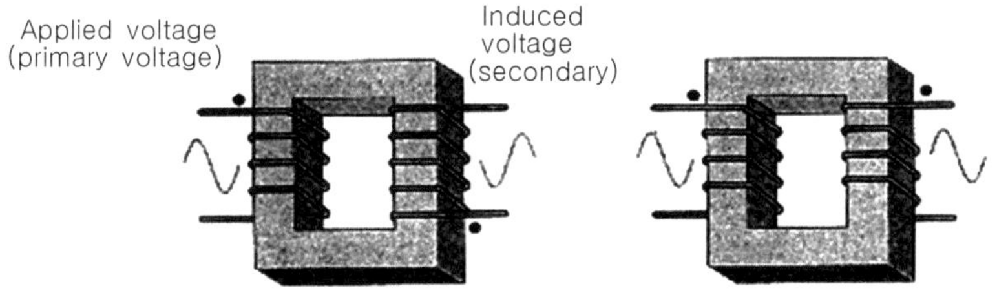

[그림 2-8] 변압기의 극성을 나타내는 위상 표시점

[실험장비 및 부품]

사용장비	품 목	정 격	소요량
Oscilloscope Multimeter Breadboard	Resistor Transformer Diode 전해 Capacitor	$1k\Omega$, $10k\Omega$ 220V/9V 1N4001~5 100μF/25V	1개 1개 4개 1개

[예비보고서]

1. 다음 반파 정류회로에 대해 답하시오. 단, 다이오드는 이상적으로 간주한다.

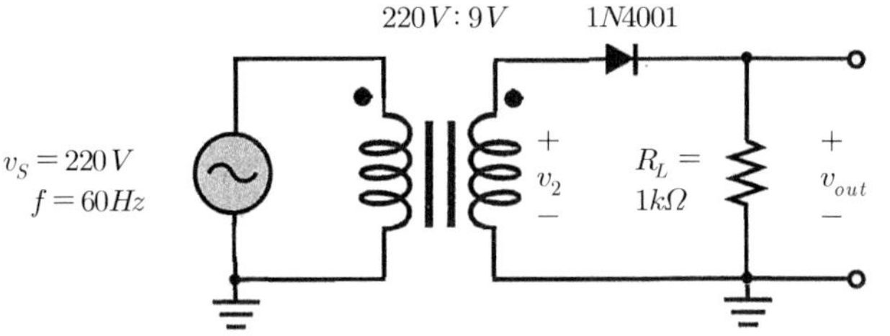

1〉 위의 회로에서 변압기의 감은 권선비(turns ratio=N_1/N_2)는 얼마인가?

2〉 변압기의 2차 전압(v_2)과 이에 따른 부하양단($R_L = 1k\Omega$)의 출력전압을 서로 다른 색상으로 나타내고, 각 파형의 주기(T) 및 피크전압(V_m)을 표기하시오.

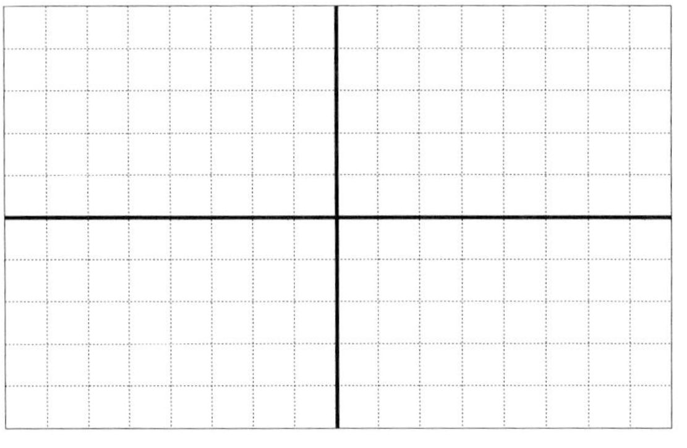

3〉 위 파형의 출력주파수(f_{out})는 얼마인가?

4〉 위 출력전압(v_{out})의 평균값(V_{avg})을 구하시오.

5〉 위 출력파형(v_{out})의 실효값(V_{rms})은 얼마인가?

2. 브릿지 전파정류회로에 대해 답하시오. 단, 다이오드는 이상적으로 간주한다.

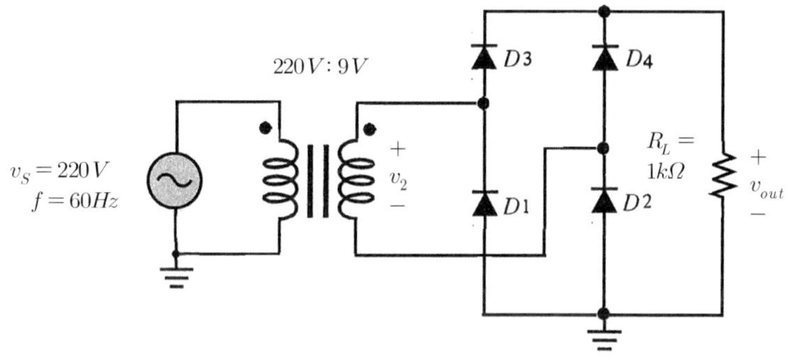

1〉 위의 회로에서 변압기 2차 전압(v_2)의 극성에 따라 턴온된(turned-on) 다이오드들을 그림으로 표시하시오.

〈1〉 양(+)의 반주기

〈2〉 음(−)의 반주기

2〉 변압기의 2차 전압(v_2)과 이에 따른 부하양단($R_L = 1k\Omega$)의 출력전압을 서로 다른 색상으로 나타내고, 각 파형의 주기(T) 및 피크전압(V_m)을 표기하시오.

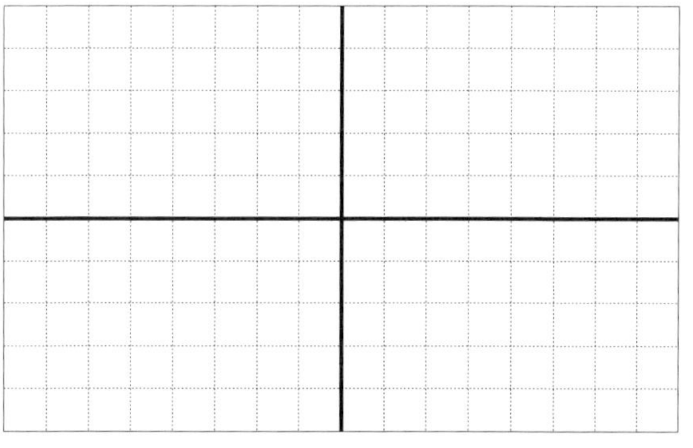

3〉 위 출력파형의 주파수(f_{out})는 얼마인가?

4〉 위 파형으로부터 출력전압(v_{out})의 평균값(V_{avg})을 구하시오.

5〉 위 출력파형(v_{out})의 실효값(V_{rms})은 얼마인가?

[결과보고서]

실험제목					
실험일자	년 월 일(요일)			담당교수	㊞
성 명		학 번		평 가	

1. 다음과 같이 변압기와 연결된 반파 정류회로를 구성한 후, 물음에 답하시오.

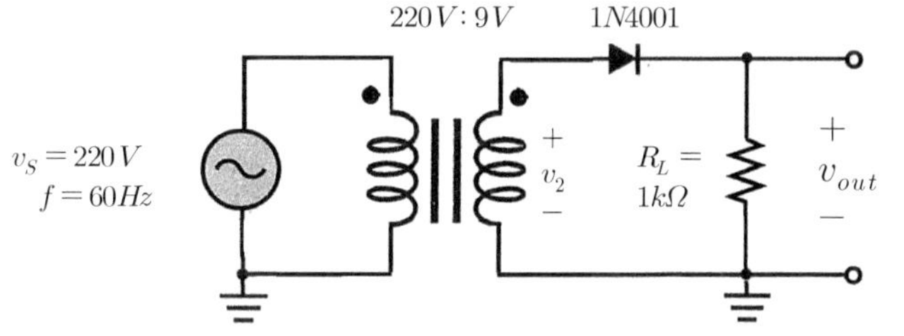

1) 반파정류작용의 동작을 확인하시오. 변압기 2차측의 전압(v_2) 및 $1k\Omega$ 양단의 출력전압(v_{out})을 측정하여 서로 다른 색상으로 그리시오. [두 주기(=$2T$)]

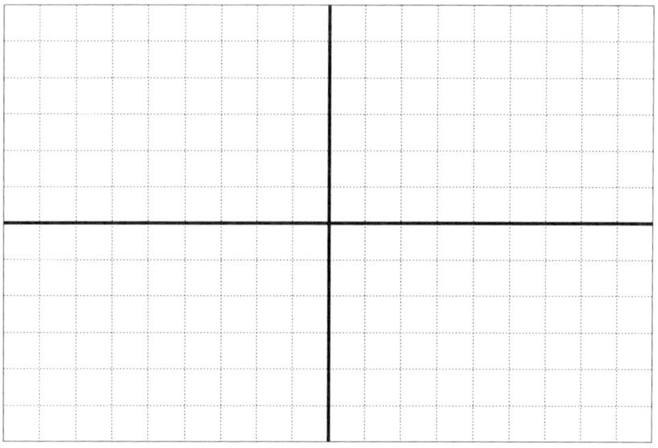

2) 오실로스코프 또는 디지털멀티미터(DMM)를 이용하여 변압기 2차 전압 및 부하 $1k\Omega$ 양단의 각각의 값을 측정하여 기록한다. 단, 제2근사 해석을 이용한다.

	변압기 2차 전압			부하 출력전압		
	$V_{pp(2)}$	$V_{m(2)}$	f_{in}	$V_{m(out)}$	V_{dc}	f_{out}
이론치						
측정치						
오차(%)						

2〉 부하저항 R_L과 전해 커패시터 C가 병렬로 연결된 경우 **"커패시터입력 필터"** 라고 한다. 전해 커패시터는 극성에 유의하여 연결해야 하며 반대로 연결하면 부풀어 터질 수 있다.

〈1〉 오실로스코프의 눈금(시간, 전압)을 조정하여 전압파형을 그리시오.

① 부하로서 저항 $R_L = 1k\Omega$만을 사용할 경우

② 부하로서 저항 $R_L = 1k\Omega$과 커패시터 $C = 100\mu F$를 병렬로 사용할 경우

③ 부하로서 저항 $R_L = 10k\Omega$과 커패시터 $C = 100\mu F$를 병렬로 사용할 경우

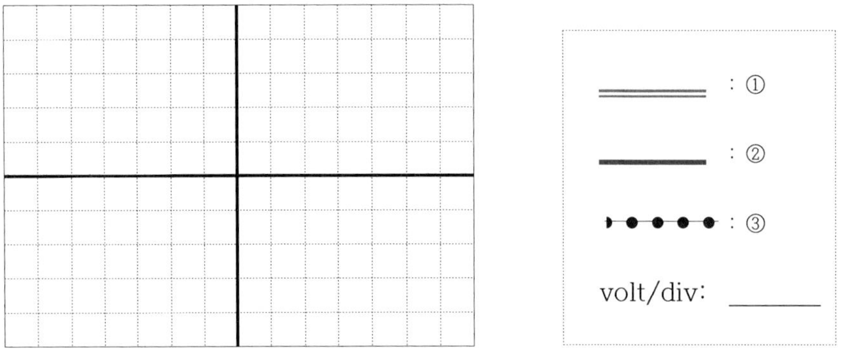

〈2〉 이 Zoom-in된 그래프에서 물결전압(ripple voltage) 및 평균전압을 구하시오. 이 값을 계산값과 비교하시오. 단, 다이오드는 제2근사 해석으로 하시오.

− $R_L = 1k\Omega$, $C = 100\mu F$의 경우

	이론치	측정치	오차(%)
$V_{ripple(pp)}$			
V_{avg}			

− $R_L = 10k\Omega$, $C = 100\mu F$의 경우

	이론치	측정치	오차(%)
$V_{ripple(pp)}$			
V_{avg}			

〈3〉 R_L의 증가에 따라 물결전압은 (증가, 감소)하며 파형은 (평탄, 뾰족)해진다. 또한, 평균전압(직류전압)은 (증가, 감소)한다.

〈4〉 위의 그래프에 나타난 결과로부터 커패시터 C의 역할은 무엇인가?

2. 다음과 같이 브릿지 전파정류기를 구성하여 동작시킨다.

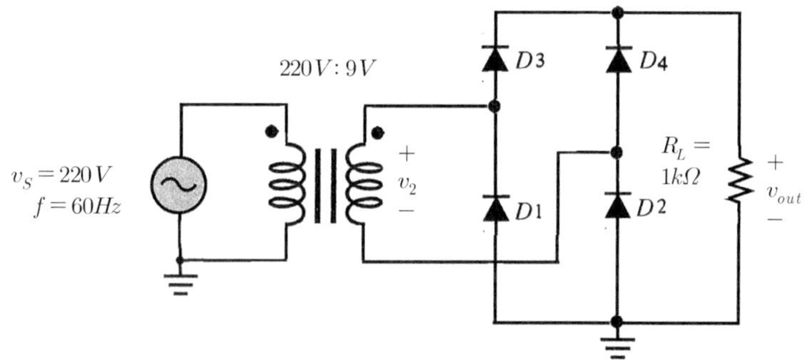

1〉 전파정류동작을 확인하고 변압기 2차 전압 및 $1k\Omega$ 양단의 부하전압(v_{out})을 측정하여 기록한다. 각 파형은 색상을 달리하여 그리시오. 오실로스코프를 사용하여 두 전압들을 동시에 측정할 때, 유의하시오.

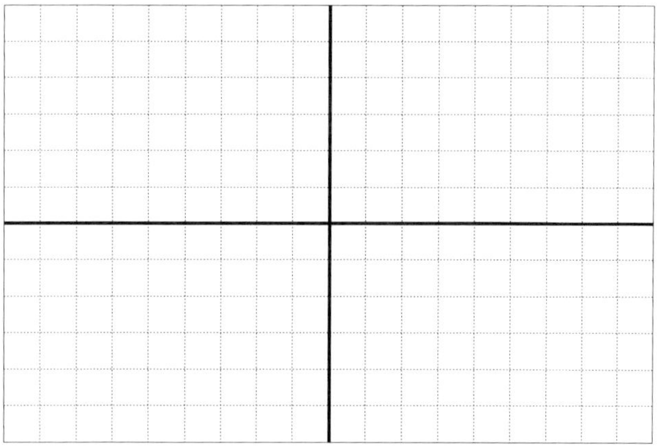

2〉 오실로스코프 혹은 디지털 멀티미터(DMM)를 이용하여 변압기 2차 전압(v_2) 및 부하 $1k\Omega$ 양단의 출력전압(v_{out})을 측정하여 기록한다. 단, 제2근사 해석을 이용하시오.

	변압기 2차 전압			부하 출력전압		
	$V_{pp(2)}$	$V_{m(2)}$	f_{in}	$V_{m(out)}$	V_{dc}	f_{out}
이론치						
측정치						
오차(%)						

3〉 부하저항 R_L과 전해 커패시터 C를 병렬로 연결한 경우, **'커패시터입력 필터'** 라고 한다.

〈1〉 오실로스코프의 눈금(시간, 전압)을 조정하여 전압파형을 그리시오.

① 부하로서 $R_L = 1k\Omega$만 있을 경우

② 부하로서 $R_L = 1k\Omega$, $C = 100\mu F$을 병렬로 사용할 경우

③ 부하로서 $R_L = 10k\Omega$, $C = 100\mu F$을 병렬로 사용할 경우

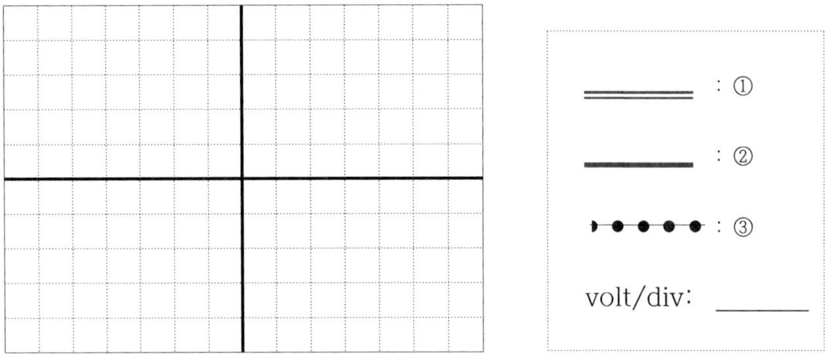

〈2〉 이 Zoom-in된 그래프에서 물결전압(ripple voltage) 및 평균전압을 구하시오. 이 값을 계산값과 비교하시오. 단, 다이오드는 제2근사 해석을 활용한다.

– $R_L = 1k\Omega$, $C = 100\mu F$의 경우

	이론치	측정치	오차(%)
$V_{ripple(pp)}$			
V_{avg}			

– $R_L = 10k\Omega$, $C = 100\mu F$의 경우

	이론치	측정치	오차(%)
$V_{ripple(pp)}$			
V_{avg}			

〈3〉 부하저항 R_L의 증가에 따라 물결전압은 (증가, 감소)하며 파형은 (평탄, 뾰족)해지며 또한 평균전압(직류전압)은 (증가, 감소)한다.

〈4〉 위의 그래프에 나타난 결과로부터 커패시터 C의 역할은 무엇인가?

[토의 및 심화학습]

1. 가정용 전원을 사용하는 정류회로에서 강압(step-down) 변압기가 사용되는 이유는?

2. 브릿지 전파정류기(full-wave rectifier)에서

1〉 입력(v_{in})과 출력(v_{out})특성을 그리시오.

2〉 출력파형의 주파수(f_{in})와 입력파형의 주파수(f_{out})는?

3〉 전파정류된 출력파형을 직류(dc)에 가깝도록 만드는 방법은?

3. 다음 그림은 교류(ac)를 직류(dc)로 변환하는 과정이다 빈 칸을 완성하고 답하시오.

정류기의 목적은 평균값이 0인 신호를 평균값이 0이 아닌 신호로 바꾸는 것이다.

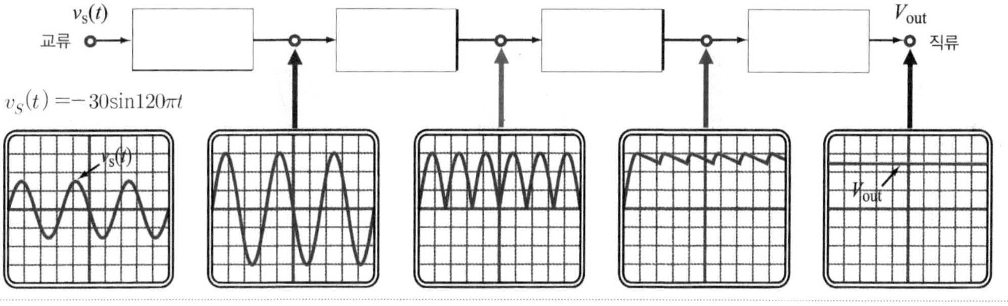

1〉 그림에서 교류신호인 정현파의 주파수(f)는?

2〉 변압기의 권선비($N_1 : N_2 = 5 : 1$)이면 측정된 2차측의 전압파형을 식으로 나타내시오.

3〉 위에서 사용한 정류기는 (반파정류, 전파정류)이다.

4〉 필터를 쓰는 목적은 무엇인가? 이 필터는 (고역통과, 저역통과)기능을 가진다.

4. 다음 다이오드회로에 대해 답하시오. 입력신호는 $v_{in}(t) = 10\sin 120\pi t$이며 각 저항은 300Ω이다. 제1근사(이상적) 해석을 적용하시오.

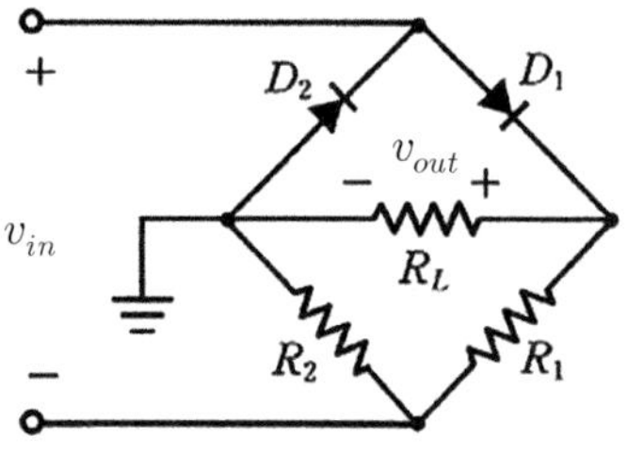

1〉 반 주기($T/2$)별로 회로해석을 수행하여 출력전압을 구하시오.

〈1〉 양(+)의 반주기

〈2〉 음(−)의 반주기

2〉 입력 및 출력파형을 그리시오.

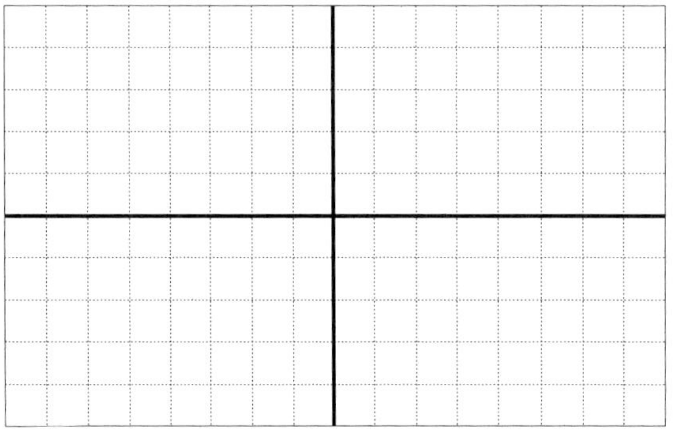

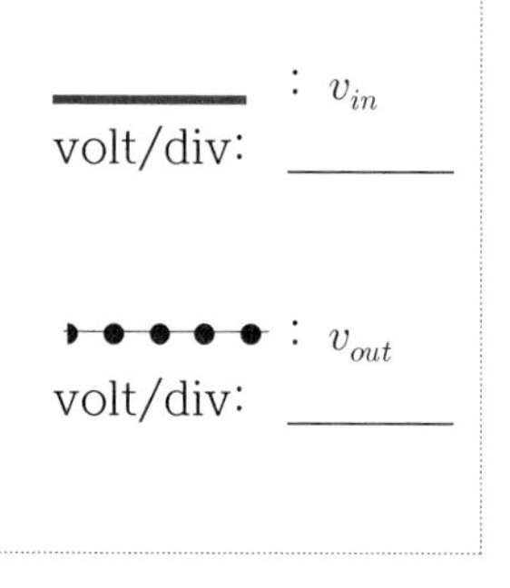

3〉 위 그래프의 출력파형 v_{out}으로부터 평균치와 실효치를 구하시오.

〈1〉 $V_{avg} =$ 답: $V_{dc} = 3.18V$

〈2〉 $V_{rms} =$ 답: $V_{rms} = 3.53V$

5. 다이오드 정류기는 온/오프 제어가 불가능한 다이오드로 구성되지만, 위상제어 정류기는 온 제어는 가능하고 오프 제어는 불가한 소자인 SCR로 구성된다. SCR은 다이오드와는 달리 애노드와 캐소드 간에 순방향으로 전압이 인가된 상태에서도 게이트에 구동전류를 흐려주지 않으면 턴온되지 않는다. 따라서 SCR을 턴온시키는 시점을 임의로 정할 수 있다. 다음은 전력전자를 기반으로 하는 SCR의 위상제어를 이용하여 조명, 모터 등의 활용되는 반파정류에 대한 출력값을 나타내며, α는 턴온되는 점화각(firing angle)을 나타낸다.

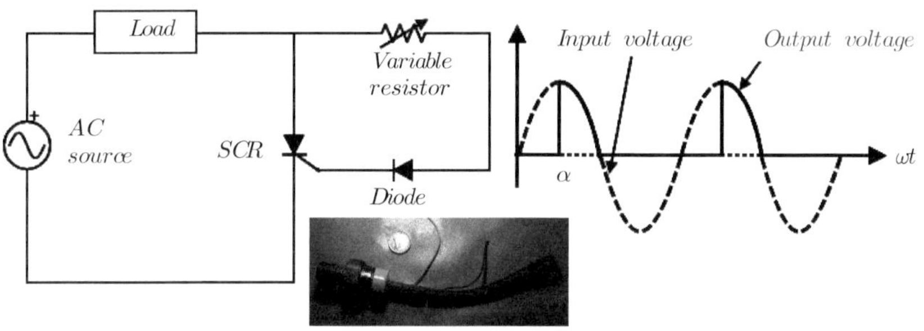

1〉 출력전압의 평균치가 다음과 같음을 증명하시오.

- $V_{dc} = \frac{V_m}{\pi}(\frac{1+\cos\alpha}{2}) = \frac{\sqrt{2}\,V}{\pi}(\frac{1+\cos\alpha}{2})$

2〉 출력전압의 실효치가 다음과 같음을 증명하시오.

- $V_{rms} = \frac{V_m}{2}\sqrt{1 - \frac{\alpha}{\pi} + \frac{\sin 2\alpha}{2\pi}}$

3〉 만약 부하(load)가 RL직렬회로라면 점화각의 제어범위는 어떻게 되는가? 이를 설명하시오.

답: $\tan^{-1}(\omega L/R) \le \alpha \le \pi$

실험3장
LED 및 Zener 다이오드

1. LED
2. Zener 다이오드
3. 정류회로에서 리플전압의 제거

Experiment 3

LED 및 Zener 다이오드

Light Emitting Diode and Zener Diode

실험목적

시각적인 효과를 제공하기 위해 광학적인 색상을 발생시키는 LED 및 사용자가 원하는 직류전원을 얻을 수 있도록 전압조정기에 쓰이는 Zener 다이오드의 특성을 바탕으로 활용을 위해 기본적인 동작회로를 학습한다.

기초이론

1. LED

발광 다이오드(LED)는 자신의 단자에 전류나 전압이 인가될 때 빛을 발생시키는 반도체 소자로, 광전자 소자로 구분하기도 한다. 그 이유는 발광 다이오드가 광학과 전자공학의 결합체이기 때문이다. LED는 백열전구에 비해서 긴 수명과 낮은 소비전력을 갖기 때문에 조명을 비롯한 각종 전자장비에 널리 사용되는 광원이다. 즉, 7세그먼트 표시장치(7-segment display), 포토 커플러(photo-coupler), 포토 인터럽터(photo-interrupter)에 활용된다.

1⟩ LED 기호 및 단자구분

그림 3-1(a)는 가장 널리 사용되는 LED의 회로기호를 표시하고 있다. 두 개의 화살표는 LED가 발광하고 있음을 표시한다. 일반적인 LED 패키지의 외형이 그림 3-1(b)에 표시되어 있다. 이 패키지에는 애노드(Anode: A)와 캐소드(Cathode: K)라는 두 단자가 포함되어 있으며 외관상으로 쉽게 판별할 수 있다.

(a) 회로 기호 (b) 단자 구분법

[그림 3-1] 발광 다이오드 기호 및 단자구분

LED의 애노드와 캐소드 단자를 구분하려면 윗 그림에서 캐소드 단자는 애노드 단자에 비해서 짧은 단자를 가지거나, 단자가 편평하고 케이스의 편평한 면에 가까이 있게 돼서 애노드 단자와 구분된다.

LED는 다른 반도체 다이오드와 유사하게 기본적으로는 PN접합 다이오드와 같이 순방향으로 바이어스되거나 역방향으로 바이어스된다. 순방향으로 바이어스되면 순방향 전류에 대한 응답으로 빛을 발광한다. 이와 같은 에너지의 발산은 열에너지, 광 에너지일 수도 있다. 색상에 따라 다양한 주파수를 가진다.

2) 광학 전자기 스펙트럼

다음 표는 광학 전자기 스펙트럼을 나타낸다. LED를 구성하기 위해서 사용되는 물질의 종류는 발광되는 주파수와 색깔을 결정한다. 예를 들면 LED를 제조할 때 사용되는 서로 다른 화합물은 LED가 순방향으로 바이어스될 때, 빨강색, 노랑색, 녹색, 파랑색, 흰색, 오렌지색 혹은 눈에 보이지 않는 적외선(infrared)을 발광시킨다. 특히 적외선센서는 자동문, 침입방지 시스템에 많이 활용된다.

주파수 f는 다음과 같이 에너지 E와 관련이 있다는 것을 알고 있다.

$$E[eV] \propto f$$

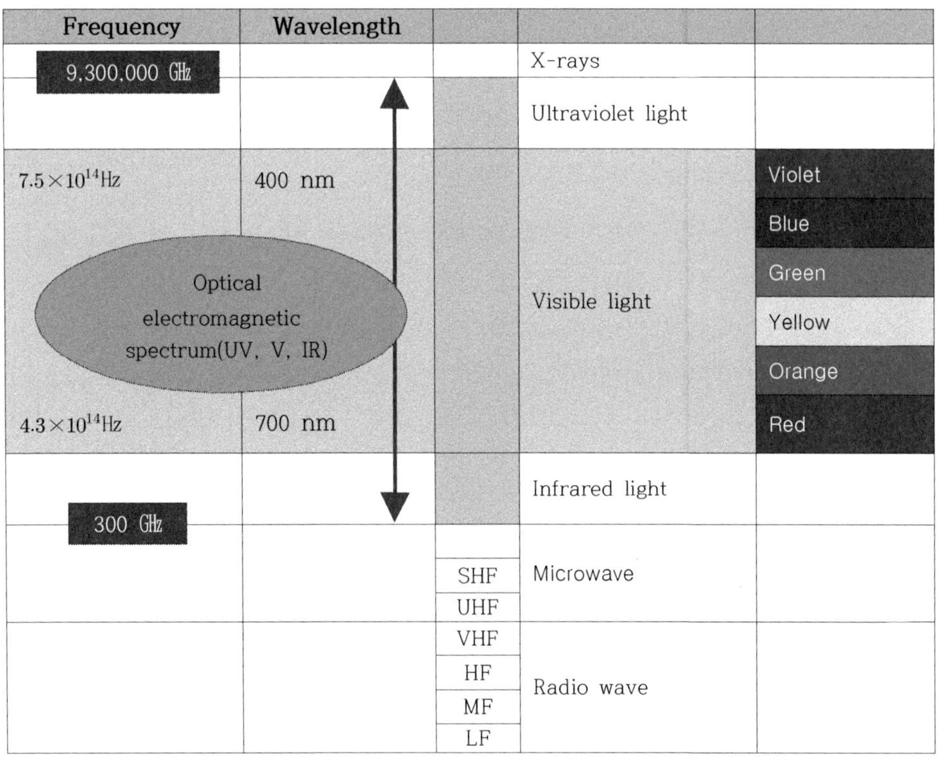

[그림 3-2] 광학 스펙트럼

3〉 LED 특성

LED 특성곡선은 높은 순방향 전압정격(V_F: 보통 +1V에서 +3V 사이)과 낮은 순방향 전류정격(I_F: 보통 10mA에서 30mA 사이)을 가진다. 대부분의 응용회로에서 LED는 2V의 순방향 전압강하와 20mA의 순방향전류를 갖는다.

LED는 순방향전류가 data book상의 LED의 최대 순방향전류 I_{FM}이나 I_{FMAX}를 초과하지 않도록 한다. 이 문제는 과도한 전류로부터 다이오드가 손상되지 않도록 직렬로 연결된 제한용 저항으로 해결할 수 있다.

다음 회로에서 전압 및 전류를 구하기 위해서는 전원전압으로부터 직렬 저항양단에 공급되는 전압강하를 구해야 하므로 LED 양단에 걸리는 약 2V의 전압강하를 빼줘야 한다. 그리고 흐르는 전류는 Ohm 법칙을 이용해서 구한다.

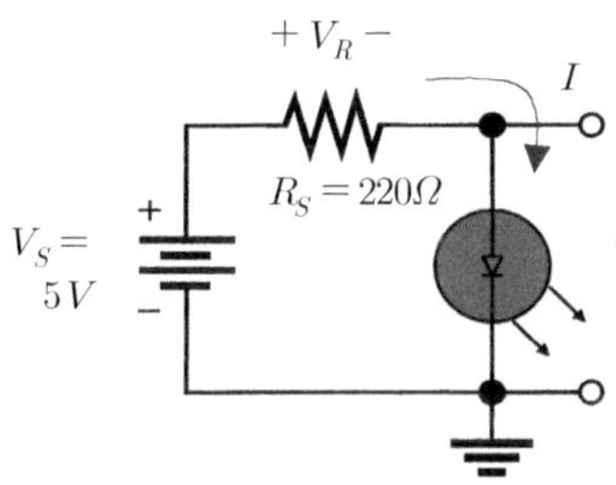

$$I = \frac{V_{Rs}}{R_S} = \frac{V_S - V_{LED}}{R_S}$$

$$I \simeq \frac{5V - 2V}{220\Omega} \simeq \frac{3V}{220\Omega} \simeq 14mA$$

[그림 3-3] LED의 전압-전류 해석

역방향 특성으로 LED의 역방향 항복전압(breakdown voltage)은 일반 다이오드의 항복전압에 비해서 대단히 작다(V_{BR}: 보통 −3V에서 −10V). 이것은 LED가 아주 작은 역방향 전압에서도 항복되거나 손상을 받게 된다는 사실을 의미하게 된다. 특히 LED를 이용하여 실험을 수행할 때, 극성을 분명히 확인해야 한다. 이는 멀티미터를 이용하여 간단히 확인할 수 있다.

2. Zener 다이오드

Zener 다이오드는 선전압과 부하저항이 크게 변하더라도 부하전압을 거의 일정하게 해주는 회로, 즉 전압조정기에서 중추적인 역할을 한다. 이 경우 Zener 다이오드는 역방향에서 동작한다.

1〉 기호

소신호 다이오드나 정류 다이오드는 너무 큰 역방향전압($\simeq 100V$)을 가하면 항복영역(제3상한)에서 손상을 받기 때문에 고의적으로 이 영역에서 동작시켜서는 결코 안된다. 그러나 Zener 다이오드는 다르다. Zener 다이오드는 역방향 항복영역에서 잘 동작하도록 만들어진 다이오드이다.

그림 3-4는 Zener 다이오드의 도식적 기호이다. 기호에서 영어 알파벳 z를 닮은 선은 'Zener'를 상징한다. Zener 다이오드는 순방향 및 항복영역 중 어느 영역에서도 동작이 가능하다. 그러나 주된 사용방법은 역방향으로 사용하는 것이다.

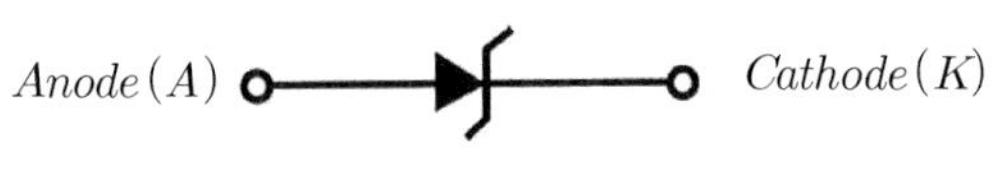

[그림 3-4] Zener 다이오드 기호

2〉 Zener 다이오드의 I-V 그래프

그림 3-5는 Zener 다이오드의 I-V그래프이다. 순방향 영역에서는 보통 실리콘 다이오드와 같이 0.7V 근처에서 전류가 흐르기 시작한다. 그러나 역방향특성에서 일반 다이오드처럼 $-100V$에서 급격히 증가하지 않고, 이 보다 훨씬 작은 역방향전압에서 항복이 일어난다. 제 3상한에서 전압은 거의 일정하게 유지하며, 대략 V_Z와 같다. 제품에 따라 Zener 전압은 여러 가지가 있다. 우리가 실험하는 Zener 다이오드는 1N753로서 약 6.2V의 Zener전압을 가진다.

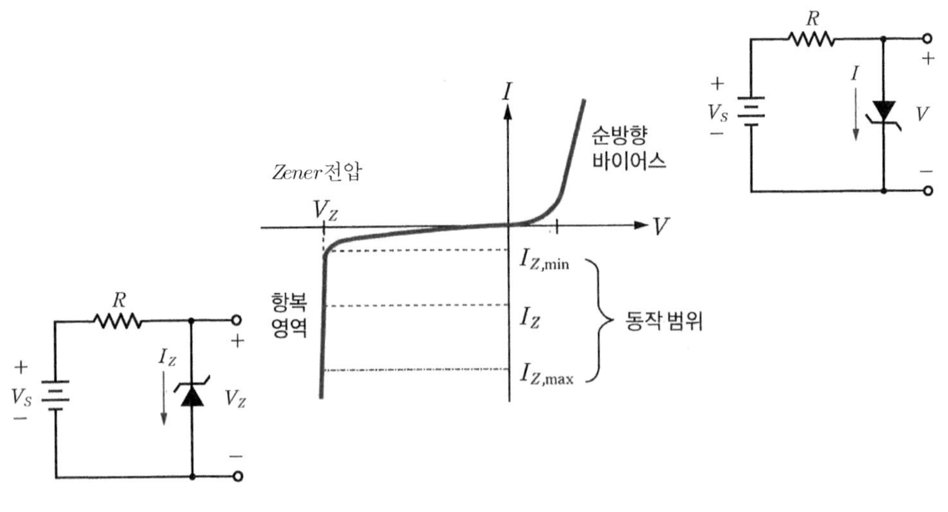

[그림 3-5] Zener 다이오드의 전류-전압특성

Zener 다이오드를 흐르는 전류가 변하더라도 출력전압은 일정하기 때문에 Zener 다이오드를 가끔 전압조정기 다이오드(voltage-regulator diode)라 한다. 정상 동작시키려면 그림 3-5와 같이 Zener 다이오드를 역방향으로 바이어스 시켜야 한다. 더욱이 항복동작이 되려면 전원전압 V_S가 Zener 항복전압 V_Z보다 커야 된다.

직렬저항 R는 Zener 전류(I_Z)를 최대전류정격 이하로 제한하기 위해 사용한다. 그렇지 않으면 과다한 전력손실 때문에 다른 소자와 마찬가지로 타버린다.

3〉 회로해석

실제로 사용하려면 그림 3-6과 같이 부하(R_L)를 연결해야 한다. 이 경우에 Zener 다이오드가 항복영역에서 동작하는지 또는 안 하는지를 어떻게 설명할 수 있는가?

반드시 Zener 전압보다 더 큰 역방향전압이 가해져야만 된다. 이 경우 비록 전원전압이 변동하거나 혹은 부하저항이 변하다고 해도 부하전압은 고정되고, Zener 전압(V_Z)과 같다.

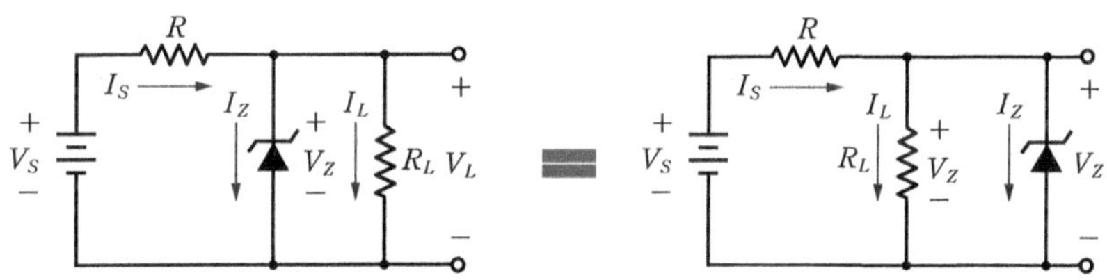

[그림 3-6] 부하를 가진 Zener 조정기

두 회로들을 잘 살펴보면 같은 회로이며, Zener 다이오드에 대해 Thevenin 전압(V_{TH}) 및 Thevenin 저항(R_{TH})을 쉽게 구할 수 있다.

$$V_{TH} = \frac{R_L}{R+R_L} V_S \ , \qquad R_{TH} = R \parallel R_L = \frac{RR_L}{R+R_L} \tag{3-1}$$

이 Thevenin 전압은 Zener전압(V_Z)보다 커야 된다. 그렇지 않으면 역방향되지 않아 항복현상이 일어날 수 없다.

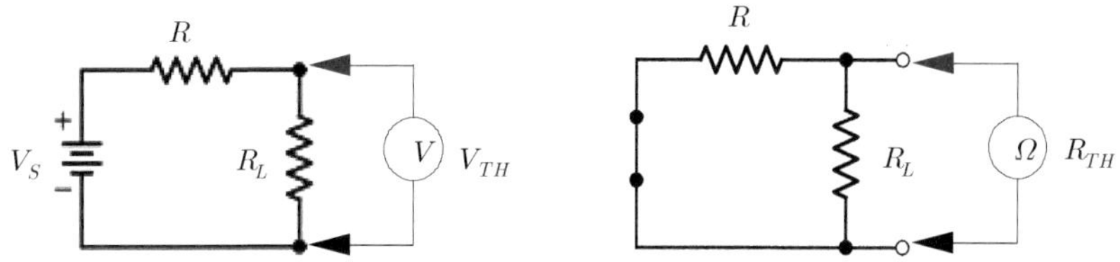

[그림 3-7] Thevenin 등가전압 및 등가저항

〈1〉 항복동작

그림 3-7를 바탕으로 그림 3-8과 같은 등가회로를 구할 수 있다. 이 회로에서 $V_{TH} > V_Z$ 이면 Zener 다이오드는 정상동작을 한다고 할 수 있다. 이 조건이 충족되어야 Zener 다이오드가 역방향과 항복영역에서 정상적으로 동작하기 때문이다.

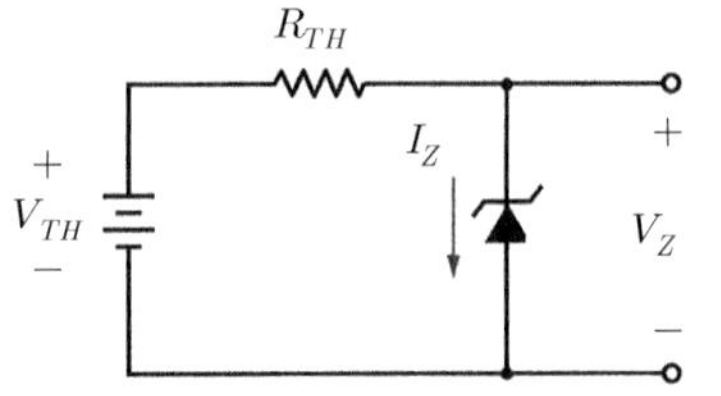

[그림 3-8] Zener 다이오드를 부하로 하는 Thevenin 등가회로

〈2〉 직렬전류(I_s)

특별한 지적이 없는 한 지금부터 Zener 다이오드는 항복영역에서 동작한다고 가정한다. 그림 3-6의 원래 회로로 돌아가 직렬저항을 흐르는 전류를 구해 보자.

$$I_S = \frac{V_S - V_Z}{R} \tag{3-2}$$

이것은 전류제한 저항(R)에 적용된 Ohm의 법칙이다. 부하저항(R_L)이 있거나 없거나 I_S 전류는 마찬가지다. 다시 말하면, 만약 부하저항을 분리해도 직렬저항을 흐르는 전류는 저항양단의 전압을 저항(R)으로 나눈 것과 같다.

〈3〉 부하전압 및 전류

이상적인 경우, 부하저항은 Zener 다이오드와 병렬이므로 부하저압은 Zener 전압과 같다. 수식으로 나타내면 다음과 같다.

$$V_L = V_Z \tag{3-3}$$

부하전류를 계산하기 위해 Ohm의 법칙을 적용하면

$$I_L = \frac{V_L}{R_L} \tag{3-4}$$

〈4〉 Zener전류(I_Z)

회로에서 막바로 Zener 전류를 구하는 것은 쉽지 않다. 왜냐하면 그림 3-5에 나타낸 것처럼 전류가 너무 변화가 크기 때문이다. 따라서 Kirchhoff의 전류법칙(KCL)으로부터 구한다. 즉, Zener 다이오드와 부하저항은 병렬이므로 두 전류의 합은 전체전류와 같고, 전체전류는 직렬저항(R)을 흐르는 전류와 같다. 따라서 Zener 전류(I_Z)는 다음과 같다.

$$I_Z = I_S - I_L \tag{3-5}$$

R_L이 없는 무부하 Zener 조정기는 Zener 전류와 직렬전류와 같지만, Zener 전류는 부하저항(R_L) 때문에 직렬 전류에서 부하전류를 뺀 것과 같다.

4〉 회로설계

출력 부하저항이 넓은 범위에 걸쳐 변하거나 입력전압이 특정범위에 걸쳐 변하더라도 출력전압을 일정하게 유지하기 위해 Zener 다이오드를 활용하여 회로를 설계해 보자.

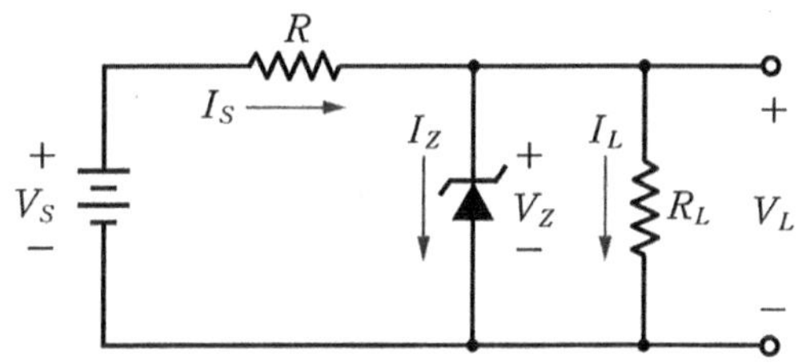

[그림 3-9] Zener 다이오드를 이용한 정전압회로 설계

부하 R_L에 일정한 전압을 공급하기 위해 필요한 저항 R은 다음과 같다.

$$R = \frac{V_S - V_Z}{I_S} = \frac{V_S - V_Z}{I_Z + I_L} \tag{3-6}$$

Zener 다이오드전류 I_Z에 대해 정리하자.

$$I_Z = I_S - I_L = \frac{V_S - V_Z}{R} - I_L \tag{3-7}$$

위의 회로가 올바르게 동작하려면 Zener 다이오드가 항복영역에서 동작해야 하고 다음 조건을 만족해야 한다. 먼저 입력전압이 최소이고 부하전류가 최대일 때 Zener 다이오드를 흐르는 전류는 항복영역에서 최소값을 가진다. 또 하나는 입력전압이 최대이고 부하전류가 최소일 때 Zener 다이오드를 흐르는 전류는 항복영역에서 최대값을 가진다. 두 조건을 식으로 표현하면 다음과 같다.

$$\text{조건 1: } R = \frac{V_{S(\min)} - V_Z}{I_{Z(\min)} + I_{L(\max)}}, \quad \text{조건 2: } R = \frac{V_{S(\max)} - V_Z}{I_{Z(\max)} + I_{L(\min)}} \tag{3-8}$$

위 두식들이 같으므로 다음 관계가 성립한다.

$$\frac{V_{S(\max)}-V_Z}{I_{Z(\max)}+I_{L(\min)}}=\frac{V_{S(\min)}-V_Z}{I_{Z(\min)}+I_{L(\max)}} \qquad (3\text{-}9)$$

Zener 전류변동폭으로부터 최대전류가 최소전류의 10배라면 즉 $I_{Z(\min)}=0.1I_{Z(\max)}$를 대입하여 다이오드에 흐르는 최대전류를 구한다.

$$I_{Z(\max)}=\frac{I_{L(\max)}(V_{S(\max)}-V_Z)-I_{L(\min)}(V_{S(\min)}-V_Z)}{V_{S(\min)}-0.1V_{S(\max)}-0.9V_Z} \qquad (3\text{-}10)$$

이로부터 Zener 다이오드에서 소비되는 최대전력은 다음과 같다.

$$P_{Z(\max)}=I_{Z(\max)}V_Z \qquad (3\text{-}11)$$

따라서 다이오드 전력정격(power ratings)은 소비되는 최대 전력값보다 커야 한다. 이 조건으로부터 역으로 회로를 설계하면 된다.

3. 정류회로에서 리플전압의 제거

실험 2장의 전파정류기에서 커패시터를 저항과 병렬로 연결한 커패시터 필터회로는 그림 3-10에 나타낸 것처럼 물결전압을 가진다. 어떻게 하면 깨끗한 파형을 얻을 수 있는지 여부가 우리의 목표이다. 가장 간단한 구조는 역방향으로 연결되어 Zener 다이오드를 사용하는 것이다.

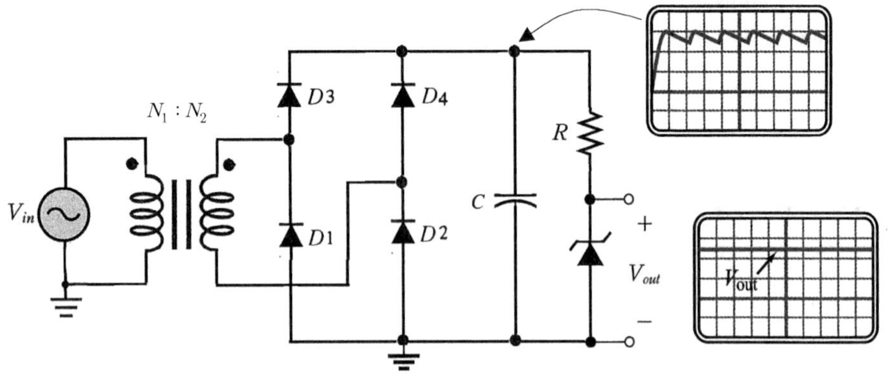

[그림 3-10] 전파 정류회로와 결선된 전압조절기

그림과 같이 저항 R과 직렬로 역방향으로 연결된 Zener 다이오드 양단전압을 측정하면 깨끗한 직류전압을 얻을 수 있다.

그림 3-11은 전압조정기(voltage regulator)를 사용하여 리플이 없는 깨끗한 직류전압을 구현한 것이다. 참고로 IC 7812에 대한 단자를 표시하였다.

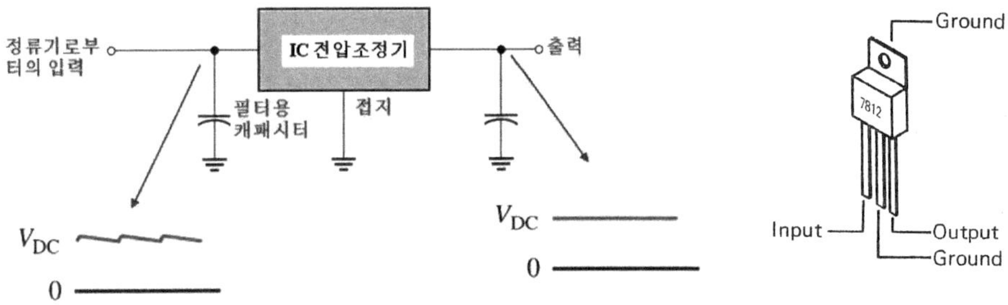

(a) IC 전압조절기 (b) IC 7812 외관

[그림 3-11] IC로 구현된 전압조절기의 역할

특정한 직류전압을 만들기 위해 IC 정전압조정기로는 7805, 7809, 7815 등이 있다. 78XX 시리즈에서 뒷자리 두 숫자들이 출력전압이다. 7805는 +5V, 7809는 +9V, 7812는 +12V용이다. 반면 79XX 시리즈에서 7905는 -5V용이고 7915는 -15V용이다. 각 단자의 사용법은 웹상의 자료를 참고하길 바란다. 컴퓨터용 전원으로 사용되는 스위칭방식인 SMPS라 불리는 전압조정기도 있다.

[실험장비 및 부품]

사용장비	품 목	정 격	소요량
Oscilloscope Multimeter Breadboard Power supply	Resistor LED Zener diode Diode Capacitor Transformer Voltage regulator	100Ω, 220Ω, $1k\Omega$ Red, Green 1N4735(or 1N753) 1N4001~7 $100\mu F$/25V 220V/9V 7805, 7812	각 1개 각 1개 1개 4개 1개 1개 각 1개

2. 일반 정류 다이오드와 Zener 다이오드의 역방향 특성 비교하기 위해 다음 그림과 같이 각각 회로를 구성하시오.

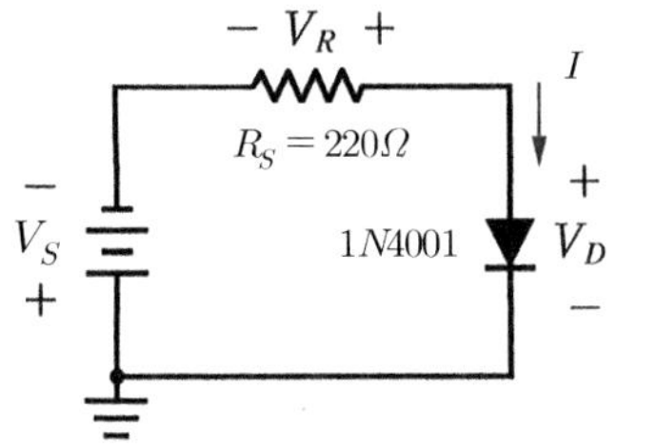

(a) 일반 다이오드

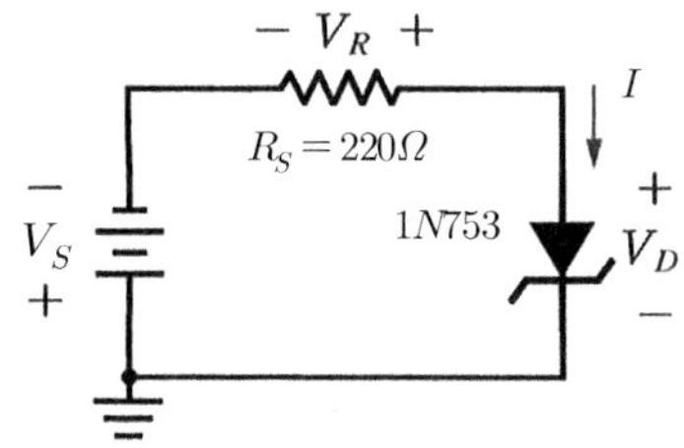

(b) Zener 다이오드

1〉 그림 (a)와 (b)에서 디지털멀티미터(DMM)를 사용하여 전압원의 값을 변화시키면서 해당 다이오드 전압 및 다이오드 전류를 측정하시오. 전류는 Ohm법칙을 적용하시오.

[표 3-2]

	V_S	-2	-4	-6	-6.1	-6.2	-6.3	-6.5	-7	-8
(a)	V_D									
	I									
(b)	V_D									
	I									

2〉 표 3-2를 이용하여 각 다이오드의 역방향 전류-전압특성 그래프를 그리시오.

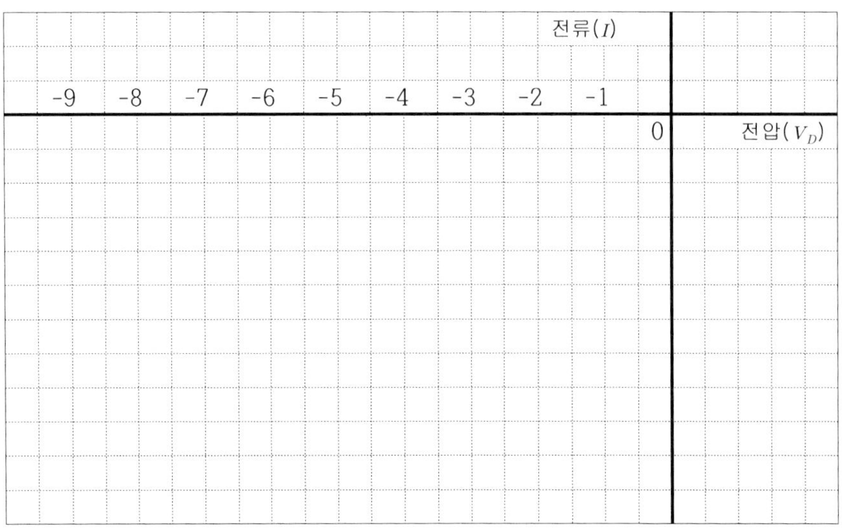

3〉 실험으로부터 Zener 다이오드 1N753의 Zener 전압 V_Z 값은?

4〉 위의 두 그래프들에 대해 역방향특성의 차이점은 무엇인가?

3. Zener 다이오드를 활용한 전압 조절기

위의 Zener 회로실험에서 무부하일 경우에 그래프를 그려보았다. 그러나 이 회로에서 실제로 응용하여 사용하려면 그림과 같이 부하(R_L)를 연결해야 한다. 부하저항이 연결된 회로를 구성하시오.

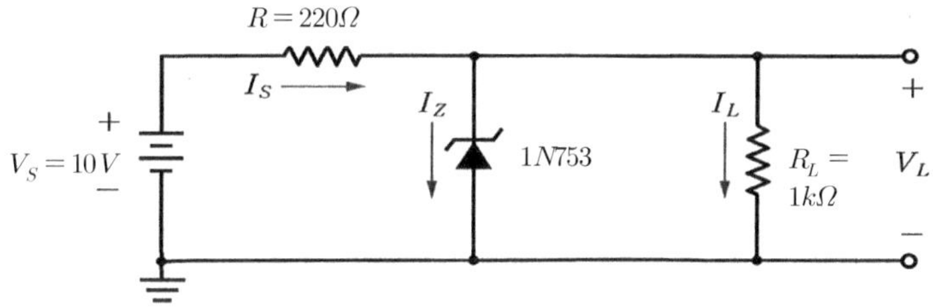

1〉 예비보고서를 바탕으로 전원전류(I_S), Zener 전류(I_Z), 부하전류(I_L) 및 출력전압(V_L)을 측정하여 이론치와 실험치를 비교 · 검토하시오.

[표 3-3]

	V_Z[V]	V_L[V]	I_S[mA]	I_L[mA]	I_Z[mA]
이론치					
측정치					
오차(%)					

2〉 Kirchhoff 전류법칙 및 전압법칙이 성립하는가? 수치적으로 증명하시오.

- $I_S = I_Z + I_L$

- $-V_S + V_{Rs} + V_L = 0$

- $V_Z = V_L$

3〉 만약 부하저항 $R_L = 100\Omega$으로 바꾼다면 Zener 다이오드는 여전히 전압조절기로 동작하는 지를 익혀 보자.

〈1〉 다음 표를 완성하시오.

	이론치	측정치	오차(%)
V_{TH}[V]			
$V_L = V_Z$[V]			

〈2〉 측정한 출력전압은 $V_Z = 6.2\,V$로 동작하는가? 동작하지 않는다면 그 이유가 무엇인가를 등가회로를 구한 후 답하시오.

4. 전압 조절기

다음 회로를 구성(실험 2장의 전파정류회로 참조)하고 물음에 답하시오.

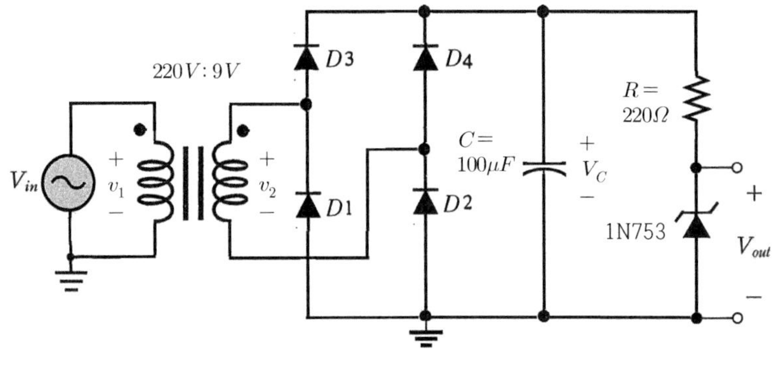

1〉 오실로스코프의 눈금을 조정하여 파형을 그리시오.

- ▶ 청색: 변압기 2차 전압(v_2)
- ▶ 적색: 커패시터 C 양단전압(V_C)
- ▶ 흑색: Zener 다이오드 양단전압(V_{out})

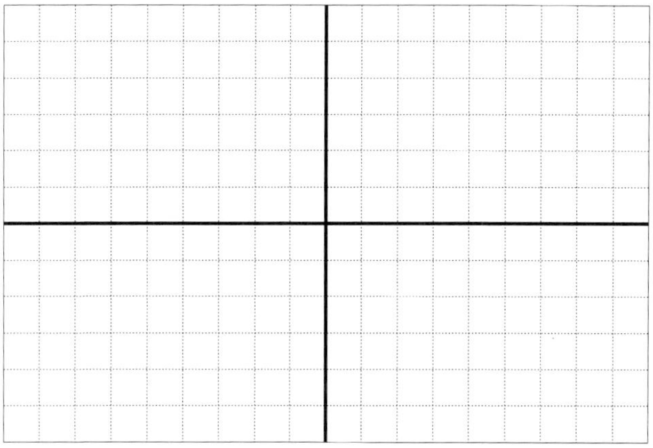

2〉 오실로스코프를 이용하여 위의 그래프로부터 다음 값을 구하시오.

	변압기 2차 전압			전압	
	$V_{pp(2)}$	$V_{m(2)}$	f_{in}	V_C의 평균값	V_Z
이론치					
측정치					
오차(%)					

3〉 위 회로에서 저항 R과 Zener 다이오드를 제거하고

〈1〉 IC 7805 또는 7812를 회로에 각각 연결하여 측정하면 각 출력전압은 얼마인가?

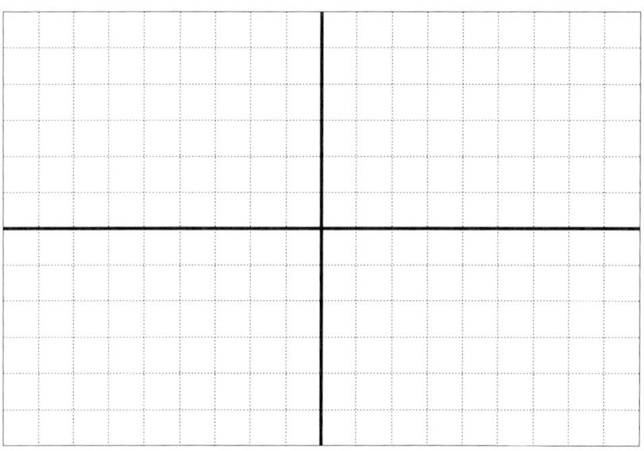

——— : 7805
volt/div: ______

●●●●● : 7812
volt/div: ______

〈2〉 위 실험에서 7812의 경우 출력전압이 12V가 안 되는 이유는?

[토의 및 심화학습]

1. Zener 다이오드의 전류-전압특성 그래프를 그리시오.

1〉 이 다이오드가 주로 활용되는 영역은 몇 상한이며 순방향인가 아니면 역방향인가?

2〉 Zener 다이오드의 기호는?

3〉 Zener 다이오드는 주로 어디에 활용되는가?

2. Zener 다이오드에서 부하 R_L을 연결할 때, 무조건 Zener 전압이 출력되지 않는다. 정상적으로 동작하려면 어떤 조건이 만족되어야 하는가를 구하는 과정을 쓰시오.

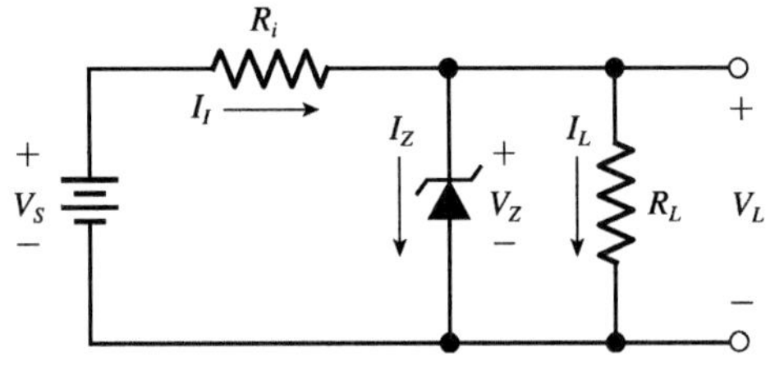

Step 1:

Step 2:

Step 3:

3. 웹상에 자료로부터 전압조절기 7805와 7905의 그림을 그려 각 단자를 표기하시오.

1〉 7805 2〉 7905

4. 회로에 교류전압이 존재하는지의 여부를 시각적으로 판단하는데 LED는 자주 사용된다. 여기서 전원전압은 실효값이며 LED가 순방향이면 약 2V의 전압강하가 있지만 무시한다. 다음 회로에 대해 물음에 답하시오.

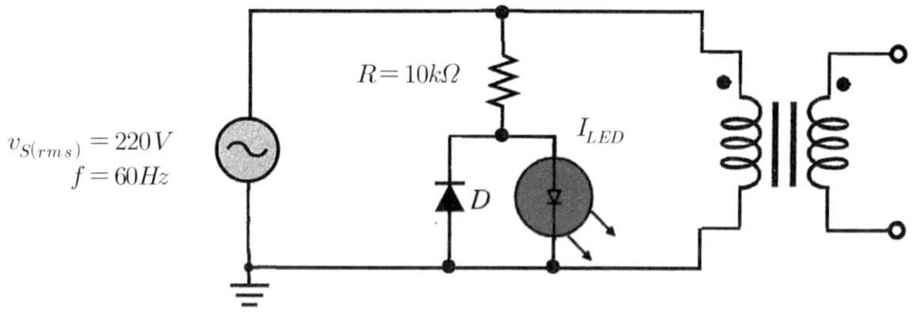

1〉 교류 전압원이 존재하는 경우, 위의 회로 동작을 설명하시오.

2〉 LED에 흐르는 전류파형 I_{LED}를 그리고 이것의 평균값 I_{avg}를 구하시오. 그래프에 주기 T 및 최대치(피크치) I_m를 나타내시오. 답: $I_{avg} = 9.90mA$

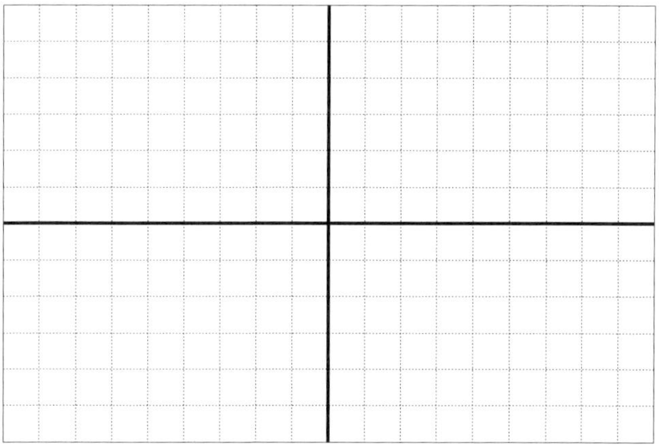

. $I_m =$

. $T =$

. $I_{avg} =$

3〉 $R = 10k\Omega$일 때, 저항에서 소비되는 전력(power)은? 전력은 통상 실효치로 표기한다.

답: $4.84W$

4〉 일반 다이오드를 그림과 같이 LED와 병렬로 연결하는 이유는?

5〉 저항 R과 같은 임피던스값을 가지는 커패시터 C로 교체하고자 한다.

〈1〉 용량성 리엑턴스 X_C를 구하시오. 이로부터 적정한 C값을 구하시오.

답: $C = 15.92\mu F$

〈2〉 C에서 소비되는 전력을 구하시오.

〈3〉 C를 사용하는 것이 R을 사용하는 것보다 어떤 장점이 있는가?

실험4장
BJT 특성

1. 트랜지스터(transistor) 작용
2. 트랜지스터(transistor) 전류-전압특성
3. BJT 트랜지스터를 사용한 인버터

Experiment 4

BJT 특성

Bipolar Junction Transistor

실험목적

트랜지스터는 다이오드를 기반으로 하여 두 개의 접합들로 이루어진 3단자 소자(이미터, 베이스 및 컬렉터)로서 증폭작용 또는 스위칭작용(논리회로)이 가능하다. 트랜지스터의 동작조건을 익히기 위해 입력 및 출력특성을 파악한다.

기초이론

트랜지스터는 거의 모든 전기전자장비에 반드시 있는 소자라고 할 수 있다. 이미 배운 다이오드의 기본적인 사항을 바탕으로 차근히 해석을 한다면 관련 바이폴러 트랜지스터 특성들을 무리없이 이해할 수 있을 것이다.

1. 트랜지스터(transistor) 작용

트랜지스터란 단어 'trans'와 'resistor'의 합성어로서 측정단자에 따라 측정 저항값이 다르다는 것이다. 즉 전류가 흐르면 해당 전류값이 달리 측정된다는 것이다.

1) 트랜지스터 구조 및 기호

우리는 다이오드 특성에 대해 배웠다. 그림 4-1에서 다이오드와 트랜지스터는 P형 반도체와 N형 반도체의 조합으로 이루어져 있다. 트랜지스터는 3개의 단자들을 가지며 각각 이미터(E: emitter), 베이스(B: base) 및 컬렉터(C: collector)라 부른다. 트랜지스터는 두 개의 접합을 가지며 각각 이미터-베이스 접합과 컬렉터-베이스 접합이라 부른다. 상용 트랜지스터인 2N3904, 2N2222A, C1959 등에서 2N은 두 개의 접합들을 의미한다.

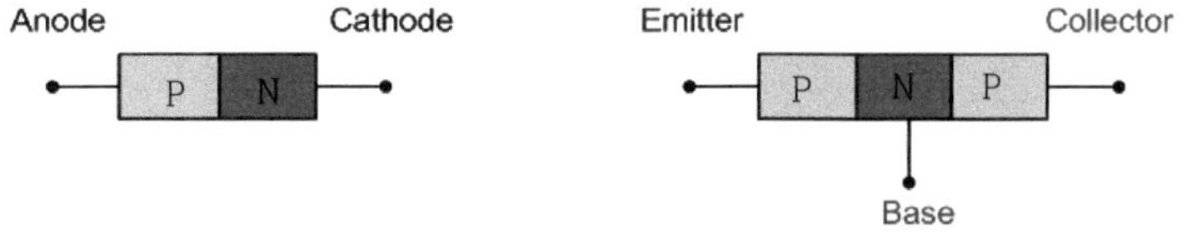

(a) 다이오드(2단자) (b) 트랜지스터(3단자)

[그림 4-1] 다이오드와 트랜지스터 구분

2〉 트랜지스터 종류 및 구분법

그림 4-2는 트랜지스터의 두 가지 형태들(types)을 나타낸다. 하나는 NPN형으로서 두 개의 N형 사이에 P형 영역이 사이에 끼여 있는 상태이고 나머지 하나는 PNP형으로서 두 개의 P형 사이에 N형이 끼인 구조이다. 트랜지스터가 NPN형 혹은 PNP형이든지 간에 화살표가 있는 곳이 이미터(emitter)를 나타낸다.

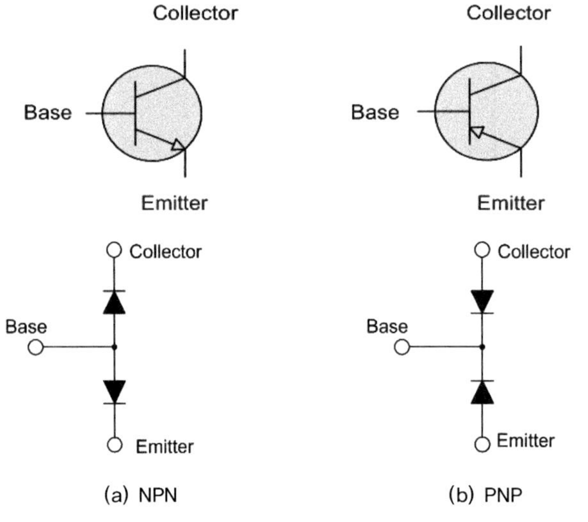

[그림 4-2] 트랜지스터의 기호 및 다이오드 등가구조

트랜지스터는 두 개의 다이오드를 서로 역으로 직렬연결한 구조로서 이 그림만으로는 단순히 트랜지스터의 신호증폭을 설명하기 어렵다. 증폭은 뒤에 설명한다.

그림 4-3은 상용되고 있는 여러 가지 트랜지스터의 종류와 외관 및 내부적인 이미터, 베이스, 컬렉터의 세 단자들의 배치를 나타낸다. 기판위에 IC공정에 따라 컬렉터를 형성하고 연속하여 베이스를 만든 후, 마지막으로 더 높은 농도의 5가 불순물을 사용하여 이미터를 제작한다. 이 후 금속공정으로 세 단자를 만들어 완성한다.

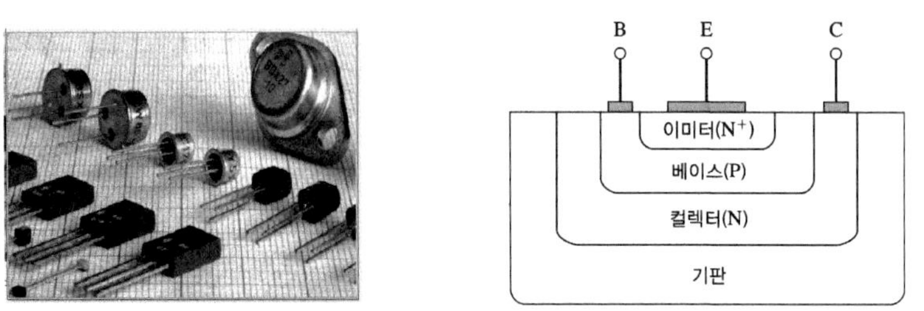

[그림 4-3] 트랜지스터의 외관 및 내부적 구성

그림 4-4는 IC로 제작된 다이오드와 트랜지스터의 단면을 나타낸다. 이것들의 제작방법은 다이오드제작에 사용된 비슷한 기술이 활용되고 P형과 N형의 조합으로 이루어져 있다. IC공정에서 다이오드는 트랜지스터를 이용하여 간단히 구현할 수 있다. 그림 (a)의 다이오드는 그림 (b)의 트랜지스터에서 베이스와 컬렉터를 서로 연결하면 다이오드가 된다.

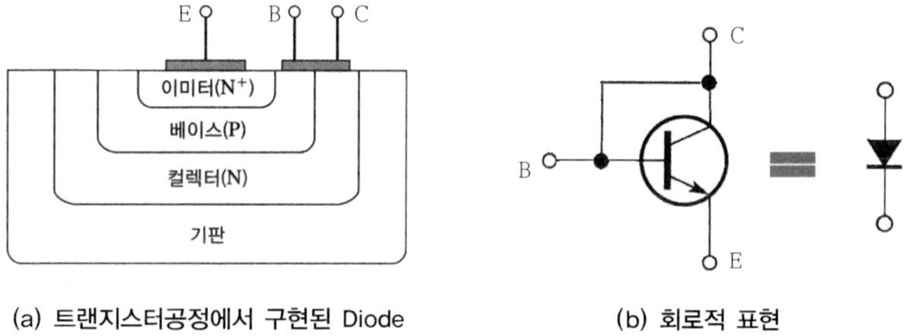

(a) 트랜지스터공정에서 구현된 Diode (b) 회로적 표현

[그림 4-4] 다이오드는 트랜지스터에서 컬렉터와 베이스를 연결하여 구현한다.

3〉 트랜지스터에서 전류는 어떻게 제어되는가?

그림 4-5는 NPN형에서 전압과 전류를 유념하여 분석해 보자. 먼저 베이스와 이미터간의 전압극성에 따라 베이스전류(I_B)가 흐른다. 그림 (a)의 이미터와 베이스($E-B$) 간의 PN접합이 순방향 바이어스되어(forward-biased) 이미터전류(I_E)가 흐른다. 반면 그림 (b)는 이미터접합($E-B$)이 역방향 바이어스되므로(reverse-biased) 컬렉터전류(I_C)가 0이 된다.

우리는 다이오드에서 배운 화살표에 그 의미를 두면 그 해석이 쉽게 된다. 일단 컬렉터 전류가 흐르려면 반드시 이미터접합이 순방향되어야 한다는 것이다. 순방향으로 된 상태에서 일단 이미터를 출발한 전자들이 대부분 베이스로 들어가고 컬렉터에 도착하는 것이다.

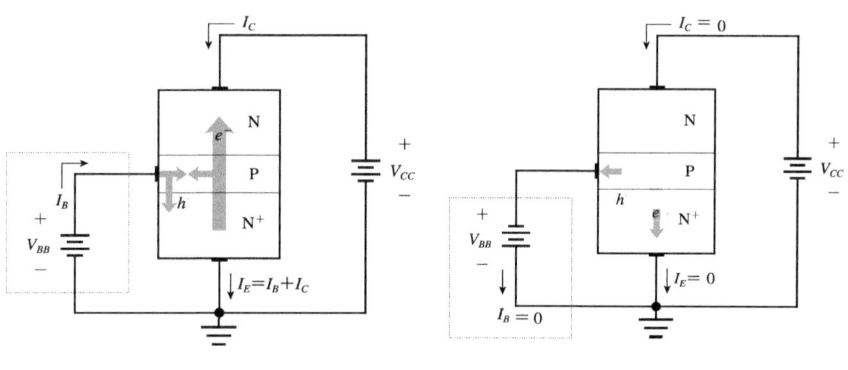

(a) 순방향 바이어스 (b) 역방향 바이어스

[그림 4-5] 간단한 트랜지스터 전도와 차단

그림 4-6는 BJT의 동작원리 및 바이어스에 따른 각 전류의 방향을 표시하고 있다. 쌍극성 접합 트랜지스터(BJT: bipolar junction transistor)란 전류에 영향을 주는 것들이 전자들(electrons)과 정공들(holes)인 두 개이고 P와 N의 접합으로 이루어져 있기 때문이다. 어떻게 하여 전류가 흐르는 살펴보자. 먼저 이미터-베이스 접합이 **'순방향 바이어스'**되어 이미터에서 전자들이 쉽게 베이스로 넘어간다. 이 전자들중에서 적은 수가 베이스에서 정공들과 결합하여 베이스전류를 형성한다. 컬렉터-베이스 접합에 도달한 대부분의 전자들은 큰 '역방향 바이어스전압'으로 인해 컬렉터쪽으로 끌려간다. 그러나 베이스전류(I_B)가 없다면 트랜지스터는 동작하지 않는다. BJT는 전류모드로 동작하며 I_B의 크기에 따라 컬렉터에서 이미터로 혹은 이미터에서 컬렉터로 흐르는 전류가 조절된다.

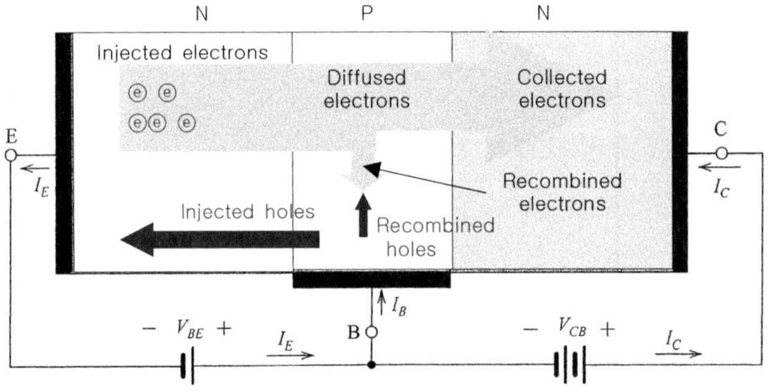

(a) 두 접합면들의 바이어스에 따른 전자전류 및 정공전류

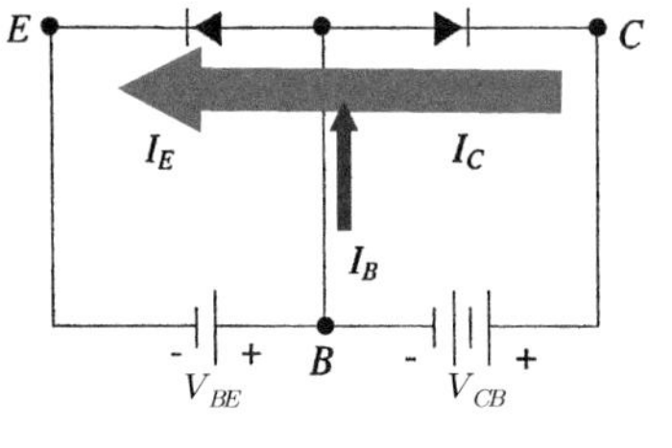

(b) 전압과 전류로 나타낸 회로적 표현

[그림 4-6] NPN 바이폴러 트랜지스터 동작원리 및 바이어스

4〉 트랜지스터에서 단자구분

각 단자들을 구분하는 여러 가지 방법으로 측정계기를 이용하든지 데이터시트를 참조한다. 각 단자는 제작사에 따라 Emitter, Base 및 Collector 단자들의 위치가 서로 다르므로 주의한다.

2. 트랜지스터(transistor) 전류-전압특성

1) 왜 컬렉터전류(I_C)와 이미터전류(I_E)는 거의 같은가?

우리가 자주 사용하는 NPN형 BJT에서 우선 KCL을 적용해 보자. N형 이미터에서 전자들이 P형인 베이스로 흘러 들어간다. 베이스영역은 아주 좁으므로 극히 일부가 정공들과 재결합한다. 그러나 대부분의 전자들이 역방향된 컬렉터 바이어스 전압으로 인해 컬렉터 영역으로 넘어가서 컬렉터전류를 형성한다.

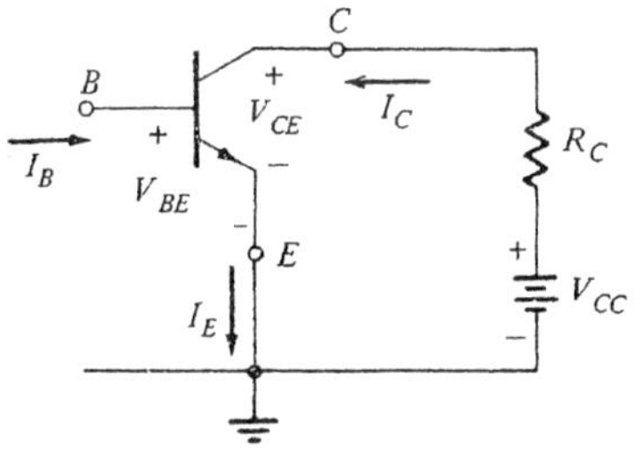

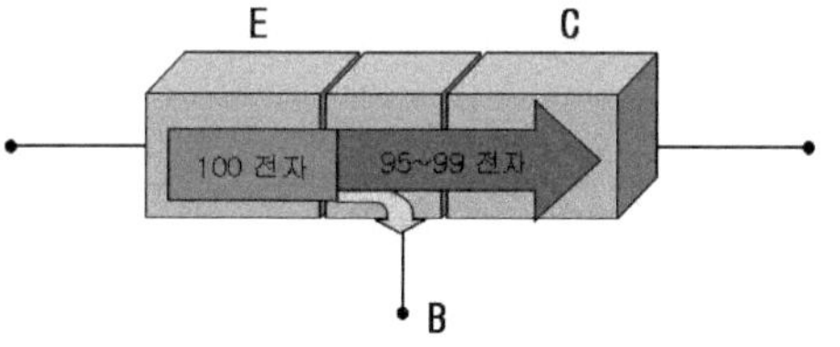

[그림 4-7] BJT에서 각 단자의 바이어스 및 전류분배

NPN 트랜지스터에서 KCL을 적용하고, 베이스전류가 아주 적다고 하면(실제로 아주 작다.) KCL을 적용하여 다음 식을 구한다.

$$I_E = I_C + I_B, \quad I_E \simeq I_C \tag{4-1}$$

좀 더 구체적으로 설명하면 이미터전류(I_E)와 컬렉터전류(I_C)의 비를 이미터 주입효율(emitter injection efficiency: α)이라고 하며, 대략 0.95~0.99로 거의 1에 가깝다. 즉 그림 4-7에 나타낸 것처럼 거의 모든 전자가 컬렉터로 전달된다는 것이다.

$$\alpha = \frac{I_C}{I_E} \simeq \frac{99}{100} = 0.99 \tag{4-2}$$

또한 베이스전류(I_B)와 컬렉터전류(I_C)의 비를 전류증폭률(h_{fe} or β: 전류이득)이라 부른다. 즉, 베이스 전류변화가 약 100배의 컬렉터 전류변화를 만든다는 것이다.

$$\beta = \frac{I_C}{I_B} = \frac{I_C}{I_E - I_C} = \frac{I_C/I_E}{I_E/I_E - I_C/I_E} = \frac{\alpha}{1-\alpha} \simeq \frac{99}{1} = 99 \tag{4-3}$$

만약 E를 출발하는 전자가 1,000개이고 995개가 C에 도달하면 전류이득은 다음과 같다.

$$\beta = \frac{I_C}{I_B} = \frac{\alpha}{1-\alpha} \simeq \frac{995}{5} = 199 \tag{4-4}$$

그림 4-8은 왜 컬렉터-베이스 접합을 흐르는 컬렉터전류 I_C가 베이스전류 I_B보다 큰 이유를 설명한다. 컬렉터-베이스전압 V_{CB}가 접합을 역방향 바이어스시킨다. 먼저 이미터-베이스전압 V_{BE}는 접합을 순방향 바이어스시킨다. 만약 트랜지스터가 단순히 2개의 다이오드 접합이라면 결과는 I_B와 I_E는 크고 $I_C=0$일 것이다. 그러나 베이스영역은 좁고 적게 도핑되어 이미터에서 오는 전자들과 재결합이 적으므로 베이스전류가 적다. 실제적으로 I_E와 I_C는 크고 I_B는 적다.

이 베이스전류가 작지만 매우 중요하다. 그 이유는 트랜지스터의 베이스단자가 개방되면 베이스전류는 0이다. 두 전압 V_{CB}와 V_{BE}는 중첩되어 더 전류를 흐르게 할 것 같지만 사실이 아니다. 베이스전류가 없으면 이미터전류도 없고 따라서 컬렉터전류도 없다. 이미터에서 전자들이 출발하기 위해서는 이미터접합이 순방향 바이어스되어야 한다.

이와 같이 각 접합에서 바이어스에 따라 저항의 차이가 발생한다. 두 저항을 흐르는 전류가 같으므로 두 단자 사이에 전압차 및 전력차가 발생하고 신호증폭이 된다.

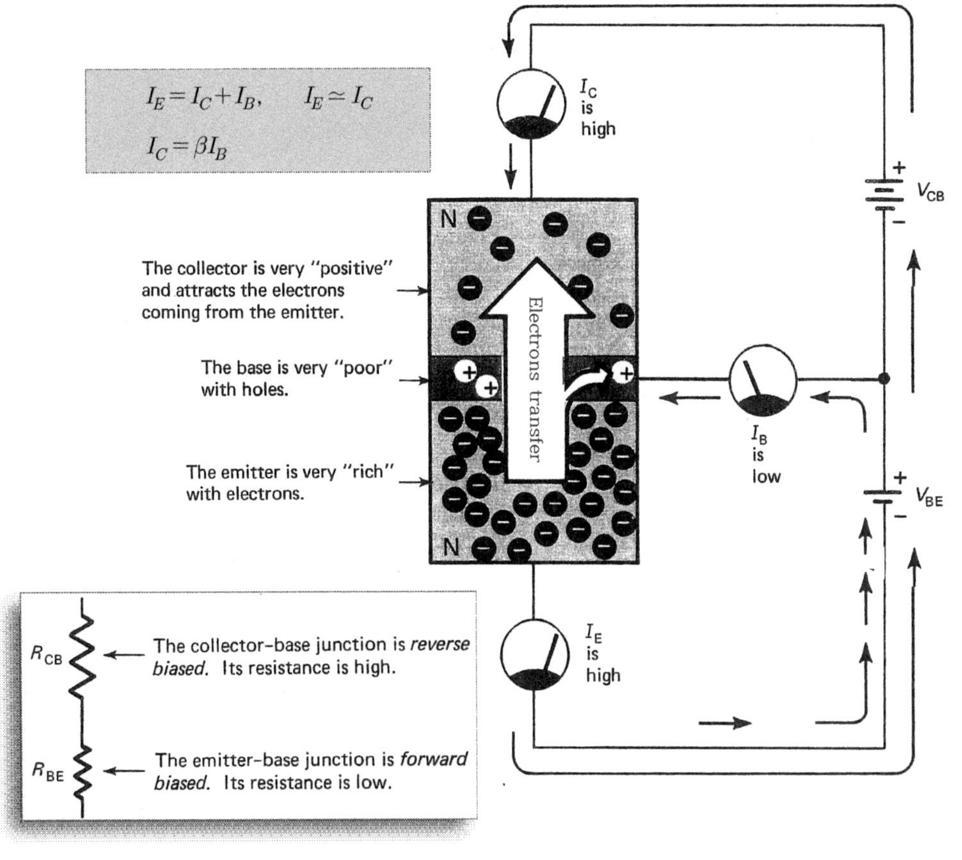

[그림 4-8] NPN BJT에서 각 단자의 저항비교 및 전류

2〉 입력 및 출력특성

우리는 앞에서 다이오드 특성을 학습하였다. 그림 4-9는 BJT에서 입력특성은 서로 다른 V_{CE} 값에 따른 I_B 대 V_{BE} 그래프를 나타낸 것이다. 이 곡선으로부터 전류가 흐르기 시작하는 전압 $V_{cutin}=0.5V$ 과 턴온전압 $V_{BE(on)}=0.7V$을 구할 수 있다.

또한 컬렉터를 이미터에 단락시키고 이미터를 순방향 바이어스하면 입력특성은 다이오드 특성과 동일하다. 반면 $V_{CE}=2V$이면 Early효과에 의해 I_C가 증가한다. 이 설명은 그림 4-9와 잘 비교하길 바란다.

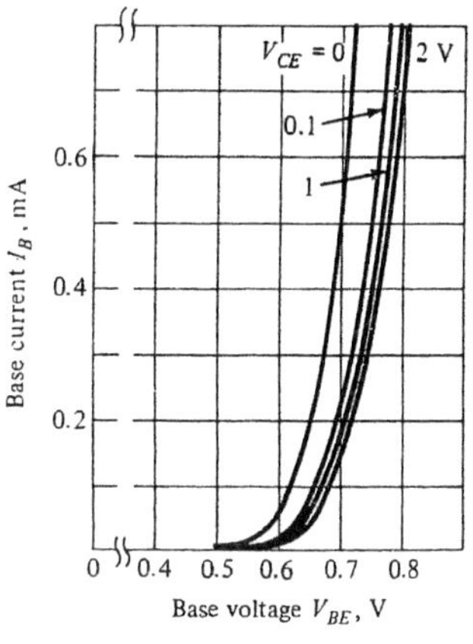

[그림 4-9] 2N2222A 입력특성

그림 4-10은 서로 다른 베이스전류(I_B)에 대해 I_C 대 V_{CE} 그래프를 나타낸 것이다. 입력전류 I_B를 제어함으로써 출력전류 I_C를 결정하는 전류제어 소자이다. 특히 그림과 같이 $V_{CE(sat)}\simeq 0.3V$ 임을 염두하고 이는 포화영역과 활성영역을 구분하는 기준이 된다.

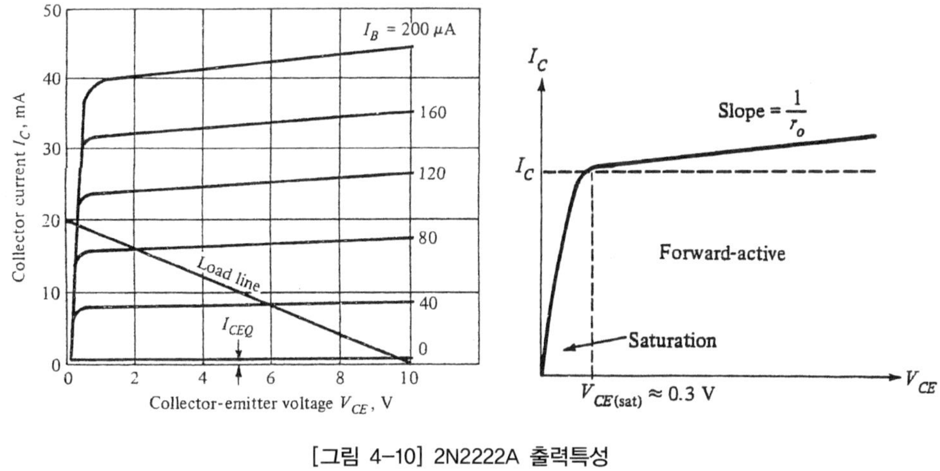

[그림 4-10] 2N2222A 출력특성

일반적으로 바이어스를 조절하여 베이스전류 I_B를 일정하게 한다. 이 때 V_{CE}를 증가시키면 그림과 같이 컬렉터전류가 약간 증가하는데 이는 유효 베이스 폭이 감소하여 전자들이 재결합되는 확률을 감소시켜 컬렉터로 더 많은 전자들이 끌려가기 때문이다. 이 현상을 'Early효과'라고 부른다. 즉 V_{CE}의 변화로 I_C가 변화하므로 이것의 기울기를 구하면 등가저항 r_0을 구할 수 있다. 이는 추후 논의할 등가회로 모형에 활용된다. 위 특성곡선의 활성역역에서 전류이득은 대략 $\beta=I_C/I_B\simeq 200$이다.

3〉 동작영역

트랜지스터를 두 가지 부류로 구분하면 작은 교류신호를 큰 신호로 바꾸는 것(증폭작용)과 ON/OFF 역할을 하는 것(스위칭 작용)으로 구분된다. 두 가지 활용분야인 증폭작용과 스위칭작용으로 구분하면 활성영역은 증폭작용에 사용되며 포화영역과 차단영역은 스위칭의 ON 및 OFF로 사용된다. 이 사실은 추후 트랜지스터의 동작영역을 다루는 바이어스 문제를 다룰 때 고려해야 한다. 그림 4-10에 트랜지스터의 동작모드를 모두 나타내고 있다.

– 활성영역(active region): $V_{CE} > V_{BE}$

: 베이스전류(I_B)가 흘러 트랜지스터가 ON되고 컬렉터-이미터간 전압(V_{CE})이 0.3V이상이 되면 트랜지스터는 증폭기로 동작한다. 이 영역에서 유념해야 할 사항은 E-B는 순방향이고 B-C는 역방향이다. 우리는 이 영역을 전류원(current source) 영역이라고 부른다.

– 포화영역(saturation region): $V_{CE} < V_{BE}$

: 베이스전류(I_B)가 너무 많이 흘러 트랜지스터가 ON되어 컬렉터-이미터전압이 너무 작아 닫힌 스위치이다. 이 영역에서는 E-B는 순방향이고 B-C도 순방향이다.

– 차단영역(cutoff region)

: 베이스전류(I_B)가 너무 작거나 0이면 트랜지스터는 OFF되므로 컬렉터전류(I_C)가 0이다. 이것은 보면 열린 스위치이다. 또한 이 영역에서는 E-B는 역방향이라면 컬렉터 전류가 흐르지 못한다.

그림 4-11은 베이스영역에서 전자들의 분포에 따라 동작모드를 이해하는데 도움을 준다. 차단영역은 전자들의 분포가 없으며 포화는 너무 많은 전자들이 있다.

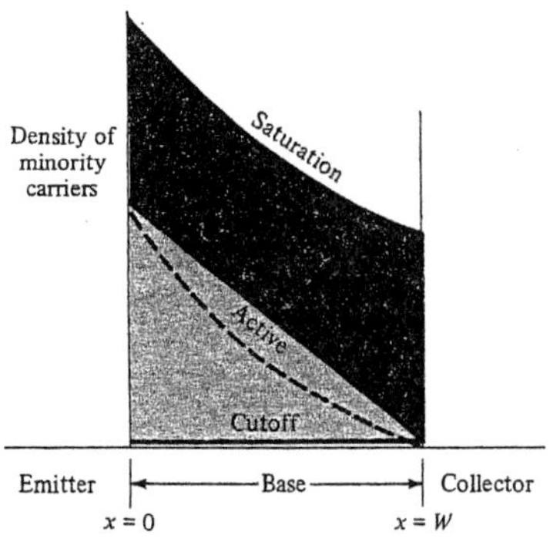

[그림 4-11] 베이스영역에서 전자들의 분포에 따른 동작모드

4〉 BJT의 컬렉터 전류-전압 특성곡선의 요약

그림 4-12는 BJT의 컬렉터 전류-전압 특성곡선을 나타내며, 그림에서 파선으로 나타낸 포물선은 포화영역과 활성영역의 경계지점들을 나타낸다. 즉 $V_{CE}=V_{BE}$가 되는 지점들이다. $V_{CE}>V_{BE}$이면 활성모드가 되어 컬렉터전류는 V_{CE}와 관계없이 일정한 값을 유지한다. 점차적으로 컬렉터전압이 감소하여 $V_{CE}<V_{BE}$이 되면 포화영역으로 진입하며, 컬렉터전류는 급격히 감소한다. 이와 같이 포화모드의 컬렉터전류는 베이스전류 I_B와 V_{CE}에 영향을 받는다.

포화영역에서는 베이스전류의 증가에 따른 컬렉터전류의 증가가 선형적이지 않으므로 증폭기에서 사용되지 않는 영역이다. 활성영역에서는 베이스전류가 증가하면 컬렉터전류도 선형적으로 증가하므로 선형동작영역이라고 부르며 증폭기로 사용되는 영역이다.

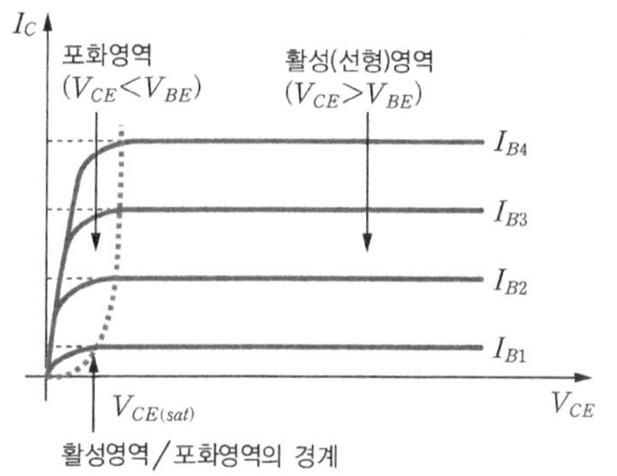

[그림 4-12] 간략화된 BJT의 컬렉터 전류-전압 특성곡선

5〉 등가회로 모형

특성곡선을 검토하면 활성영역에서 트랜지스터는 전류원(current source)으로 사용된다. 이는 전압의 변화에 관계없이 어떤 부하에 일정한 전류를 공급할 수 있기 때문이다.

우리는 기초 회로이론에서 전류원의 등가모형에서 이상 전류원과 병렬로 내부저항이 있다는 것을 배웠다. 종속 전류원은 βI_B이며 등가 내부저항은 r_0로 나타낸다. 그림 4-12를 참고하면 활성영역에서 그림 4-13과 같은 등가회로를 그릴 수 있으며 회로해석을 수행할 때 이 등가모형을 자주 이용한다.

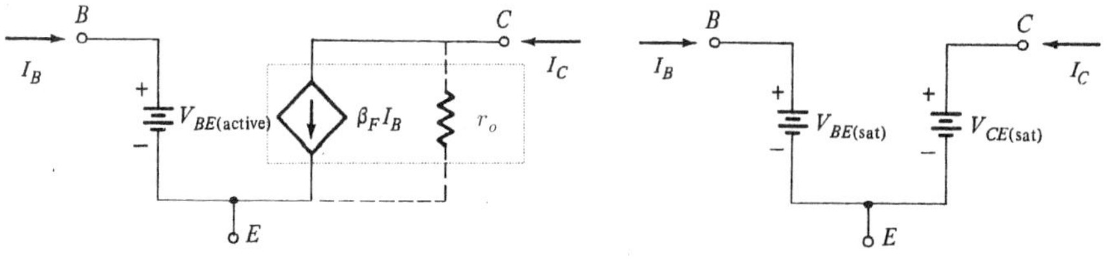

(a) 활성영역(전류원 영역) **(b) 포화영역**

[그림 4-13] 동작영역에 따른 트랜지스터 등가회로

3. BJT 트랜지스터를 사용한 인버터

전달특성이란 입력 대 출력의 관계를 나타낸 것이다. 트랜지스터로 구현되는 그림 4-14의 인버터(inverter)회로를 살펴보자. 먼저 입력전압(V_{in})이 변하면 베이스전류(I_B)도 변한다. 이에 따라 켈렉터전류(I_C)도 앞에서 설명한 동작모드에 따라 동작하여 이에 대응하는 출력전압(V_{out})을 구할 수 있다.

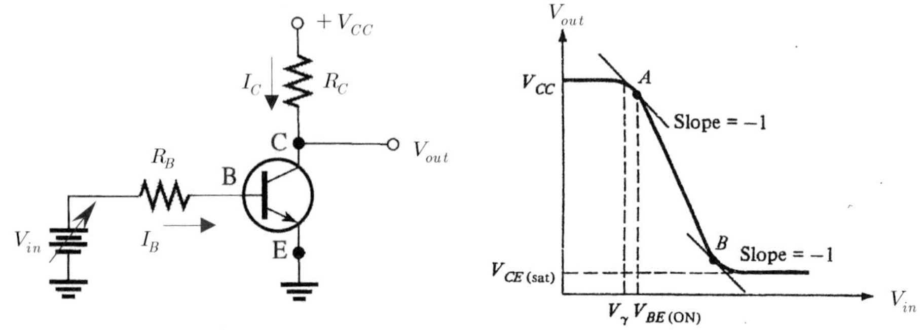

(a) 인버터 회로　　　　(b) 인버터의 전달특성

[그림 4-14] 트랜지스터 회로의 전달특성 곡선은 인버터를 나타낸다.

- $V_{in} \le 0.5$이면 트랜지스터는 차단되어 출력전압은 $V_{out} = V_{CC}$가 된다.
- V_{in}를 서서히 증가시키면 트랜지스터는 턴온(turn-on)되며 컬렉터 전류가 흐르게 된다.

  활성영역에서 $V_{BE} = 0.7V$, $I_C = \beta I_B$ 이므로

  베이스 전류는 $I_B = \dfrac{V_{in} - V_{BE}}{R_B}$ (4-5)

  컬렉터 전압은 $V_{out} = V_{CC} - I_C R_C = V_{CC} - \beta I_B R_C$

  $$= V_{CC} - \beta R_C \left(\frac{V_{in} - V_{BE}}{R_B}\right) \quad (4\text{-}6)$$

즉 출력전압은 입력전압의 증가에 따라 직선적으로 감소한다. 우리는 이 영역을 활성영역이라 부른다.

- 이 후 V_{in}를 계속하여 증가시키면 트랜지스터는 포화되기 시작한다.

  출력전압은 $V_{out} = V_{CE(sat)}$이 된다.

통상 V_{BE}가 순방향되어 트랜지스터가 ON되면 **활성영역** 또는 **포화영역**에 동작한다. 이 때 두 영역의 구분은 어떻게 하는가? 먼저 트랜지스터가 활성영역에 있다고 가정하여 V_{CE}값을 구하면 바이어스전압 V_{CC}와 관계를 논리적으로 비교하면 간단히 해결할 수 있다.

특히 식 $I_C = \beta I_B$는 활성영역에서만 적용할 수 있다는 사실을 명심하자. 증폭회로에 사용되는 영역은 활성영역(전류원영역)이며 디지털회로에 적용되는 영역은 포화(on) 및 차단(off) 영역이다.

> **▶ 디지털 인버터 회로**
> – 차단영역: 출력 HIGH('1' 상태)
> – 포화영역: 출력 LOW('0' 상태)
>
> ◉ 활성역역: $I_C = \beta I_B$ 사용

BJT의 컬렉터에 LED와 저항을 연결하고, 베이스에 충분히 큰 펄스전압을 가하는 경우를 고려하자. 베이스전압에 따라 컬렉터전류가 흘러 LED를 발광시킨다. 또한 출력전압 V_{CE}는 입력신호와 반대를 나타내는 인버터이다.

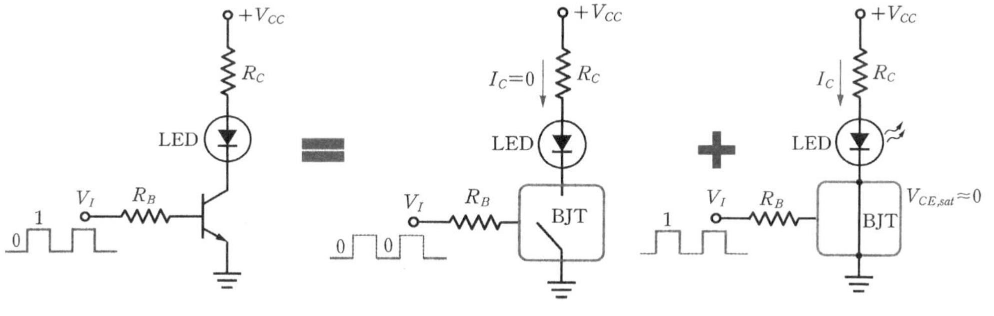

(a) 펄스로 구동되는 트랜지스터　(b) 차단영역(OFF)　(c) 포화영역(ON)

[그림 4-15] 포화 및 차단영역에서 스위치로 동작하는 디지털회로

[실험장비 및 부품]

사용장비	품 목	정 격	소요량
Oscilloscope DC power supply Multimeter Breadboard	Transistor Resistor Potentiometer	2N3904, 2N3906 100Ω, $1.5k\Omega$, $100k\Omega$ 10kΩ	각 1개 각 1개 2개

[예비보고서]

1. 다음 회로에 대해 답하시오. 먼저 Q_1은 2N3904이고 활성영역에 있다고 가정하시오.

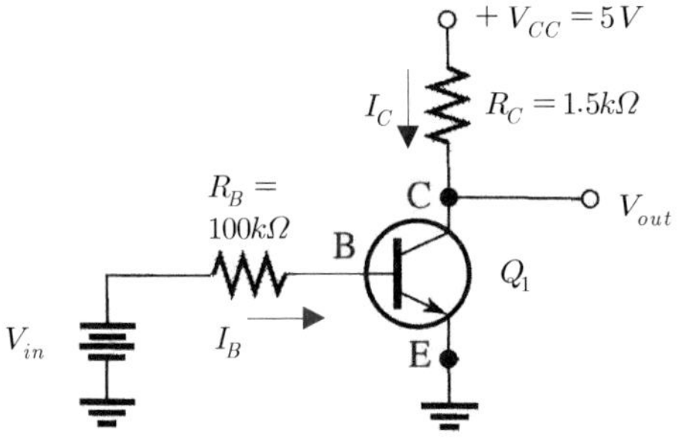

- $V_{in}=1.2V$
- $V_{BE}=0.7V$
- 전류이득 $\beta=150$

  $I_C=\beta I_B$

1) 다음 값들을 구하기 위해 관련 회로를 그려 계산하시오.

⟨1⟩ $I_B=$

⟨2⟩ $I_C=$

⟨3⟩ $V_{CE}=$

⟨4⟩ 세 단자들(C, B, E)에 대해 Kirchhoff 전압법칙을 적용하여 컬렉터와 베이스단자 간의 전압 V_{CB}를 구하시오.

$V_{CB}=$

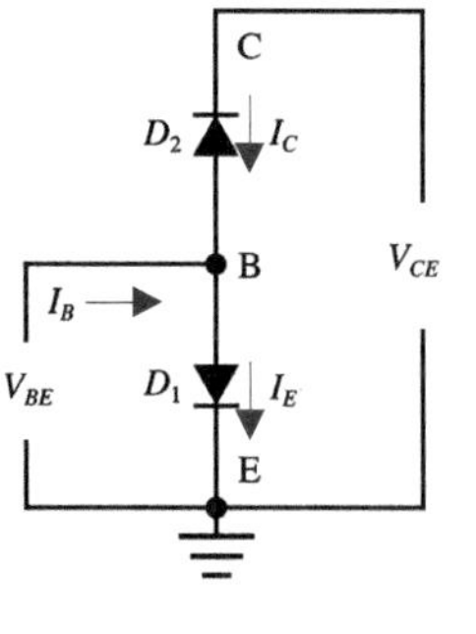

〈5〉 위의 결과로부터 이미터 접합은 (순, 역)방향 바이어스이고, 컬렉터 접합은 (순, 역) 방향 바이어스이다. 따라서 이 트랜지스터는 (활성, 포화, 차단)영역에서 동작한다.

2〉 위 회로에서 만약 $R_C = 10k\Omega$이 되면 위 트랜지스터는 어느 영역에서 동작하는가?

3〉 위 회로에서 V_{in}이 커지든지 베이스저항 R_B를 적게 하면 베이스전류 I_B가 증가한다. 다음 조건에 따라 위의 과정을 수행하고 동작영역을 구하시오.

〈1〉 $V_{in} = +5V$

〈2〉 $R_B = 10k\Omega$

4〉 $V_{in} = 0V$이면 위 트랜지스터는 어느 영역에서 동작하는가?

2. 다음 표에 각 영역에 맞는 전압극성을 나타내시오.

	V_{BE}	V_{CB}
활성(active)영역		
포화(saturation)영역		
차단(cutoff)영역		

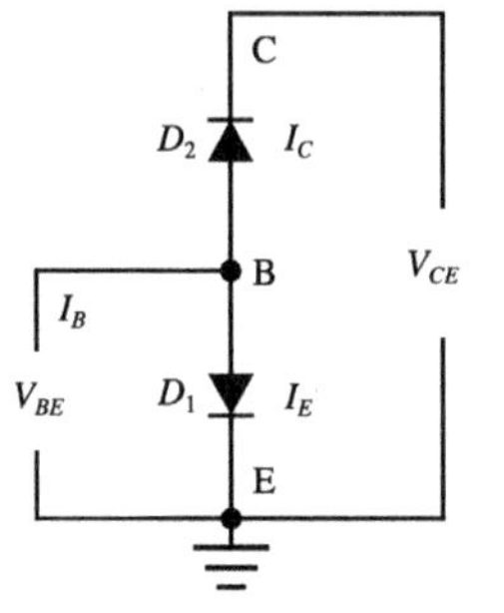

3. 다음과 같은 디지털회로에 대해 답하시오. 컬렉터전류 I_C가 흐르면 LED의 양단전압은 약 $2V$라고 한다. 해당설계가 타당한지를 검토하고 아니면 적절히 수정하여 구현하시오.

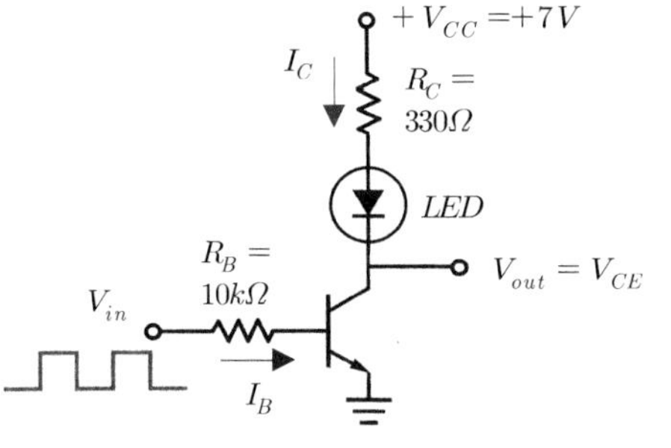

1) $V_{in}=5V$일 때, I_B, I_C 및 V_{CE}를 구하고, 트랜지스터는 어느 영역에서 동작하는가?

〈1〉 $I_B=$

〈2〉 $I_C=$

〈3〉 $V_{CE}=$

〈4〉 동작영역

3) 다음 표를 완성하시오.

	입력(V_{in})	출력(V_{out})	논리기호
논리상태	Low(0V)		
	High(5V)		

[결과보고서]

실험제목					
실험일자	년 월 일(요일)			담당교수	㊞
성 명		학 번		평 가	

1. BJT 2N3904의 세 단자(Emitter, Collector 및 Base)를 구분하는 방법을 익힌다.

1〉 그림과 같이 세 단자들에 대해 임의로 번호를 부여하고 브레드보드에 연결한다.

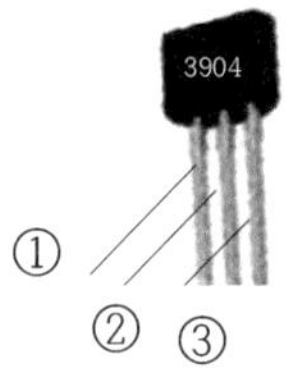

번호	단자명
①	
②	
③	

2〉 멀티미터의 선택스위치를 저항모드(저항측정)으로 맞추거나 다이오드 모드(전압측정)에 맞추어 아래 표를 완성하시오.

단계	단자번호 및 극성		저항모드(Ω)	다이오드 모드(V)	기타
	Red(+)	Black(-)			
Step 1	①	②			
Step 2	②	①			
Step 3	①	③			
Step 4	③	①			
Step 5	②	③			
Step 6	③	②			

〈1〉 베이스단자

위의 표로부터 극성에 관계없이 두 단자들이 높은 저항값을 지시하면 이를 단자들을 제외한 나머지 단자가 Base(B)이다. 그 이유를 설명하시오.

〈2〉 트랜지스터 타입(PNP 혹은 NPN) 및 이미터, 컬렉터 단자 구분

먼저 음(-)단자를 Base에 연결하고 양(+)단자를 나머지 한 단자에 접속한다. 이 경우 멀티미터의 저항값이 낮으면 이 트랜지스터는 PNP형이다. 반대로, 즉 양(+)단자를 Base로 하고 음(-)단자를 나머지 두 곳을 접속하여 저항값이 낮으면 이 트랜지스터는 NPN형이다.

컬렉터와 이미터를 구분하자.

- 트랜지스터를 **NPN형**이라 하자. 양(+)단자를 Base에 연결하고 음(−)단자를 나머지 두 개에 대해 교대로 접속한다. 저항값을 측정하면 상대적으로 더 낮은 저항값을 가지는 쪽이 Collector(C)이다.
- 트랜지스터를 **PNP형**이라 하자. 양(−)단자를 Base에 연결하고 양(+)단자를 나머지 두 개에 대해 교대로 접속한다. 저항값을 측정하면 상대적으로 더 낮은 저항값을 가지는 쪽이 Collector(C)이다.

〈3〉 측정된 세 단자들의 명칭들을 1〉의 표에 나타내시오.

2. 트랜지스터 2N3906에 대해 위의 과정을 반복하여 각 단자를 그림에 나타내시오.

단계	단자번호 및 극성		저항모드(Ω)	다이오드 모드(V)	기타
	Red(+)	Black(-)			
Step 1	1	2			
Step 2	2	1			
Step 3	1	3			
Step 4	3	1			
Step 5	2	3			
Step 6	3	2			

[2N3906]

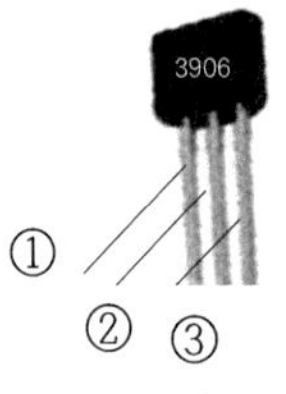

번호	단자명
①	
②	
③	

3. 위의 실험에서 Diode 모드에서 이미터(E), 베이스(B) 및 컬렉터(C)를 구분하는 방법과 이유를 설명하시오. 각 단자 간의 전압값을 측정한다.

1〉 베이스(base) 단자

2〉 NPN 또는 PNP 구분

3〉 이미터(emitter)와 컬렉터(collector) 구분

4. 트랜지스터 2N3904에 대한 입력특성을 구하고자 한다.

1〉 회로구성

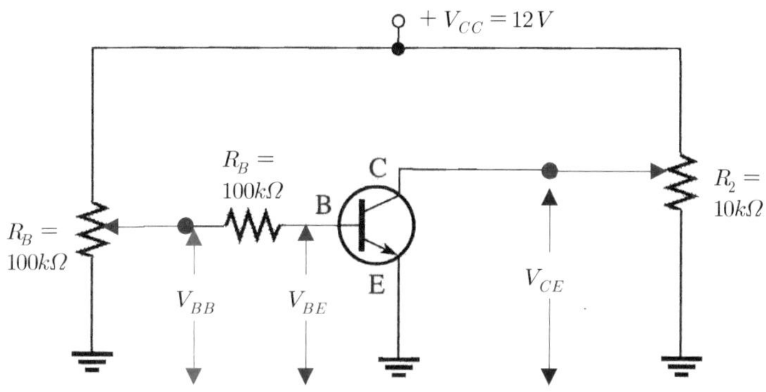

2> 트랜지스터 및 Potentiometer에서 각 단자들의 연결에 유념하여 부품들을 배치하고 상호 연결하시오. 트랜지스터는 E, B, 및 C로 표시하시오.

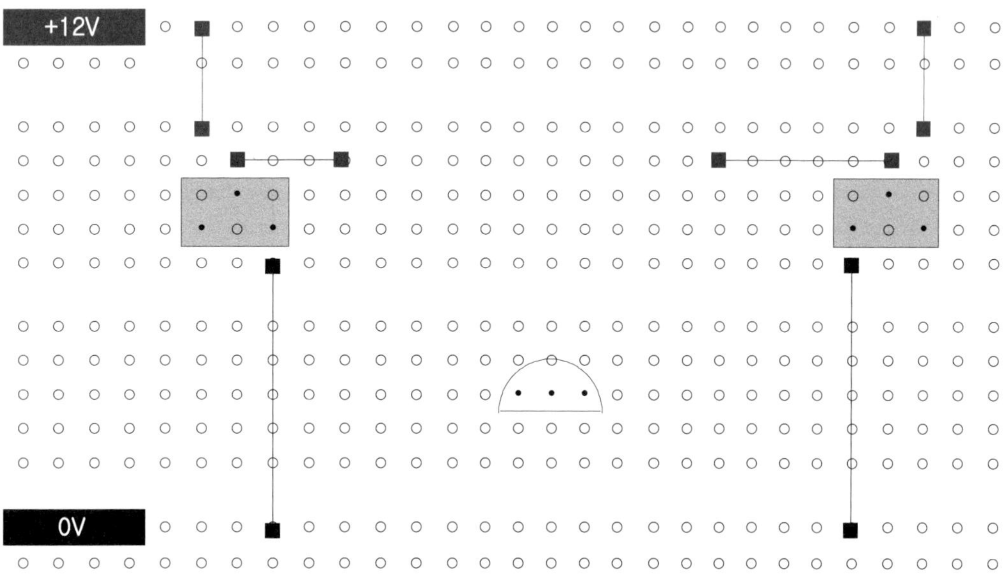

3> 그림과 같이 컬렉터에 연결된 전위차계 R_2를 조절하여 $V_{CE}=3V$로 하여 컬렉터와 베이스 간의 전압이 역방향이 되게 한다. 이 후 R_1을 조절하여 V_{BB}를 0에서 증가시킨다. 베이스전류는 Ohm 법칙 $I_B=(V_{BB}-V_{BE})/R_B$를 이용하시오.

V_{BB}[V]								
V_{BE}[V]	0.2	0.3	0.4	0.5	0.55	0.6	0.65	0.7
$I_B[\mu A]$								

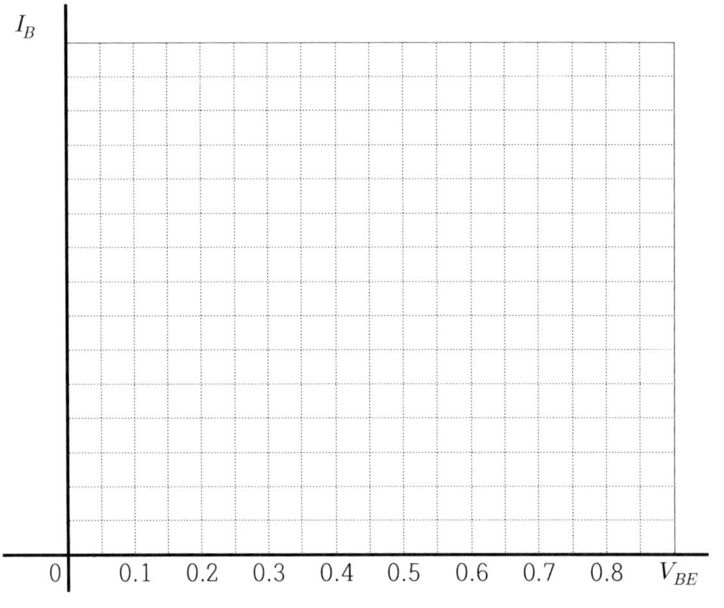

5. 트랜지스터 2N3904에 대한 출력특성을 구하고자 한다.

1> 다음과 같이 회로를 구성하시오.

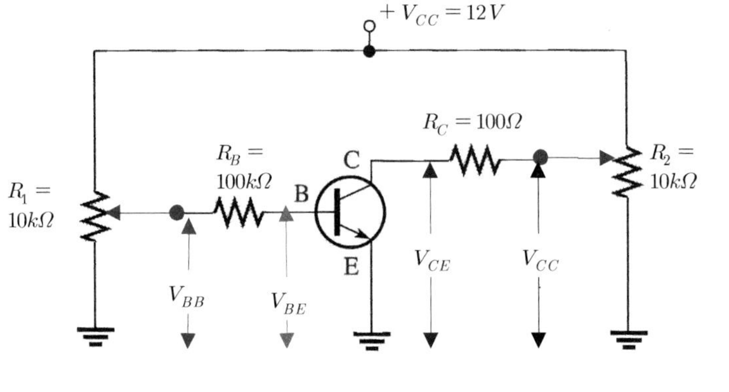

2〉 다음 표에 나타낸 전압 및 전류값을 측정하여 구하고 이를 바탕으로 그래프를 그리시오. 전류는 측정된 전압값을 이용하여 Ohm 법칙 $I_C=(V_{CC}-V_{CE})/R_C$으로 구하시오.

〈1〉 $V_{BB}=1.7V$, $I_B=10\mu A$

V_{CC}[V]	V_{CE}[V]	$I_C[mA]$	β	동작영역
	0.1			
	0.3			
	0.5			
	1			
	2			
	3			
	4			
	5			

〈2〉 $V_{BB}=3.7V$, $I_B=30\mu A$

V_{CC}[V]	V_{CE}[V]	$I_C[mA]$	β	동작영역
	0.1			
	0.3			
	0.5			
	1			
	2			
	3			
	4			
	5			

〈3〉 $V_{BB}=5.7V$, $I_B=50\mu A$

V_{CC}[V]	V_{CE}[V]	$I_C[mA]$	β	동작영역
	0.1			
	0.3			
	0.5			
	1			
	2			
	3			
	4			
	5			

〈4〉 2N3904은 활성영역에서 전류이득 β는 평균적으로 얼마인가?

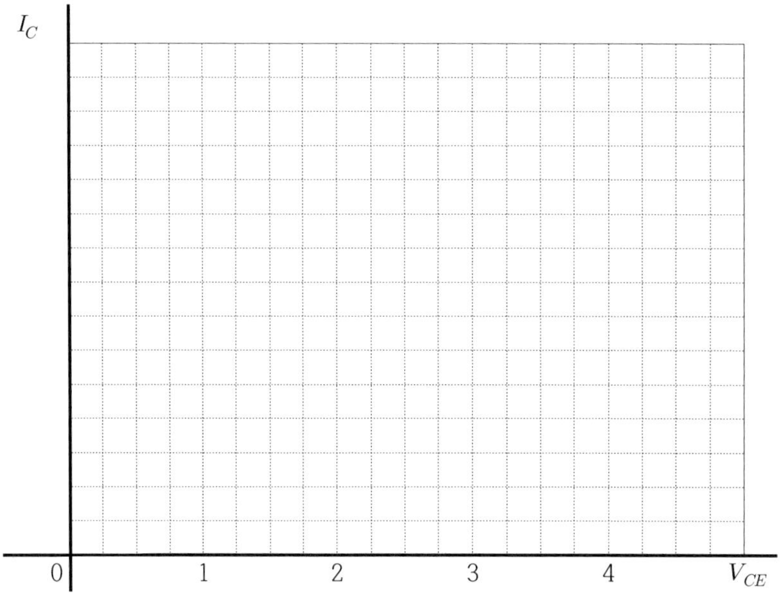

〈5〉 V_{CE}는 어느 전압이상이면 I_C의 기울기는 거의 완만한 수평이 된다. 그래프로부터 이 수평이 시작되는 전압은 (　　)$[V]$이다. 트랜지스터가 이 값 이상이면 (　　)영역에서 동작하고 이 보다 작으면 (　　　)영역에서 동작한다.

〈6〉 위 그래프는 활성영역에서 전류는 완전한 수평이 아니다. 위의 세 개의 곡선들 중에 어느 하나에 대해 기울기 $\triangle V_{CE}/\triangle I_C$를 구하시오.

6. 트랜지스터 2N3904를 이용한 다음 회로에 대해 전달특성을 구하고자 한다.

1〉 위의 실험회로를 기반으로 수정하여 다음 회로를 구성하시오.

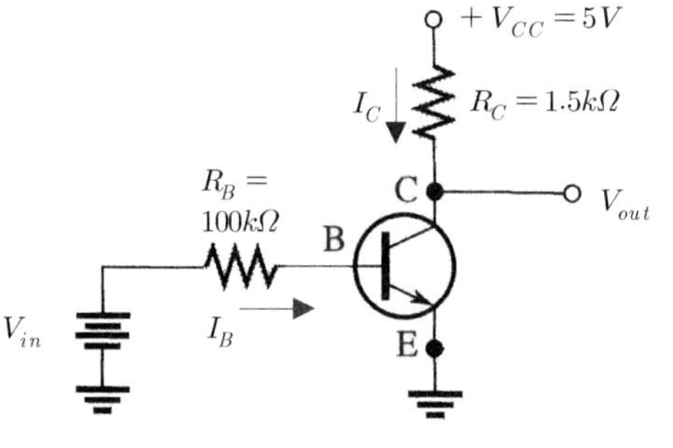

2〉 입력 $V_{in} = 1.2V$일 때 다음 표를 완성하시오. β는 실험에서 구한 값을 사용하시오.

	V_{BE}	I_B	I_C	V_{CE}	V_{CB}	동작영역
이론치						
측정치						
오차(%)						

3〉 다음 표를 완성하고 이를 바탕으로 출력전압 대 입력전압의 전달특성 그래프를 그리고 이 그래프로부터 아래 물음에 답하시오.

V_{in}	0.5	0.6	0.8	1	1.5	2	3	4	5
V_{BE}									
V_{out}									
동작영역									

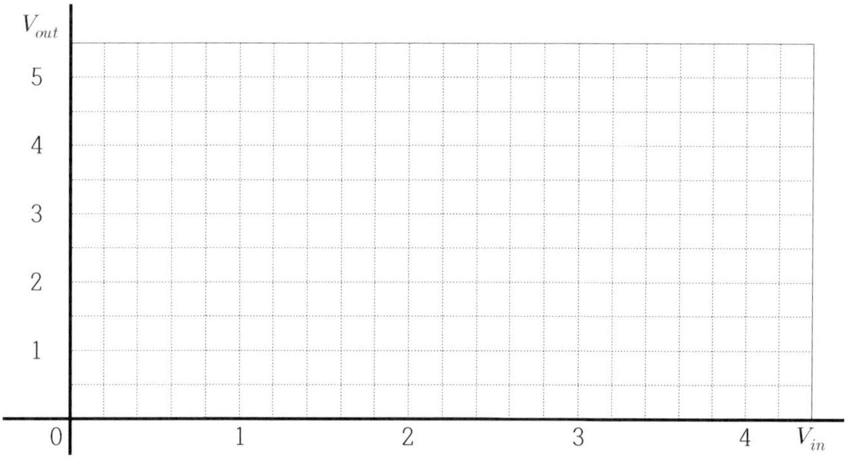

〈1〉 차단영역은 BJT가 OFF되어 출력은 HIGH이다. 차단영역을 벗어나는 입력전압은?

〈2〉 포화영역은 BJT가 ON되어 출력은 LOW이다. 포화영역에서 출력전압은?

〈3〉 차단영역과 포화영역의 사이구간은 무슨 영역인가? 그래프에 나타내시오.

〈4〉 〈3〉영역에서 입력전압과 출력전압의 관계를 식으로 나타내시오.

4〉 함수발생기를 이용하여 입력 v_{in}에 대해 입출력파형을 그리시오.($\simeq 2T$)

〈1〉 삼각파: $\dot{V}_{in} = 5\angle 0^\circ$, $f = 1kHz$

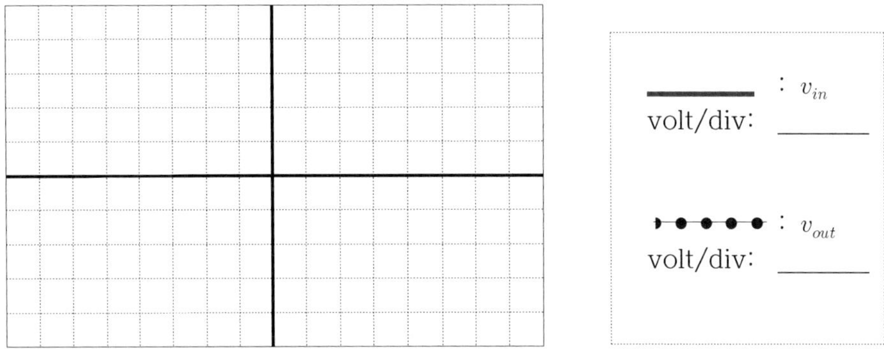

〈2〉 사각파: $\dot{V}_{in} = 5\angle 0^\circ$, $f = 1kHz$

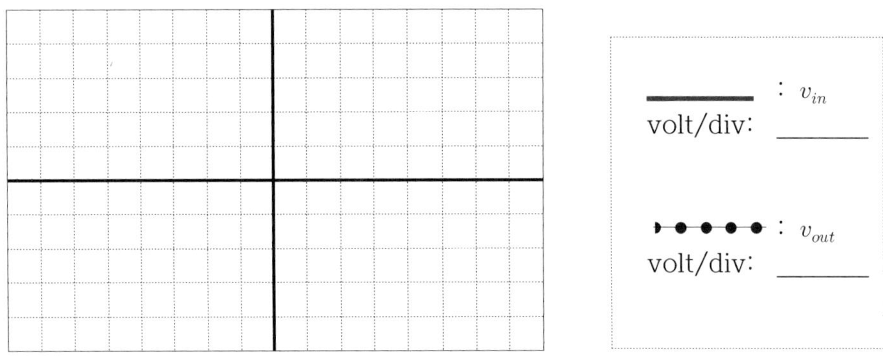

〈3〉 논리적인 관점에서 (AND, OR, NOT, NAND, NOR) 회로로 동작한다.

5. PSPICE의 직류해석을 이용하여 트랜지스터 2N3904 특성곡선과 DC Sweep 특성을 구하고 실험자료와 비교하시오.

[토의 및 심화학습]

1. BJT의 단자구분에서

1〉 극성에 관계없이 두 단자가 높은 저항값을 지시하면 이 두 단자들을 제외한 나머지 한 단자가 Base이다. 그 이유를 설명하시오.

2〉 컬렉터와 이미터를 구분할 때, 왜 내부전압이 큰 쪽이 이미터인가?

3〉 이미터, 베이스 및 컬렉터 단자를 구별하고 NPN 또는 PNP를 나타내시오.

〈1〉 2N3904 〈2〉 2N3906

2. NPN형 BJT 특성곡선에서 활성영역, 포화영역 및 차단영역은 어떻게 구분하는가?

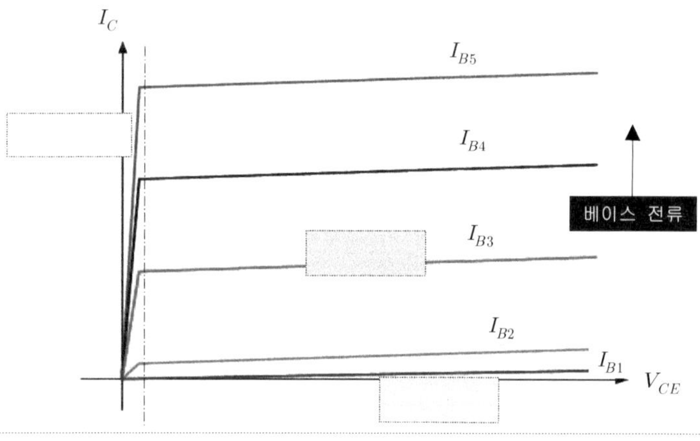

1〉 빈 칸에 영역을 표시하시오.

2〉 활성영역과 포화영역은 구분하는 V_{CE} 전압값은? 위 그래프에 나타내시오.

3〉 출력특성곡선에서 I_C가 완전 수평이 아니고 작은 기울기를 가지는 것은 무슨 이유인가?

4〉 위의 특성에서 영역에 따라 BJT는 전류원(current source)의 역할을 한다. 어느 영역에서 동작하는지를 쓰고 전류원의 등가회로를 그리시오.

3. 다음 회로에서 직류모터(DC motor) M을 회전시키고자 한다. 물음에 답하시오.

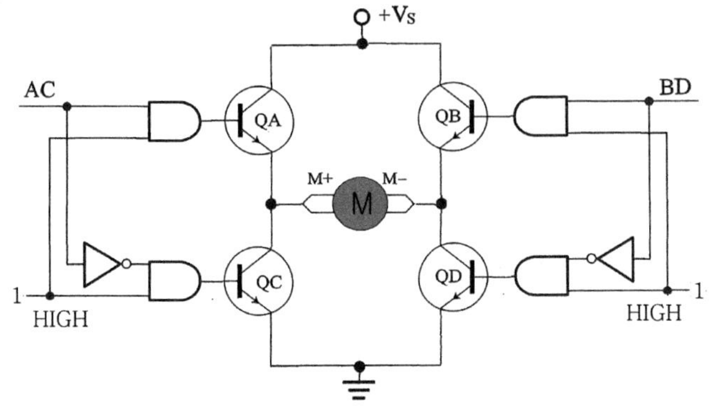

1) 다음 그림을 참고하여 전류방향에 따른 직류 모터의 동작원리를 설명하시오.

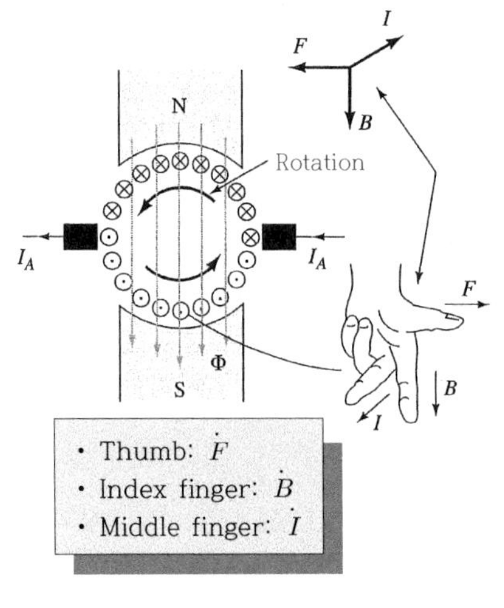

2) 각 트랜지스터를 턴온(turn-on)시키려면 베이스전압이 (HIGH, LOW)이어야 한다.

3) 어떤 직류모터를 정회전 및 역회전시키는 조건을 찾기 위한 것이다. 표를 완성하시오. 여기서 정회전이란 전류가 $M+$에서 $M-$로 흐를 때이다.

	AC	BD	Current 방향
정 지			
정회전			
역회전			

실험5장
BJT 바이어스

1. 바이어스(bias)란?
2. 능동부하를 이용한 인버터

Experiment 5

BJT 바이어스

Biasing the BJTs

실험목적

트랜지스터를 증폭회로 또는 논리회로의 목적에 맞게 동작시키려면 반드시 바이어스 기법을 익혀야 한다. 많이 활용되는 베이스 바이어스, 전압분배 바이어스 및 전류미러(current mirror)의 전류원 바이어스에 대해 학습한다.

기초이론

트랜지스터를 두 가지 부류로 구분하면 작은 교류신호(small ac signal)를 큰 신호로 바꾸는 것(증폭작용)과 ON/OFF 역할을 하는 것(스위칭 작용)으로 구분된다. 현대의 전기전자장비는 신호전송과 전압조절을 위해 트랜지스터를 기반으로 활용하고 있다.

트랜지스터에서 신호를 제어하기 위해서는 반드시 동작조건에 부합하는 상태로 준비되어 있어야 한다. 이는 마치 자동차가 주행하기 위해 타이어, 연료 등과 같이 안전운전을 위해 준비되어 있어야 하는 것과 마찬가지이다.

1. 바이어스(bias)란?

바이어스란 회로동작을 위해 외부에서 가해주는 직류전압이라고 이해하면 된다. 우리가 앞에서 배운 3개의 동작모드를 설명할 때와 마찬가지이다.

트랜지스터의 동작점(Q점)을 정해주기 위한 기초적인 두 가지 방법으로 이미터 바이어스(자기 바이어스) 및 베이스 바이어스(고정 바이어스)가 있다. 베이스 바이어스는 베이스 전류를 일정하게 유지하며, 반면에 이미터 바이어스는 이미터전류를 일정하게 해준다. 이러한 이유로 베이스 바이어스는 스위칭회로에 사용되고, 이미터 바이어스는 증폭회로에 주로 활용된다. BJT 트랜지스터는 전류모드로 동작하며 베이스전류 I_B에 따라 컬렉터 전류 I_C가 결정된다. 반면 NPN과 PNP 트랜지스터의 경우, 각각 전자들(electrons)과 정공들(holes)이 이미터에서 컬렉터로 이동하므로 각 전류는 서로 반대로 흐른다.

1) 베이스 바이어스(고정 바이어스)

베이스 바이어스회로는 일반적으로 포화(saturation)영역과 차단(cutoff)영역에서 동작하도록 설계되므로 디지털회로에서 유리하다. 즉, 이 회로들은 낮은 출력전압(0상태)이나 높은 출력전압(1상태)을 갖기 때문이다. 따라서 전류이득(β)이 변화할 때, 트랜지스터는 포화영역이나 차단영역에 머물게 되어 동작점의 변화는 별로 문제가 되지 않는다. 만약 선형 신호증폭을 위해 증폭기로 동작한다면 동작점의 안정을 위해서는 이 베이스 바이어스 회로(고정 바이어스)보다는 뒤에 설명할 이미터 바이어스(자기 바이어스)를 선호한다.

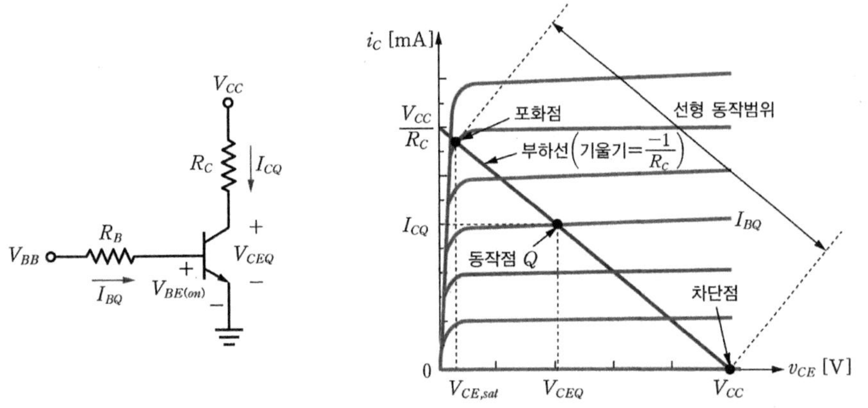

(a) 고정바이어스 회로 (b) 부하선과 동작점

[그림 5-1] 베이스 바이어스회로(고정 바이어스)

〈1〉 회로해석

베이스신호인 전압의 상태에 따라 구분해 보자.

디지털회로에 사용할 때 동작점이 차단점과 포화점에서 작동하도록 한다.

- $V_{BB}=0V$(LOW)이면, 베이스전류($I=I_B$)는 0으로 되고 트랜지스터가 off되므로 컬렉터전류(I_C)는 0으로 된다. 즉 저항 R_C에 전류가 흐르지 않는다($I_C=0$). 따라서 컬렉터-이미터간의 전압(V_{CE})은 $+V_{CC}$가 된다.
- $V_{BB}=5V$(HIGH)이면 베이스저항 R_B를 통해 베이스전류가 흐른다. 이것이 트랜지스터는 on되도록 하여 트랜지스터는 포화상태로 되고 V_{CE}는 아주 작은 값을 가진다. 이로부터 컬렉터와 이미터는 연결되어 컬렉터 전류가 흐른다. 즉, V_{CE}를 무시하면 ($V_{CE}\simeq 0.3V$이하) 저항 R_C를 흐르는 전류는 구하면 $I_C=(V_{CC}-V_{CE(sat)})/R_C \simeq V_{CC}/R_C$ 와 같다.

선형회로에 사용할 때 동작점을 살펴보자. 그림 (b)와 같이 직류전압을 사용하여 동작점이 활성영역에서 작동하도록 하고, 소신호(작은 교류신호)를 추가하면 선형동작의 범위 내에서 증폭기로 활용할 수 있다.

〈2〉 동작점(Q점)

여기서 동작점, 포화점 및 차단점에 대해 익히자. 우리는 직선으로 그려진 부하선(load line)이란 개념을 이용한다. 이 부하선이 유용한 이유는 무엇인가? 그 이유는 회로의 모든 가능한 동작점을 포함하기 때문이다. 달리 표현하면 베이스저항 R_B가 0에서 무한대까지 변할 때, 베이스전류 I_B가 변화하며, 이것은 I_C와 V_{CE}가 전 범위에 걸쳐 변화하도록 한다. 따라서 부하선은 시각적으로 표현된 동작점의 가능한 모든 것을 집약한 것이다.

베이스전류가 커지면 컬렉터전류는 대단히 커지고, 컬렉터-이미터전압은 $V_{CE} \simeq 0[V]$이다. 이 경우 트랜지스터는 포화된다. 이는 컬렉터전류 I_C가 허용가능한 최대값이 된다는 것을 의미한다. 따라서 부하선에서 포화점(saturation point)은 거의 왼쪽 끝에 놓인다.

차단점(cutoff point)은 부하선과 컬렉터곡선의 차단영역이 교차하는 점이다. 차단영역에서 컬렉터전류는 매우 작기 때문에, 차단점은 부하선의 거의 아래쪽 끝에서 만난다.

이 부하선을 1차 함수로 익혀보자. 위 회로에서 오른쪽 폐회로로부터 KVL을 적용하자.

$$V_{CE} = V_{CC} - I_C R_C \tag{5-1}$$

$$I_C = \frac{V_{CC} - V_{CE}}{R_C} = -\frac{1}{R_C} V_{CE} + \frac{V_{CC}}{R_C} \tag{5-2}$$

두 변수가 I_C와 V_{CE}이므로 $y = -mx + b$인 선형방정식이다.

회로해석은 항상 회로도와 관련 식을 서로 비교하면서 그 개념을 익혀야 한다.

베이스 바이어스 회로에서 $V_{BB} = 0$이면 베이스전류 $I_B = 0$이므로 트랜지스터는 off되고 $V_{CE} = V_{CC}$가 된다. 이것이 그림 5-2에서 차단점이며 차단영역에서 동작한다. 전압 V_{BB}가 공급되어 트랜지스터는 포화되면 베이스전류는 다음과 같다.

$$I_B = \frac{V_{BB} - V_{BE(sat)}}{R_B} = \frac{V_{BB} - 0.8}{R_B} \tag{5-3}$$

이 전류가 커서 트랜지스터를 포화시킨다고 하자. 이 때 흐르는 컬렉터전류는 Ohm 법칙을 적용하여 $I_C = V_{CC}/R_C$이 된다. 이것이 포화점으로 표시되어 있다. 이 차단점과 포화점을 연결한 선을 우리는 부하선(load line)이라 부른다.

즉 트랜지스터가 실제로 동작하는 동작점(Q점)이 된다. 또한 트랜지스터가 활성(active) 영역에서 동작한다면 증폭기로 사용할 수 있다. 이 경우 동작점은 부하선과 특성곡선의 교점이 된다. 그러나 베이스 바이어스 증폭기는 전류이득 β값이 변하면 $I_C = \beta I_B$ 값이 비례하여 변하므로 불안정하다. 따라서 위 바이어스회로는 디지털회로에 적합하다.

〈3〉 2단 베이스 바이어스 회로해석

다음 회로는 2단 베이스 바이어스(고정 바이어스)회로를 나타낸다. 첫 번째 단의 Q_1해석은 앞에서 설명되었으며 연속연결된 두 번째 단만 해석하면 된다. 먼저 Q_1이 ON되면 Q_1의 $V_{CE1(sat)} \simeq 0V$, 즉Q_2의 $V_{BE2} \simeq 0V$이므로 Q_2는 OFF된다. 이로 인해 LED로 전류가 흐르지 않으므로 발광되지 않는다. 반면에 Q_1이 OFF되면 Q_2의 베이스로 전류가 흘러 Q_2가 ON되고 LED를 통해 순방향 전류가 흘러 ON된다.

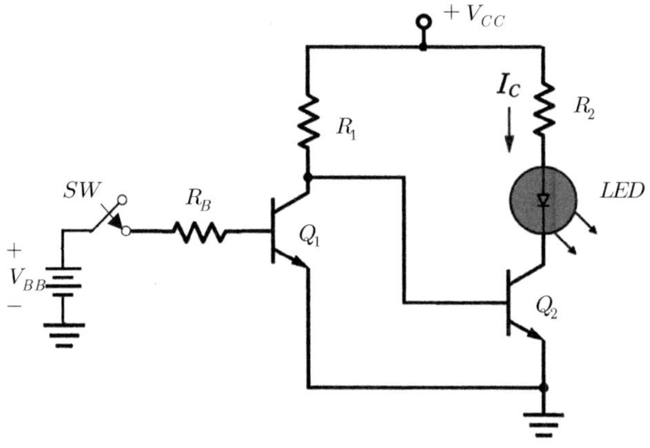

[그림 5-2] 2단 베이스 바이어스회로

위의 두 트랜지스터들은 포화(saturation) 및 차단(cutoff)이라는 두 영역들에서 동작하도록 사용되고 있다. Q_1이 OFF되면 Q_2의 베이스전류 및 컬렉터전류는 다음과 같다.

$$Q_2\text{에서 } I_B = \frac{V_{CC} - V_{BE2(sat)}}{R_1} \simeq \frac{V_{CC} - 0.8}{R_1} \tag{5-4}$$

$$Q_2\text{에서 } I_C = \frac{V_{CC} - V_{LED} - V_{CE(sat)}}{R_2} \simeq \frac{V_{CC} - 2 - 0.3}{R_2} \tag{5-5}$$

이 결과들로부터 스위치(SW)가 ON되면 LED가 OFF되며 스위치(SW)가 OFF되면 LED가 ON된다.

2〉 이미터 바이어스(자기 바이어스)

회로가 증폭기가 되면 동작점(Q점)이 전류이득(β)의 변화에 영향을 받지 않는 회로가 필요하다. 즉, 회로가 안정성을 가져야만 잘 설계되었다고 할 수 있다. 이 이미터 바이어스는 동작점이 안정한 회로이다. 트랜지스터는 포화되지 않으며 컬렉터 전류는 전류이득(β)에 영향을 받지 않는다. 우선 이 회로는 외관상으로 베이스 바이어스회로에서 베이스에 있는 저항을 이미터단자로 이동한 것으로 볼 수 있다.

〈1〉 회로해석

이 새로운 동작점은 고정되어 안정한 상태가 되며 이는 베이스 바이어스회로(고정 바이어스)와는 다르다. 먼저 이미터전압은 $V_E = V_{BB} - 0.7 = 4.3[V]$ 으로서 이미터저항 R_E의 양단전압(V_E)과 같다. 여기서 전압 0.7V는 베이스와 이미터간의 순방향전압이며 이는 트랜지스터가 활성영역에서 동작하기 때문이다. 또한 Ohm법칙으로부터 이미터전류는 $I_E = V_E / R_E$이고 이는 컬렉터전류(I_C)와 같다. 따라서 컬렉터전압은 $V_C = V_{CC} - V_{LED} \simeq 12 - 2 = 10[V]$이고 최종적으로 트랜지스터의 컬렉터-이미터간 전압은 $V_{CE} = V_C - V_E = 5.7[V]$이다.

이 회로에서 스위치가 닫히면 동작점은 활성영역에서 동작하며 스위치를 열면 동작점은 차단점에서 동작한다.

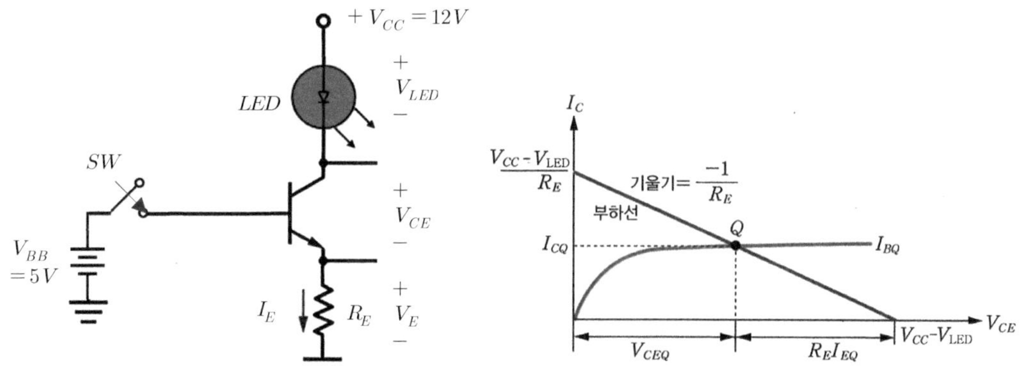

(a) 자기 바이어스 회로 (b) 부하선과 동작점

[그림 5-3] 이미터 바이어스회로(자기 바이어스)

〈2〉 동작점(Q점)

먼저 부하선(load line)을 그리기위해 포화점과 차단점을 찾고 두 선을 그으면 되며 자기 바이어스회로에서 이미터전압은 $V_E = V_{BB} - 0.7 = 4.3[V]$이며 이미터전류 즉 컬렉터전류는 $I_E = V_E/R_E \simeq I_C$이 된다. 활성영역에서 동작하며 특성곡선으로부터 베이스전류를 구할 수 있다.

3) 전압분배를 가지는 자기 바이어스 (Self bias with voltage divider)

앞서 학습한 바이어스 회로는 서로 다른 두 개의 전원들을 사용하므로 번거롭다. 이 두 개의 전원들 대신에 한 개의 전원을 사용한 전압분배 바이어스(voltage divider bias)를 나타낸다. 즉 저항 R_1과 R_2를 사용하여 전원공급전압(V_{CC})을 분배하여 베이스전압(V_B)으로 활용한 것이다.

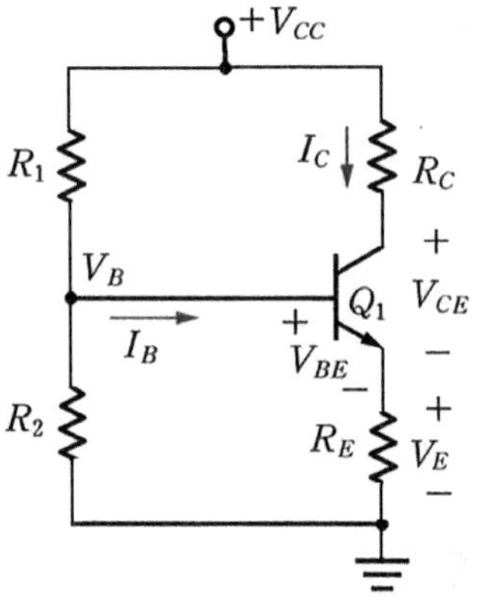

[그림 5-4] 전압분배를 이용한 자기 바이어스

그러면 트랜지스터를 어떻게 조절해 놓아야 활용이 가능한지를 알아보기 위해 그 기본적인 조건을 살펴보자. 우선 베이스전류 I_B를 알아야 한다. 트랜지스터의 중요한 특징 중의 하나는 트랜지스터를 통해 흐르는 전류를 제어하는 것이며, NPN 트랜지스터에서는 컬렉터에서 이미터로 흐른다.

〈1〉 회로해석

이미터-베이스 접합에 순방향 바이어스를 시켜야 트랜지스터가 *on*된다. 만약 베이스전류(I_B)가 없다면 트랜지스터는 동작하지 않는다. 이와 같이 베이스전류는 이미터전류(I_E)와 컬렉터전류(I_C)를 결정한다. 우리는 앞장의 실험에서 활성(active)영역에 대해 공부하였다. 베이스전류가 흘러 트랜지스터가 *on*되고 컬렉터-이미터전압이 0.3V이상이 되면 트랜지스터는 증폭기로 동작한다. 즉, 활성영역에서 **E-B는 순방향**이고 **B-C는 역방향**이다.

그림 5-5(a)의 회로에서 이미터바이어스는 해석을 위해 분리된 두 개의 전원을 갖는다. 우선 베이스전압(V_B)을 구하기 위해 Thevenin 등가회로를 활용한다.

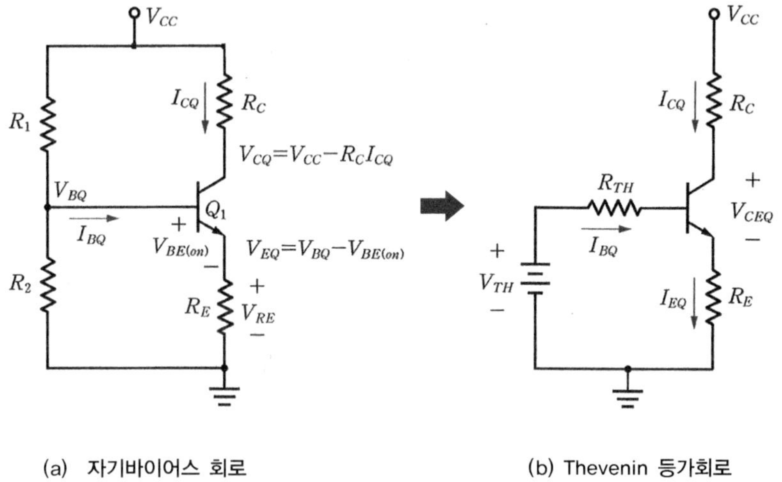

[그림 5-5] VDB를 활용한 자기바이어스 및 등가회로

그림 5-5로부터 트랜지스터의 베이스를 개방시켜 등가회로를 구하면 다음과 같다.

$$V_{TH} = V_{CC} \times \frac{R_2}{R_1 + R_2} \tag{5-6}$$

$$R_{TH} = R_1 \parallel R_2 = \frac{R_1 R_2}{R_1 + R_2} \tag{5-7}$$

여기서 베이스전류(I_B)가 아주 작다고 가정하면 등가저항(R_{TH})에서 걸리는 양단전압 $I_B \cdot R_{TH}$은 아주 작으므로 무시하고, $V_B \simeq V_{TH}$라고 할 수 있다. 이 전압이 일단 트랜지스터의 베이스(B)와 이미터(E)를 순방향 바이어스시켜야 한다.

〈2〉 동작점(Q점)

Ohm 법칙과 KVL을 사용하면 다음과 같이 각각의 값을 구할 수 있다.

$$V_E = V_B - V_{BE} = V_B - 0.7[V] \tag{5-8}$$

$$I_{EQ} = \frac{V_E}{R_E} \simeq I_{CQ} \tag{5-9}$$

$$V_C = V_{CC} - I_C R_C \tag{5-10}$$

$$V_{CEQ} = V_C - V_E = (V_{CC} - I_C R_C) - I_C R_E \tag{5-11}$$

$$= V_{CC} - I_C(R_C + R_E)$$

따라서 이 트랜지스터의 동작점(Q점)은 좌표(V_{CEQ}, I_{CQ})가 된다. 신호증폭을 위한 증폭기는 동작점이 반드시 선형영역(active region)에 위치되어야 한다.

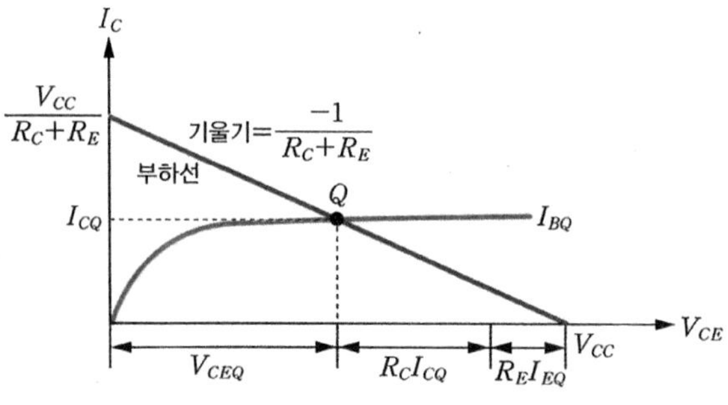

[그림 5-6] 전압분배 바이어스의 동작점

트랜지스터의 동작점(Q점)을 정해주기 위한 기초적인 두 가지 방법으로 각각 이미터 바이어스 및 베이스 바이어스에 대해 적용하였다. 베이스 바이어스는 베이스전류(I_B)를 일정하게 유지하며, 반면에 이미터 바이어스는 이미터전류(I_E)를 일정하게 해준다. 이러한 이유로 베이스 바이어스는 스위칭회로에 사용되고, 이미터 바이어스는 증폭회로에 주로 활용된다. 여기에서 전압분배 바이어스(VDB)는 그림 5-3과 비교하면 일종의 이미터 바이어스의 확장으로 볼 수 있으므로 회로가 아주 안정하다.

이미터전류 I_E가 너무 크면 정격을 초과하여 해당 저항이 타버릴 위험도 있으므로 반드시 설계를 수행할 때, 고려해야 한다. 해당 트랜지스터의 자료집에서 그 소자의 명세서를 점검하여 이 정격기준을 초과하지 않도록 해야 한다.

4〉 Zener 다이오드를 활용한 자기 바이어스 회로해석

그림 5-7은 그림 5-4 회로를 수정한 것이다. 이 회로를 해석하기 위해 외관상으로 베이스의 저항 R_2 대신에 Zener 다이오드를 이용하고, 컬렉터저항을 단락된 상태이다.

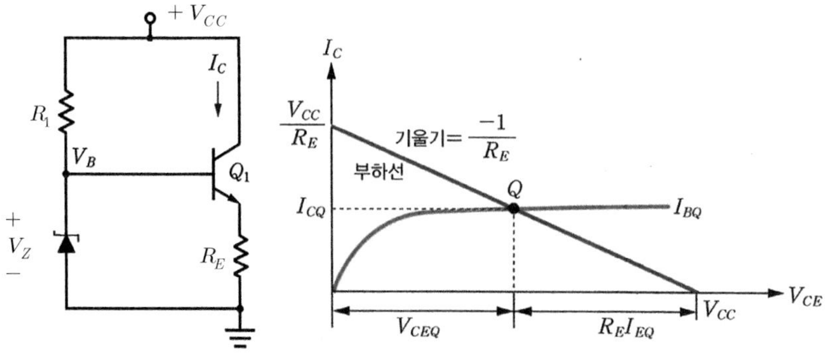

[그림 5-7] Zener 다이오드를 이용한 자기 바이어스

위의 회로에서 각 지점의 전압 및 전류를 해석해 보자. 물론 Zener 다이오드는 역방향 바이어스되어 정상적인 동작을 한다고 가정한다.

$$V_B = V_Z = Zener\text{전압} \tag{5-12}$$

$$V_E = V_B - 0.7 \tag{5-13}$$

$$I_E = \frac{V_E}{R_E} \simeq I_C \tag{5-14}$$

$$V_{CE} = V_C - V_E = V_{CC} - V_B + 0.7 = V_{CC} - I_C R_E \tag{5-15}$$

식 (5-15)의 1차함수를 그리면 부하선(load line)을 쉽게 그릴 수 있을 것이다.

따라서 포화점에서 포화전류는 V_{CC}/R_E이고, 차단점에서 차단전압은 V_{CC}가 된다.

이를 바탕으로 동작점(Q점)을 구해보자. 부하선과 특성곡선이 만나는 교점이 동작점이 되므로 그림에서 이 트랜지스터는 활성영역에서 동작한다고 할 수 있다.

5〉 전류원 바이어스

앞의 회로에서 베이스 바이어스는 전류이득 β의 변화로 동작점이 크게 변동하는 문제점이 있으며 이를 보완하기 위해 이미터바이어스의 일종인 전압분배를 이용한 자기 바이어스를 도입하여 여러 요인들로 인한 불안정성을 보완한 비교적 안정한 동작상태를 가진다.

컬렉터전류 I_C를 일정하게 유지하도록 설계된 회로를 전류미러(current mirror)라 한다. 큰 부하저항이 필요하여 기존의 저항제작법으로 만들려면 값이 너무 커서 IC공정에서 큰 면적을 차지하므로 구현하기 어렵다. 이 문제를 트랜지스터를 이용하여 해결하고 또한 회로설계를 할 때 설계자가 원하는 컬렉터전류를 쉽게 만들 수 있다는 것이다.

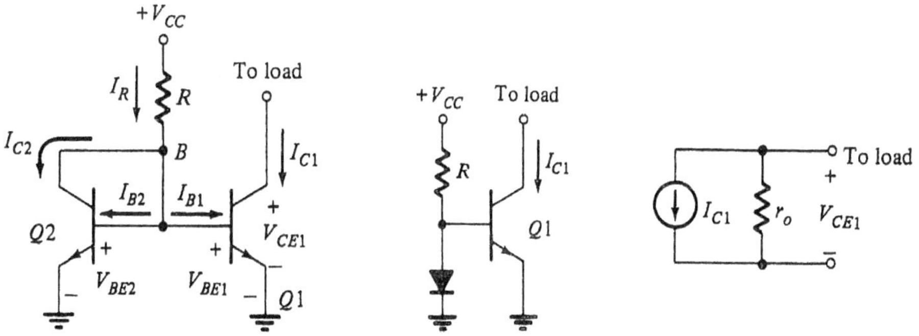

(a) 전류미러 회로 및 간략회로 (b) Q_1의 컬렉터에서 본 등가회로

[그림 5-8] 전류미러 바이어스 및 등가회로

[예비보고서]

1. 다음 전압분배 자기 바이어스(voltage divider self bias) 회로에 대해 먼저 베이스 단자를 개방한 지점에서 Thevenin 등가회로로 바꾸시오.

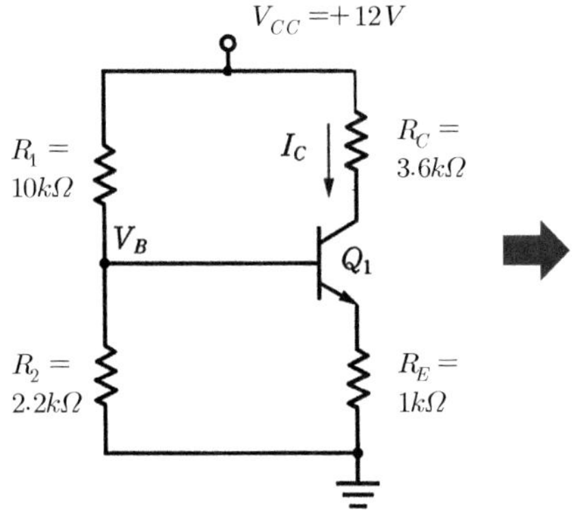

1〉 베이스전압(V_B)과 이미터전압(V_E)을 구하시오.

2〉 이미터전류(I_E) 및 컬렉터전류(I_C)를 구하시오.

3〉 컬렉터전압(V_C) 및 컬렉터-이미터간 전압($V_{CE}=V_C-V_E$)을 각각 구하시오.

4〉 부하선을 그려 동작점(Q점)을 구하고, 어느 영역에서 동작하는 지를 판별하시오.

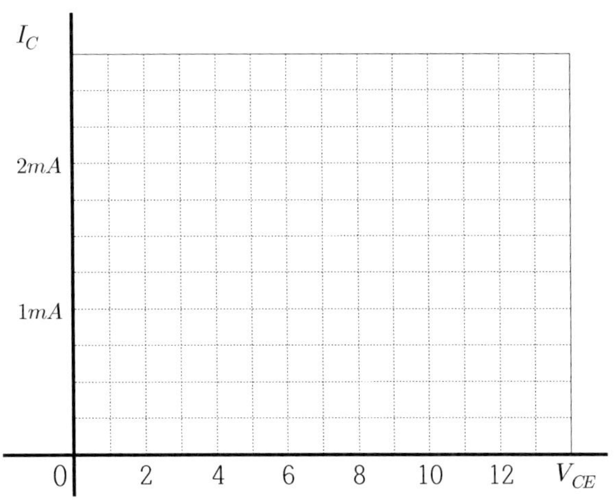

- 각 좌표(V_{CE}, I_C)를 구하시오.
  - 포화점:
  - 차단점:
  - ∴ 동작점:
- 이상의 결과로부터 트랜지스터는 (   )영역에서 동작한다.

5〉 PSPICE의 직류해석을 이용하여 실험자료와 비교하시오.

2. 다음 회로에 대해 물음에 답하시오.

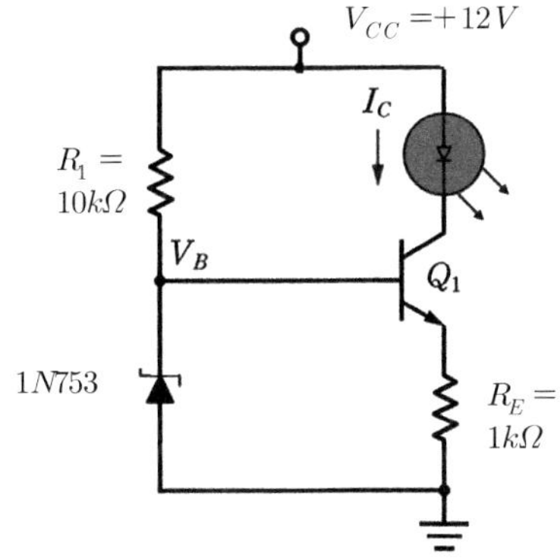

1〉 베이스전압(V_B)과 이미터전압(V_E)을 구하시오.

2〉 LED에 흐르는 전류 I_C를 구하시오.

3〉 컬렉터전압(V_C)과 컬렉터-이미터 전압($V_{CE}=V_C-V_E$)을 구하시오
단, LED는 턴온될 때 약 2V의 전압이 걸린다고 가정한다.

4〉 위의 회로에 대해 동작점(Q점)을 구하고 어느 영역에서 동작하는지를 구하시오.

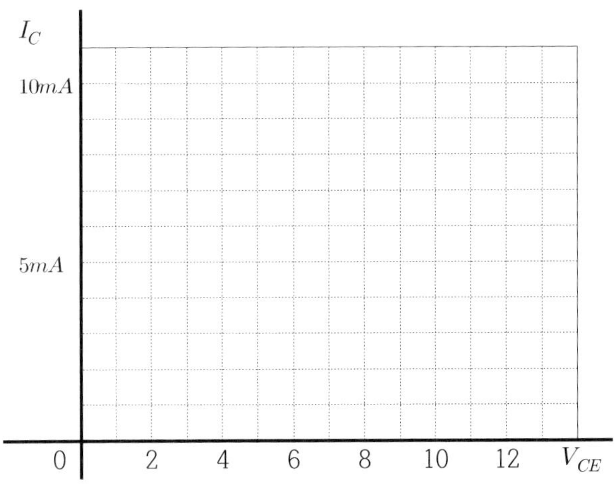

- 각 좌표(V_{CE}, I_C)를 구하시오.
  - 포화점:
  - 차단점:
  - ∴ 동작점:
- 이상의 결과로부터 트랜지스터는 (   )영역에서 동작한다.

5〉 PSPICE를 이용한 직류해석으로 위의 자료를 검증하시오.

3. 다음 BJT 2N3904로써 전류거울을 이용한 바이어스회로에 대해 답하시오.
(힌트: 직류해석(dc analysis)을 할 때, 두 입력전압들 v_1 및 v_2는 접지이다.)

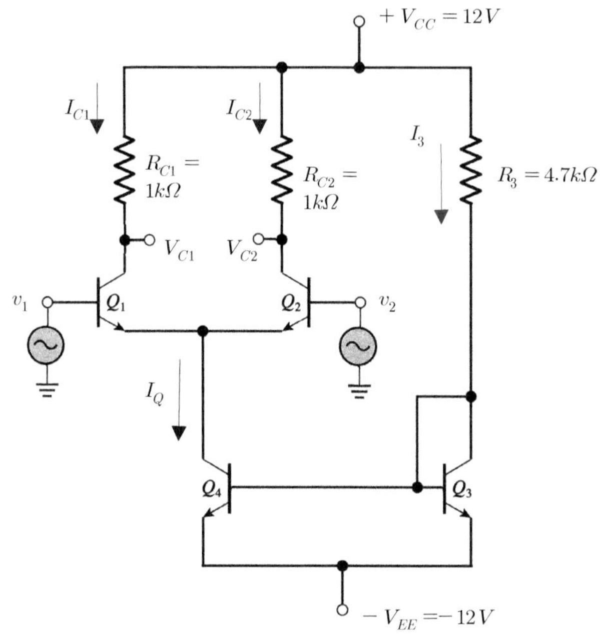

1〉 회로해석

〈1〉 저항 R_3를 흐르는 전류 I_3을 구하시오. 답: $I_3 \simeq 5mA$

〈2〉 두 전류 I_3과 I_Q의 관계는?

〈3〉 컬렉터전류 I_{C1}, I_{C2} 및 출력전압인 컬렉터전압 V_{C1}, V_{C2}을 구하시오.

〈4〉 $V_{out}=V_{C1}-V_{C2}$를 구하시오. 답: $V_{out}=0V$

〈5〉 이 회로를 입력신호의 차이로 동작하는 차동증폭회로라고 부른다. 그 이유는 무엇인가?

2〉 PSPICE를 활용하여 직류해석을 수행하시오.

4. 다음 회로에 대해 아래 물음에 답하시오. 입력전압 $V_{in}=16V$, Zener 다이오드 (1N751)의 양단전압 $V_Z=5.1V$, $R_1=47\Omega$, $R_2=1k\Omega$, $R_3=1k\Omega$ 그리고 $R_L=5\Omega$이다. 또한 트랜지스터 Q_1의 전류이득은 $\beta=35$이다.

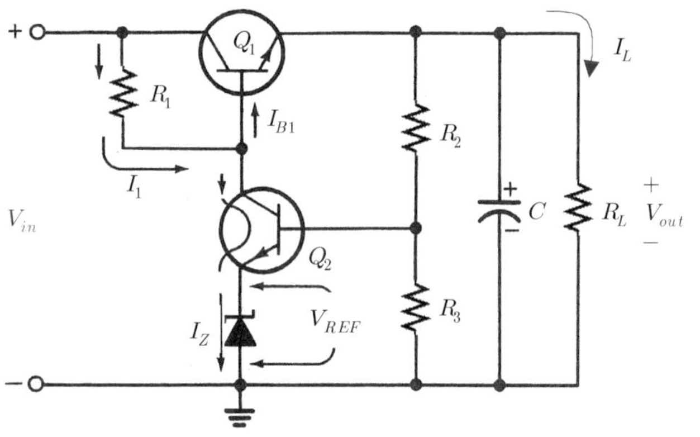

1) 트랜지스터 Q_2의 베이스전압 V_{B2}은?

2) 부하전압 V_{out} 및 부하전류 I_L은? 답: $V_{out}=11.6V$

3) 트랜지스터 Q_1의 베이스전압 V_{B1} 및 베이스전류 I_{B1}는? 답: $I_{B1}=64.4mA$

4) 트랜지스터 Q_1의 V_{CE1}을 구하고 이 트랜지스터는 어느 영역에서 동작하는가?

5) 트랜지스터 Q_2의 V_{CE2}을 구하고 이 트랜지스터는 어느 영역에서 동작하는가?

6) 저항 R_1을 흐르는 전류 I_1는? 답: $I_1=78.7mA$

7) Zener 다이오드를 흐르는 전류 I_Z는? 답: $I_Z=14.3mA$

5. 다이오드와 트랜지스터를 이용한 회로에 대해 답하시오. 여기서 다이오드는 1N4001이고 트랜지스터는 2N3904이다. 다이오드는 제2근사 해석을 적용하시오.

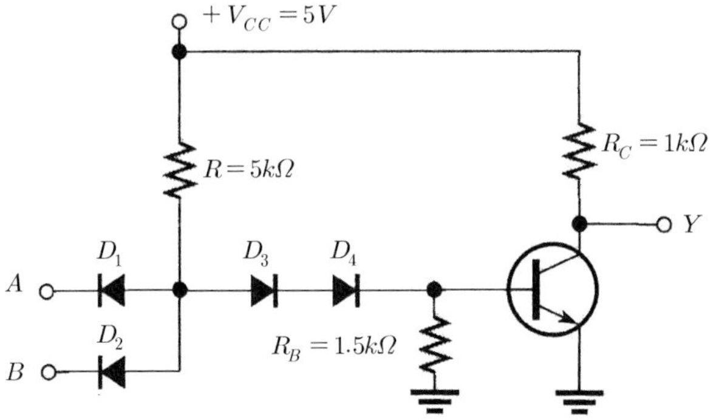

1〉 두 입력 A, B가 1상태($+5V$)이면 두 다이오드 D_1, D_2는 (턴온, 턴오프)된다.

〈1〉 저항 R_B에 걸리는 양단전압을 구하시오. 답: $0.83V$

〈2〉 트랜지스터는 어느 영역에서 동작하는가? 출력전압 Y를 구하시오.

2〉 두 입력들 중에서 입력 B가 0상태($0V$)이면 다이오드 D_2는 (턴온, 턴오프)이다.

〈1〉 저항 R_B에 걸리는 양단전압을 구하시오.

〈2〉 트랜지스터는 어느 영역에서 동작하는가? 출력전압 Y를 구하시오.

〈3〉 다이오드 D_3와 D_4의 역할은 무엇인가?

3〉 위의 회로에 대해 진리표를 구하고 논리기호로 나타내시오.

4〉 2개의 트랜지스터와 1개의 저항을 이용한 2입력 AND 및 NAND회로를 구성하시오.

실험6장
연기감지기 설계

1. 회로도 및 개요
2. 부품동작 및 해석
3. 자동 가변저항기의 두 가지 형태

Experiment 6

연기감지기 설계

Designing a Smoke Detector

실험목적

기판 및 광센서를 포함한 여러 가지 전기전자소자들을 이용하여 제공된 기판 상에 연기 감지회로(smoke detector)를 설계하여 제작한 후, 지금까지 학습한 내용을 바탕으로 각 소자의 동작들을 측정하여 연기 감지기로서의 특성을 평가한다.

기초이론

화재가 발생하면 재산상에 치명적인 피해를 가져올 수 있다. 따라서 화재의 징후가 나타나거나 화재가 일어나는 순간에 이를 감지하여 신속한 조치를 취해야 한다. 연소는 가연물과 산소와 열의 3요소가 합쳐져서 일어나는 화학 반응으로서 이를 화재라 한다. 화재가 일어나면 대량의 열과 유독 가스가 발생하고, 이것이 더욱 더 화재를 확대시킨다. 이러한 성질을 기술적으로 이용하여 화재의 원인을 없애고, 발생한 화재의 원인을 신속히 제거해야 한다. 화재감지장치로서 서모커플(thermocouple)형, 열스위치(thermal switch)형, 광전형 등이 있으며 어떠한 화재에 대비하여 주변상황에 적절한 형태를 선택할 수 있다.

화재탐지 방법에는 다음과 같은 계통이 있으며, 상황에 따라 이 중에서 여러 가지의 탐지기를 동시에 사용하고 있다. 온도 상승률 탐지기, 복사 감지 탐지기, 과열 탐지기, 연기 탐지기, 일산화탄소(CO) 탐지기 및 가연성 혼합 가스 탐지기 등이 있으며 본 실험에서는 CdS를 활용한 연기감지회로를 활용하여 실험을 수행한다.

물질의 종류에 따른 화재의 등급 분류는 다음과 같이 나타낸다.

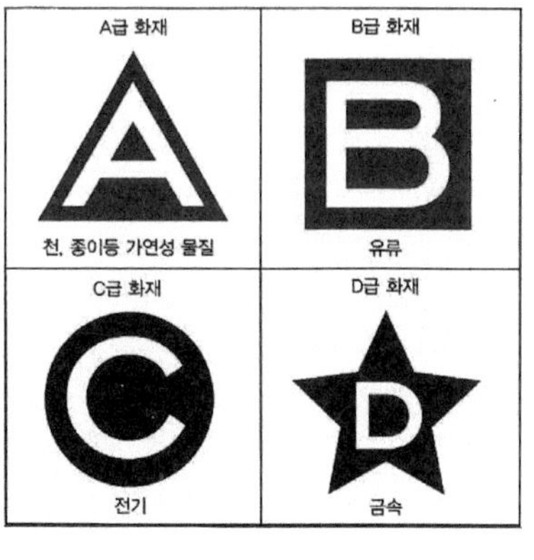

[그림 6-1] 화재에 대한 등급구분

1. 회로도 및 개요

220V 교류전원은 센서용 제어회로에 사용하기에는 너무 크므로 먼저 강압변압기를 활용하여 9V 교류전압으로 바꾼다. 이 교류전압을 전파(full-wave)정류기와 정전압회로를 거쳐 직류전압으로 전환한다. 이 직류(dc)전압으로 트랜지스터 및 센서구동회로를 동작시킨다. 광센서(CdS)의 작동여부에 따라 LED로 연기감지회로의 동작여부를 판별할 수 있다.

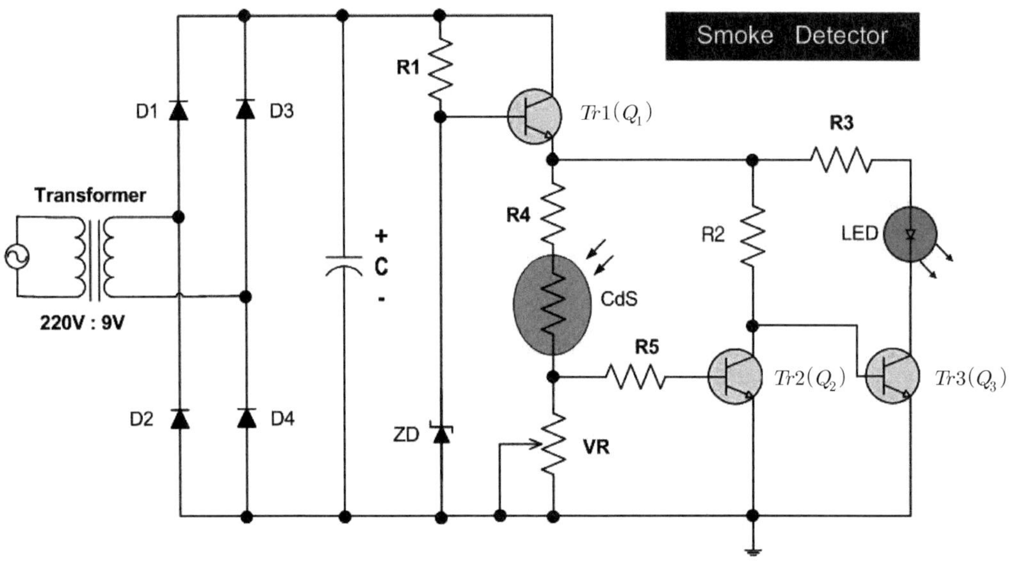

[그림 6-2] Smoke detector

여기서 가변저항(VR)은 광센서의 변화범위에 맞게 동작하도록 $Tr2(Q_2)$의 베이스로 흐르는 전류를 조정하는 것이다.

[그림 6-3] PCB에 제작된 Smoke detector

2. 부품동작 및 해석

실험 제2장 반파 및 전파정류회로에서 변압기의 특성 및 전파 정류회로에 대해 익혔으며 실험 제3장에서 LED, 제너다이오드 및 정전압 조정기를 학습하였다. 또한 실험 제4장과 제5장을 통해 BJT 트랜지스터 바이어스에 따른 동작특성을 익혀 왔다. 이들을 바탕으로 직접 브레드보드 또는 PCB에 연기감지기를 제작하고 그 특성을 익혀 보자.

1〉 변압기 및 전파(full-wave) 정류회로

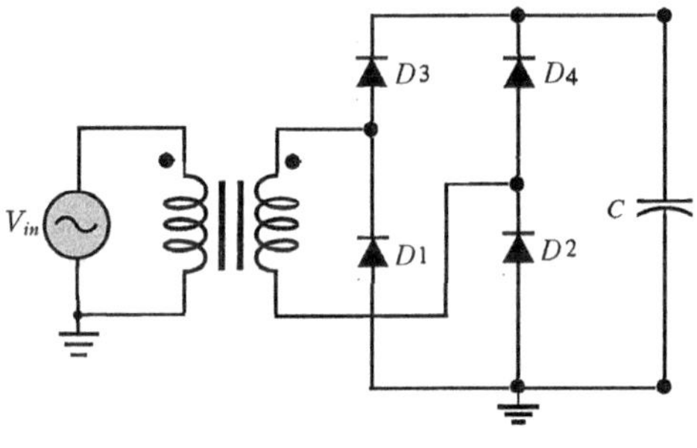

- ▶ 변압기는 강압(step-down)형으로서 교류전압을 감소시킨다. 여기서는 220V / 9V로 하여 사용한다.
- ▶ 전파정류기는 다음과 같이 동작한다.
  - +9V가 인가될 경우: D_3와 D_2가 ON
D_4와 D_1이 OFF
  - -9V가 인가될 경우: D_4와 D_1이 ON
D_3와 D_2가 OFF
- ▶ 전해 커패시터(C)는 극성(+,-)이 있다. 따라서 회로연결시 허용된 전압을 초과하면 문제가 발생하므로 주의를 요한다.

2〉 정전압(constant voltage)회로

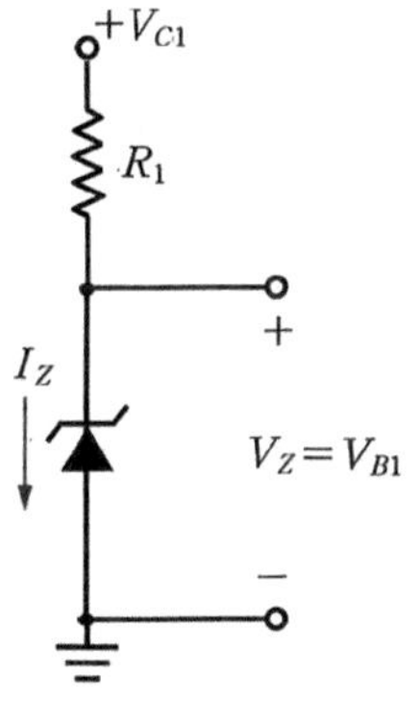

- ▶ Zener diode는 항상 역방향으로 동작하여 원하는 일정한 전압을 만들어 낸다. 1N4735는 datasheet에서 $V_Z \simeq 6V$이다.
- ▶ 인가되는 전압이 다이오드의 역방향전압보다 크지 않으면 의미가 없다.
- ▶ 저항 R_1은 직류제한저항으로도 사용되며 동시에 뒷단의 트랜지스터 $Tr1(Q_1)$ 증폭기로 동작하는 베이스와 컬렉터의 바이어스로도 작용한다.

3〉 트랜지스터 회로해석

트랜지스터는 작은 신호를 큰 신호로 만드는 것(**증폭작용**)과 ON/OFF 역할을 하는 것(**스위칭 작용**)으로 구분된다. 실험 5장에서 학습한 직류바이어스 기법을 적용해 보자.

〈1〉 전압분배 바이어스 증폭기

트랜지스터 $Tr_1(Q_1)$의 베이스전압은 역방향 바이어스된 제너다이오드의 전압이다.

$$V_{B1} = V_Z$$

따라서 이미터전압은 $V_{E1} = V_{B1} - 0.7[V]$이다. 이 전압이 트랜지스터 $Tr_2(Q_2)$와 $Tr_3(Q_3)$를 구동하는 바이어스전압이다.

〈2〉 2단 베이스 바이어스(고정바이어스) 스위칭회로

트랜지스터 Tr_1의 이미터바이어스 증폭기로부터 광도전체인 CdS에 빛(light)의 입사 여부에 따라 저항값이 변하므로 전류가 변하고 베이스 바이어스(고정바이어스)전압이 변한다. 저항 R_5를 통해 흐르는 전류가 트랜지스터(Tr_2)의 베이스전류가 되며, 이 베이스전류에 의해 Tr_2의 ON/OFF 작용을 한다.

- $Tr_2(Q_2)$가 ON되면 $V_{CE2} \simeq 0[V]$가 되므로 $Tr_3(Q_3)$는 OFF된다.
  이로부터 $Tr_3(Q_3)$의 컬렉터전류(I_{C3})는 0이므로 LED로 전류가 흐르지 않는다.
- Tr_2가 OFF되면 저항 R_2를 통해 베이스전류(I_{B3})가 Tr_3로 흐르며 ON된다.
  따라서 컬렉터전류(I_{C3})가 흐르므로 LED에는 전류가 흘러 빛을 발생시킨다.

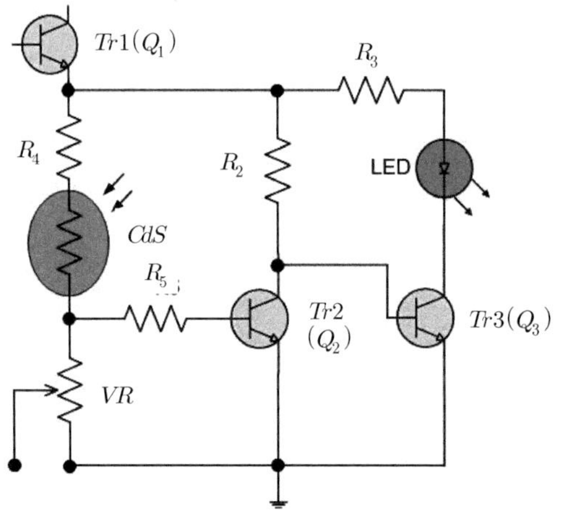

[그림 6-4] 광센서의 동작에 따른 LED 동작

여기서 가감저항(VR: variable resistor)은 감지기의 감도(sensitivity)를 조절하는 역할을 한다. 즉 이것은 광센서의 범위에 부합하여 최대감도를 가지도록 하는 제어용 소자로 작용한다. 또한 발광다이오드를 흐르는 전류 I_{LED}는 $Tr_3(Q_3)$의 컬렉터 전류 I_C와 같다. 이 LED 전류는 저항 R_3를 흐르는 전류이므로 저항양단전압을 측정한 후, Ohm 법칙을 사용하면 구할 수 있다.

3. 센서로 활용되는 두 가지 소자

가변저항은 이름처럼 저항값을 수동 혹은 자동으로 변화시킬 수 있는 저항이다. 가감저항기는 가동단자로부터 가변된 전류를 얻으므로 전류조절장치에 이용된다. 본 실험에서 빛 또는 온도에 따라 자동으로 저항값이 변화하는 가변 저항의 형태이다.

1) 광도전 셀(photoconductive cell)

저항값이 소자에 입사하는 광의 세기에 변화에 따라 저항값이 변하며 음의 온도계수를 가진다. 따라서 광센서로 활용된다.

2) 서미스터(thermistor)

온도변화에 반응하며 온도변화에 반비례하여 온도계수에 따라 저항이 감소 또는 증가하는 특성을 가진다. 따라서 온도센서로 활용된다.

[실험장비 및 부품]

사용장비	품 목	정 격	소요량
Oscilloscope DC power supply Multimeter Breadboard	Substrate	200 x 400	1개
	Lead wire		1 m
	Diode	1N4001~5	4개
	전해 Capacitor	1000μF/28V	1개
	광도전체	CdS	1개
	Transistor	C1959(npn)	3개
	Zener Diode	1N4735	각 1개
	Resistor	5.6kΩ	1개
		1kΩ, 330Ω	각 2개
	가변저항기(VR)	1kΩ	1개

[예비보고서]

1. Thermistor와 광도전 셀을 웹(web)상에서 찾아 설명하시오.

1〉 Thermistor에서 온도계수란 무엇인가?

2〉 광도전 셀 및 서미스터의 기호를 각각 나타내시오.

2. 실험과 다른 종류의 연기감지기(또는 화재감지기)를 제안하시오.

3. 트랜지스터의 동작점에 따른 영역구분을 나타내는 전류-전압특성에 대해 답하시오.

1〉 $I-V$특성 그래프 및 부하선

2〉 디지털회로에 적용되는 영역은 (　　　)영역과 (　　　)영역이고, 증폭기에 활용되는 영역은 (　　　)영역이다.

[결과보고서]

<table>
<tr><td>실험제목</td><td colspan="5"></td></tr>
<tr><td>실험일자</td><td colspan="2">년 월 일(요일)</td><td>담당교수</td><td colspan="2">㊞</td></tr>
<tr><td>성 명</td><td></td><td>학 번</td><td></td><td>평 가</td><td></td></tr>
</table>

1. 광도전 소자인 CdS cell의 특성을 멀티미터를 이용하여 다음 표를 완성하시오.

	저항값	기 타
빛 입사		
빛 차단		

2. 연기탐지회로가 정상동작이 될 때 해당지점의 전압 및 전류값을 구하고자 한다.

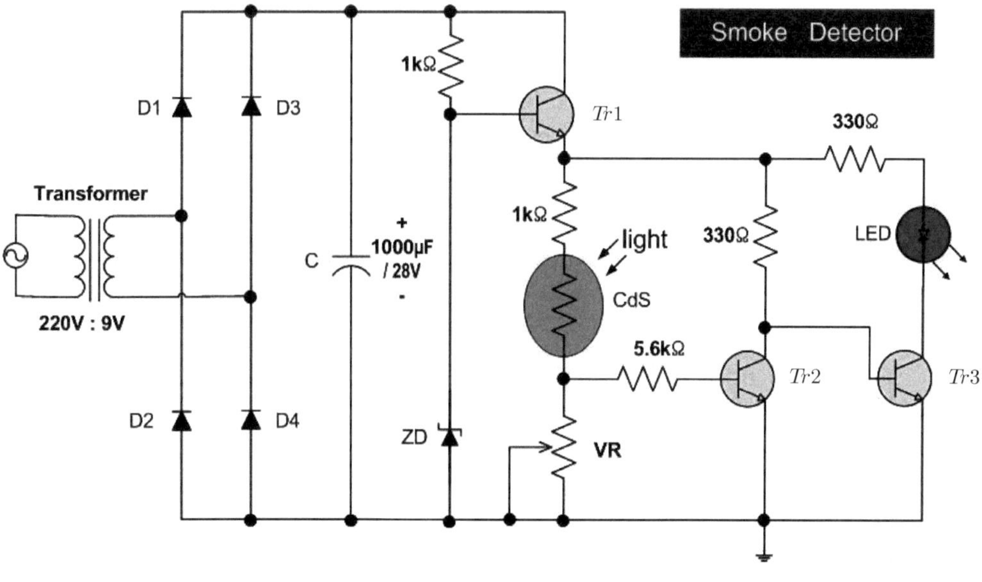

먼저 연기탐지회로(smoke detector)의 정상적인 동작여부를 확인한다. 정상동작을 위해 회로에서 광센서인 CdS 광도전 셀을 사용한다. 이 광도전 셀에 빛의 차단 및 입사에 따라 LED가 ON/OFF로 동작하며 감도를 조절하가 위해 가감저항(VR: 1kΩ)을 사용한다.

모든 측정은 Oscilloscope 또는 디지털멀티미터(DMM)를 사용하여 구하시오.

1〉 연기 감지기(smoke detector) 회로를 브레드보드에 구성하시오.

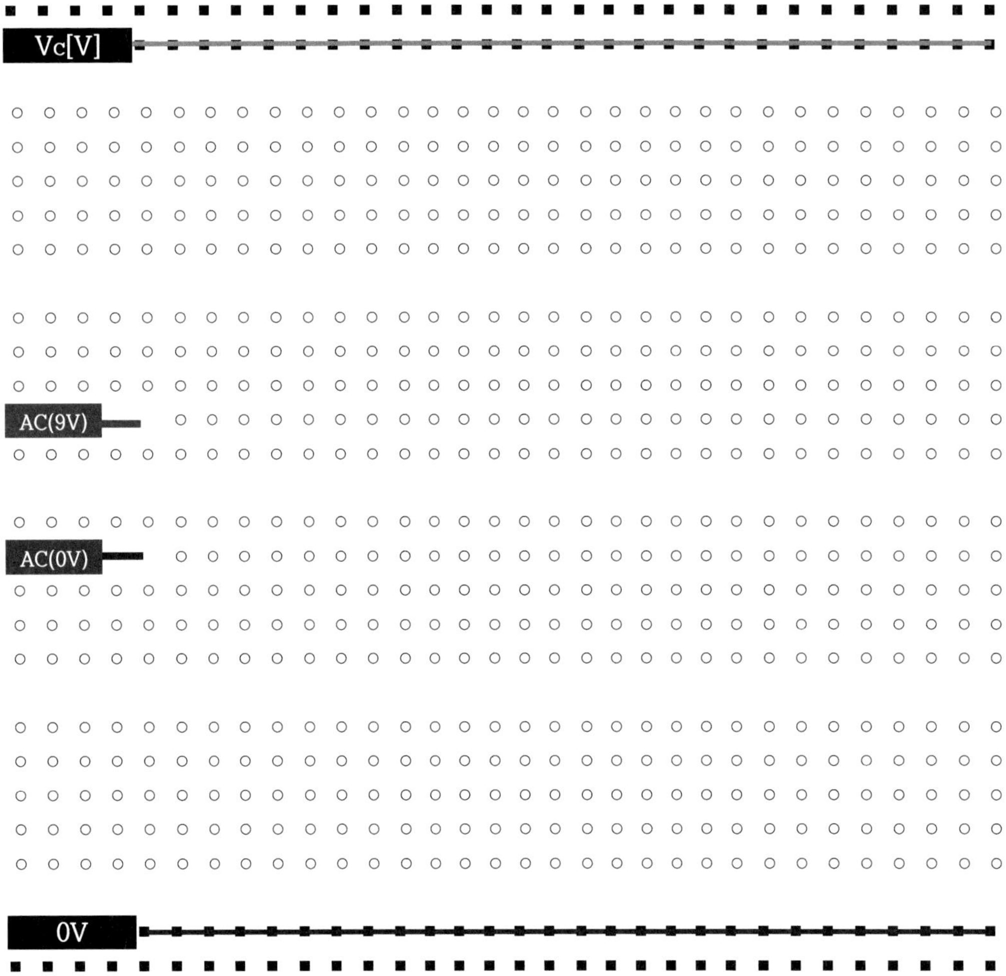

2〉 변압기의 2차 전압 v_2와 전해커패시터 양단전압(V_C)의 파형을 구하시오.

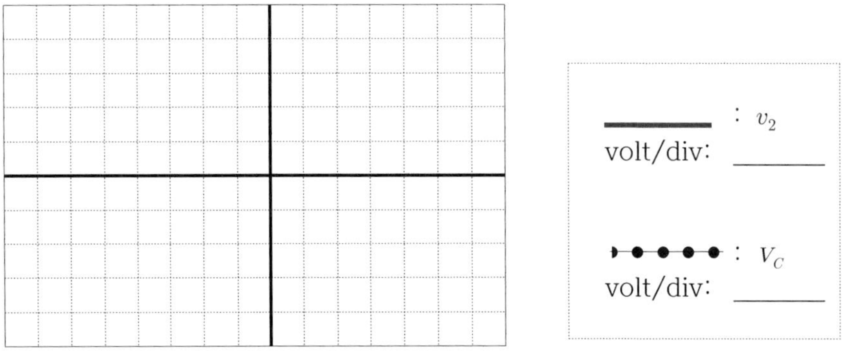

3〉 CdS의 입사조건에 따라 다음 표를 완성하시오. 데이터의 단위를 표기하시오.

■ 빛이 입사될 때

CdS	$Tr1$			$Tr2$		$Tr3$		LED
	V_B	V_E	I_E	V_B	V_C	V_B	V_C	I_{LED}
In light								

■ 빛이 차단될 때

CdS	$Tr1$			$Tr2$		$Tr3$		LED
	V_B	V_E	I_E	V_B	V_C	V_B	V_C	I_{LED}
No light								

3. PCB에 Soldering을 수행하여 작품을 제작하고 다음 물음에 답하시오.

1〉 유의사항

- 전해 커패시터의 극성에 유의하여 연결하고 만약 맞지 않으면 부풀어져 터진다.
- Zener 다이오드 및 LED의 극성도 맞게 연결한다.
- 각 트랜지스터의 이미터, 베이스 및 컬렉터 단자를 구분하여 맞게 연결한다.

2〉 다음 표를 완성하시오.

CdS의 상태에 따라 각 트랜지스터 및 LED를 ON/OFF로 표시하시오.

	CdS	$Tr1$	$Tr2$	$Tr3$	LED
동작 상태	No light				
	In light				

3〉 다음 동작조건이 만족여부를 검검하시오.

단계별 점검사항	LED(화재경고등)	판정
CdS에 광원(빛)을 가렸을 경우	ON	완전작동
CdS에 광원(빛)을 가렸을 경우	OFF	불완전작동
CdS에 광원(빛)의 변화를 주었을 경우	변화없음	실격
가변저항 VR(감도조절기)을 변화 주었을 경우	ON/OFF로 변화	변화되어야 함

[토의 및 심화학습]

1. 광도전체 저항기인 CdS는 빛이 여부에 따라 어떻게 저항값이 변하는가?

2. 위의 연기감지기에서 LED가 어떻게 턴온되는지를 그림을 그려 간략히 설명하시오.

3. 트랜지스터 $Q_1(Tr1)$의 이론적인 베이스전압과 이미터전압은 각각 얼마인가? 그 이유를 설명하시오.

1〉 $V_B =$

2〉 $V_E =$

3〉 $V_{CE} =$

4〉 위 자료들로부터 이 트랜지스터 Q_1은 어느 영역에서 동작하는가?

4. 연기감지기로 정상적인 동작을 수행한다면 트랜지스터 Q_2과 Q_3의 동작영역은?

1〉 CdS 셀에 빛이 입사될 경우

2〉 CdS 셀에 빛이 입사되지 않을 경우

실험7장

공통 이미터 증폭회로

1. 증폭기란 무엇인가?
2. 회로해석
3. 컬렉터 귀환된 공통이미터 증폭회로

Experiment 7

공통 이미터 증폭회로

Common Emitter Amplifier

실험목적

BJT의 직류해석을 바탕으로 기본적인 공통 이미터 증폭기 및 이미터에 저항이 연결된 이미터 증폭기에 대해 교류 등가회로를 적용하고 각각의 전압이득을 구한다.

기초이론

이 장에서는 증폭이 어떤 조건에서 어떻게 이루어지며 입력파형과 출력파형이 서로 어떻게 되는 지를 전체적으로 검토하는 과정이다. 여기서는 크기가 작은 교류신호인 소신호를 다룬다. 직류해석을 바탕으로 해당 교류회로에 등가회로를 적용하고 각종 회로 변수들을 구하는 방법을 제시한다.

1 증폭기란 무엇인가?

증폭이란 입력이 정현파이면 출력도 찌그러지지 않은 정현파를 가지며 신호의 크기는 입력보다 큰 신호를 가지도록 하는 것이다. 우리는 BJT에서 트랜지스터가 어느 영역에서 동작하는 지를 결정하는 방법이 베이스전류 I_B라는 사실을 알고 있다. 특히 선형증폭을 위해서 트랜지스터는 활성영역(active region)에서 동작해야 한다는 것도 학습하였다.

그림 7-1은 증폭기 개념과 입력 대 출력의 비를 측정하는 방법을 나타낸 것이다.

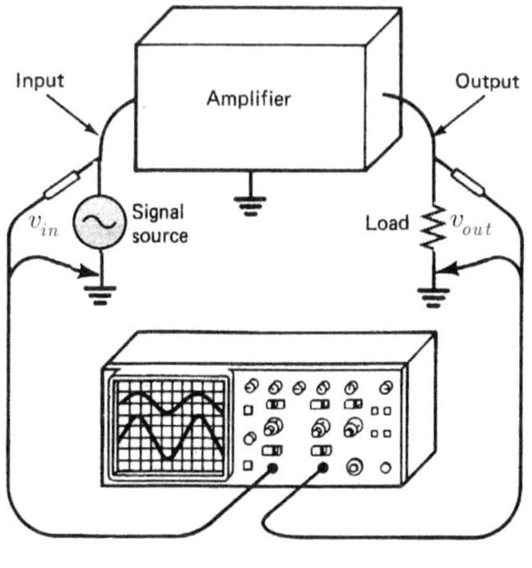

$$Gain(A) = \frac{Output}{Input} = \frac{v_{out}}{v_{in}}$$

[그림 7-1] 증폭기 개념 및 전압이득 측정

이득(gain)은 모든 증폭기의 기본적인 함수이다. 통상적으로 이득은 A로 나타내며 전압이득, 전류이득 또는 전력이득을 표시할 경우에는 각각 다음과 같이 표기한다.

$$A = \frac{v_{out}}{v_{in}}, \quad A_i = \frac{i_{out}}{i_{in}}, \quad A_p = \frac{p_{out}}{p_{in}} \tag{7-1}$$

1〉 소신호 증폭기 및 대신호 증폭기

신호처리 시스템의 초기단계에서 동작하는 증폭기는 소신호(small signal)를 다룬다. 이러한 초기 단계 증폭기는 양호한 전압이득을 얻도록 설계된다. 전압이득을 얻는 증폭기를 전압증폭기(voltage amplifier)라 한다. 그림 7-2는 한 오디오증폭기의 블록 다이어그램을 나타낸다. 마이크로폰은 매우 작은 mV범위의 신호를 만든다. 첫 번째 두 단은 이 오디오신호를 증폭한다. 마지막 단은 훨씬 큰 신호를 만들므로 전력증폭기(power amplifier)라 부른다. 전력증폭기에서 중요한 것은 효율(η: efficiency)이다.

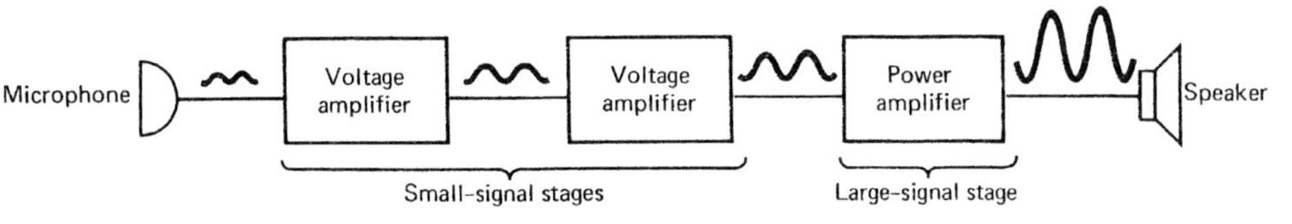

[그림 7-2] 증폭기의 블록 다이어그램

2〉 $Decibel(dB)$이란 무엇인가?

초기의 전자공학은 주로 통신분야에 집중되었다. 마이크로폰과 스피커들이 유용한 출력수단이었다. 이와 같이 공학자들은 인간의 청각과 관련되어 회로성능을 평가하는 방법이 필요하게 되었다. 인간의 귀는 오디오출력에 대해 비선형(nonlinear)이다. 흥미로운 시실은 현재소리의 10배를 한 신호에 대해 소리가 커짐에 대한 비와 여기서 또 다시 10배를 증가시키면 인간의 귀는 똑같이 크기로 증가하였다고 감지한다는 것이다. 이와 관련되어 수학적으로 대수(logarithms)를 오디오시스템의 성능평가를 위해 사용한다.

$$dB\ power\ gain = 10 \times \log\frac{p_{out}}{p_{in}}, \quad dB\ voltage\ gain = 20 \times \log\frac{v_{out}}{v_{in}} \tag{7-2}$$

전압이득을 나타낸 dB에서 20은 전력이 전압의 제곱에 비례하기 때문이다($p \propto v^2$). 만약 전압이 같다면 이득은 $0[dB]$이며 출력전압이 입력전압의 $1/\sqrt{2}$이면 $20 \times \log(1/\sqrt{2}) = -3[dB]$가 된다. 이는 기초회로실험에서 학습한 익숙한 용어들이다.

2 회로해석

이 장에서는 실험 5장에서 학습한 전압분배 바이어스된 그림 7-3과 같은 공통이미터 증폭기(CE amplifier)를 학습한다. 통상적으로 트랜지스터는 직류해석과 교류해석으로 나눈다.

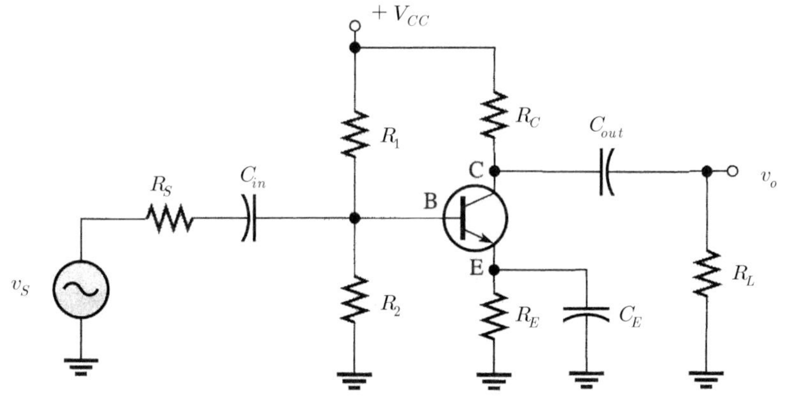

[그림 7-3] 공통 이미터(CE) 증폭회로

1〉 직류해석

이 해석을 위해 직류와 관련된 부분만 고려한다. 즉, 직류전압원 V_{CC}, 분배저항 R_1, R_2, 컬렉터저항 R_C, 이미터저항 R_E 및 트랜지스터(BJT)를 해석하는 것이다.

〈1〉 동작점 구하기(V_{CE}, I_C)

$$V_B = V_{CC} \times \frac{R_2}{R_1 + R_2}, \qquad R_B = R_1 \parallel R_2 = \frac{R_1 R_2}{R_1 + R_2} \tag{7-3}$$

Ohm 법칙과 KVL을 사용하면 다음과 같이 각각의 값을 구할 수 있다.

$$V_E = V_B - V_{BE} = V_B - 0.7[V] \tag{7-4}$$

$$I_E = \frac{V_E}{R_E} \simeq I_C \tag{7-5}$$

$$V_C = V_{CC} - I_C R_C \tag{7-6}$$

$$\begin{aligned} V_{CE} &= V_C - V_E = (V_{CC} - I_C R_C) - I_C R_E \\ &= V_{CC} - I_C (R_C + R_E) \end{aligned} \tag{7-7}$$

따라서 이 트랜지스터의 동작점(Q점)은 좌표(V_{CE}, I_C)가 된다. 신호증폭을 위한 증폭기는 동작점이 반드시 선형영역(active region)에 위치되어야 한다.

동작점이 활성영역(선형영역)에 존재해야 하는 이유는 다음과 같다. 먼저 경우 1은 동작점이 포화영역에 가까워 정현파의 양의 방향에서 찌그러짐이 발생하고 경우 3은 동작점이 차단영역에 있어서 정현파의 아래쪽 부분이 찌그러지게 된다. 마지막으로 경우 2는 동작점이 활성영역에 존재하므로 그림과 같이 찌그러짐이 발생하지 않는다. 우리는 소신호를 다루므로 동작점이 활성영역에 존재하면 되며 그리 엄격하지 않다. 그러나 신호가 큰 경우에는 동작점은 가능하면 부하선의 중앙부에 오도록 고려해야 한다.

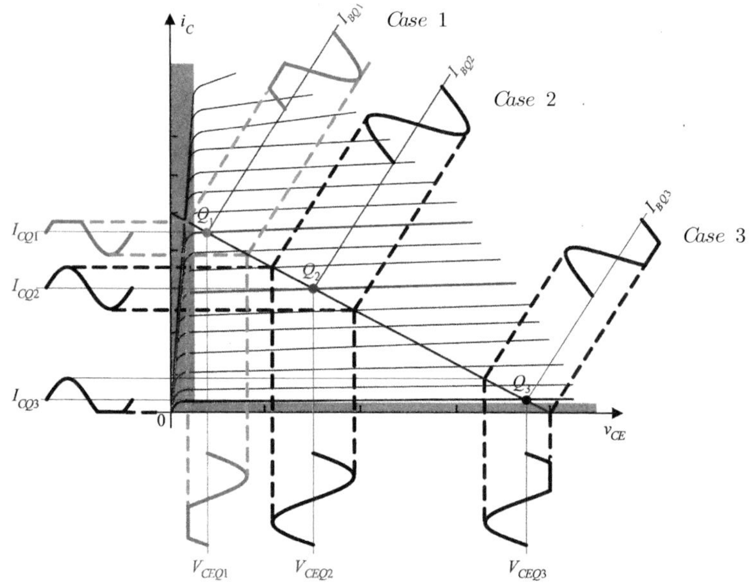

[그림 7-4] 트랜지스터가 활성영역에서 동작해야 찌그러지지 않는다.

〈2〉 교류 이미터저항(r_e)

동작점(Q점)에서 직류 이미터전류를 이용하여 교류 이미터저항을 구할 수 있다.

$$r_e = \frac{26[mV]}{I_E} \tag{7-8}$$

2〉 교류해석

〈1〉 커패시터의 역할은 무엇인가?

커패시터는 회로이론에서 학습한 것과 같이 직류(dc)는 차단하고 교류(ac)는 통과시킨다. 용량성 리엑턴스 $X_C = 1/2\pi fC[\Omega]$를 이용하여 그 특성을 살펴보자. 결합(coupling) 커패시터는 직류차단 커패시터이고 바이패스(bypass) 커패시터는 교류통과 커패시터이다. 동작주파수와 커패시턴스 값이 크면 단락(short)으로 처리해도 된다는 것이다. 여기서 C_{in}과 C_{out}을 결합 커패시터라 부르고 C_E를 바이패스 커패시터라 부른다.

〈2〉 교류등가회로 구하기

BJT의 등가회로는 통상 π형 또는 T형을 이용한다. 여기서 교류는 소문자 i_b로 직류는 대문자 I_B로 하고 교류와 직류가 포함된 기호는 i_B로 나타낸다. 교류해석에서 전류이득 β가 사용되면 활성영역에서 동작한다는 것을 전제로 하므로 마름모로 나타낸 종속전류원으로 $i_c=\beta i_b$를 적용한다. 베이스와 이미터간의 접속을 살펴보면 다이오드로 되어 있으며 직류해석에서 무릎전압 $V_\gamma=0.7V$를 사용하고 π형 등가회로에서 저항을 r_π, T형 등가회로에서는 r_e를 사용한다.

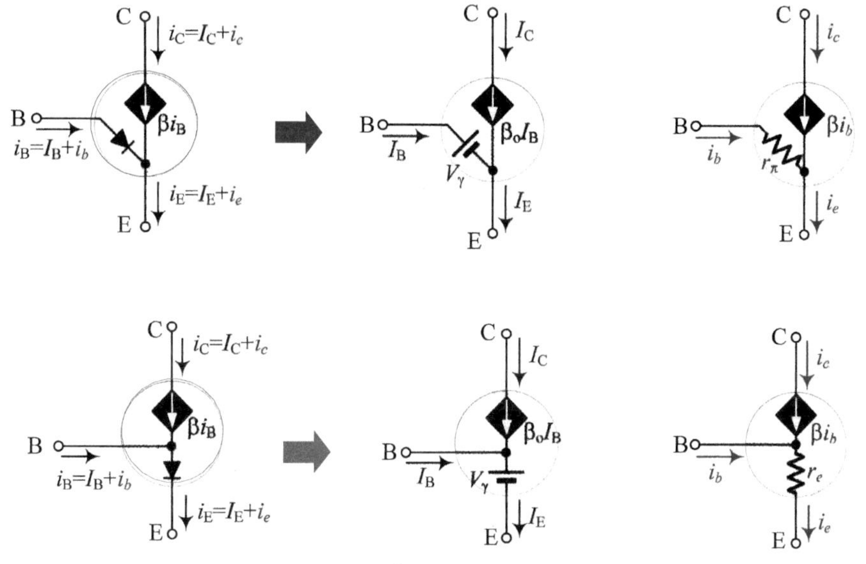

(a) π형 및 T형　　(a) 직류 등가회로　　(b) 교류 등가회로

[그림 7-5] BJT에서 공통 이미터(CE) 증폭기의 등가모형

그림 7-6은 CE 증폭회로를 단계적으로 간략화하는 과정을 나타낸 것이다.

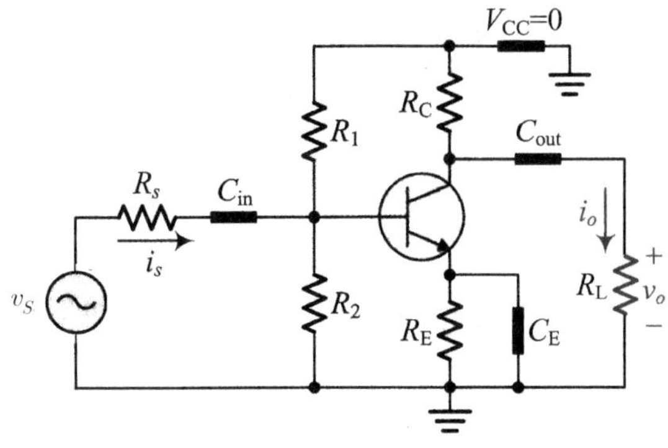

(a) 교류적 관점에서 직류는 접지이고 용량성 리엑턴스는 $X_C\simeq 0[\Omega]$이다.

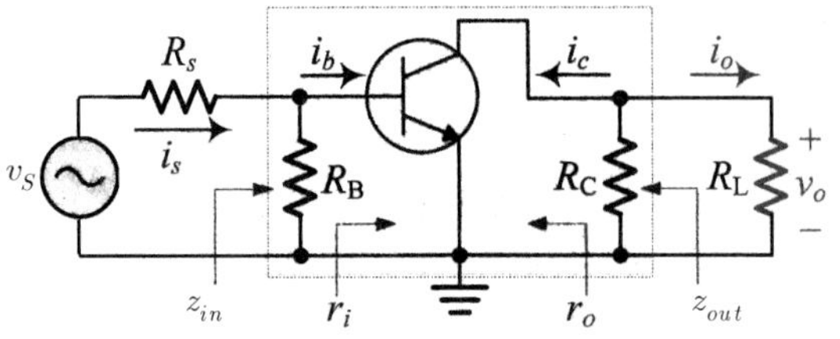

(b) 저항 R_1과 R_2는 병렬이고 저항 R_C과 R_L도 병렬이다.

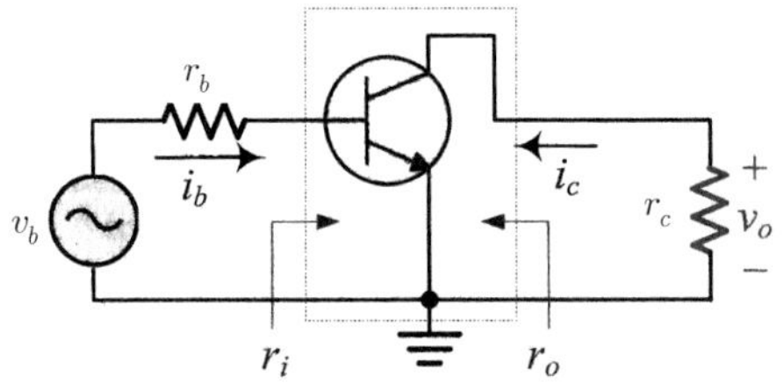

(c) Thevenin 등가회로로 변환

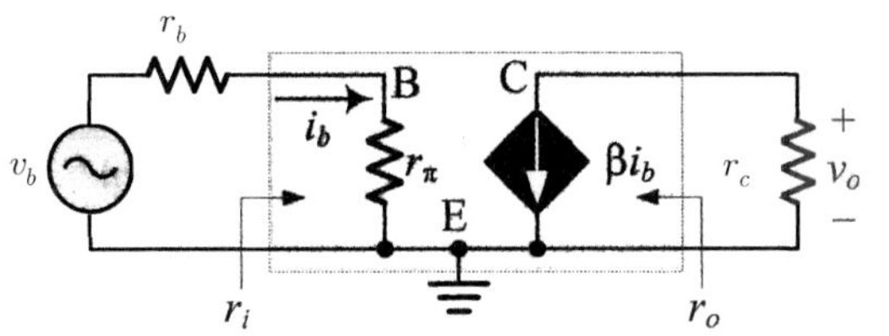

(d) 소신호 등가회로에서 Ohm 법칙으로 전류 및 전압을 구한다.

[그림 7-6] 등가회로의 간소화 과정

먼저 그림 (a)는 교류적 관점에서 커패시터는 단락되고 직류전압도 단락된다. 그림 (b)의 베이스단자에서 저항 R_1과 R_2는 병렬이 되며 컬렉터단자에서 저항 R_C와 R_L도 병렬이 된다.

$$R_B = R_1 \parallel R_2$$

그림 (c)에서 베이스단자에 Thevenin 교류등가회로(v_b 및 r_b)를 구한다.

$$v_b = v_S \times \frac{R_B}{R_S + R_B}, \qquad r_b = R_S \parallel R_B \qquad (7-9)$$

$$r_c = R_C \parallel R_L \qquad (7-10)$$

이를 바탕으로 BJT 등가회로와 결합하여 최종적인 공통이미터 증폭기 등가회로인 그림 (d)를 만든다. 이 회로에서 Ohm법칙을 이용하여 각 변수들을 구하면 다음과 같다.

[전압이득]

$$i_b = \frac{v_b}{r_b + r_\pi}, \quad v_o = (-\beta i_b) r_c$$

$$A = \frac{v_o}{v_S} = \left(\frac{v_b}{v_S}\right)\left(\frac{v_o}{v_b}\right) \tag{7-11}$$

[입력임피던스 측정]

BJT의 입력저항은 $r_i = r_\pi$ 이므로 CE증폭기의 입력저항 z_{in}은 다음과 같다.

$$z_{in} = R_B \parallel r_i = \frac{R_B r_i}{R_B + r_i} \tag{7-12}$$

이를 측정하려면 전원전압 v_S와 증폭기 입력전압 v_{in}을 구해야 한다.

$$z_{in} = \frac{v_{in}}{v_s - v_{in}} \times R_S \tag{7-13}$$

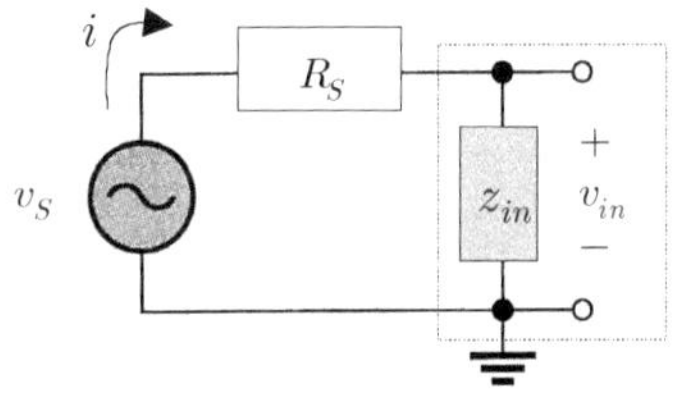

전류 i가 동일하므로

$$i = \frac{v_S - v_{in}}{R_S} = \frac{v_{in}}{z_{in}}$$

[그림 7-7] 입력 임피던스의 개념 및 측정

[출력임피던스 측정]

컬렉터의 전류원은 $r_o \simeq \infty$ 이므로 CE증폭기의 출력저항은 다음과 같다.

$$z_{out} = r_o \parallel R_C = R_C \tag{7-14}$$

이를 측정하려면 출력전압 v_o에서 부하전압 v_{Load}과 무부하전압 v_{Noload}을 구해야 한다.

$$z_{out} = \frac{v_{Noload} - v_{Load}}{v_{Load}} \times R_L \tag{7-15}$$

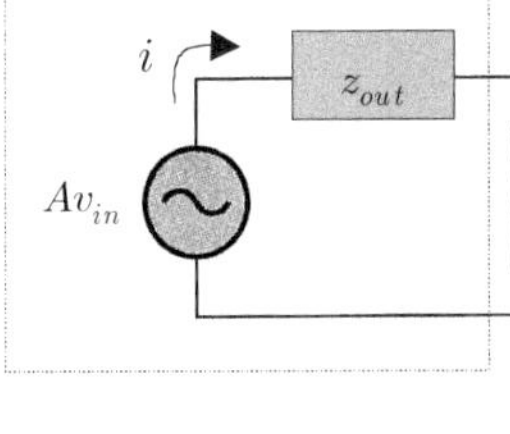

- v_{Noload} : R_L 개방시 출력전압$(= Av_{in})$
- v_{Load} : R_L 연결시 출력전압$(= v_o)$

$$i = \frac{Av_{in} - v_o}{z_{out}} = \frac{v_o}{R_L}$$

[그림 7-8] 출력 임피던스의 개념 측정

[전류이득]

회로에서 $\frac{v_S}{i_S}=R_S+z_{in}$이고 $\frac{i_o}{v_o}=\frac{1}{R_L}$이다. 이를 이용하여 다음 관계를 활용한다.

$$A_i=\frac{i_o}{i_S}=(\frac{v_S}{i_S})(\frac{v_o}{v_S})(\frac{i_o}{v_o}) \tag{7-16}$$

3. 컬렉터 귀환된 공통이미터 증폭회로

두 번째로 학습할 공통이미터 증폭기는 컬렉터 귀환된 CE증폭기이다.

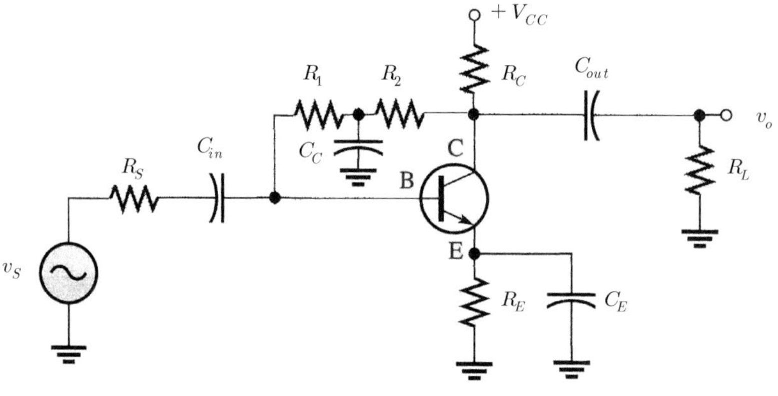

[그림 7-9] 컬렉터 귀환된 CE증폭기

1) 직류해석

이 해석을 위해 직류와 관련된 부분만 고려한다. 즉, 직류전압원 V_{CC}, 베이스저항 R_B, 컬렉터저항 R_C, 이미터저항 R_E 및 트랜지스터(BJT)를 해석하는 것이다.

폐회로에 KVL을 적용하면 다음과 같다.

$$R_B=R_1+R_2, \quad -V_{CC}+I_ER_C+I_BR_B+V_{BE}+I_ER_E=0 \tag{7-17}$$

$$I_C=\beta I_B, \quad I_E=I_B+I_C=(\beta+1)I_B \tag{7-18}$$

위 식들을 정리하면 V_{CE}와 I_C는 다음과 같다.

$$I_B=\frac{V_{CC}-V_{BE}}{R_B+(\beta+1)(R_C+R_E)} \tag{7-19}$$

$$I_C=\beta I_B=\beta\frac{V_{CC}-V_{BE}}{R_B+(\beta+1)(R_C+R_E)}\simeq\frac{V_{CC}-V_{BE}}{(R_B/\beta)+R_C+R_E} \tag{7-20}$$

$$V_{CE}=V_{CC}-I_E(R_C+R_E) \tag{7-21}$$

컬렉터 귀환 바이어스에서 V_{CB}는 저항 R_B양단전압과 동일하며 $V_{CB}=I_BR_B>0$이다. 이로부터 $V_{CE}+V_{EB}+V_{BC}=0$이므로 정리하고 $V_{BE}=0.7V$ 이므로

$$V_{CE}=-V_{EB}-V_{BC}=V_{BE}+V_{CB}>V_{BE} \tag{7-22}$$

알다시피 통상 트랜지스터의 포화전압은 $V_{CE(sat)}\simeq 0.3V$이다. 컬렉터 귀환 바이어스에서는 V_{CE}가 항상 이 값을 초과하므로 트랜지스터가 포화되지 않는 장점이 있다.

2〉 교류해석

컬렉터에서 귀환된 경로에 커패시터 C_C는 교류에서 접지로 동작한다. 따라서 저항 R_1은 입력측에 R_2는 출력측에 관련된다.

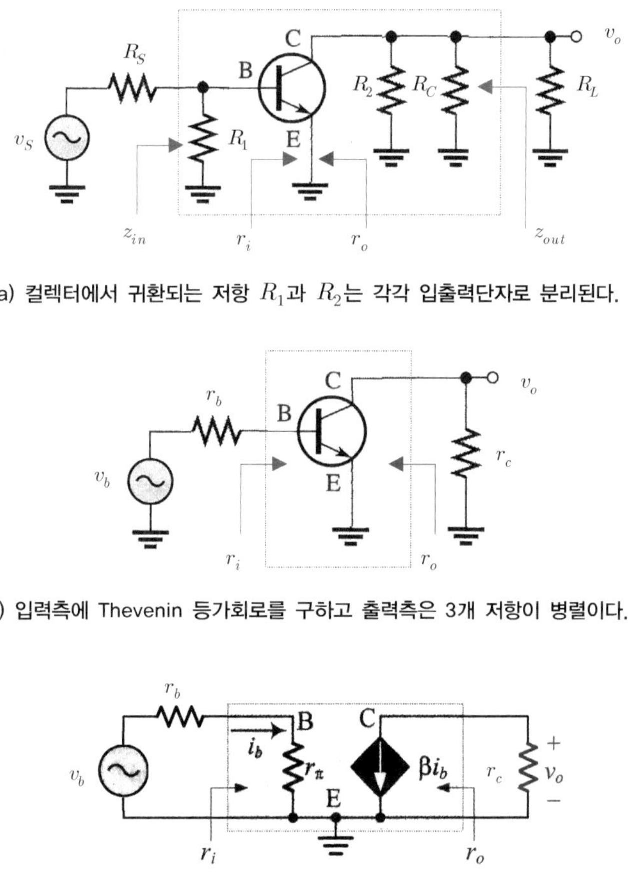

(a) 컬렉터에서 귀환되는 저항 R_1과 R_2는 각각 입출력단자로 분리된다.

(b) 입력측에 Thevenin 등가회로를 구하고 출력측은 3개 저항이 병렬이다.

(c) 소신호 등가회로에서 Ohm 법칙으로 전류 및 전압을 구한다.

[그림 7-10] 컬렉터 귀환된 공통 이미터 증폭기의 간소화

그림 7-10(a)에서 베이스단자에 Thevenin 교류등가회로(v_b 및 r_b)를 구한다.

$$v_b = v_S \times \frac{R_1}{R_S + R_1}, \qquad r_b = R_S \parallel R_1 \tag{7-23}$$

[전압이득]

그림 7-10(b)와 (c)로부터 베이스전류를 구하고 이를 이용하여 출력전압을 구한다.

$$i_b = \frac{v_b}{r_b + r_\pi} \tag{7-24}$$

$$r_b = R_S \parallel R_1 \tag{7-25}$$

$$v_o = (-\beta i_b) r_c \tag{7-26}$$

$$r_c = R_2 \parallel R_C \parallel R_L \tag{7-27}$$

$$A = \frac{v_o}{v_S} = \left(\frac{v_b}{v_S}\right)\left(\frac{v_o}{v_b}\right) \tag{7-28}$$

[입력 임피던스]

BJT의 입력저항은 $r_i = r_\pi$이므로 CE증폭기의 입력저항 z_{in}은 다음과 같다.

$$z_{in} = R_1 \parallel r_i = \frac{R_1 r_i}{R_1 + r_i} \tag{7-29}$$

[출력 임피던스]

컬렉터의 전류원은 $r_o \simeq \infty$이므로 CE증폭기의 출력저항은 다음과 같다.

$$z_{out} = r_o \parallel R_2 \parallel R_C \simeq R_2 \parallel R_C \tag{7-30}$$

[전류이득]

회로에서 $\frac{v_S}{i_S} = R_S + z_{in}$이고 $\frac{i_o}{v_o} = \frac{1}{R_L}$이다. 이를 이용하여 다음 관계를 활용한다.

$$A_i = \frac{i_o}{i_S} = \left(\frac{v_S}{i_S}\right)\left(\frac{v_o}{v_S}\right)\left(\frac{i_o}{v_o}\right) \tag{7-31}$$

BJT가 공통베이스(CB), 공통컬렉터(CC)에 대해서도 직류해석 및 교류등가회로를 적용하는 방법은 동일하다. 중요한 것은 회로를 정확히 그린 후에 등가회로를 적용시키고 기본 법칙을 충실하게 적용하면 된다. 이 회로에서 이미터 바이패스 커패시터 C_E를 제거하면 R_E의 영향으로 공통 이미터 증폭기가 되지 않아 전압이득이 아주 적어지게 된다.

다음은 대표적인 세 가지 증폭기의 특성을 나타낸 것이다. 공통이미터, 공통베이스 및 공통 컬렉터(이미터 팔로워)에 대해 전압이득, 임피던스, 응용분야 등을 간략히 나타낸 것이다.

[표 10-1] 세 가지 증폭기의 상대비교

	CE	CB	CC(EF)
전압이득	Yes(highest)	Yes	No(less than 1)
전류이득	Yes	No(less than 1)	Yes
전력이득	Yes(highest)	Yes	Yes
입력임피던스	Medium	Lowest	Highest
출력임피던스	Medium	Highest	Low
위상반전	Yes	No	No
응 용	Universal-works best in most application	Used mainly as an RF amplifier (High frequency용)	Used mainly as an buffer amplifier

실제로 개별 트랜지스터(discrete transistor)를 이용하여 증폭하기 보다는 연산증폭기를 사용하면 아주 쉽게 원하는 증폭을 구현할 수 있다.

[실험장비 및 부품]

사용장비	품 목	정 격	소요량
Oscilloscope DC power supply Multimeter Breadboard	Transistor Resistor Capacitor	2N3904 100Ω, 510Ω, $1k\Omega$ $47k\Omega$, $91k\Omega$, $110k\Omega$ $3k\Omega$, $10k\Omega$ $15\mu F$, $100\mu F$	각 1개 각 2개 각 2개

[PSPICE 시뮬레이션]

1. CE 증폭기

1) 회로도

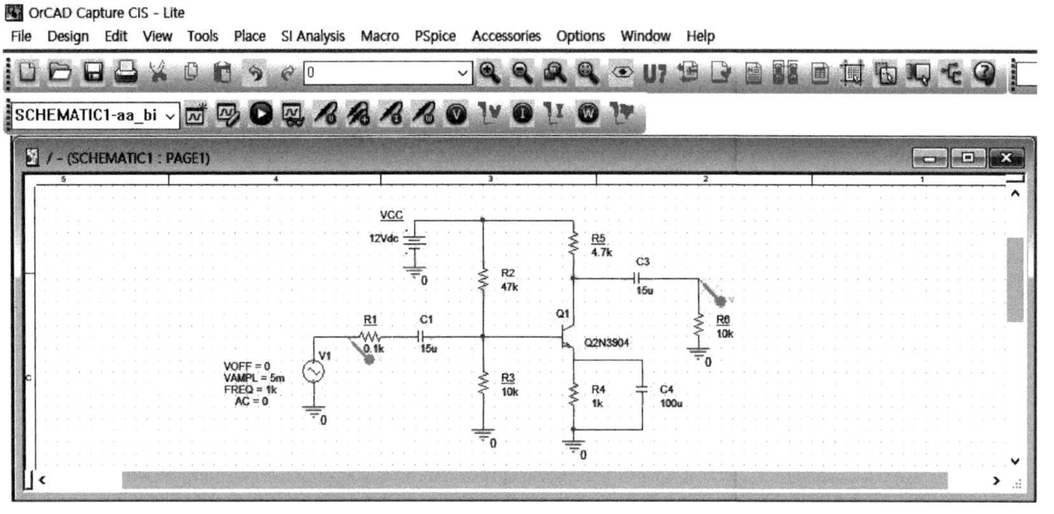

2) 바이어스 해석

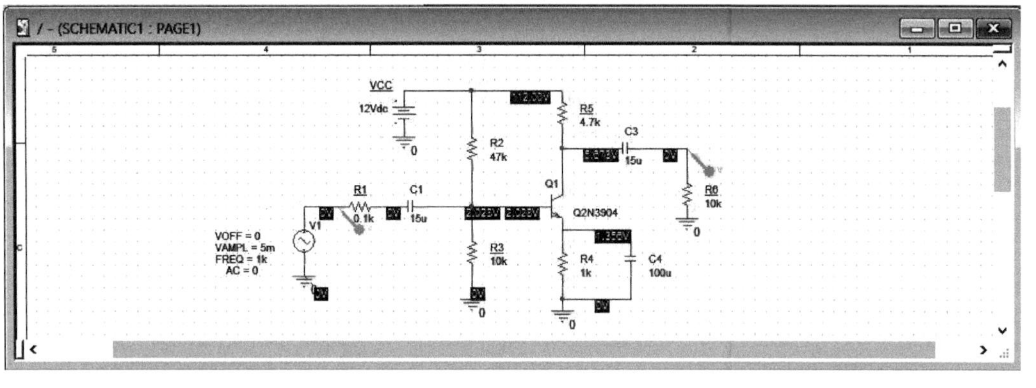

3) 시간영역 해석

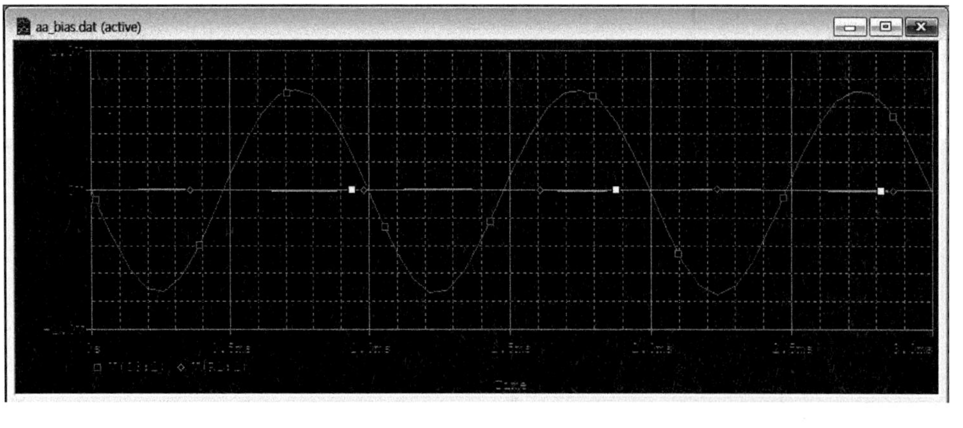

2. 컬렉터 귀환된 CE 증폭기

1〉 회로도

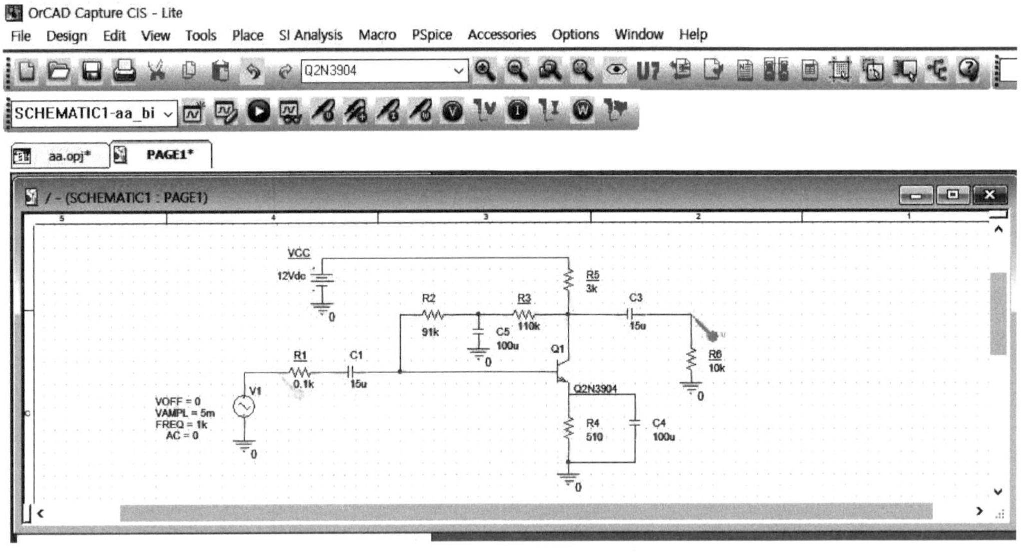

2〉 바이어스 해석

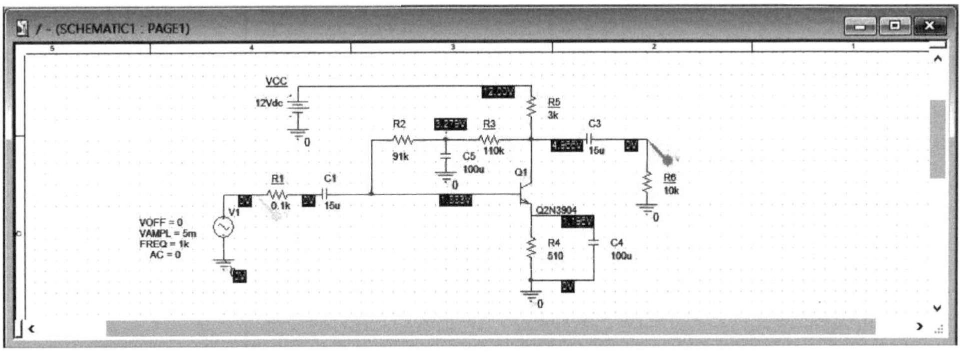

3〉 시간영역 해석

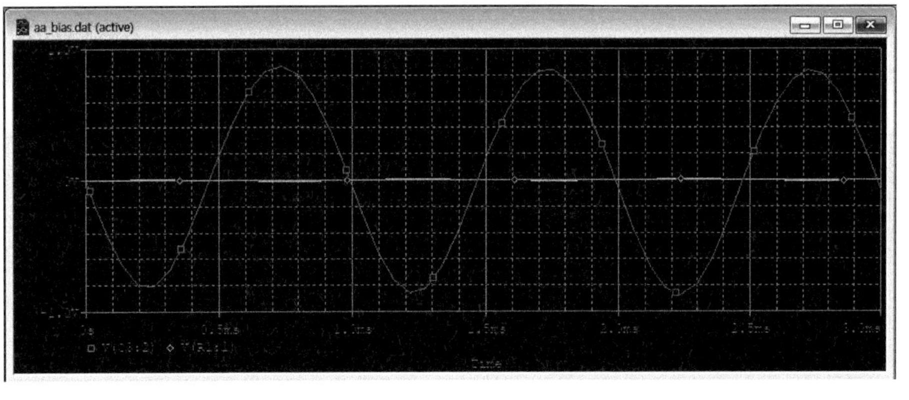

[예비보고서]

1. 다음 CE 증폭기에 대해 답하시오.

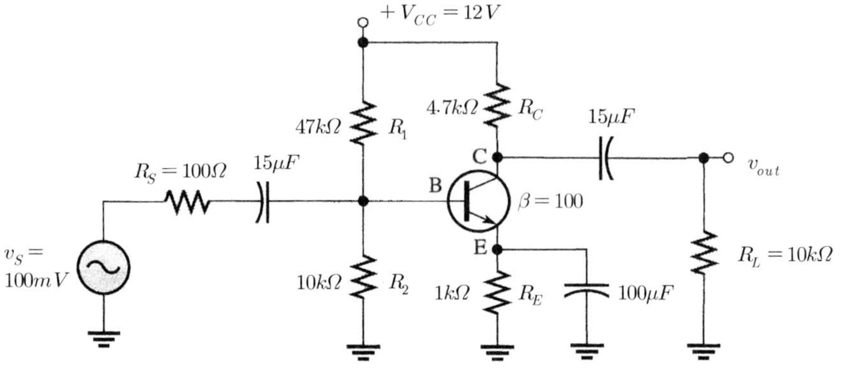

1〉 직류해석

〈1〉 V_B 〈2〉 V_E 〈3〉 I_E

〈4〉 V_C 〈5〉 V_{CE} 〈6〉 r_e

2〉 교류등가회로를 그려 다음 값들을 구하시오.

〈1〉 A_v 〈2〉 z_{in}

〈3〉 z_{out} 〈4〉 A_i

2. 다음 또 하나의 형태인 컬렉터 귀환된 CE 증폭기에 대해 답하시오.

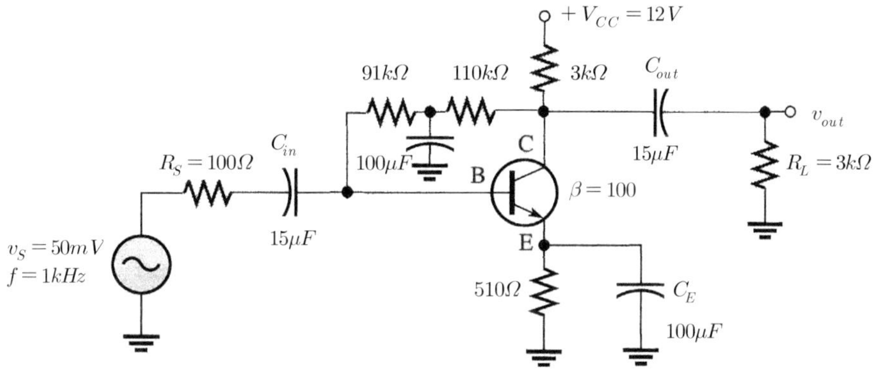

1〉 직류해석

〈1〉 I_B 〈2〉 I_C 〈3〉 V_C

〈4〉 V_E 〈5〉 V_{CE} 〈6〉 r_e

2〉 교류등가회로를 그려 다음 값들을 구하시오.

〈1〉 A_v 〈2〉 z_{in}

〈3〉 z_{out} 〈4〉 A_i

3〉 PSPICE를 이용하여 검증하시오.

[결과보고서]

실험제목				
실험일자	년 월 일(요일)		담당교수	㉐
성 명		학 번	평 가	

1. 다음 회로를 구성하고 물음에 답하시오. 교류전원은 $v_S(t) = 0.5\sin\omega t[V]$이다.

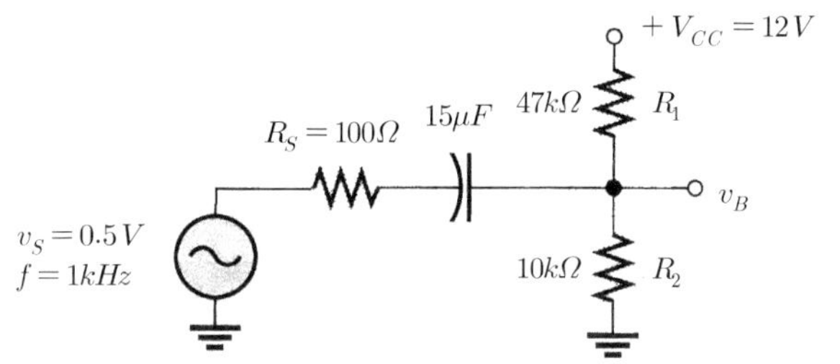

1〉 전원파형 v_S 및 베이스에서 직류(dc)와 교류(ac)가 중첩된 출력파형 v_B를 구하시오.

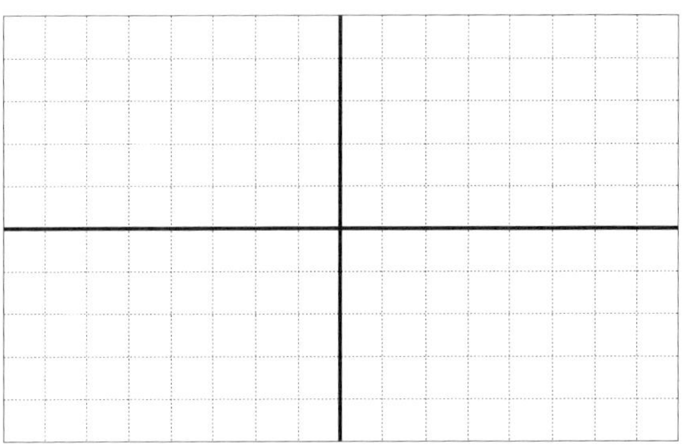

• ▬▬▬ : v_S
volt/div: ______

• ●●●● : v_B
volt/div: ______

2〉 다음 표를 완성하고 반드시 단위를 표기하시오.

	이론치		측정치		오차(%)	
	dc(V_B)	ac(v_b)	dc	ac	dc	ac
v_B						
X_C						

3〉 커패시터의 역할은 직류를 (통과, 차단)하고 교류는 (통과, 차단)시킨다. 교류신호의 손실을 줄이려면 X_C의 값이 (커야, 작아야) 한다.

3. 다음 컬렉터 귀환된 공통 이미터 증폭회로를 구성하고 물음에 답하시오.

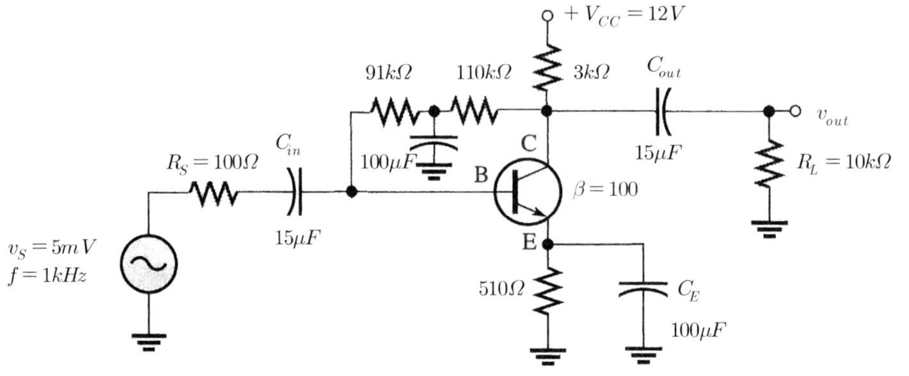

1〉 직류해석

〈1〉 공통 이미터 증폭기에서 직류해석과 관련된 부분을 그리시오.

〈2〉 표를 완성하고 부하선(load line), 동작점(Q점) 및 동작영역을 구하시오.

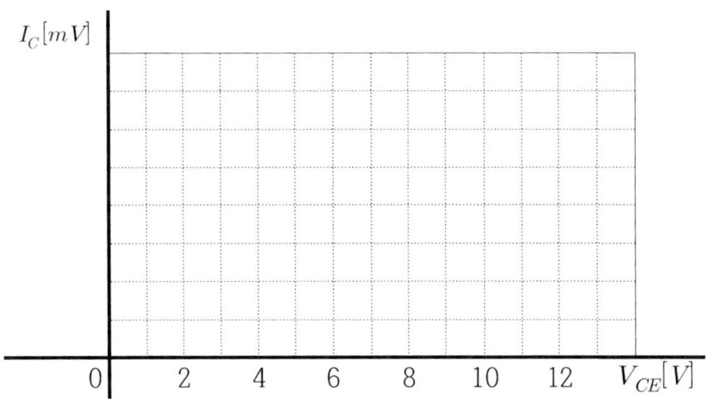

	I_B	I_C	V_C	V_E	V_{CE}	동작영역
이론치						
측정치						
오차(%)						

2〉 교류해석

〈1〉 각 지점의 전압파형을 그리시오.

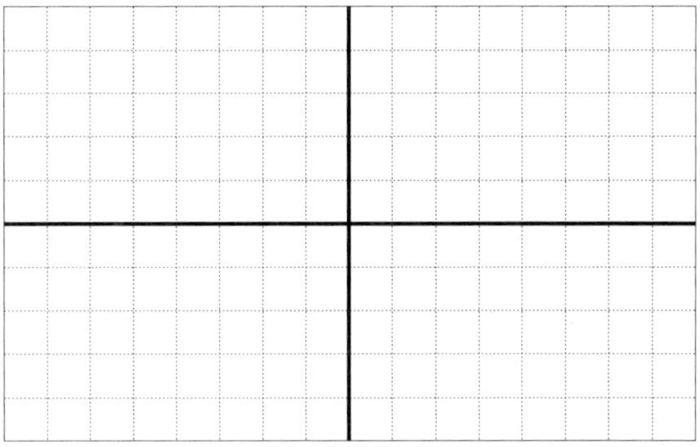

- ▬▬▬▬ : v_S
  volt/div: ______
- .... v_e
  volt/div: ______
- ●—●—●—● : v_{out}
  volt/div: ______

〈2〉 전압이득, 입력 임피던스, 출력 임피던스 및 전류이득을 구하시오.

	이론치	측정치	오차(%)
전압이득(A)			
입력 임피던스(z_{in})			
출력임피던스(z_{out})			
전류이득(A_i)			

3〉 위의 회로에서 이미터 바이패스 커패시터 C_E를 제거하면

〈1〉 입력 및 출력파형을 그리시오.

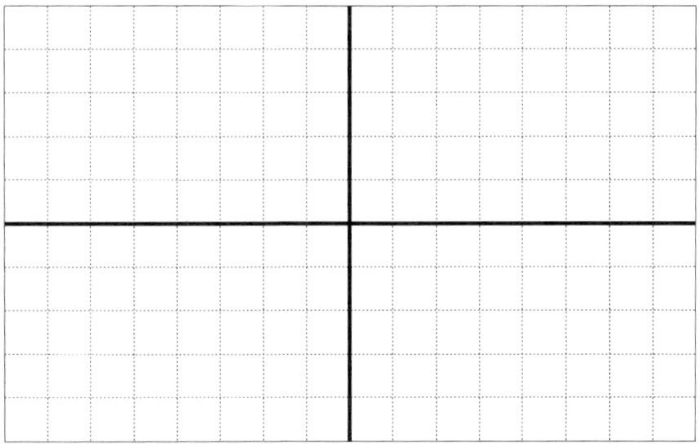

- ▬▬▬▬ : v_S
  volt/div: ______
- .... v_e
  volt/div: ______
- ●—●—●—● : v_{out}
  volt/div: ______

〈2〉 2〉의 결과와 비교하여 전압이득(A)의 변화를 설명하시오.

4〉 실험회로에서 부하저항 R_L을 제거하면

〈1〉 입력 및 출력파형을 그리시오.

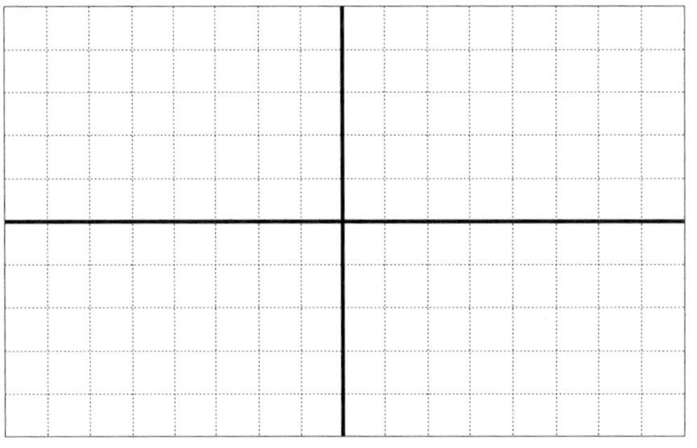

• ———— : v_S
volt/div: ______

• ●●●●● : v_{out}
volt/div: ______

〈2〉 2〉의 결과와 비교하여 전압이득(A)의 변화를 설명하시오.

4. 위의 공통 이미터 증폭기에 대해 각각을 PSPICE 결과와 비교하시오.

[토의 및 심화학습]

다음과 같은 공통 이미터 증폭기에 대해 각 물음에 답하시오.(1~2)

1. 만일 회로측정에서 교류 부하전압이 $0mV$, 직류 컬렉터전압이 $6V$이고 교류 컬렉터 전압이 $95mV$이라면, 어떤 고장이라고 할 수 있나? 다음 과정을 거쳐 진단하시오.

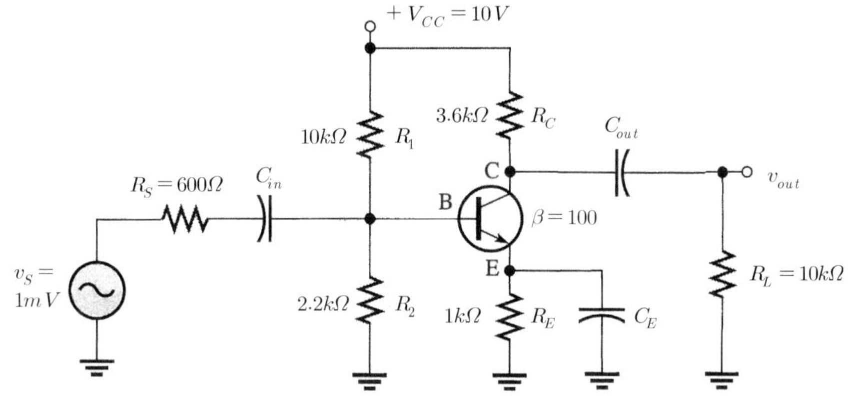

교류 컬렉터전압이 ( ) 이면 정상이다. 이 회로조건에서 고장이 날 수 있는 소자는 C_{out} 혹은 R_L 두 가지 뿐이다.

1〉 C_{out}이 단락되면 직류 컬렉터전압은 (증가, 감소)한다.

2〉 C_{out}이 개방되면 교류통로가 차단되지만 직류 및 교류 컬렉터전압은 (변한다, 변하지 않는다)

3〉 R_L이 단락되면 교류 컬렉터전압은 ( )이다.

4〉 R_L이 개방되면 교류 컬렉터전압은 (증가, 감소)한다.

5〉 결론:

2. 만약 회로의 교류 이미터전압이 $0.75mV$이고 교류 컬렉터전압이 $2mV$라면 어떤 고장이 발생했다고 진단할 수 있는가?

1〉 C_E가 단락되면 이미터는 교류접지이므로 교류 베이스전압은 ( )이고 교류 컬렉터전압은 ( )가 된다.

2〉 C_E가 개방되면 이미터는 교류접지가 아니므로 교류 베이스전압은 ( )이고 교류 컬렉터전압은 ( )가 된다.

3〉 결론:

3. 큰 전류이득 또는 큰 입력 임피던스가 요구되는 곳에 활용되는 Darlington 회로에 대해 답하시오.

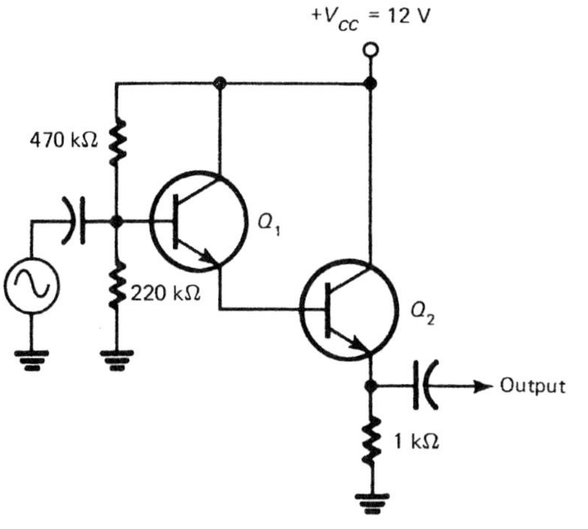

1〉 직류해석을 수행하시오.

〈1〉 V_{B1}

〈2〉 V_{E2}

〈3〉 V_{E1}

〈4〉 V_{CE1}

〈5〉 V_{CE2}

〈6〉 r_{e1}

2〉 교류해석을 수행하시오.

〈1〉 A_v

〈2〉 z_{in}

〈3〉 z_{out}

〈4〉 A_i

4. 다음에 나타낸 캐스코드(cascode) 증폭기에 대해 물음에 답하시오.

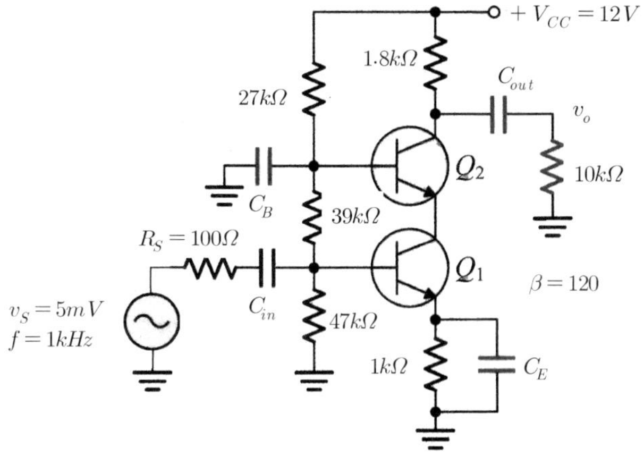

1〉 다음 그림을 참조하여 직류해석을 수행하시오.

〈1〉 V_{B1}

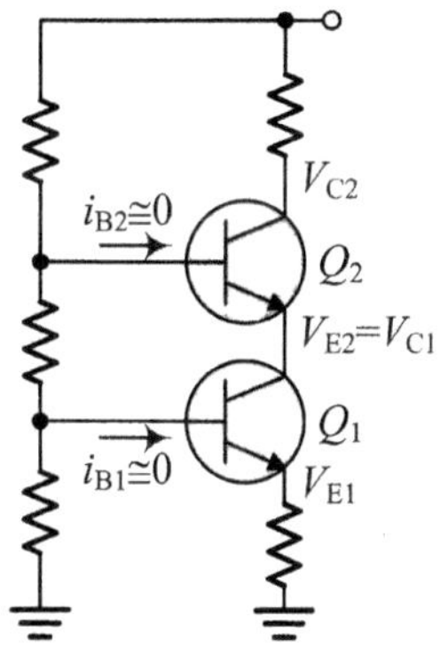

〈2〉 V_{B2}

〈3〉 V_{E1}

〈4〉 V_{E2}

〈5〉 I_{E1}

〈6〉 r_{e1} 〈7〉 $r_{\pi 1}$ 〈8〉 r_{e2}

2〉 다음 그림을 참조하여 교류해석을 수행하시오.

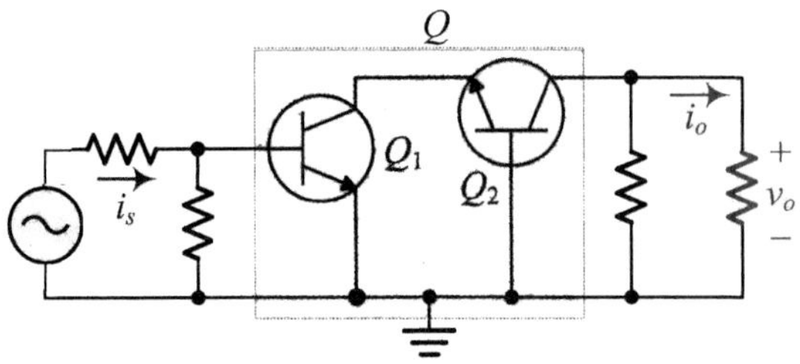

〈1〉 A_v

〈2〉 z_{in}

〈3〉 z_{out}

〈4〉 A_i

3〉 Cascode 증폭기의 특징을 설명하시오.

〈1〉 이 증폭기는 (   )와 (   )로 구성된다.

〈2〉 CB는 단독으로 (전압, 전류) 증폭기로 사용하지 않고 (   )와 결합하여 사용한다.

〈3〉 CB는 입력저항은 (   )이고 이는 전류증폭기가 가져야 하는 바람직한 특성이다.

〈4〉 CB의 출력저항은 매우 (큰, 작은) 값을 가진다.

〈5〉 CB는 전류이득이 (   )이고 매우 작은 입력저항과 큰 출력저항을 가지므로 전류버퍼로 사용한다.

〈6〉 두 증폭기들을 결합하여 생기는 장점은 단일 CE증폭기에 비해 (이득, 주파수)특성을 개선한다는 것이다.

실험8장
MOSFET 특성

1. 금속-산화물-반도체 전계효과 트랜지스터(MOSFET) 특성
2. NMOS와 PMOS의 상호비교
3. CMOS 인버터

Experiment 8

MOSFET 특성

Metal Oxide Semiconductor Field Effect Transistor

실험목적

전압제어 소자인 증가형(enhancement) MOSFET의 전류-전압특성을 익히고 각 영역의 특성을 측정한 값으로부터 소자의 전달특성과 출력특성을 구한다.

기초이론

현대 전자산업은 이 MOSFET 덕택에 마이크로프로세서를 비롯한 컴퓨터를 소형으로 개발할 수 있었으며 이로 인해 여러 산업분야에 획기적인 발전을 이루어 왔다. 앞에서 배운 BJT에 비해 더 작은 면적으로 만들 수 있고 전력소모도 아주 적다. MOSFET는 게이트가 절연되어 있으므로 양의 입력전압도 사용할 수 있다. 양의 게이트전압은 채널을 흐르는 자유전자들의 수를 증가시켜 소스(source)에서 드레인(drain)으로 더 큰 전류를 흐르게 한다.

1. 금속-산화물-반도체 전계효과 트랜지스터(MOSFET) 특성

BJT는 베이스전류를 사용하여 컬렉터 전류를 제어한다. 게이트 전압으로 드레인 전류를 제어하는 소자로서 JFET 외에 또 하나의 전계효과 트랜지스터로서 MOSFET가 있다. MOSFET는 구조상으로 산화막이라는 절연층이 존재하므로 게이트전류 $I_G = 0$다.

1〉 MOSFET 구조 및 기호

그림 8-1은 대표적인 증가형 NMOS 트랜지스터의 구조 및 단면도를 나타낸 것이다.

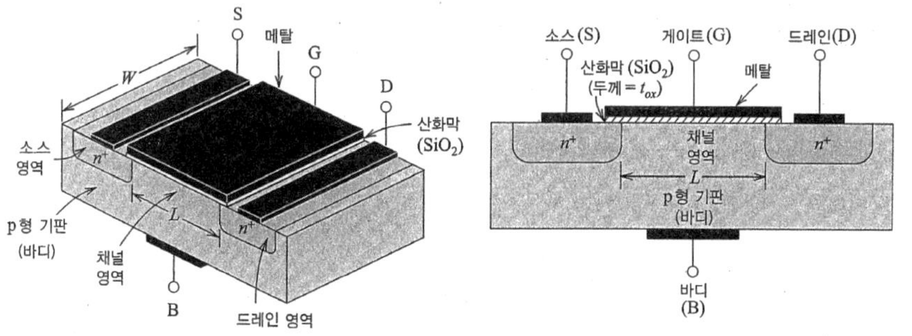

(a) NMOS 구조　　(b) NMOS 단면도

[그림 8-1] 소스와 드레인이 n^+로 도핑된 n채널 MOSFET

따라서 게이트전류가 절연체로 인해 아주 작으므로 입력임피던스가 아주 크다. 이러한 트랜지스터는 NMOS와 PMOS의 두 가지 형태들로 나눈다. 그러나 우리는 PMOS는 NMOS와 바이어스전압이 반대이므로 필요할 때 다루고 주로 NMOS와 CMOS에 대해 학습한다.

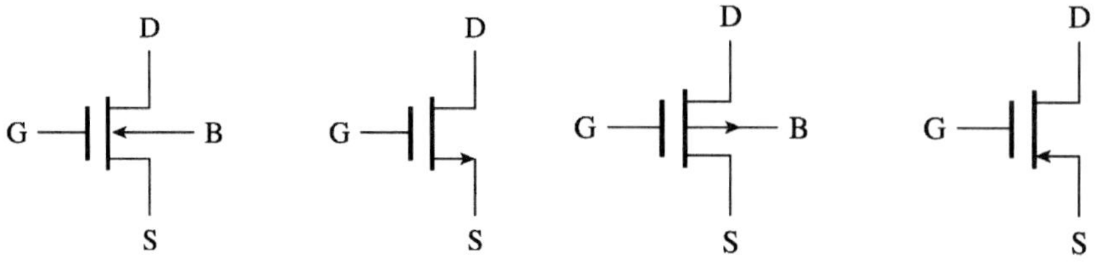

(a) NMOS 기호 (b) PMOS 기호

[그림 8-2] 증가형 n채널 MOSFET 및 p채널 MOSFET

소스와 드레인은 n^+로 도핑되어 있으므로 많은 전자들이 존재한다. 이 전자들이 소스에서 드레인으로 이동하기 위해서는 통로가 필요하다. 게이트에 충분히 큰 양의 전압을 가하면 p형 기판의 일부가 n형으로 반전(inversion)되어 소스와 드레인을 연결하는 채널을 형성한다. NMOS의 기호에서 화살표는 다이오드에서 p형으로부터 n형으로 향하는 화살표와 같은 의미이며 소스쪽에 표기한다. 반면 PMOS에서는 음의 게이트전압으로 n형 기판의 일부가 p형으로 반전되어 채널을 형성한다. 이를 채널 반전이라 한다.

2〉 게이트전압이 채널을 형성한다.

NMOS의 경우, 소스-기판, 드레인-기판에 각각 PN접합이 형성되어 있고 역방향 바이어스되어야 하므로 기판은 접지한다. 게이트에 양의 전압이 인가될 경우, 절연막 밑에 n층의 채널이 형성되기 시작한다. 양의 전압이 인가되었다고 해서 무조건 이 n채널이 형성되는 것이 아니고 문턱전압(V_{Tn}: threshold voltage)이라 부르는 전압값보다 큰 전압이 가해져야 채널을 만든다. 이와 같이 전압을 제어함으로서 흐르는 전류를 조절할 수 있다.

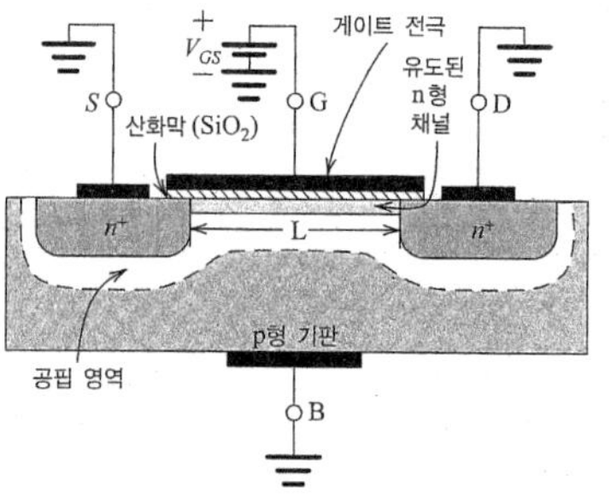

[그림 8-3] 양의 게이트전압이 드레인과 소스사이의 채널을 만든다.

3〉 드레인 곡선

FET는 증폭기뿐만 아니라 디지털 논리회로에도 폭넓게 활용된다. BJT는 컬렉터전류가 베이스전류에 비례하므로, 큰 컬렉터전류를 얻기 위해서는 큰 베이스전류가 공급되어야하는 단점을 가진다. 그러나 FET는 전계효과에 의해 동작하므로 입력전류가 필요없어 큰 출력전류를 갖는 소자구현에 유리하다.

게이트로 흐르는 전류는 0이다. 드레인전류가 게이트전압에 의해서 제어된다는 사실을 기억하면서 세 단자들에 대해 Kirchhoff 법칙을 적용해 보자. $V_{GD}+V_{DS}+V_{SG}=0$이므로 $V_{GD}=-V_{SG}-V_{DS}=V_{GS}-V_{DS}$가 성립한다. NMOS의 동작영역은 V_{GS}와 V_{DS}의 관계에 따라 결정된다.

〈1〉 차단영역(cutoff region)

V_{GS}가 문턱전압 V_{Tn}보다 작으면 채널이 형성되지 않아 $I_D=0$이므로 차단영역이라 부른다. 문턱전압(threshold voltage)이란 게이트단자에 양(+)의 전압을 인가하면 게이트 산화막 아래의 채널영역에 전자들이 모여 n형 반전층(inversion layer)이 형성되어 소스와 드레인을 연결한 통로가 형성되므로 드레인전류가 흐른다.

MOSFET가 스위치로 사용되는 디지털회로에서는 개방 스위치로 동작한다.

〈2〉 옴영역(ohmic region), 트라이오드(triode) 영역 또는 비포화영역

V_{GS}가 V_{Tn}보다 약간 큰 전압이 인가되면 채널이 형성되고 V_{DS}에 작은 양의 전압이 인가되는 경우의 전류흐름을 나타낸다. 이 경우 $V_{DS}\simeq V_{GS}$이므로 채널은 균등하다. 따라서 인가전압 V_{DS}를 증가시키면 I_D도 증가한다. 이 영역을 전압범위로 표현하면 다음과 같다.

$V_{GS}\geq V_{Tn}$ 이고 $V_{GD}=V_{GS}-V_{DS}\geq V_{Tn}$ 즉 $V_{GS}-V_{Tn}\geq V_{DS}$

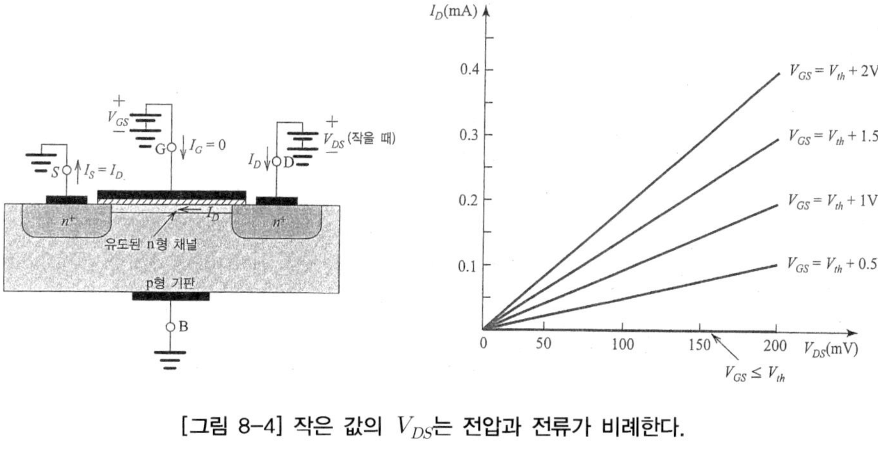

[그림 8-4] 작은 값의 V_{DS}는 전압과 전류가 비례한다.

〈3〉 포화영역(saturation region)

V_{DS}를 더욱 증가시키면 드레인쪽에 채널이 줄어들고 드레인 근처에서 채널이 없어진다. 이를 우리는 채널이 핀치오프(pinch off)되었다고 한다. 즉 게이트전압에 의한 수직전계와 드레인전압에 의한 수평전계가 서로 상쇄되어 드레인근처에서 채널이 형성되지 못하는 상태를 나타낸다. 핀치오프상태에서 전자가 채널의 끝에 도착하면 드레인 부근의 강한 전계에 의해 전자가 빠르게 드레인쪽으로 끌려간다. 그 결과 드레인 전압은 더 이상 드레인 전류변화에 영향을 주지 못한다. 이후 전류는 더 이상 증가하지 않고 포화된다.

즉, $V_{GS} \geq V_{Tn}$ 이고 $V_{GD} = V_{GS} - V_{DS} \leq V_{Tn}$ 즉 $V_{GS} - V_{Tn} \leq V_{DS}$인 조건이다.

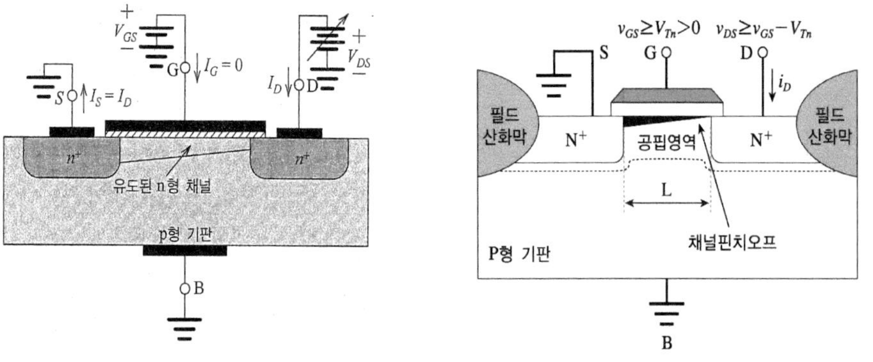

[그림 8-5] 큰 값의 V_{DS}는 전류를 포화시킨다.

위의 세 영역을 통합하여 한 그래프에 나타내면 다음과 같은 드레인 곡선을 구할 수 있다.

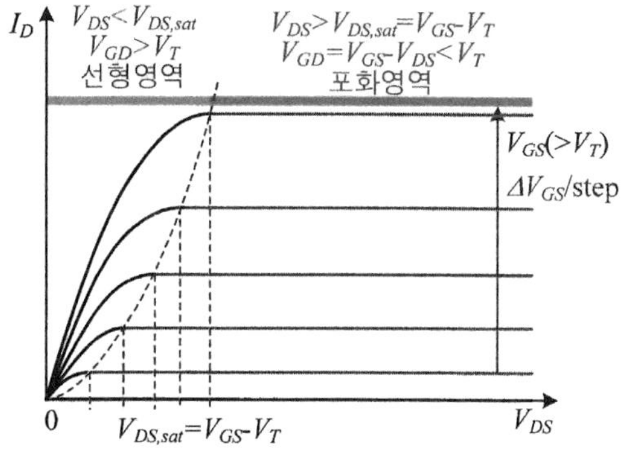

[그림 8-6] V_{GS}와 V_{DS}에 따른 드레인 곡선

위 그래프로부터 각 영역에서 미분방정식을 이용하여 전류 및 전압관계를 구하면 다음

과 같다.

· 비포화영역: $I_D = K_n[(V_{GS} - V_{Tn})V_{DS} - \frac{1}{2}V_{DS}^2]$ (8-1)

· 포화영역: $I_D = \frac{1}{2}K_n(V_{GS} - V_{Tn})^2$ (8-2)

여기서 $K_n = \mu C_{ox}(W/L)$은 제조공정에 의해 정해지며 각각 전자이동도(μ), 게이트산화막의 커패시턴스($C_{ox} = \varepsilon_{ox}/t_{ox}$), 채널폭($W$) 및 채널길이($L$)이다. 회로설계자는 채널폭 W과 채널길이 L로 MOSFET에 흐르는 전류를 조절할 수 있다. 즉, W/L의 비를 크게 하면 전류가 많이 흐르며, 작게 만들면 전류가 적게 흐른다.

결론적으로 증가형 MOSFET의 동작영역에 따른 전류-전압특성에서 차단영역은 드레인전류가 0이며 비포화영역에서는 드레인전류가 게이트전류와 드레인전압에 영향을 받고 포화영역에서 드레인전류는 게이트전압에 의해서만 영향을 받는다고 할 수 있다. 점선으로 표시된 포물선은 포화영역과 비포화영역(non-saturation region)의 경계를 나타내며 포화영역에 대한 명칭이 BJT의 경우와 반대이므로 혼동하지 않도록 한다.

4〉 전달특성($I_D - V_{GS}$)

또 하나의 중요한 그래프로서 위의 드레인 곡선을 V_{GS}과 I_D관계로 바꾸면 다음과 같은 그래프를 구할 수 있다. 여기서 중요한 것은 게이트전압이 문턱전압(V_{Tn})보다 커야한다는 것이다. 즉 전류를 흐르게 하는 최소전압이 문턱전압이 된다.

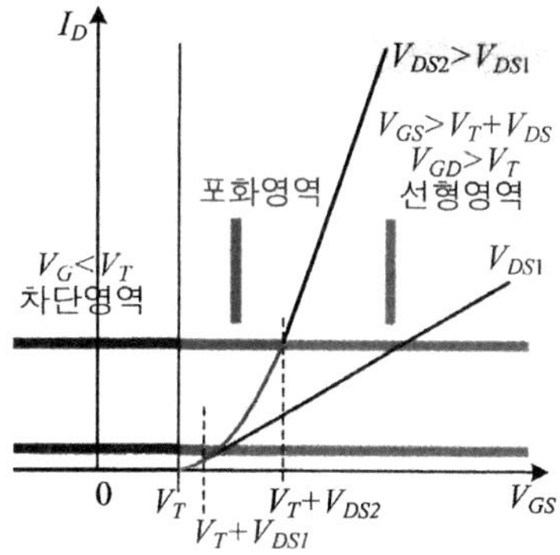

[그림 8-7] 게이트-소스전압(V_{GS})은 문턱전압보다 커야 전류가 흐른다.

MOSFET는 이 문턱전압으로 인해 스위칭소자로 사용하기에 이상적이다. 게이트전압이 문턱전압보다 훨씬 크면 소자는 차단영역(OFF)에서 선형영역(ON)으로 스위칭한다. 이 ON-OFF동작은 논리회로를 가지는 컴퓨터를 제작하는 열쇠이다.

[예비보고서]

1. NMOS인 2N7000에 대해 답하시오.

1〉 PSPICE를 이용하여 $I_D - V_{DS}$ 특성그래프를 구하시오.[아래 그림은 참고자료]

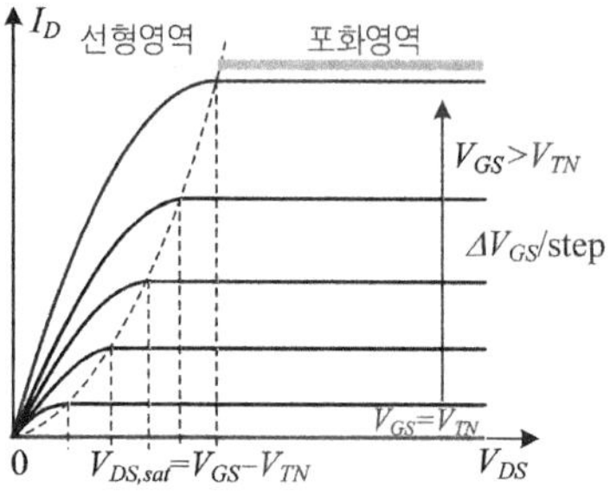

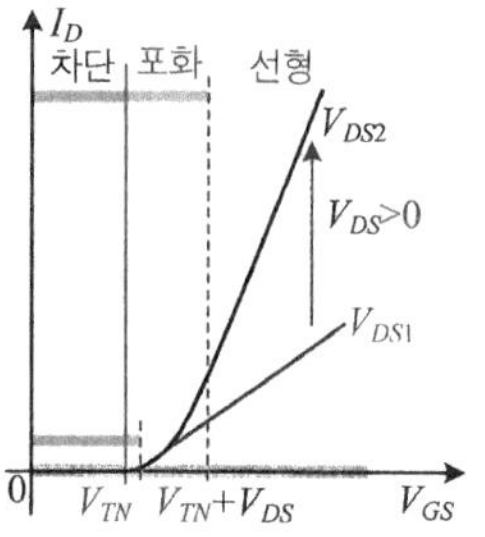

2〉 1〉로부터 전달특성곡선($I_D - V_{GS}$)을 그리시오.

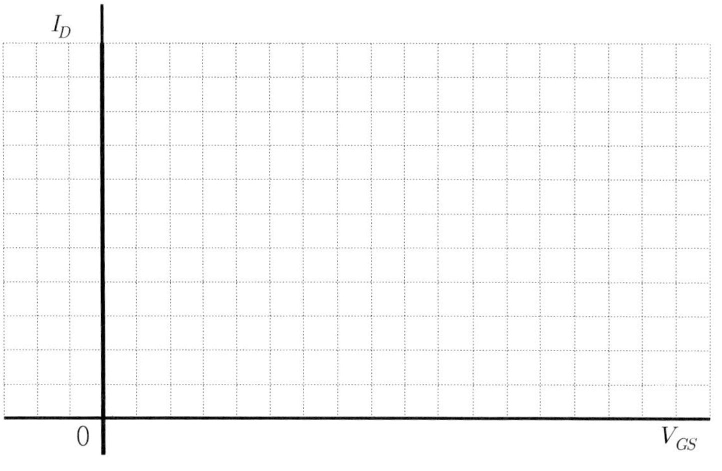

3〉 위 전달특성으로부터 문턱전압 V_{Tn}를 구하시오.

4〉 비포화영역(선형영역, 옴영역)과 포화영역의 경계가 되는 전압을 나타내시오.

2. PMOS인 FQP17P10에 대해 답하시오.

1) PSPICE를 이용하여 $I_D - V_{SD}$ 특성그래프를 구하시오.[아래 그림은 참고자료]

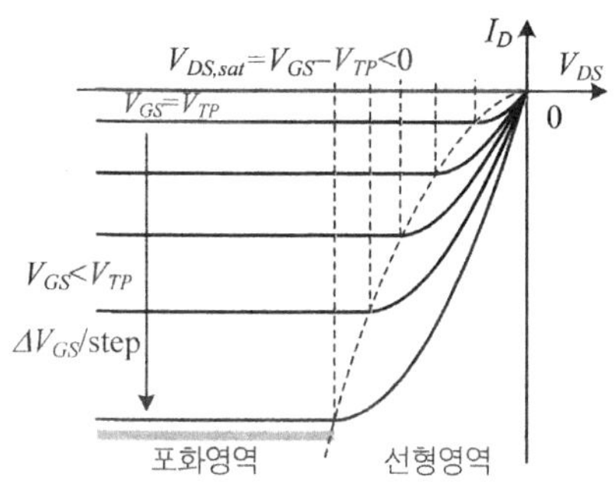

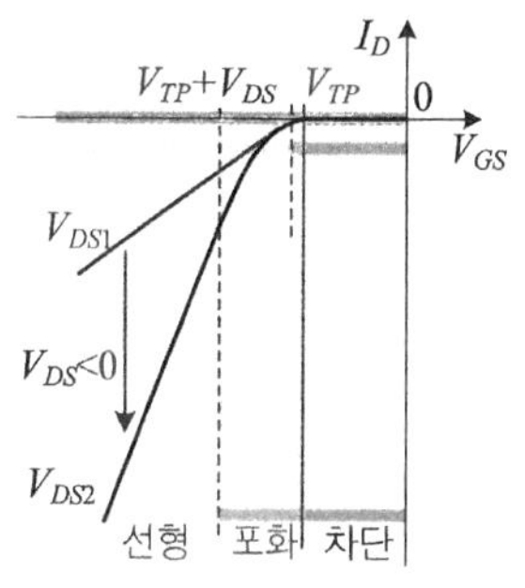

2) 1)로부터 전달특성곡선($I_D - V_{GS}$)을 그리시오.

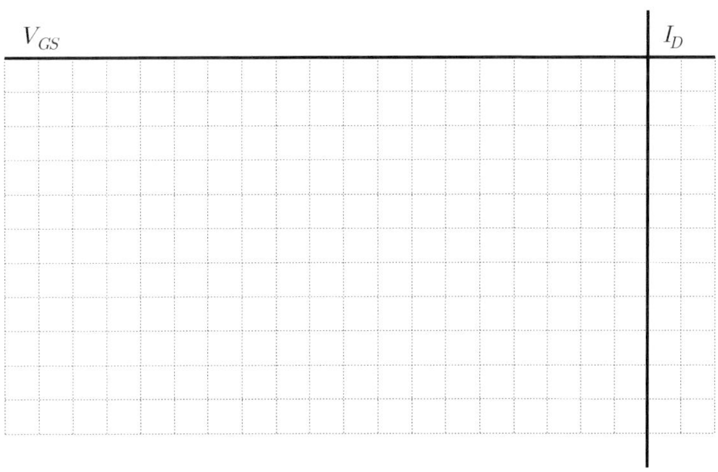

3) 전달특성으로부터 문턱전압 V_{Tp}를 구하시오.

4) 비포화영역(선형영역, 옴영역)과 포화영역의 경계가 되는 전압을 나타내시오.

2〉 위의 자료를 바탕으로 드레인 곡선 $I_D - V_{DS}$를 그리시오.

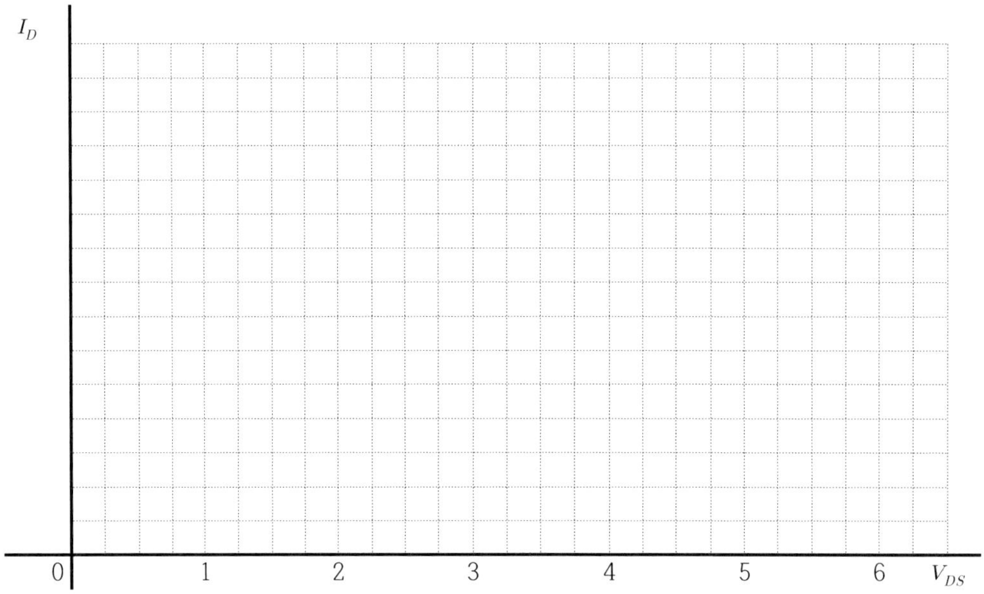

3〉 포화영역에서 채널길이변조에 따른 드레인 출력저항 r_0를 구하시오.

4〉 위의 자료를 바탕으로 전달특성곡선 $I_D - V_{GS}$을 구하시오.

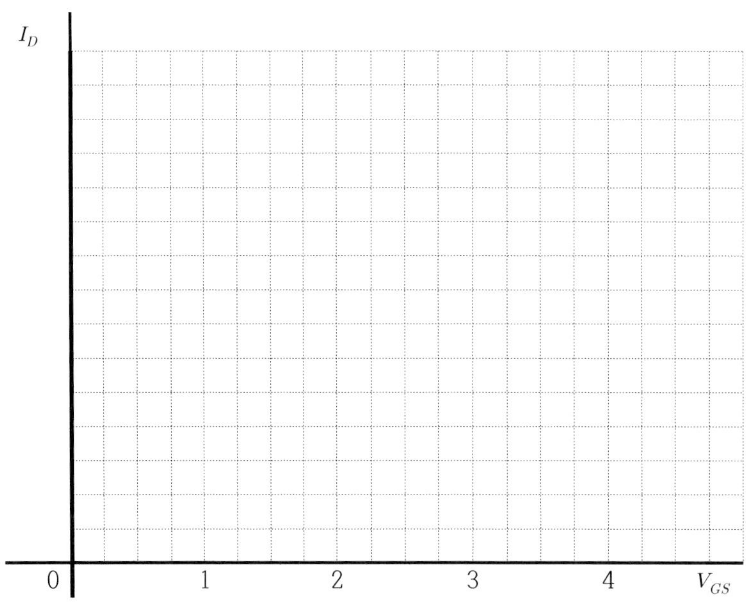

5〉 위의 그래프로부터 문턱전압 V_{Tn}과 계수 K_n을 구하시오.

2. PMOS인 FQP17P10 트랜지스터에 대한 특성을 구하기 위해 다음 회로를 구성하고 물음에 답하시오. 전압극성에 유의하여 각 값을 측정하시오.

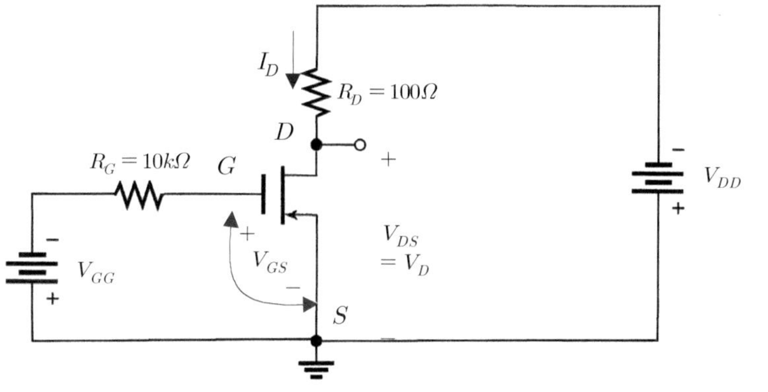

1) 다음 표를 완성하시오.

V_{GS}와 V_{DS}값의 변화에 따라 V_D와 I_D를 구하시오. 단, I_D는 Ohm 법칙을 이용하여 구하시오. 전류가 흐르기 시작하는 부분에 유의하여 필요하면 임의로 몇 구간들을 추가하여 해당값을 구하시오.

- $V_{GS} = V_G - V_S$
- $V_{DS} = V_D - V_S$

[표 8-2] $I_D - V_{DS}$ 특성

$V_{GS}[V]$		-1.0	-1.5	-1.8	-2.0	-2.5	-3.0	-3.5
$I_D[mA]$ / V_{DD} , V_{DS}		$I_D = (-V_{DD} - V_D)/R_D$						
	-0.5							
	-1							
	-1.5							
	-2							
	-3							
	-4							
	-5							
	-6							

2〉 위의 자료를 바탕으로 드레인 곡선 $I_D - V_{DS}$를 그리시오.

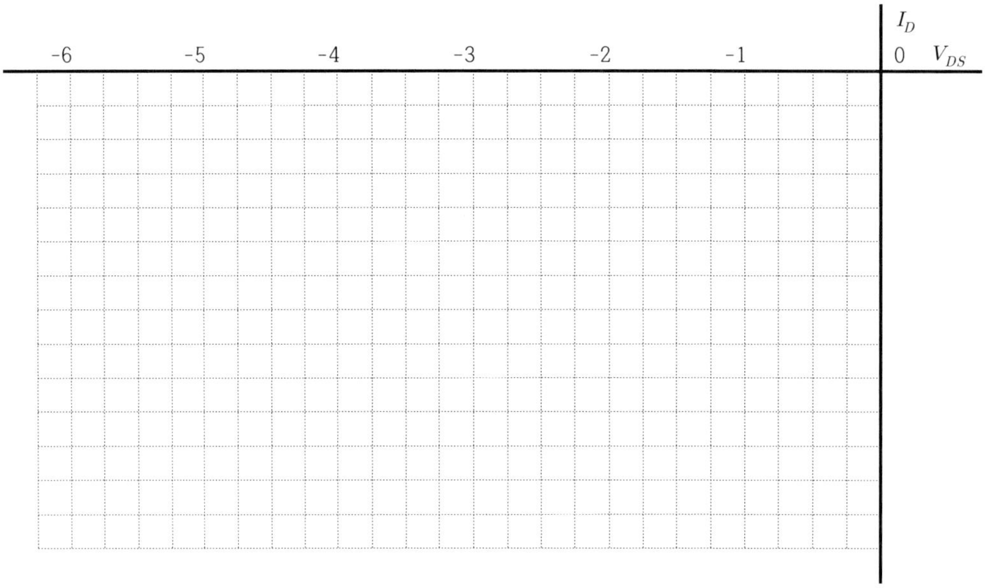

3〉 위의 자료를 바탕으로 전달특성곡선 $I_D - V_{GS}$을 구하시오.

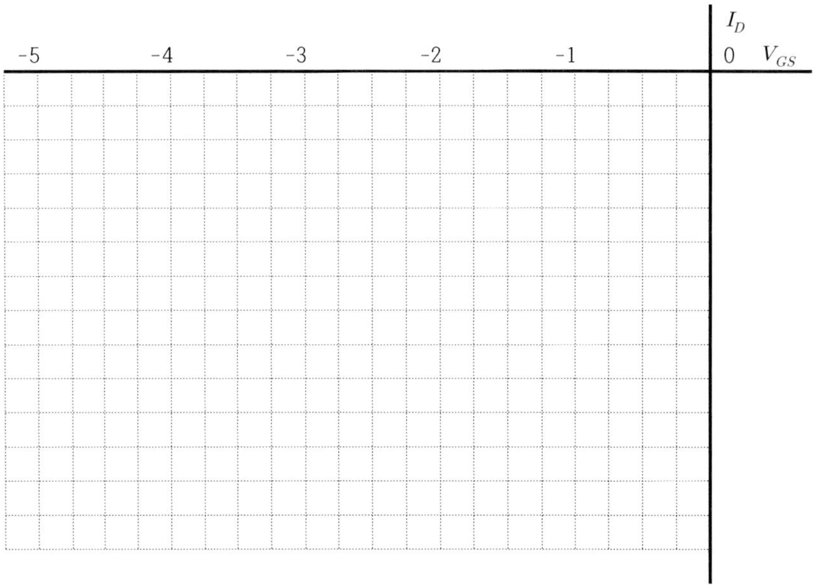

4〉 위의 그래프로부터 문턱전압 $|V_{Tp}|$와 계수 K_p를 구하시오.

3. 다음은 NMOS 2N7000을 이용한 디지털 인버터이다. 물음에 답하시오.

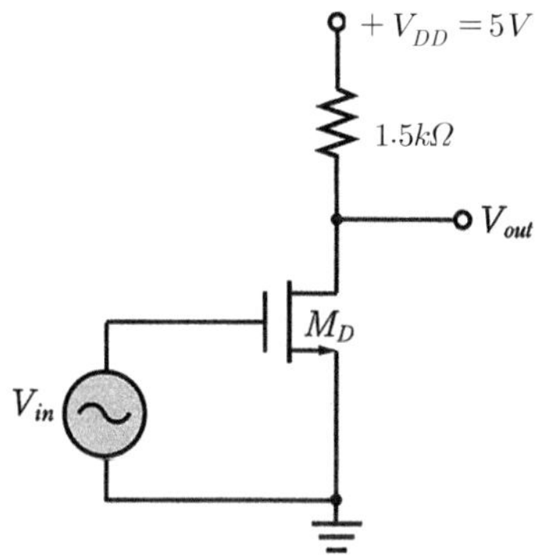

NMOS: 2N7000

• V_{Th}:__________

1〉 다음 표를 완성하고 그래프를 그리시오. 변화가 많은 부분은 추가하여 측정하시오.

$V_{in}=V_{GS}$	1	1.5	2	2.5	3	3.5	4	4.5	5
$V_{out}=V_{DS}$									
동작영역									

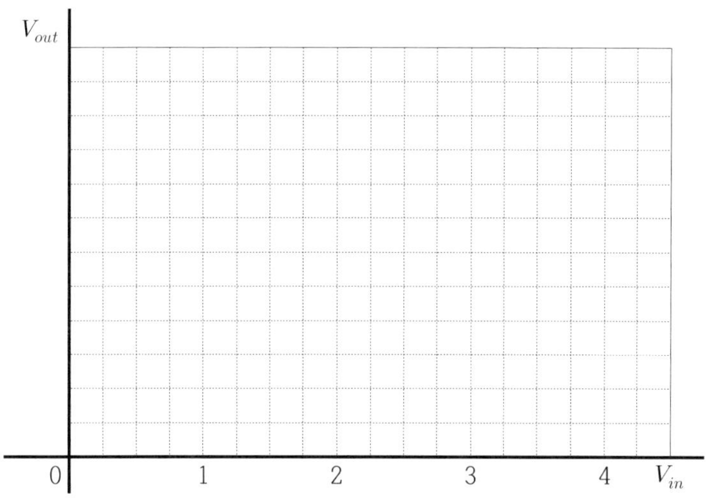

〈1〉 차단영역(cutoff region)과 비포화영역의 경계점을 나타내시오.

〈2〉 비포화영역과 포화영역(saturation region)의 경계점을 나타내시오.

〈3〉 포화영역(saturation region:전류원 영역)에서 입력과 출력의 관계식을 구하시오.

2〉 다음 파형이 입력될 때 출력파형을 구하시오.

〈1〉 삼각파: $\dot{V}_{in} = 5\angle 0^\circ$, $f = 1kHz$

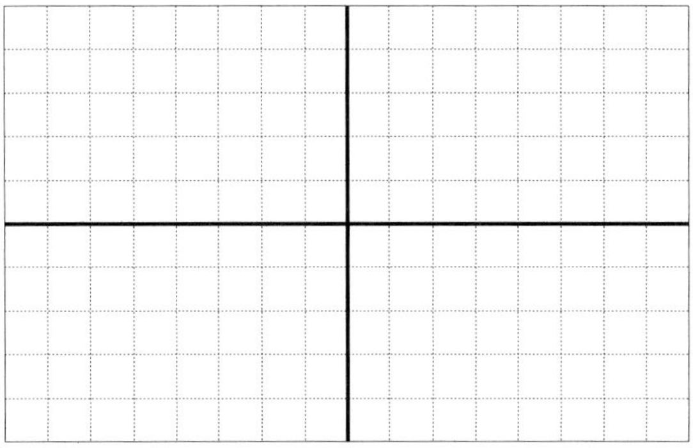

―――― : v_{in}
volt/div: ______

•-•-•-•-• : v_{out}
volt/div: ______

〈2〉 사각파: $\dot{V}_{in} = 5\angle 0^\circ$, $f = 1kHz$

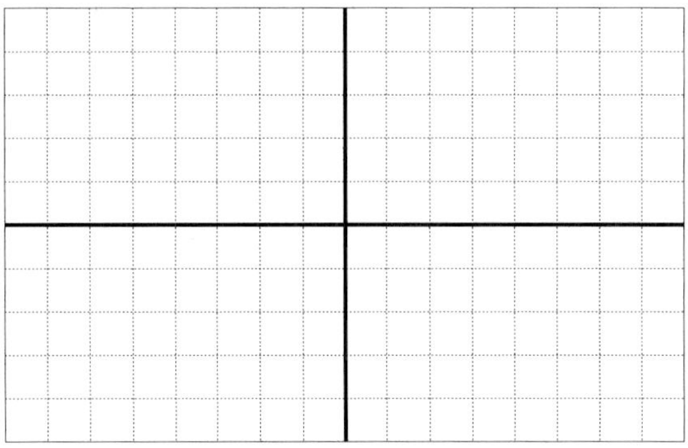

―――― : v_{in}
volt/div: ______

•-•-•-•-• : v_{out}
volt/div: ______

〈3〉 PSPICE 시뮬레이션을 이용하여 전달특성을 구하고 비교하시오.

[토의 및 심화학습]

1. MOSFET에서 NMOS와 PMOS에 대해 문턱전압 V_{Tn}과 V_{Tp}는 무엇인가?

1〉 NMOS의 드레인 특성을 바탕으로 동작영역을 구분하시오.

2〉 PMOS의 드레인 특성을 바탕으로 동작영역을 구분하시오.

2. npn BJT와 n채널 MOSFET를 상호 비교하시오.

1〉 기호 및 동작변수

구분	기호	동작변수	기타
BJT			
MOSFET			

2〉 포화영역의 명칭은 두 트랜지스터들에서 달리 사용된다. 각각에 대해 설명하시오.

3. NMOS 트랜지스터에서 두 영역에 대한 전류-전압특성을 학습하였다.

- 비포화영역: $I_D = K_n[(V_{GS} - V_{Tn})V_{DS} - \frac{1}{2}V_{DS}^2]$
- 포화영역: $I_D = \frac{1}{2}K_n(V_{GS} - V_{Tn})^2$

실험적으로 문턱전압 V_{Tn}과 상수 K_n를 구하고자 한다. 다음 회로를 참고하시오.

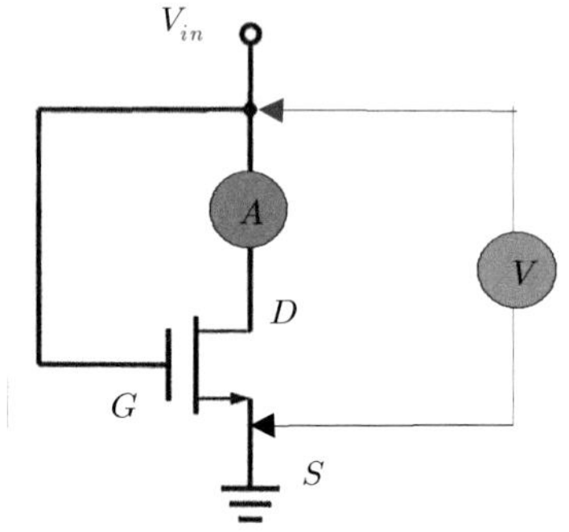

1) 위와 같이 구성된 MOSFET는 무엇을 측정하기 위한 실험인가? 전압 V_{in}, 전류계및 전압계의 연결을 참고하여 $I-V$그래프를 그리시오.

2) 문턱전압 V_{Tn}을 구하는 방법은?

3) 설계상수 K_n을 구하는 방법은?

실험9장

MOSFET 바이어스

Experiment 9

MOSFET 바이어스

Biasing the MOSFETs

실험목적

전압제어 소자인 MOSFET의 전류-전압특성을 바탕으로 다양한 바이어스 기법을 익혀 증폭회로나 디지털회로에 활용할 수 있도록 학습한다.

기초이론

BJT와 마찬가지로 FET소자도 인가되는 바이어스에 의해 동작모드가 결정되며, 증폭기 회로에 사용하기 위해서는 포화영역에서 동작하도록 바이어스가 설정되어야 한다. BJT에서 순방향 활성영역에서 동작하도록 바이어스가 설정된다고 익혔다. 증가형 n채널 MOSFET에서는 게이트-소스전압 V_{GS}가 항상 문턱전압(V_{Tn})보다 커야 드레인전류 I_D가 흐를 수 있으므로 0전압 바이어스를 사용할 수 없으며 전압분배 바이어스를 활용한 자기 바이어스(self bias)를 사용한다. 더불어 증가형 p채널 MOSFET에 대해서도 익힌다.

1. MOSFET의 바이어스

1) 고정바이어스

고정바이어스란 소스단자에 저항이 없는 경우이다. 게이트전압은 직류전압으로 V_{GG}로 바이어스한다.

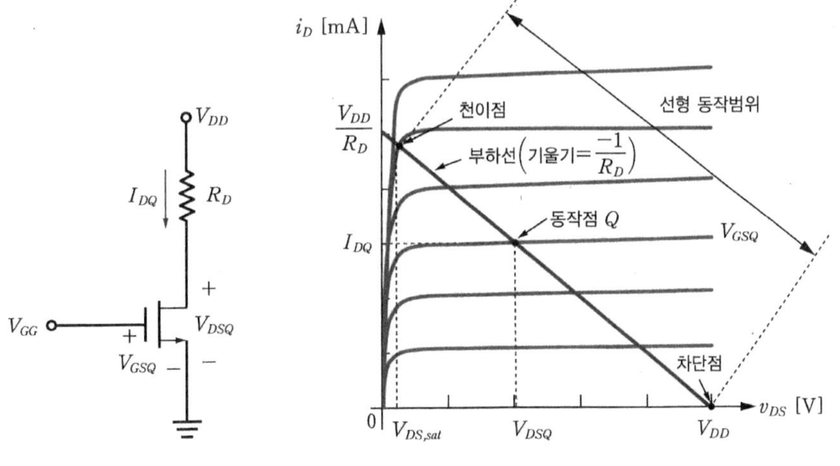

[그림 9-1] 고정 바이어스회로 및 전류-전압곡선

n채널 증가형 MOSFET에서 게이트-소스전압 $V_{GS} > V_{Tn}$이 되어 MOSFET가 턴온상태가 되도록 충분히 커야하며 포화영역에서 동작하도록 바이어스한다. 즉, 동작점이 포화영역에 설정되기 위해서 다음 조건을 만족해야 한다.

$$V_{DS} > V_{GS} - V_{Tn} = V_{D(sat)}, \qquad I_D = \frac{1}{2}K_n(V_{GS} - V_{Tn})^2 \qquad (9-1)$$

출력회로에 KVL과 Ohm 법칙을 적용하자.

$$-V_{DD} + I_D R_D + V_{DS} = 0, \qquad I_D = \frac{V_{DD} - V_{DS}}{R_D} \qquad (9-2)$$

이로부터 두 축인 전류축과 전압축에 접하는 두 점들을 표시하고 연결한다. 이것이 부하선이다.

$$I_D = 0: \quad V_{DS} = V_{DD} \qquad (9-3)$$

$$V_{DS} = 0: \quad I_D = V_{DD}/R_D \qquad (9-4)$$

직류특성을 구하기 위해 회로에서 게이트-소스전압 $V_{GS} = V_{GG} = V_{GSQ}$이므로 특성곡선에서 선택한다. 이 곡선과 부하선(load line)이 만나는 지점이 동작점(Q점)이 된다. 이 회로가 동작하는 지점으로서 이 지점에서 전류는 I_{DQ}이고 전압은 V_{DSQ}이다. 증폭기로 사용되는 경우 직류 바이어스조건이 필요하다. 따라서 작은 교류신호를 큰 신호로 만드는 것이므로 동작점이 그림과 같이 중간정도가 되도록 설정하면 된다.

V_{GS}가 증가하여 $V_{DS} < V_{GS} - V_{Tn}$이 되면 동작점은 어떻게 되는가? V_{GS}값의 증가에 따라 동작점이 천이점 쪽으로 이동한다.

위의 회로를 논리회로에 적용한다면 어떻게 될까? 즉, 온-오프 스위치로 동작되도록 해야 한다. $V_{GG} = 0$(LOW)이면 MOSFET는 차단영역에서 동작하고 $V_{GG} = 5$(HIGH)이면 MOSFET는 비포화영역에서 동작하여 천이점부근에서 동작하게 한다.

2〉 자기 바이어스(self bias)

n채널 증가형 MOSFET에서 부하선을 그리고 트랜지스터의 전류-전압특성과의 교점으로부터 동작점을 구한다. 바이어스 안정도를 개선하기 위해 소스에 저항이 연결된 전압분배 바이어스(voltage divider bias)에 대해 학습해 보자.

먼저 회로에서 게이트 전압은 다음과 같다.

$$V_G = V_{DD} \times \frac{R_2}{R_1 + R_2} \qquad (9-5)$$

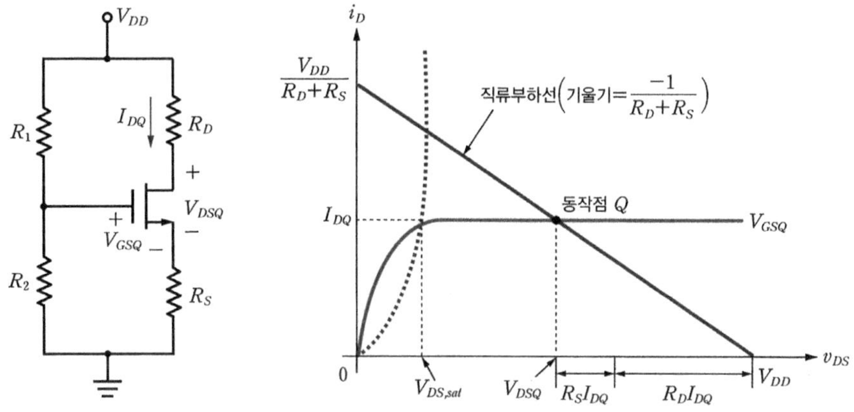

[그림 9-2] 자기 바이어스 및 직류부하선

게이트-소스전압 $V_{GS} > V_{Tn}$이 되어 MOSFET가 턴온상태가 되도록 충분히 커야하며 포화영역(전류원 영역)에서 동작하도록 바이어스한다. 즉, 동작점이 포화영역에 설정되기 위해서 그림과 같이 다음 조건을 만족해야 한다.

$$V_{DS} > V_{GS} - V_{Tn} = V_{D(sat)}, \qquad I_D = \frac{1}{2}K_n(V_{GS} - V_{Tn})^2 \qquad (9-6)$$

이로부터 드레인전류 I_D가 흐르고 KVL을 사용하면 $-V_G + V_{GS} + V_S = 0$이 된다.

$$V_D = V_{DD} - I_D R_D, \qquad V_S = I_D R_S \qquad (9-7)$$

$$V_{GS} = V_G - V_S = V_G - I_D R_S \qquad (9-8)$$

식 (9-6) 및 식 (9-8)를 이용하여 다음 식으로부터 2차 방정식을 사용하여 풀고, 두 개의 근 중에서 타당한 것을 취하면 된다. 이로부터 동작점을 구한다.

$$I_D = \frac{1}{2}K_n(V_{GS} - V_{Tn})^2 = \frac{1}{2}K_n(V_G - I_D R_S - V_{Tn})^2 \qquad (9-9)$$

만약 특성곡선이 주어지면 드레인-소스전압은 각각 다음과 같다.

$$V_{DS} = V_D - V_S = V_{DD} - I_D(R_D + R_S) \qquad (9-10)$$

위 식을 드레인전류 I_D에 대해 정리하면

$$I_D = (V_{DD} - V_{DS}) \times \frac{1}{R_S + R_D} \qquad (9-11)$$

이를 이용하여 전류축과 전압축의 교점을 찾아 두 지점을 연결하여 부하선을 그린다. 먼저 차단점 $V_{DS}=0$일 경우 $I_D=V_{DD}/(R_S+R_D)$이고, 포화점 $I_D=0$일 경우 $V_{DS}=V_{DD}$이다. 이로부터 기울기는 $-1/(R_S+R_D)$가 된다. 증폭기로 사용될 경우, 동작점이 중앙부근에 있도록 하여 최대진폭을 가질 수 있도록 설정한다. 이 조건을 만들기 위해 두 저항 V_{DD}, R_1 및 R_2를 이용하여 직류바이어스 조건인 게이트-소스전압 V_{GS}을 조절해야 한다.

2. 능동부하 바이어스

지금까지 MOSFET회로는 저항을 부하로 사용하였다. 집적회로(IC)에서는 칩면적을 줄이기 위해 저항대신에 트랜지스터를 이용한 부하를 능동부하(active load)라고 부른다. 능동부하로서 n채널 증가형 MOSFET, n채널 공핍형 MOSFET, 전류거울(current mirror) 회로 등이 있다.

1) 능동저항을 이용한 디지털 인버터

실무현장에서 CMOS를 활용한 증폭회로 및 디지털회로가 주로 사용되고 있어서 MOSFET에 관련한 실험이 중요하게 되었다. COMS 공정은 집적도가 커서 공정단가를 낮출 수 있어서 메모리, 마이크로프로세서 등에 광범위하게 활용되고 있다. MOSFET의 잇점 중에서 트랜지스터뿐만 아니라 커패시터나 저항으로 활용될 수 있다는 것이다. 여기서는 일반저항 대신에 MOSFET를 이용한 능동저항을 구현해 보자.

⟨1⟩ NMOS 능동저항

드레인과 게이트가 서로 연결되어 있어 $V_{DS}=V_{GS}$이다. 드레인 곡선에서 이 조건을 고려하여 그리면 푸른색의 비선형 저항특성을 가진다.

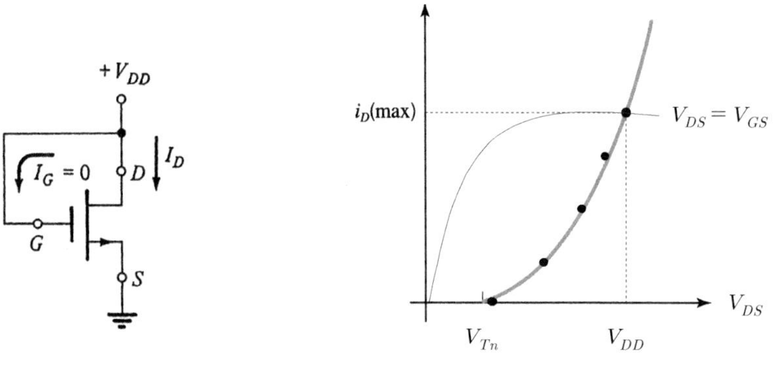

(a) 능동저항 (b) 비선형저항

[그림 9-3] NMOS를 이용한 능동저항

드레인과 소스간의 전압이 $V_{DS} = V_{DD}$이므로 이 때 흐르는 전류는 그림 (b)와 같이 $I_{D(\max)}$가 된다.

〈2〉 PMOS 능동저항

드레인과 게이트가 서로 연결되어 있어 $V_{SD} = V_{SG}$이다. 문턱전압은 $V_{Tp} < 0$이나 절대값 $|V_{Tp}|$로 표기되어 있다. 같은 과정으로 드레인 곡선에서 이 조건을 고려하여 그리면 비선형 저항특성을 가진다.

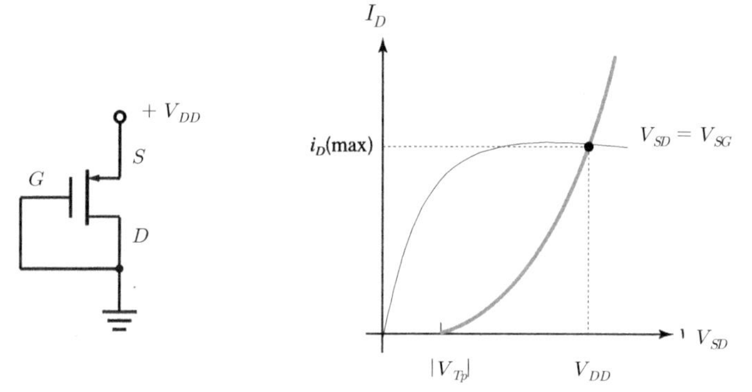

(a) 능동저항　　(b) 비선형 저항($V_{Tp} < 0$)

[그림 9-4] PMOS를 이용한 능동저항

2〉 n채널 증가형 능동부하

능동부하(active load)로 사용되는 트랜지스터를 고려해 보자. 회로의 위에 있는 소자 M_L은 능동부하 소자이며 아래에 있는 M_D는 구동(driver)소자이다. 능동부하 M_L은 게이트가 드레인에 연결되어 있다.

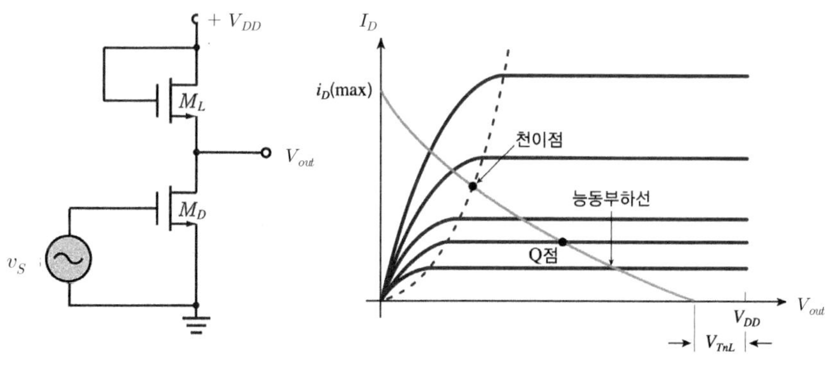

(a) NMOS 능동부하회로　　(c) 능동부하를 활용한 부하선

[그림 9-5] 능동부하 바이어스

회로에서 출력전압 $V_{out} = V_{DD} - V_{DS(L)}$이며 능동부하와 구동소자를 흐르는 전류는 동일하므로 능동부하의 전류-전압특성을 구동소자의 전류-전압특성과 결합하면 즉, 능동부하의 특성곡선을 y축을 중심으로 대칭이동하고, V_{DD}만큼 오른쪽으로 이동시키면 된다.

한편 디지털회로에 적용하려면 동작점이 차단점과 천이점에서 동작하도록 하여 온-오프상태를 결정할 수 있다.

3〉 전류미러(current mirror) 바이어스

마지막으로 능동부하 중에서도 전류원으로 동작하는 트랜지스터가 가장 큰 출력저항을 얻을 수 있어서 가장 많이 사용되고 있다. 연산증폭기의 입력단으로 사용되는 차동증폭기에 사용되는 MOSFET 회로를 학습해 보자. 전류거울회로는 정전류원으로 동작한다.

〈1〉 NMOS를 사용한 전류미러

정전류원을 이용한 능동부하가 포화영역에서 동작하기 위해서는 전류바이어스회로가 필요하다.

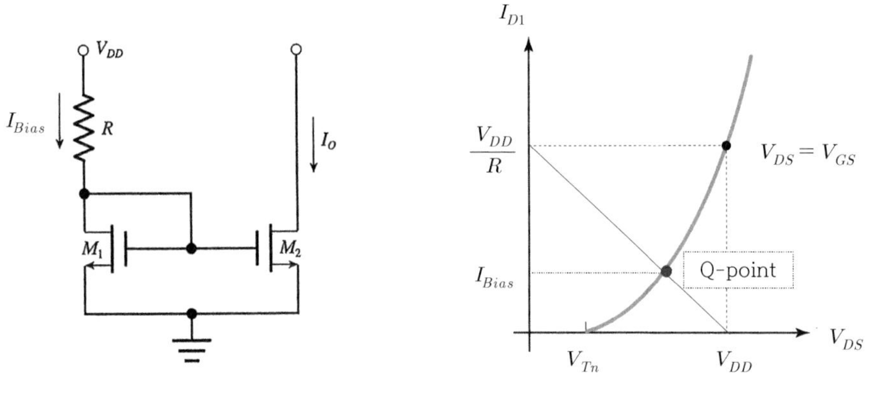

(a) 전류미러 회로　　(b) M_1의 비선형저항과 부하선의 교점

[그림 9-6] 전류미러 바이어스

먼저 그림 (a)에서 바이어스전류는 다음과 같다.

$$I_{Bias} = \frac{V_{DD} - V_{GS}}{R} = I_0 \qquad (9\text{-}12)$$

이 전류는 그림 (b)의 부하선에서 보는 바와 같이 트랜지스터는 $V_{GS1} = V_{GS2}$이므로 이 곡선(light blue)을 가지게 된다. 또한 최대전류가 흐르는 조건은 식 (9-7)에서처럼 $V_{DS} = V_{GS} = 0$일 경우이므로 전류는 $I_{Bias} = V_{DD}/R$이 되며 차단점은 $V_{DS} = V_{DD}$가 된다. 이 두 지점들을 연결하면 부하선이 되며 특성곡선과 교점이 이 회로의 동작점이 된다.

⟨2⟩ PMOS 전류미러를 이용한 디지털 인버터

PMOS를 이용한 능동부하를 갖는 전류원(current source) 바이어스를 분석하여 보자. PMOS를 이용하여 전류거울을 구성한다. 여기서 중요한 것은 출력단에 연결된 PMOS와 NMOS는 CMOS 공정으로 동시에 제작한다는 것이다.

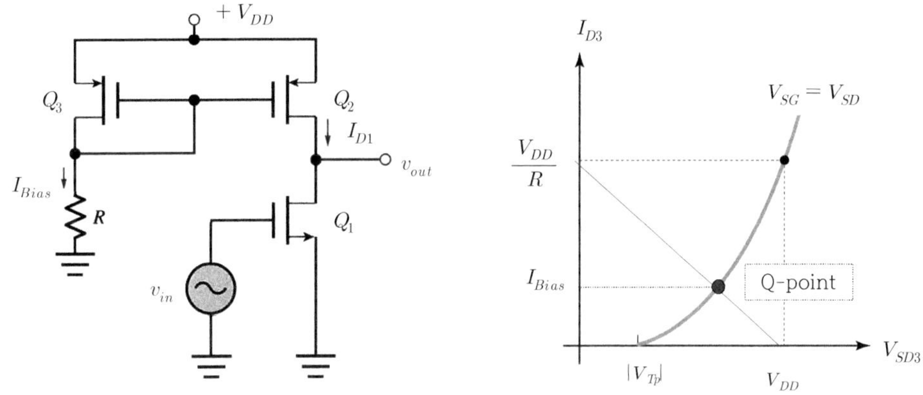

(a) 전류미러 회로 (b) Q_3의 비선형저항과 부하선의 교점

[그림 9-7] PMOS를 이용한 전류원 바이어스 및 M_{p1}의 전류-전압특성

먼저 위와 같이 설계된 PMOS Q_3에 대한 해석을 하자. 게이트, 소스 및 드레인 단자를 염두하면 다음과 같이 바이어스 전류를 구할 수 있다.

$$I_{Bias} = \frac{V_{DD} - V_{SG}}{R} = I_{D1} \tag{9-13}$$

또한 PMOS의 Q_2와 Q_3의 게이트가 서로 연결되어 있고 소스도 서로 연결되어 있으므로 두 트랜지스터들은 동일한 소스-게이트전압 $V_{SG1} = V_{SG2}$이다. 두 번째로 출력단에 연결된 PMOS Q_2를 검토한다. 같은 MOS 공정으로 제작되었으므로 $V_{SG1} = V_{SG2}$이고 같은 전류 I_{Bias}가 흐른다. 즉 Q_3는 드레인에 연결된 기준전류인 I_{Bias}에 의해 일정한 전류가 흐르며 Q_2의 드레인 전류는 정전류원의 출력전류이다.

즉, 포화영역(전류원영역)에서 동작하므로 PMOS의 문턱전압을 고려하면 다음과 같다.

$$I_{D3} = \frac{1}{2}K_3(V_{SG} + V_{Tp})^2 = I_{Bias} \tag{9-14}$$

$$I_{D2} = \frac{1}{2}K_2(V_{SG} + V_{Tp})^2 = I_{Bias} \tag{9-15}$$

이 더 커진다면 I_D가 너무 작아져서 MOSFET은 인버터로 동작할 수 없다. 통상 개별 NMOS의 전력소모는 $10mW$이다. 그러나 아주 작은 공간에 10^9개 정도인 프로세서는 전체적인 열의 양이 엄청나므로 소자가 탈 정도이다. 이러한 열 발생문제를 해결하기 위해 1980년대에 CMOS라고 하는 기술이 도입되었다. 즉, CMOS는 마이크로프로세서 산업에 혁명적이었으며 x86 계열의 PC 프로세서에 발전을 가져왔다.

CMOS 인버터는 NMOS와 PMOS의 드레인 단자를 서로 붙여 구성한다. CMOS 인버터는 NMOS 인버터와 같은 기능을 수행하지만, 두 가지 입력상태에서 전력을 거의 소모하지 않는다는 장점을 가지고 있다. 이와 같이 CMOS 인버터는 AND, OR 연산 등을 수행하는 복잡한 논리회로에서 핵심적인 소자로 활용된다.

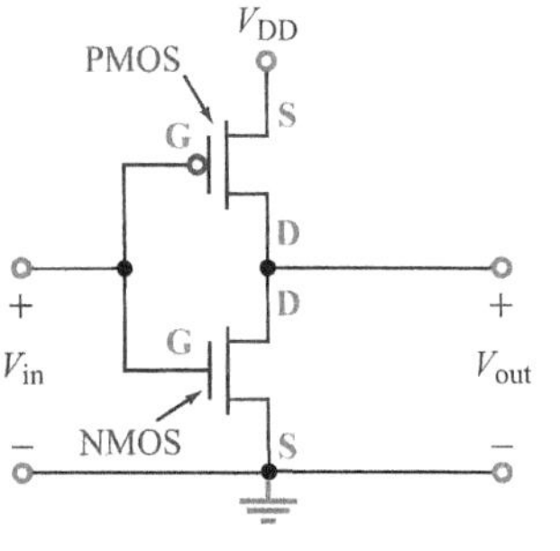

[그림 9-11] CMOS 인버터

[실험장비 및 부품]

사용장비	품 목	정 격	소요량
Oscilloscope DC power supply Multimeter Breadboard	Transistor Resistor	2N7000, FQP17P10 $2k\Omega$, $4.7k\Omega$, $12k\Omega$, $220k\Omega$ $560k\Omega$, $10k\Omega$	각 2개 각 1개 2개

[예비보고서]

1. **다음 전압분배 바이어스(자기 바이어스)에 대해 답하시오. 트랜지스터는 NMOS인 2N7000이며 실험 7장에서 파라미터 값은 $K_n =$, $V_{Tn} =$ 이다.**

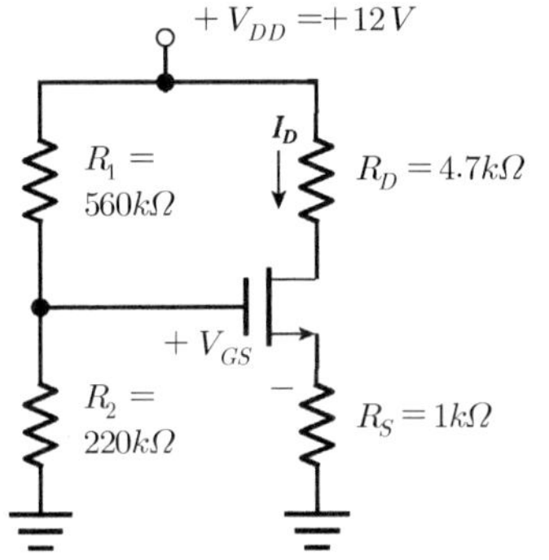

1〉 다음 값들을 구하시오.

〈1〉 $V_G =$

〈2〉 I_D

〈3〉 V_{GS}

〈4〉 V_{DS}

〈5〉 동작점(Q-point)을 구하고 어느 영역에서 동작하는가?

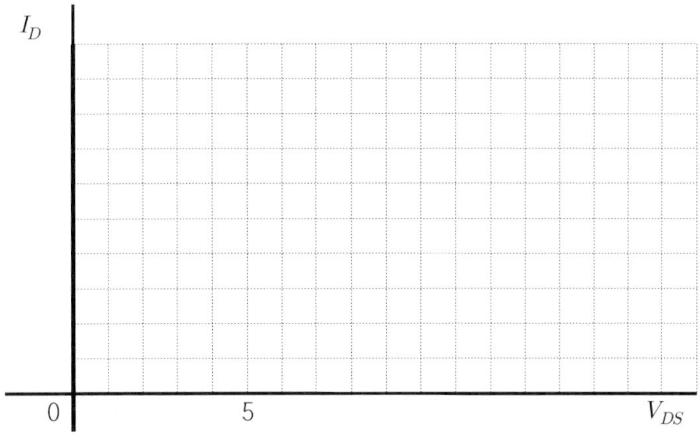

2〉 PSPICE 시뮬레이션을 이용하여 직류해석하시오.

2. 능동부하를 사용한 인버터(inverter) 회로이다. 물음에 답하시오.

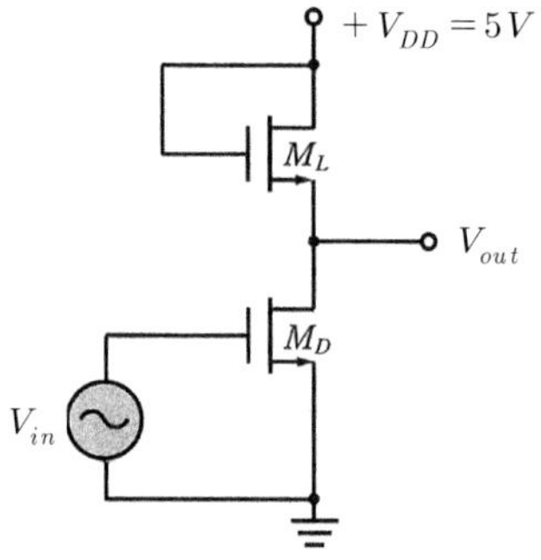

- NMOS: 2N7000
- M_L: $V_{DS}=V_{GS}$

1〉 실험 8장의 드레인특성을 바탕으로 부하 트랜지스터 M_L의 전류-전압특성을 구하시오.

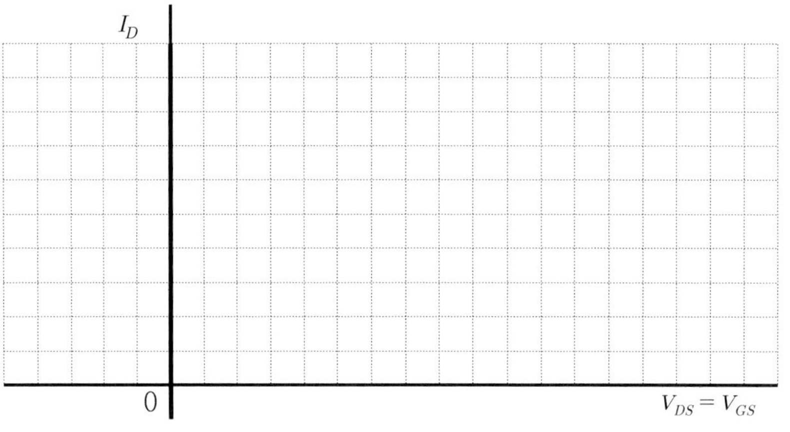

2〉 입력신호와 연결된 드라이버 트랜지스터 M_D의 전류-전압특성을 구하시오.

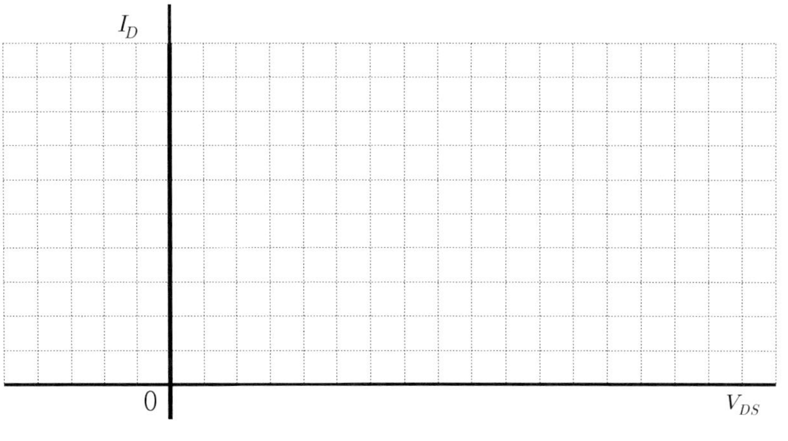

3〉 위 회로에 대해 PSPICE 직류해석 및 DC Sweep 특성을 구하시오.

3. 다음 능동부하 전류원(current source)을 이용한 인버터에 대해 답하시오.

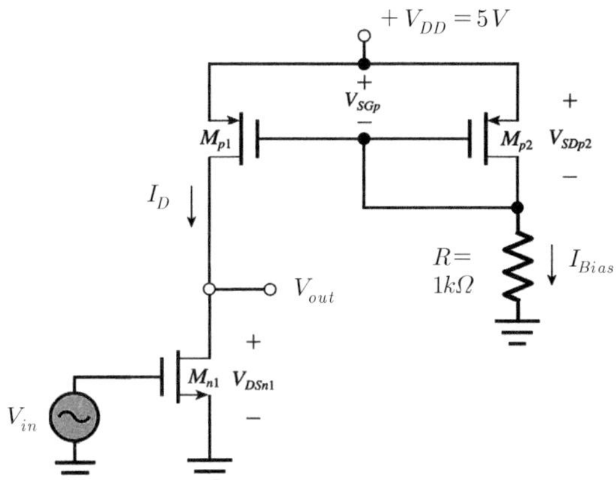

$V_{Tp}=$

$V_{Tn}=$

1〉 저항 R을 흐르는 전류 I_{Bias}을 구하시오.

2〉 $V_{in}=5V$ 의 직류전압일 때 다음 값들을 구하시오.

〈1〉 $V_{SD(p2)}$ 〈2〉 $V_{SD(p1)}$ 〈3〉 $V_{out(n1)}$

〈4〉 각 트랜지스터는 어느 영역에서 동작하는가?

3〉 PSPICE 시뮬레이션을 이용하여 DC Sweep 특성을 구하시오.

[결과보고서]

실험제목					
실험일자	년 월 일(요일)			담당교수	㊞
성 명		학 번		평 가	

1. NMOS M2N7000의 전압분배 바이어스(자기 바이어스)회로에 대해 동작점을 구하시오.

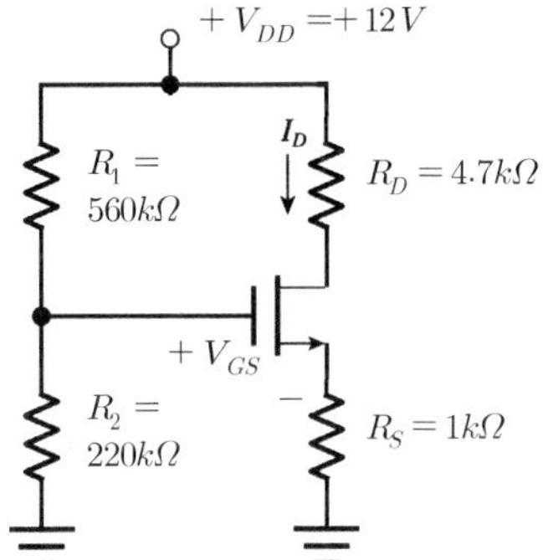

1〉 다음 표를 완성하시오.

	V_G	I_D	V_S	V_{GS}	V_{DS}
이론치					
측정치					
오차(%)					

2〉 부하선과 특성곡선을 이용하여 동작점을 나타내고 동작영역을 구하시오.

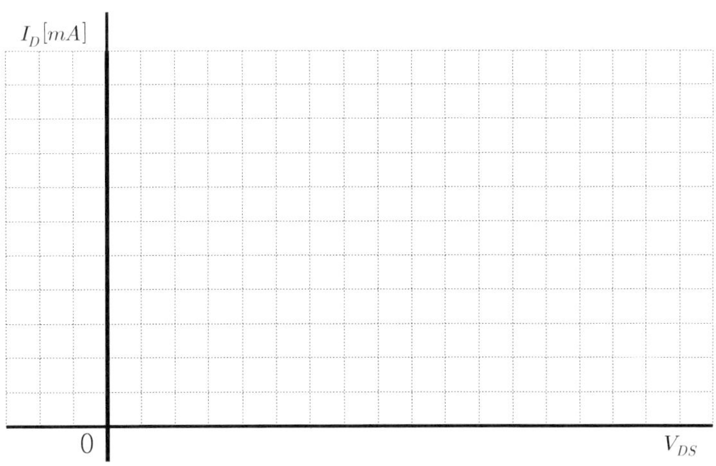

[토의 및 심화학습]

1. MOSFET의 저항분배 자기바이어스에 대해

1〉 회로도

2〉 동작점 구하기

2. 능동부하로 전류미러회로가 사용된 회로의 동작점을 구하는 방법을 설명하시오.

1〉 회로도

2〉 동작점($Q-point$) 구하기

3. 다음 MTV10N100E를 사용한 전력용 MOSFET 회로에 대해 답하시오.

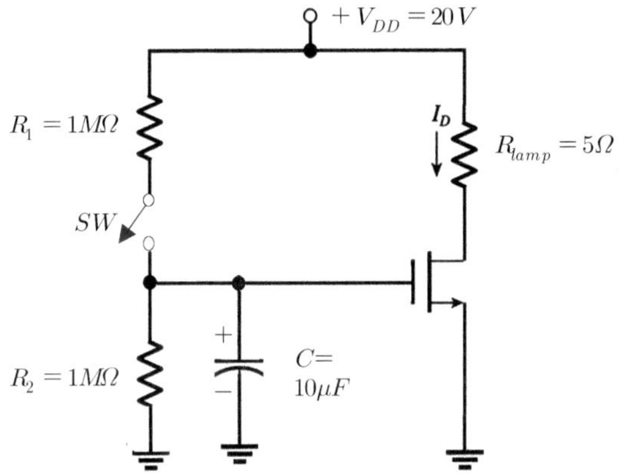

[MTV10N100E]

$V_{GS(on)}$	10V
$I_{D(on)}$	5A
$R_{DS(on)}$	1.07Ω
$I_{D(max)}$	10A
$P_{D(max)}$	250W

1〉 스위치 SW를 닫으면 커패시터 C는 서서히 충전된다.

〈1〉 전압은 얼마까지 충전하는가? 답: $10V$

〈2〉 충전시간(시정수: τ)를 구하시오. 답: 5sec

2〉 커패시터 전압의 충전에 따른 동작점의 변화를 특성곡선에서 나타내시오.

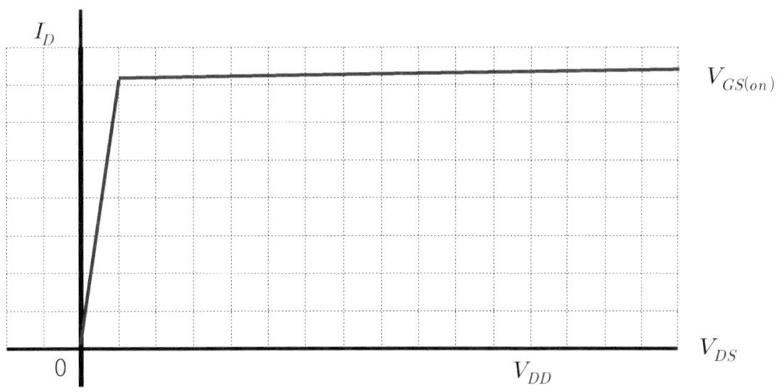

3〉 게이트-소스 간의 전압 V_{GS}이 문턱전압 V_{Tn}이상이 되면 전력 FET는 턴온된다.

〈1〉 가장 밝게 되었을 때, 전구를 흐르는 전류는? 답: $3.29A$

〈2〉 위의 경우 전구에서 소비되는 전력은? 답: $54.12W$

4〉 위 회로를 바탕으로 광다이오드(photodiode)를 사용하여 자동으로 밤에는 전구를 동작시키고 낮에는 전구를 소등시키는 전등제어를 구현할 수 있도록 설계하시오.

〈1〉 회로도

〈2〉 회로해석

4. 다음 CMOS를 활용한 두 개의 회로에 대해 논리게이트로 나타내시오.

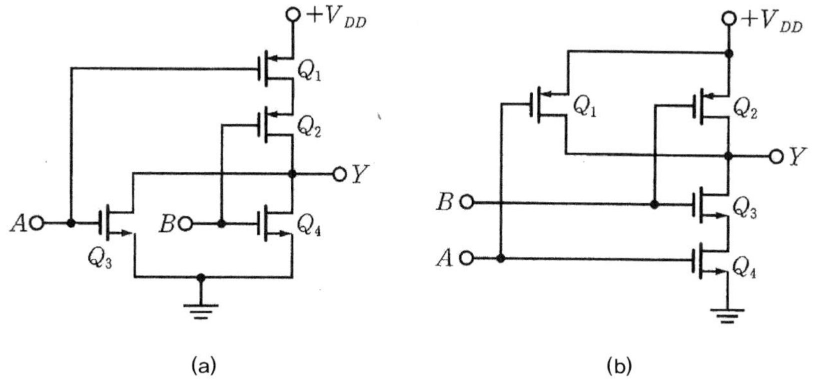

실험10장

공통 소스 증폭기

Experiment 10

공통 소스 증폭기

Common Source Amplifier

실험목적

증가형 MOSFET 직류해석을 바탕으로 기본적인 공통 소스 증폭기 및 소스에 저항이 연결된 소스 증폭기에 대해 교류 등가회로를 적용하고 각각의 전압이득을 구한다.

기초이론

이 장에서는 MOSFET에서 공통소스, 공통드레인 및 공통게이트와 같은 개별 트랜지스터에 대한 전압이득 및 주파수응답 등의 증폭기의 분석은 지양하고 어떻게 활용되는 지를 개략적으로 알아보기 위한 것이다. 따라서 증폭이 어떤 조건에서 어떻게 이루어지며 입력파형과 출력파형이 서로 어떻게 되는 지를 검토하는 것이다. 물론 여기서는 크기가 작은 교류신호인 소신호를 다룬다. 직류해석을 바탕으로 해당 교류회로에 등가회로를 적용하고 각종 회로 변수들을 구하는 방법을 제시한다.

1. 회로해석

실험 9장에서 동작점의 안정도를 개선하기 위하여 학습한 전압분배 바이어스된 그림 10-1과 같은 소스저항이 추가된 증폭기를 고려한다. 통상적으로 트랜지스터는 직류해석과 교류해석으로 나눈다. 우리는 교류해석에서 커패시터로 인한 영향은 무시한다.

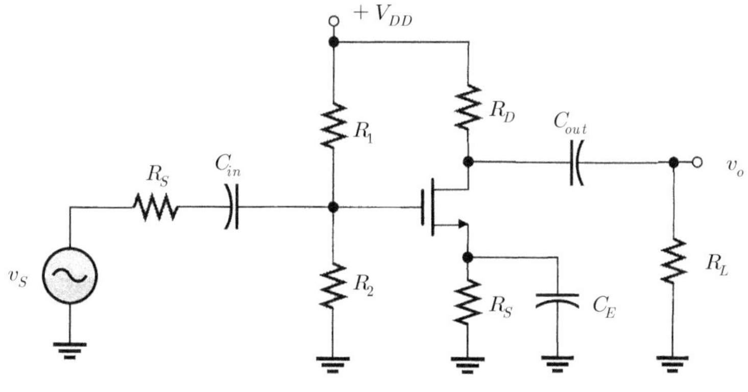

[그림 10-1] 공통 소스(CS) 증폭회로

현재 BJT보다 집적도가 높은 CMOS 공정을 활용하여 단가를 낮출 수 있게 됨에 따라 MOSFET가 각종 메모리, 마이크로프로세서 등에 광범위하게 활용되고 있다. 통상 전자회로설계분야에 있어서 아날로그회로 및 디지털회로에 활용함에 따라 특히 증가형 MOSFET의 특성 및 증폭회로에 대해 잘 이해하는 것이 중요하다.

1) 직류해석

직류와 관련된 부분만 고려한다. 즉, 직류전압원 V_{DD}, 분배저항 R_1, R_2, 드레인저항 R_D, 소스저항 R_S 및 트랜지스터(MOSFET)를 해석하는 것이다.

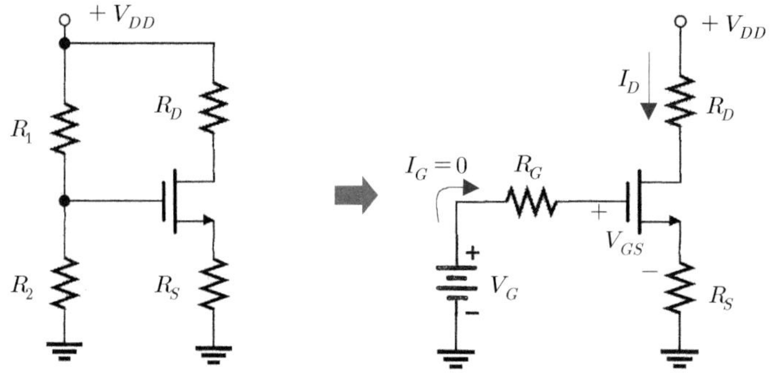

[그림 10-2] 직류해석에 관련된 회로

〈1〉 동작점 구하기(V_{DS}, I_D)

$$V_G = V_{DD} \times \frac{R_2}{R_1 + R_2}, \qquad R_G = R_1 \parallel R_2 = \frac{R_1 R_2}{R_1 + R_2} \tag{10-1}$$

MOSFET의 게이트에 흐르는 전류는 $I_G = 0$이므로 저항 R_G에 걸리는 전압은 $I_G R_G = 0$이다. 또한 $V_{GS} = V_G - V_S$이다. 증폭기로 사용되기 위해서 트랜지스터는 포화영역에서 동작해야 한다. 즉 $V_{DS} \geq V_{GS} - V_{Tn}$이 만족되어야 한다.

$$I_D = \frac{1}{2} K_n (V_{GS} - V_{Tn})^2 \tag{10-2}$$

Ohm 법칙과 KVL을 사용하면 다음과 같이 각각의 값을 구할 수 있다.

$$V_{GS} = V_G - V_S = V_G - I_D R_S \tag{10-3}$$

식 (10-3)을 식 (10-2)에 대입하면 다음과 같으며 2차방정식을 풀면 두 값들 중에서 문턱전압을 고려하여 타당한 드레인 전류 I_D를 구한다.

$$I_D = \frac{1}{2}K_n(V_{GS} - V_{Tn})^2 = \frac{1}{2}K_n(V_G - I_D R_S - V_{Tn})^2 \qquad (10-4)$$

$$\begin{aligned} V_{DS} &= V_D - V_S = (V_{DD} - I_D R_D) - I_D R_S \\ &= V_{DD} - I_D(R_D + R_S) \end{aligned} \qquad (10-5)$$

따라서 이 트랜지스터의 동작점(Q점)은 좌표(V_{DS}, I_D)가 된다. 신호증폭을 위한 증폭기는 동작점이 반드시 포화영역(saturation region)에 위치되어야 한다.

동작점이 포화영역에 존재해야 하는 이유는 찌그러짐이 발생하지 않는다. 우리는 소신호를 다루므로 동작점이 포화영역에 존재하면 되며 그리 엄격하지 않다. 그러나 신호가 큰 경우에는 동작점은 가능하면 부하선의 중앙부에 오도록 고려해야 한다.

2〉 교류해석

MOSFET는 근본적으로 비선형적인 전류-전압특성을 가진다. 그러나 MOSFET가 포화영역에서 동작점이 설정되고 이 동작점을 중심으로 작은 교류신호가 가해지면 MOSFET동작을 선형적으로 근사화할 수 있다. MOSFET는 게이트전압에 의해 드레인 전류가 제어되는 전압제어 전류원으로 동작하며 게이트전압과 드레인 전류 사이의 관계를 전달컨덕턴스 g_m으로 모형화한다. 특히 게이트가 산화막에 의해 절연되어 있어 $I_G = 0$이므로 게이트단자가 개방되어 있다는 것도 유념해야 한다.

$$g_m = \frac{di_d}{dv_{gs}}\Big|_{Q-point} = K_n(V_{GSQ} - V_{Tn}) = \sqrt{2K_n I_D} \qquad (10-6)$$

〈1〉 교류등가회로 구하기

BJT의 등가회로는 통상 π형을 이용한다. 여기서 교류는 소문자 i_g로 직류는 대문자 I_G로 하고 교류와 직류가 포함된 기호는 i_G로 나타낸다. 교류해석에서 전달컨덕턴스 g_m이 사용되면 포화영역에서 동작한다는 것을 전제로 하므로 마름모로 나타낸 종속전류원으로 $i_d = g_m v_{gs}$를 적용한다

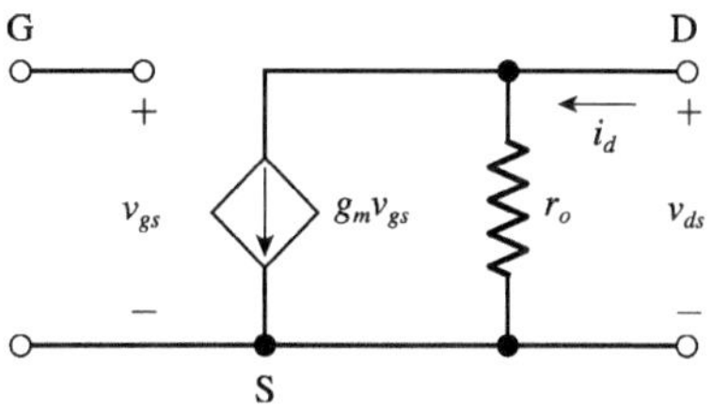

[그림 10-3] MOSFET에 대한 교류 등가회로

〈2〉 교류회로해석

그림 10-3은 CS 증폭회로를 단계적으로 간략화하는 과정을 나타낸 것이다.

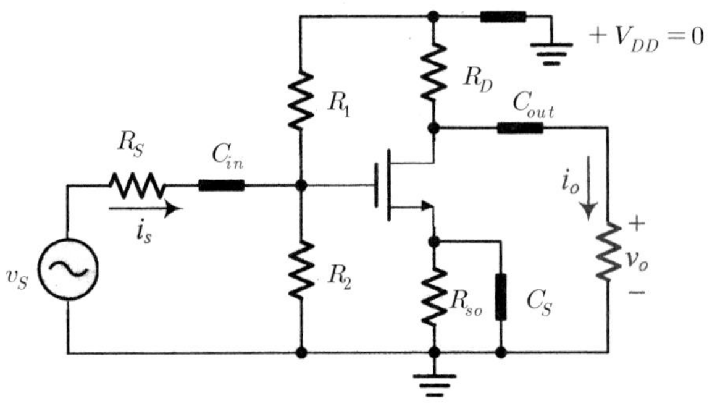

(a) 교류적 관점에서 직류는 접지이고 용량성 리액턴스는 $X_C \simeq 0[\Omega]$이다.

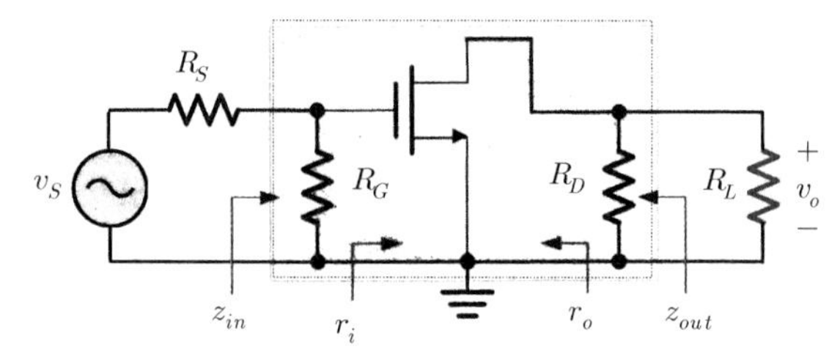

(b) 저항 R_1과 R_2는 병렬이고 저항 R_D과 R_L도 병렬이다.

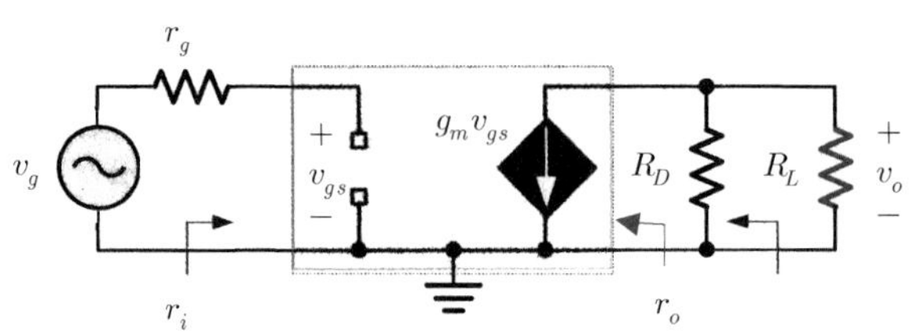

(c) Thevenin 등가회로로 변환

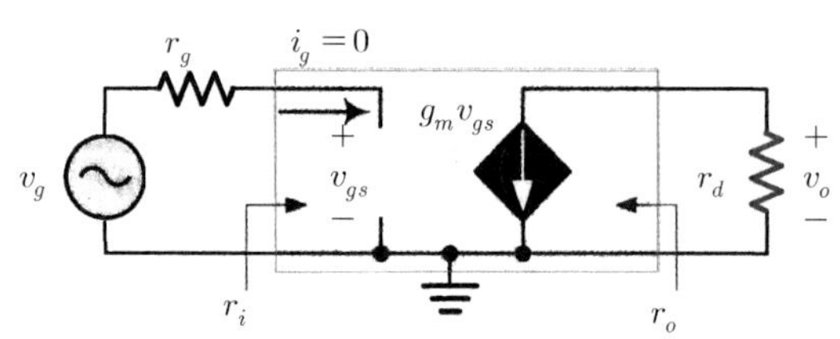

(d) 소신호 등가회로에서 Ohm 법칙으로 전류 및 전압을 구한다.

[그림 10-4] 등가회로의 간소화 과정

먼저 그림 (a)는 교류적 관점에서 커패시터는 단락되고 직류전압도 단락된다. 그림 (b)의 게이트단자에서 저항 R_1과 R_2는 병렬이 되며 드레인단자에서 저항 R_D와 R_L도 병렬이 된다.

$R_G = R_1 \parallel R_2$

그림 (c)에서 게이트단자에 Thevenin 교류등가회로(v_g 및 r_g)를 구한다.

$$v_g = v_S \times \frac{R_G}{R_S + R_G}, \qquad r_g = R_S \parallel R_G \tag{10-7}$$

$$r_d = R_D \parallel R_L \tag{10-8}$$

이를 바탕으로 MOSFET 등가회로와 결합하여 최종적인 공통 소스 증폭기 등가회로인 그림 (d)를 만든다. 이 회로에서 Ohm법칙을 이용하여 각 변수들을 구하면 다음과 같다.

[전압이득]

$$v_{gs} = v_g, \qquad v_o = -i_d r_d = (-g_m v_{gs}) r_d$$

$$A = \frac{v_o}{v_S} = \left(\frac{v_g}{v_S}\right)\left(\frac{v_o}{v_g}\right) = -g_m r_d \tag{10-9}$$

[입력임피던스 측정]

MOSFET의 입력저항은 $r_i = \infty$이므로 CS 증폭기의 입력저항 z_{in}은 다음과 같다.

$$z_{in} = R_G \parallel r_i = R_G \tag{10-10}$$

이를 측정하려면 전원전압 v_S와 증폭기 입력전압 v_{in}을 구해야 한다.

$$z_{in} = \frac{v_{in}}{v_s - v_{in}} \times R_S \tag{10-11}$$

[출력임피던스 측정]

드레인의 전류원은 $r_o \simeq \infty$이므로 CE증폭기의 출력저항은 다음과 같다.

$$z_{out} = r_o \parallel R_D = R_D \tag{10-12}$$

이를 측정하려면 출력전압 v_o에서 부하전압 v_{Load}과 무부하전압 v_{Noload}을 구해야 한다.

$$z_{out} = \frac{v_{Noload} - v_{Load}}{v_{Load}} \times R_L \tag{10-13}$$

2. 드레인 귀환된 공통소스 증폭회로

두 번째로 학습할 공통 소스 증폭기는 드레인전압을 게이트로 귀환시키는 CS증폭기이

[전압이득]

그림 10-10로부터 게이트전압 v_g를 구하고 이를 이용하여 출력전압 v_o를 구한다.

$$v_g = v_{gs} = v_S \times \frac{R_1}{R_S + R_1}, \qquad r_g = R_S \parallel R_1$$

$$v_o = -i_d r_d = -g_m v_{gs} r_d$$

$$A = \frac{v_o}{v_S} = \left(\frac{v_{gs}}{v_S}\right)\left(\frac{v_o}{v_{gs}}\right) = -g_m r_d \qquad (10-21)$$

[입력 임피던스]

MOSFET의 입력저항은 $r_i = \infty$이므로 CS증폭기의 입력저항 z_{in}은 다음과 같다.

$$z_{in} = R_1 \parallel r_i = R_1 \qquad (10-22)$$

[출력 임피던스]

드레인의 전류원은 $r_o \simeq \infty$이므로 CE증폭기의 출력저항은 다음과 같다.

$$z_{out} = r_o \parallel R_2 \parallel R_D \simeq R_2 \parallel R_D \qquad (10-23)$$

MOSFET가 공통게이트(CG), 공통드레인(CD)에 대해서도 직류해석 및 교류등가회로를 적용하는 방법은 동일하다. 중요한 것은 회로를 정확히 그린 후에 등가회로를 적용시키고 기본법칙을 충실하게 적용하면 된다. 실제로 개별 트랜지스터(discrete transistor)를 이용하여 증폭하기 보다는 연산증폭기를 사용하면 아주 쉽게 원하는 증폭을 구현할 수 있다.

[실험장비 및 부품]

사용장비	품 목	정 격	소요량
Oscilloscope DC power supply Multimeter Breadboard	Transistor Resistor Capacitor	M2N7000 100Ω, $1k\Omega$, $2k\Omega$ $5.6k\Omega$, $91k\Omega$, $100k\Omega$ $3k\Omega$, $10k\Omega$ $15\mu F$, $100\mu F$	1개 각 2개 각 2개

[PSPICE 시뮬레이션]

1. CS 증폭기

1) 회로도

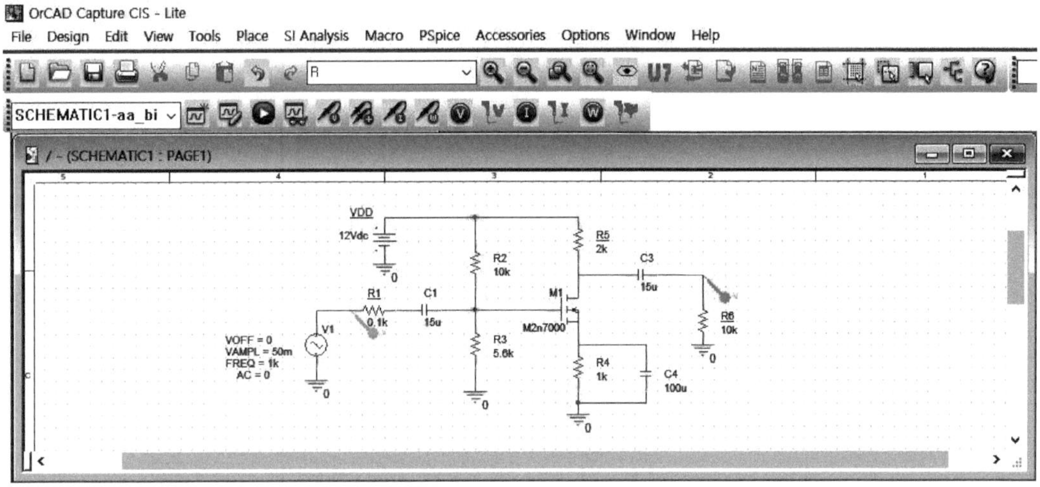

2) 바이어스 해석

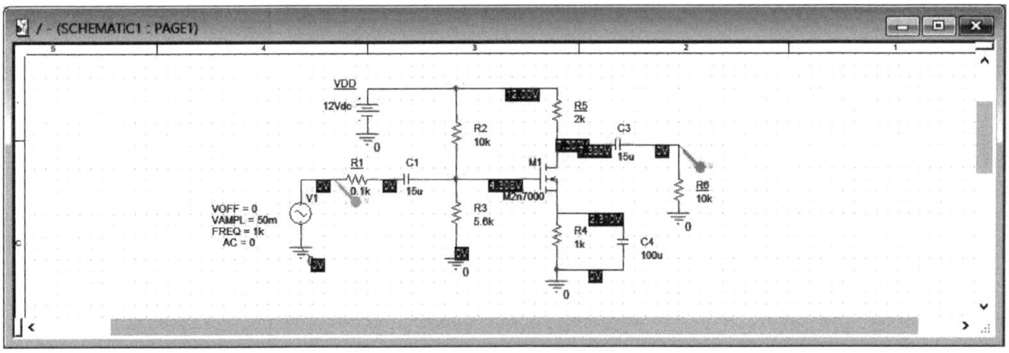

3) 시간영역 해석

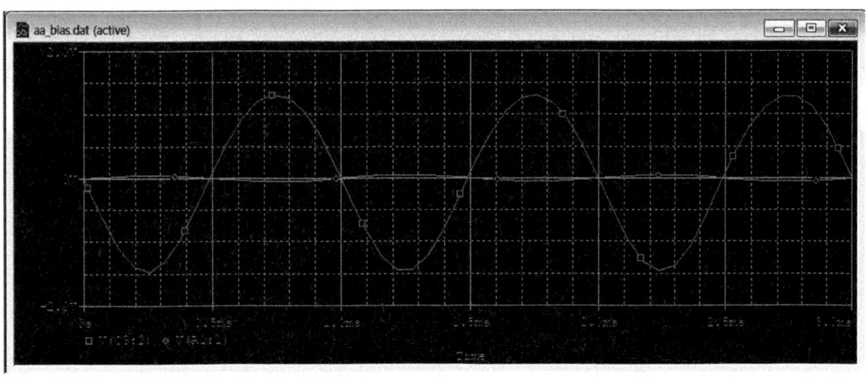

2. 드레인 궤환된 CS 증폭기

1> 회로도

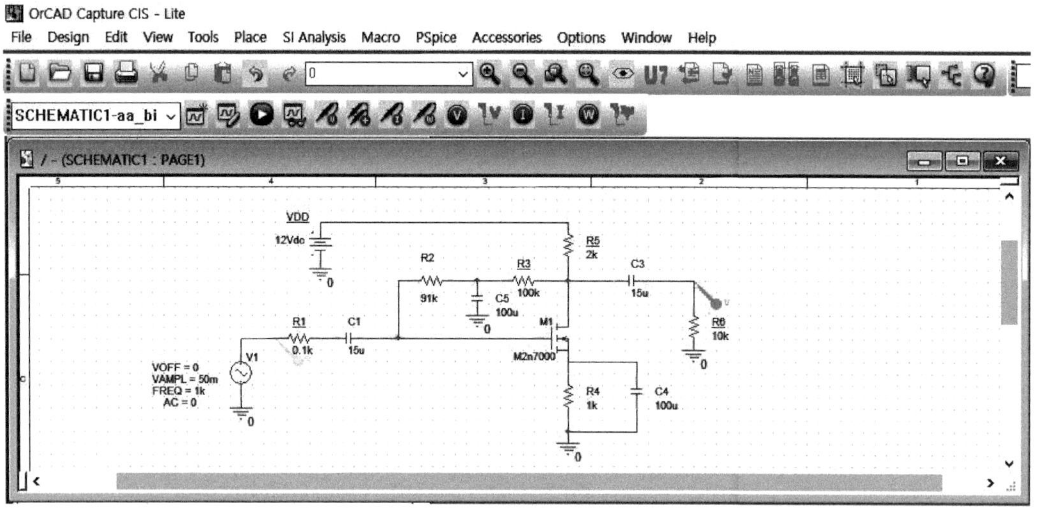

2> 바이어스 해석

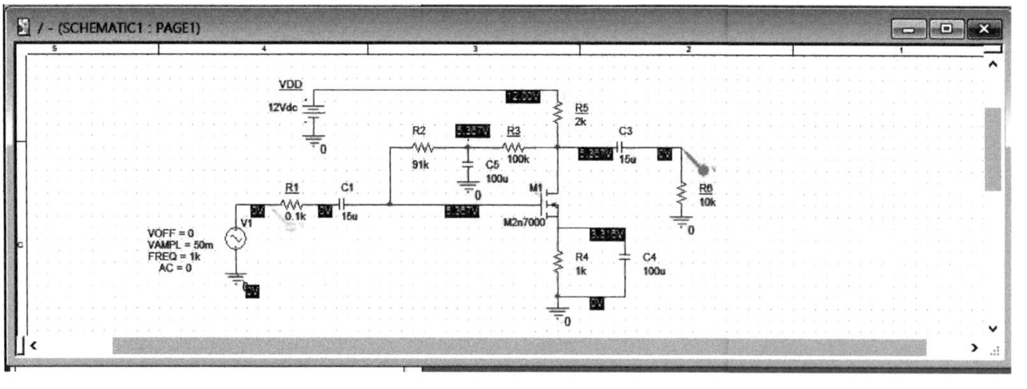

3> 시간영역 해석

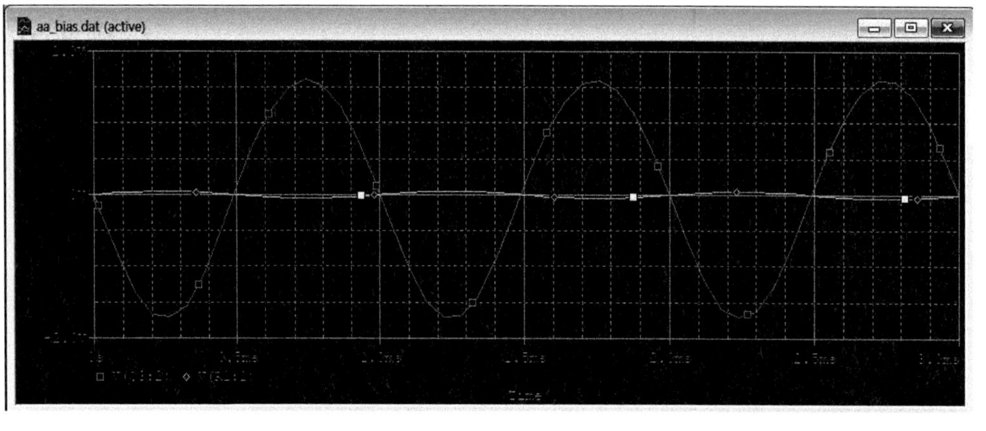

[예비보고서]

1. 다음 NMOSFET(2N7000)을 이용한 공통 소스 증폭기에 대해 답하시오.

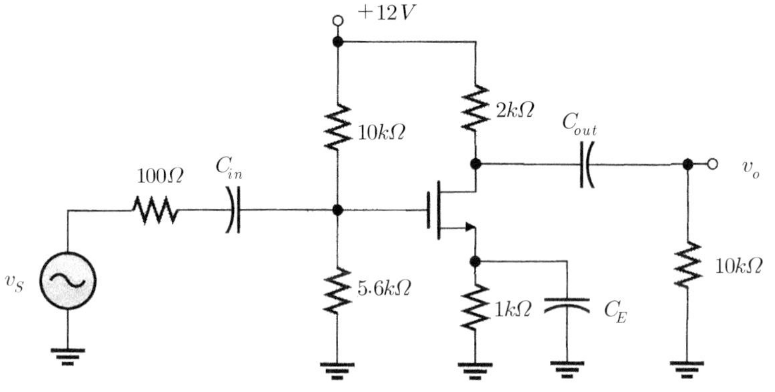

- $V_{Tn} =$
- $K_n =$

1〉 직류해석

〈1〉 V_G　　〈2〉 I_D　　〈3〉 V_D

〈4〉 V_S　　〈5〉 V_{DS}　　〈6〉 g_m

2〉 교류등가회로를 그려 다음 값들을 구하시오.

〈1〉 A_v　　〈2〉 z_{in}

〈3〉 z_{out}

2. 다음 또 하나의 형태인 드레인 귀환된 CS 증폭기에 대해 답하시오.

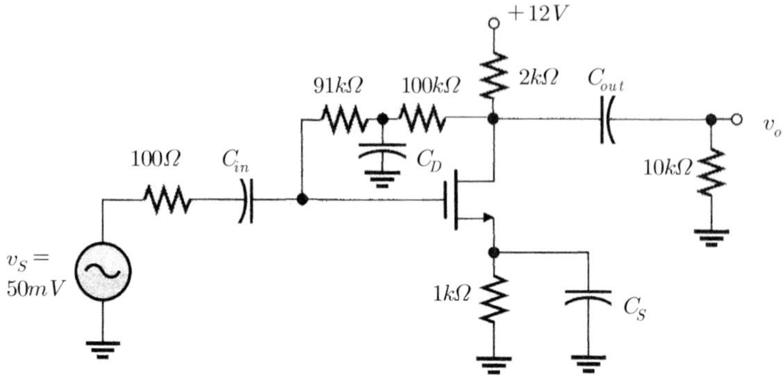

1〉 직류해석

〈1〉 I_G

〈2〉 I_D

〈3〉 V_D

〈4〉 V_S

〈5〉 V_{DS}

〈6〉 g_m

2〉 교류등가회로를 그려 다음 값들을 구하시오.

〈1〉 A_v

〈2〉 z_{in}

〈3〉 z_{out}

[결과보고서]

실험제목					
실험일자	년 월 일(요일)			담당교수	㉥
성 명		학 번		평 가	

1. 다음 공통 소스 증폭회로를 구성하고 물음에 답하시오.

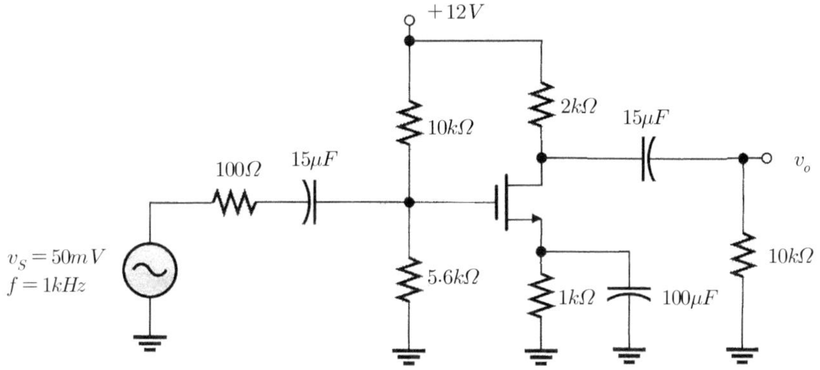

1〉 직류해석(dc analysis)

표를 완성하고 부하선(load line), 동작점(Q점) 및 동작영역을 구하시오.

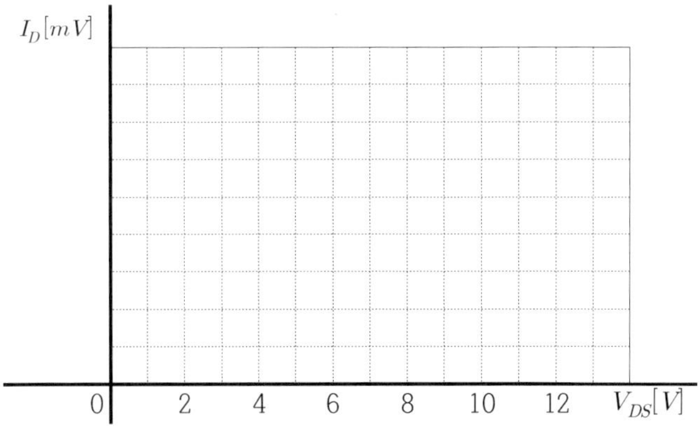

	V_G	I_D	V_D	V_S	V_{DS}	동작영역
이론치						
측정치						
오차(%)						

2〉 교류해석(ac analysis)

〈1〉 각 전압파형을 구하시오.

- ▬▬▬▬ : v_S
  volt/div: ________
- ·········· v_{so}
  volt/div: ________
- ●●●●● : v_{out}
  volt/div: ________

〈2〉 전압이득, 입력 임피던스, 출력 임피던스 및 전류이득을 구하시오.

	이론치	측정치	오차(%)
전압이득(A)			
입력 임피던스(z_{in})			
출력임피던스(z_{out})			

3〉 위의 회로에서 소스 바이패스 커패시터 C_S를 제거하면

〈1〉 입력 및 출력파형을 그리시오.

- ▬▬▬▬ : v_S
  volt/div: ________
- ·········· v_{so}
  volt/div: ________
- ●●●●● : v_{out}
  volt/div: ________

〈2〉 2〉의 결과와 비교하여 전압이득(A)의 변화를 설명하시오.

3. 다음 드레인 귀환된 공통 소스 증폭회로를 구성하고 물음에 답하시오.

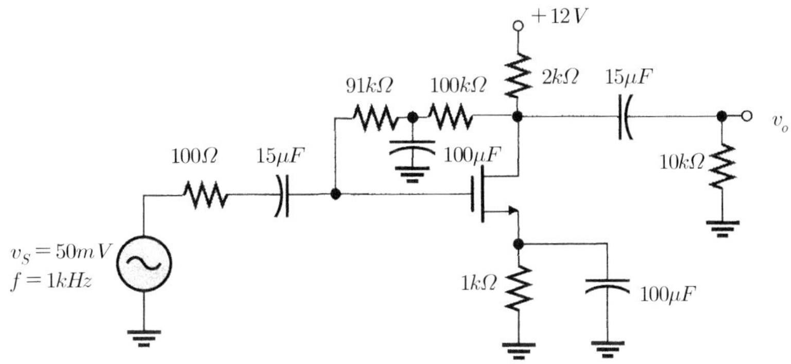

1〉 직류해석

〈1〉 공통 소스 증폭기에서 직류해석과 관련된 부분을 그리시오.

〈2〉 표를 완성하고 부하선(load line), 동작점(Q점) 및 동작영역을 구하시오.

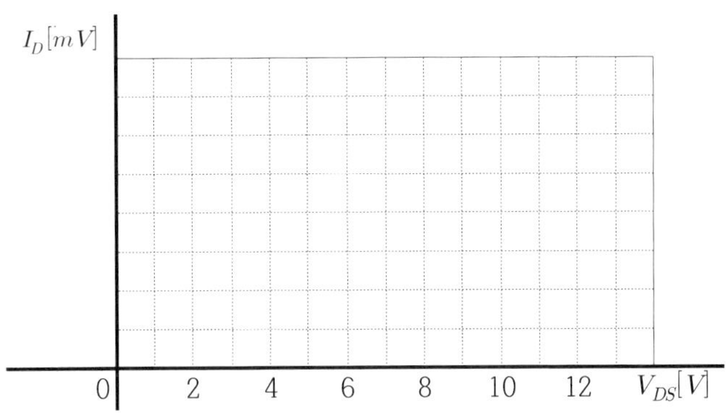

	I_G	I_D	V_D	V_S	V_{DS}	동작영역
이론치						
측정치						
오차(%)						

2〉 교류해석

교류 등가회로를 그리고 각 값을 구하시오.

〈1〉 A_v

〈2〉 z_{in}

〈3〉 z_{out}

실험11장

연산증폭기 개요 및 반전증폭기

1. 연산증폭기란?
2. 반전증폭기(inverting amplifier)

Experiment 11

연산증폭기 개요 및 반전증폭기

Inverting Operational Amplifier

실험목적

연산증폭기는 IC화된 소자로서 각종 증폭회로에 광범위하게 사용된다. 간단히 외부회로를 연결하여 자신이 원하는 특성을 쉽고 빠르게 구현할 수 있다. 기본적인 특성을 바탕으로 반전증폭기의 구성에 따른 전압이득, 입력 및 출력특성을 구한다.

기초이론

1. 연산증폭기란?

연산증폭기(Op Amp.: operational amplifier)란 수학적인 기능을 수행하는 증폭기를 의미한다. 역사적으로 최초의 연산증폭기는 아날록그 컴퓨터에 사용되었으며 덧셈, 뺄셈 및 곱셈 등의 수학적인 기능을 수행했다. 초기엔 연산증폭기를 개별(discrete)회로로 제작하였으나 오늘날 대부분의 연산증폭기는 집적회로(IC: integrated circuit)로 제작된다.

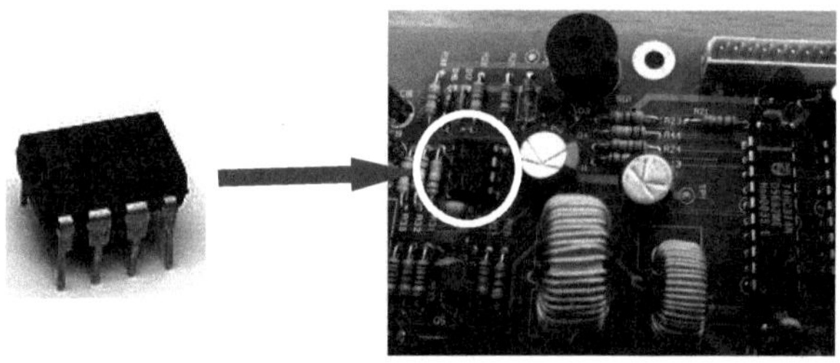

[그림 11-1] PCB 상에 배치된 741 연산증폭기

대표적인 연산증폭기는 0에서 $1MHz$ 이상의 주파수에 이르기까지 사용할 수 있는 고이득(high gain) 직결증폭기(direct coupled amplifier)이다. 이들 외부 핀들에 공급전압, 신호발생기 및 부하저항을 접속하여 많은 종류의 회로를 빠르고 쉽게 제작할 수 있으며 신호처리, 통신 및 각종 측정장비 등의 거의 모든 분야에 사용되고 있다.

그림 11-1은 IC 연산증폭기의 계통도를 나타낸다. 입력단은 차동증폭기이며 그 다음에 이득증폭단과 B급 푸시풀(push-pull) 이미터 팔로워(또는 소스 팔로워)가 차례로 접속한다. 첫 단은 차동증폭기로 구성되어 있으며 이 차동증폭기는 연산증폭기의 입력특성을 결정하는 데 아주 중요하다. 직결증폭기란 어떤 한 증폭단의 출력이 커패시터를 거치지 않고 바로 다음 단의 입력에 접속되는 것을 말한다. 결합 커패시터가 없으므로 단과 단 사이는

앞단의 직류신호와 교류신호가 동시에 결합된다. IC설계에 유용한 직결증폭기 중에서 가장 우수한 것이 차동증폭기이며 이 증폭기는 그림과 같이 연산증폭기의 입력단으로 널리 사용된다. 입력신호(v_{in})는 차동증폭기에 의해 증폭된 후, 중간단으로 들어가 그 곳에서 더욱 큰 전압이득을 가진다. 최종단은 B급 푸시풀 이미터 팔로워이다. 차동증폭기와 그 특성을 고찰함으로서 연산증폭기의 입력특성을 이해할 수 있고, B급 푸시풀 이미터 팔로워를 학습하면 대표적인 출력특성을 이해할 수 있다.

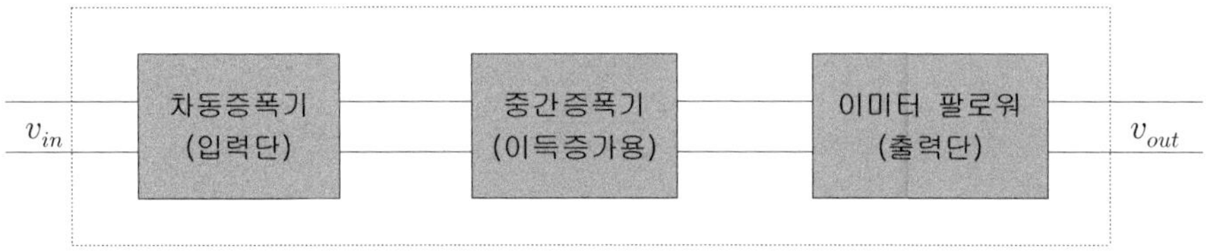

[그림 11-2] 연산증폭기 계통도

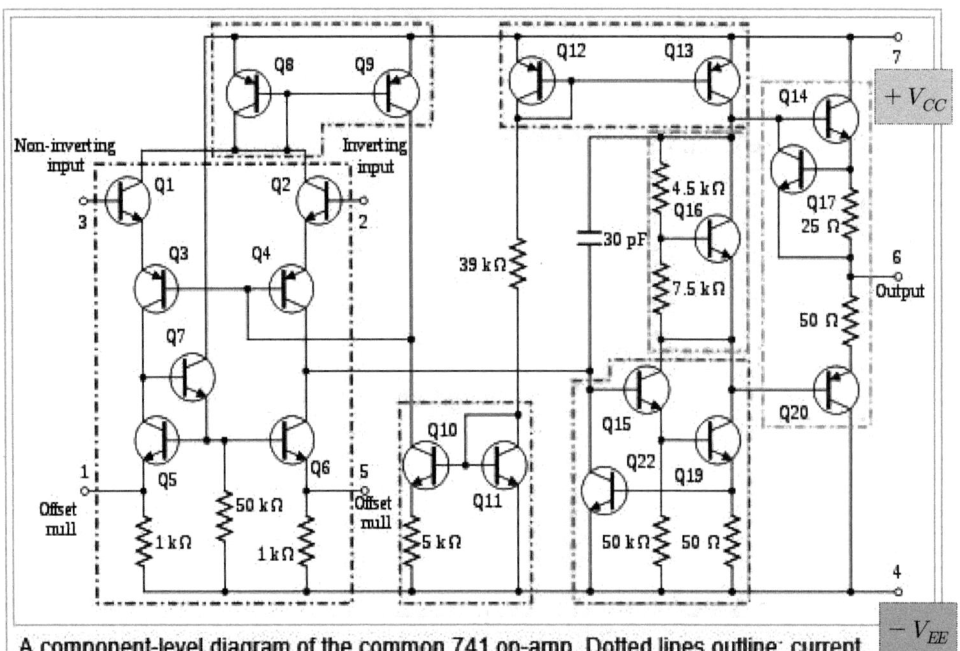

A component-level diagram of the common 741 op-amp. Dotted lines outline: current mirrors (red); differential amplifier (blue); class A gain stage (magenta); voltage level shifter (green); output stage (cyan).

[그림 11-3] 741 연산증폭기 연결된 부품구성 다이어그램

1965년, 최초로 널리 알려진 모놀리식(monolithic) 연산증폭기인 μA709가 Fairchild Semiconductor사에 의해 소개되었다. 비록 성공적이긴 했으나, 이 제1세대 연산증폭기는

많은 단점을 지니고 있었기 때문에 μA741로 알려진 연산증폭기로 개선되었다. 이 μA741은 값이 싸고 사용하기 편리해서 대단히 성공적이였으며 다른 형태의 741이 여러 반도체 업체들에 의해 설계되었다. 예를 들어, Motorola는 MC1741, National Semiconductor는 LM741, Texas Instruments는 SN72741을 생산했다. 편의상 대부분의 사람들은 이들 제품명의 앞머리 문자는 빼고 간단히 741이라 부른다.

1〉 연산증폭기 기호 및 단자배치

그림 11-3(a)는 연산증폭기의 도시적 기호를 나타내며 반전, 비반전 및 단측 출력단자를 가지고 있다. 이상적으로 이 기호는 증폭기가 무한대의 전압이득, 무한대의 입력임피던스 및 0의 출력임피던스를 갖는다는 것을 의미한다. 이상적인 연산증폭기는 완전한 전압증폭 기이며 종종 VCVS(voltage-controlled voltage source)라 부른다. VCVS는 그림 (b)와 같이 나타내며 여기서 $A_o = \infty$, $R_{in} = \infty$, $R_{out} = 0$이다.

대부분의 연산증폭기에서 출력은 그림 11-4(a)와 같이 단측출력(v_{out})을 가진다. 두 공급전압은 $+V_{CC}$와 $-V_{EE}$ 이고 단측출력은 어느 하나가 0V로 설계되어 있다. 이와 같이 입력전압이 0이면 출력전압도 0이다.

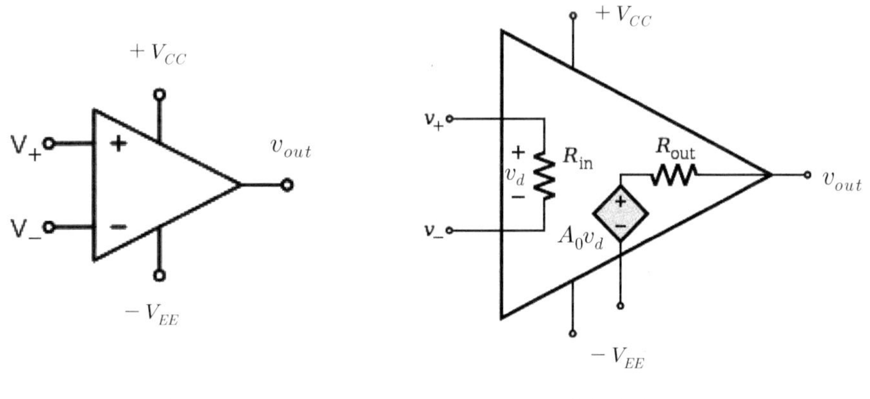

(a) 기호　　(b) 등가회로

[그림 11-4] 741 연산증폭기 기호 및 내부등가회로

입력단자들은 v_+와 v_-로 표기된 두 개 단자들로서 이 두 입력들의 차이를 차동신호라 부르며 v_d로 나타낸다. 여기서 유념할 사항들은 입력임피던스(R_{in}), 출력임피던스(R_{out}) 및 개방전압이득(A_o)이다. 대표적인 값은 $R_{in} = 2M\Omega$, $R_{out} = 75\Omega$ 및 $A_o = 100,000$이다.

$$v_{\in} = v_d = v_+ - v_-$$

$$v_{out} = A_o v_d$$

그림 11-4는 연산증폭기 741에서 핀 번호의 방향 및 각 핀의 기능을 나타낸 것이다.

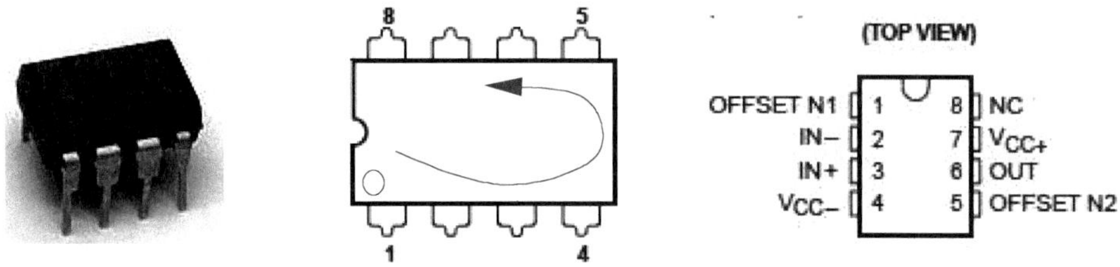

(a) 외관 및 핀번호 부여방법

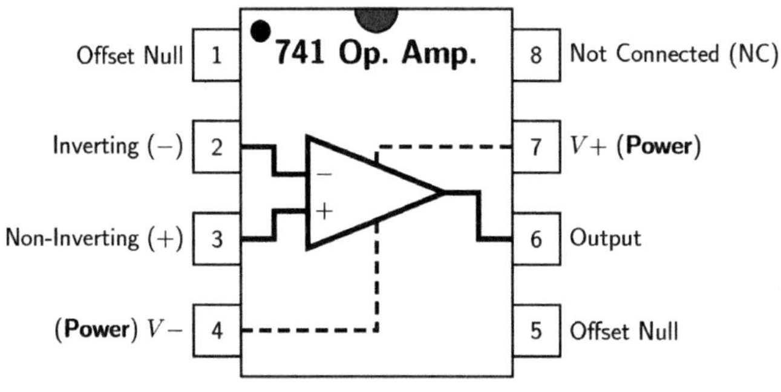

(b) 각 핀 번호의 기능 및 결선

[그림 11-5] 연산증폭기 외관, 번호 및 결선도

2〉 중요한 회로특성

연산증폭기는 다음과 같은 전기적 특성들을 가지며, 일련의 실험들에서 이들의 의미를 파악하여 응용하는데 초점을 두어 학습한다.

〈1〉 바이어스

두 가지 바이어스 중에서 이중 전원인 경우 4번 단자에 $-V_{EE}(\simeq -12V)$ 그리고 7번 단자에 $+V_{CC}(\simeq +12V)$ 전압원를 인가하고, 단일 전원으로는 4번 단자를 접지한다.

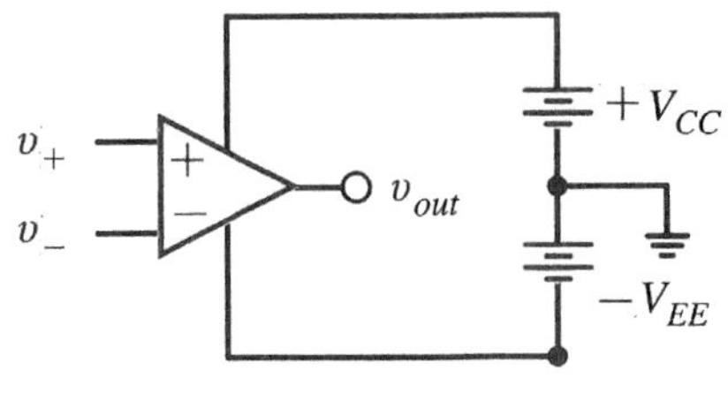

(a) 이중 전원의 바이어스

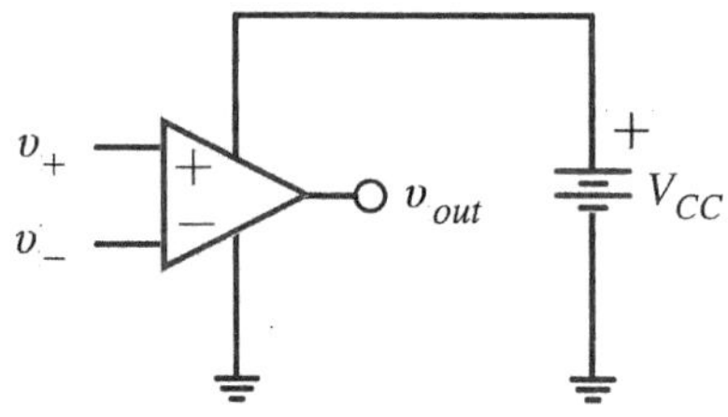

(b) 단일 전원의 바이어스

[그림 11-6] 통상적인 두 가지 바이어스법을 나타낸다.

모든 입출력전압의 기준이 되는 접지마디를 정의한다. 통상 V_{CC}는 접지기준으로 양의 직류전압이며 $-V_{EE}$는 음의 전압이거나 접지이다. 이러한 전압원의 실제 값은 작게는 $1V$에서 수백 볼트에 이르기까지 응용분야에 따라 변할 수 있다.

〈2〉 출력전압의 범위

신호가 찌그러짐없이 주어진 부하저항에 얻을 수 있는 최대 출력전압폭은 증폭기의 내부적 전압강하로 인해 최대 피크 대 피크 전압($V_{pp} \simeq 24V$)에서 $1 \sim 2V$정도 감소된 전압이 출력된다. 특히 부하저항이 작으면 출력전류가 증가하여 찌그러짐이 일어나기 쉽다.

〈3〉 전압이득(A: voltage gain)

출력전압 대 입력전압의 비($A = v_{out}/v_{in}$)로 나타낸다. 이는 폐회로 전압이득이며 개방전압이득($A_o = v_{out}/v_d = v_{out}/(v_+ - v_-)$)과는 구별해야 한다.

〈4〉 입력 및 출력 임피던스(input and output impedance)

입력 임피던스(z_{in})는 입력측에서 연산증폭기 쪽으로 들여다 본 임피던스이며, 출력 임피던스(z_{out})는 출력쪽에서 연산증폭기 쪽으로 들여다 본 임피던스이다. 입력 임피던스는 크고 출력 임피던스는 작다.

〈5〉 입력 옵셋전압($V_{in(offset)}$)

연산증폭기를 제작할 때, 입력으로 사용되는 차동증폭기가 완전한 대칭이 되지 않으므로 두 입력단자들을 단락시켜도 출력전압은 $-V_{EE}(\simeq -12V)$ 또는 $+V_{CC}(\simeq +12V)$로 포화된다. 입력 옵셋전압은 출력전압을 $0V$로 하기 위해 두 입력단자들 사이에 인가하는 전압이다.

〈6〉 입력 바이어스전류($I_{in(bias)}$) 및 입력 옵셋전류($I_{in(offset)}$)

입력 바이어스전류는 두 입력이 0인 상태에서 단자들을 통해 흘러 들어가는 전류의 평균값 $|I_{b1} + I_{b2}|/2$이다. 선형동작을 위해 차동증폭기에 바이어스전류가 흘러야 한다. 입력 옵셋전류는 두 입력단자들을 통해 흐르는 입력 바이어스전류의 차이($|I_{b1} - I_{b2}|$)를 나타낸다.

〈7〉 공통신호제거비($CMRR$: common mode rejection ratio)

차동전압이득(A_d)과 동상전압이득(A_c)의 비($= A_d/A_c$)를 나타내며 이 값이 크면 클수록 양호한 연산증폭기이다.

〈8〉 슬루레이트(S_R: slew rate)

피드백이 있는 증폭기에서 입력신호로 큰 계단파형 전압을 가할 때, 출력전압의 상승속도 또는 하강속도(=$\Delta V/\Delta t$)를 나타낸다. 이 값이 클수록 양호하며 단위는 $V/\mu s$이다. 연산증폭기의 성능비교에 중요한 요소이며 입력신호를 따라가는 정도를 나타낸다.

연산증폭기는 선형 및 비선형의 동작특성을 갖는 다양한 장치이다. 특히, 선형동작을 위해서는 다음 세 가지 동작조건을 만족해야 한다. 차후 이들을 학습할 것이다.

- 출력전압 : $|v_{out}| \le v_{sat} \simeq 11[V]$
- 출력전류 : $|i_{out}| \le i_{sat} \simeq 2[mA]$
- 슬루레이트 : $|dv_{out}(t)/dt| \le S_R \simeq 500{,}000[V/\sec]$

이러한 제약조건들로 연산증폭기는 임의의 큰 전압과 전류를 만들지 못하고, 출력전압을 짧은 시간 내에 임의의 크기로 변화시킬 수 없다.

2. 반전증폭기(inverting amplifier)

반전증폭기는 가장 기본적인 연산 증폭회로로서 부귀환이 사용되어 전압이득을 안정화시킨다. 전압이득을 안정화시키는 이유는 개방루프 전압이득 A_o이 너무 커서 귀환이 없이 사용하면 회로가 불안정하기 때문이다.

1) 반전 부귀환

그림 11-7은 반전증폭기를 나타낸다. 그림을 단순화하기 위해 공급전압은 나타내지 않고 교류 등가회로만 다루었다. 입력전압 v_{in}이 저항 R_1을 통해 반전단자를 구동한다. 입력전압은 개방회로 전압이득으로 증폭되어 반전된 출력전압을 만든다. 이 출력전압이 귀환저항 R_2를 통해 입력으로 귀환(feedback)된다. 출력이 입력과 180° 위상차를 가지므로 반전증폭기라 부른다.

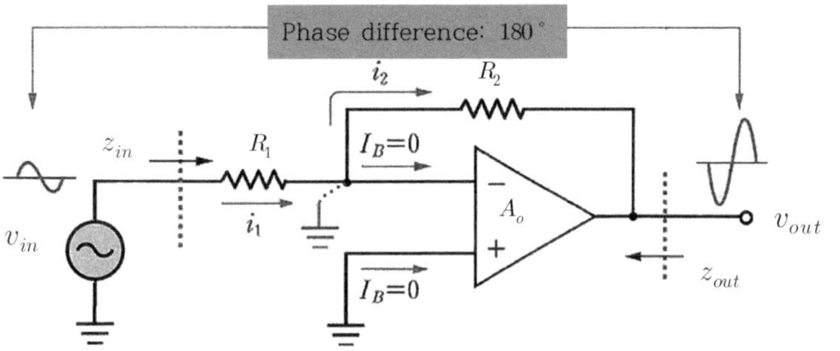

[그림 11-7] 반전 연산증폭기(inverting op. amp.)

그러면 어떻게 해서 부귀환이 전압이득을 안정시킬 수 있는가? 만약 개방루프 전압이득 A_o이 어떤 원인으로 증가하면 출력전압이 증가하고 반전단자 v_-으로 더욱 큰 전압이 귀환된다. 따라서 부귀환으로 인해 $v_d = v_+ - v_-$전압을 감소시킨다. 즉, A_o이 증가하면 v_d는 감소하고 출력은 감소한다. 최종출력은 귀환이 없을 때보다 훨씬 작게 변화하며 전체적으로 출력전압은 거의 느낄 수 없을 정도로 안정하다.

2) 가상접지(virtual ground)

우리가 회로상의 어떤 지점과 접지 사이를 도선으로 연결하면 그 지점의 전압은 0이 된다. 도선은 전류가 흐르는 통로이다. **기계적 접지**(mechanical ground)는 전압이 0이지만 **가상접지**는 다르다. 이런 형태의 접지는 반전증폭기를 해석하는 데 널리 사용된다.

이 개념은 이상적인 연산증폭기에 바탕을 둔다. 이상적이면 무한대의 개방루프 전압이득 및 무한대의 입력저항을 가진다. 이런 이유로 그림 11-7의 반전 연산증폭기에 대해 다음과 같은 두 가지 특성들을 얻을 수 있다.

$R_{in} = \infty$ 이므로 연산증폭기 내부로 흐르는 전류 $i_B \cong 0$이다.

$A_o = \infty$ 이므로 $v_d \cong 0$이다.

그림 11-7에서 $I_B = I_{in(amp)} = 0$이므로 R_2를 흐르는 전류는 R_1을 흐르는 전류와 같다. 또한 $v_d = 0$이므로 가상접지이다. 가상접지는 반전입력이 전류에 대해서는 개방이지만 전압에 대해서는 접지를 나타낸다. 가상접지를 그림과 같이 반전입력과 접지 사이에 파선으로 표기한다. 파선은 전류가 접지로 흐르지 않음을 표시한다.

3〉 전압이득(voltage gain)

그림 11-7에서 반전단자에 가상접지를 그리면 저항 R_1의 오른쪽이 접지된다.

$$v_{in} = i_1 R_1 \tag{11-1}$$

또한 R_1의 왼쪽이 접지이므로 출력은 다음과 같다.

$$v_{out} = -i_1 R_2 \tag{11-2}$$

폐회로 전압이득이란 출력과 입력 사이에 귀환경로가 있는 경우의 전압이득을 나타낸다. 폐회로 전압이득 A는 출력전압을 입력전압으로 나눈 값이다.

$$A = \frac{v_{out}}{v_{in}} = -\frac{R_2}{R_1} \tag{11-3}$$

여기서 부호 −는 신호가 반전(위상차 180°)된다는 의미이며 부귀환으로 인해 페루프 전압이득 A는 개방루프 전압이득 A_o보다는 항상 작다. 폐회로 전압이득은 간단히 귀환저항과 입력저항의 비이다. 예를 들어, $R_1 = 1k\Omega$, $R_2 = 50k\Omega$ 이면 $A = 50$ 이다. 부귀환으로 인해 이 전압이득은 매우 안정하다. 즉, A가 온도변화, 공급전원 변화 또는 연산증폭기 교체 등으로 변하더라도 A은 여전히 50일 것이다.

4〉 입력임피던스(input impedance)

어떤 응용분야에서는 설계자가 특정한 입력임피던스 값을 원할 수도 있다. 반전증폭기의 이점중의 하나로서 설계자가 원하는 입력임피던스를 쉽게 만들 수 있다는 사실이다. 그 이유는 저항 R_1의 오른쪽 가상접지이므로 폐회로 입력임피던스는 다음과 같다.

$$z_{in} = R_1 \tag{11-4}$$

이것은 그림 11-8에 나타낸 것처럼 R_1의 왼쪽에서 본 입력임피던스이다. 선형응용에서 반전증폭기가 인기있는 이유 중의 하나는 회로설계가 전압이득, 대역폭 및 입력임피던스를 필요에 따라 조절할 수 있다는 점이다. 폐회로의 입력임피던스는 다음과 같다. 임의의 저항 $R_s = R_{Test}$의 왼쪽부의 전압이 v_s이고 오른쪽부의 전압이 v_{in}이다.

$$z_{in} = z_{Load} = \frac{v_{in}}{v_s - v_{in}} \times R_{Test} \tag{11-5}$$

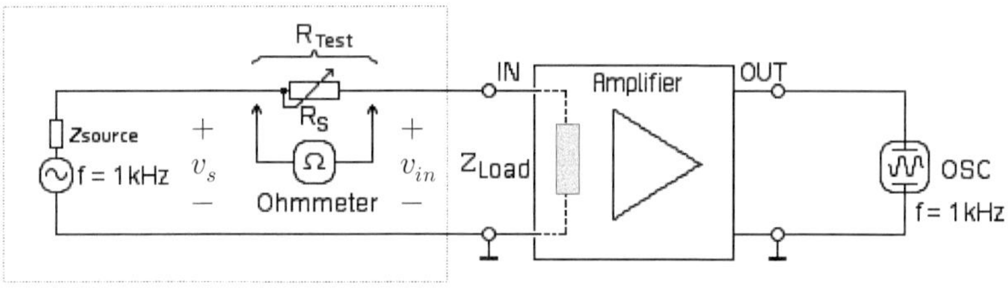

[그림 11-8] 입력임피던스 측정회로

그림 11-8에서 증폭기라고 표시한 부분이 반전증폭기에 해당된다. 어떤 임의의 저항 R_{Test}를 반드시 추가하여 그 양단전압을 측정해야 한다.

5〉 출력임피던스

폐회로의 출력임피던스는 그림 11-9와 같이 부하쪽에서 본 임피던스로서 다음과 같다.

$$z_{out} = z_{Load} = \frac{v_{Noload} - v_{Load}}{v_{Load}} \times R_{Load} \tag{11-6}$$

여기서 v_{Noload}는 부하 R_{Load}에 달린 스위치를 개방했을 경우에 측정한 무부하 전압이며, v_{Load}는 스위치를 닫았을 때 부하 R_{Load}가 연결되므로 부하저항 양단전압을 나타낸다. 여기서 교류신호가 입력되고 이에 따른 오실로스코프에 출력 교류신호가 있어야 한다.

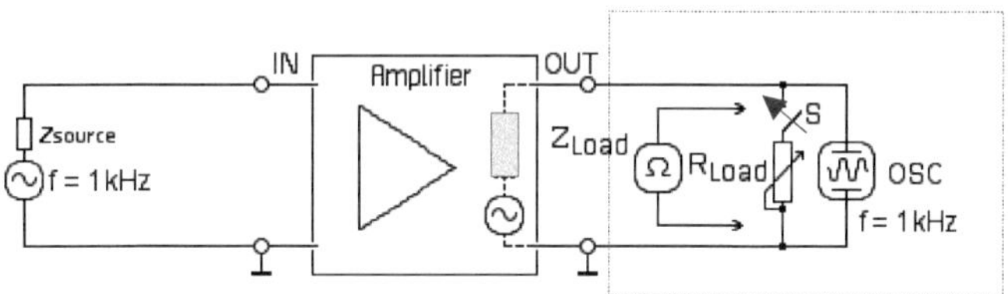

[그림 11-9] 출력임피던스 측정회로

6〉 출력 오차전압(output error voltage)은 어떻게 해결하나?

이상적인 연산증폭기는 두 입력전압이 0이면 출력전압도 0이다. 그러나 실제 회로를 구성하면 출력전압이 0이 안 되는 경우가 있다. 앞에서 세 가지 특성 즉 입력 바이어스전류, 입력 옵셋전류, 입력 옵셋전압을 정의했다. 이것들은 입력 신호전압(v_{in})이 없어도 출력전압을 발생시킨다. 교류증폭기를 만들면 별 문제가 없지만 직결 증폭기를 만든다면 분명히 고려해야 한다. 각 단자의 회로구성 및 위치는 그림 11-3을 참고하기 바란다. 입력 바이어스전류와 입력 옵셋전압은 매우 작아 종종 무시할 수 있다. 그러나 회로에 인가되는 입력신호가 작을 때에는 중요한 의미를 가진다.

〈1〉 입력 바이어스(bias) 전류

비반전단자(v_+)에 직렬로 R_1과 R_2가 병렬로 된 보상저항 $R_c(=R_1 \parallel R_2)$를 연결한다. 이에 관한 구체적 증명은 관련서적을 참고하길 바란다.

〈2〉 입력 옵셋(offset) 전류 및 옵셋전압

입력신호를 단락시킨 상태에서 핀번호 1번과 5번 단자를 전위차계(potentiometer)로 연결하여 출력전압이 0[V]이 되도록 조정한다. 그렇지 않으면 그림 11-10과 같이 출력파형이 포화될 수 있다. 입력 옵셋전압의 측정법을 익히기 바란다.

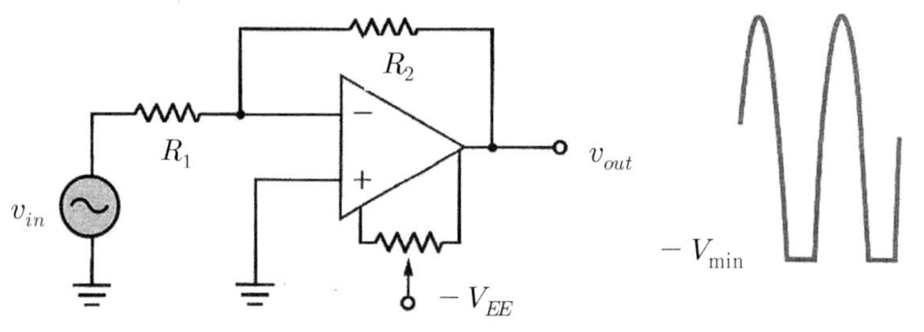

[그림 11-10] 입력 옵셋전압으로 인한 출력파형 불균형

[실험장비 및 부품]

사용장비	품 목	정 격	소요량
DC power supply Oscilloscope Function generator Breadboard	Op. amp. Resistor Potentiometer	$\mu A741$ or $LM741$ $1k\Omega$, $10k\Omega$, $27k\Omega$ $1k\Omega$	1개 각 1개 1개

[PSPICE 시뮬레이션]

1. 회로구성

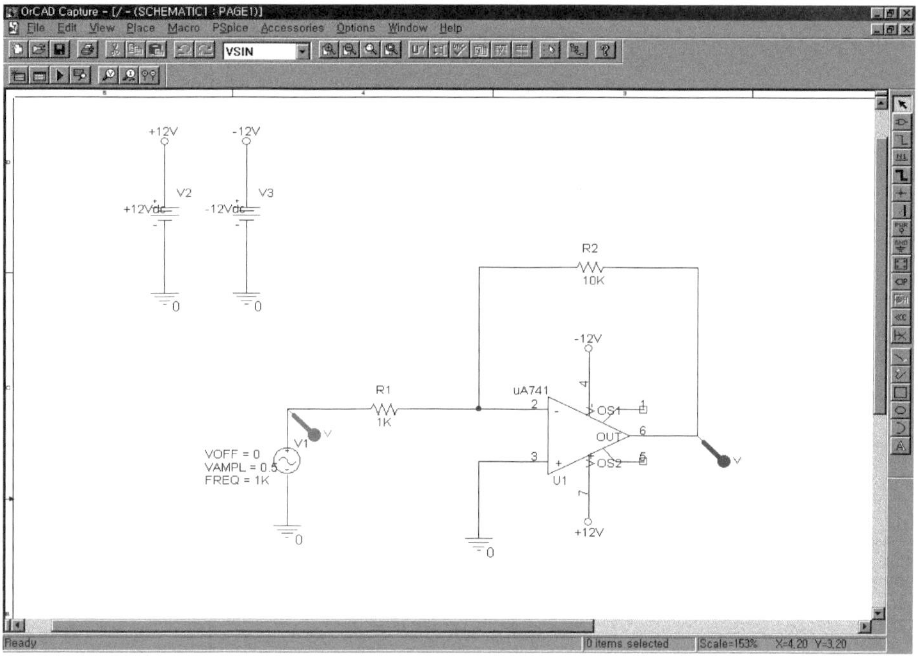

2. 전압이득(A)

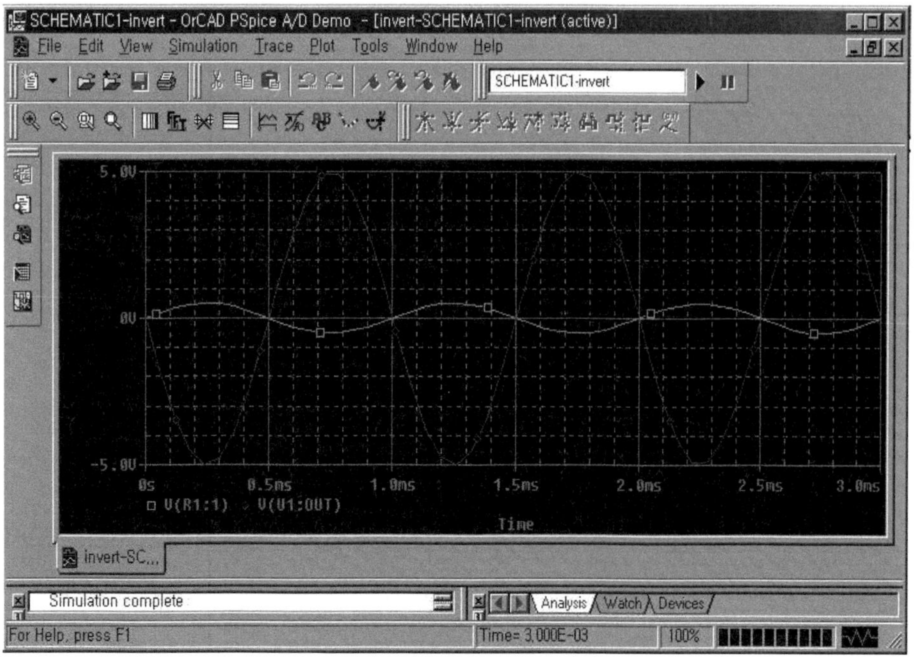

3. 입력임피던스(z_{in})

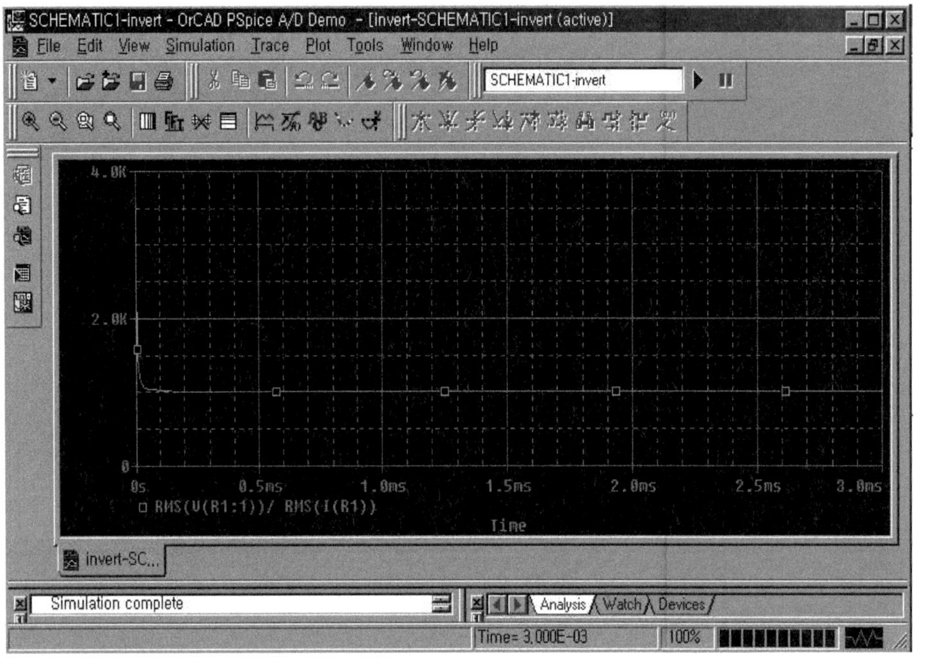

4. 출력임피던스(z_{out})

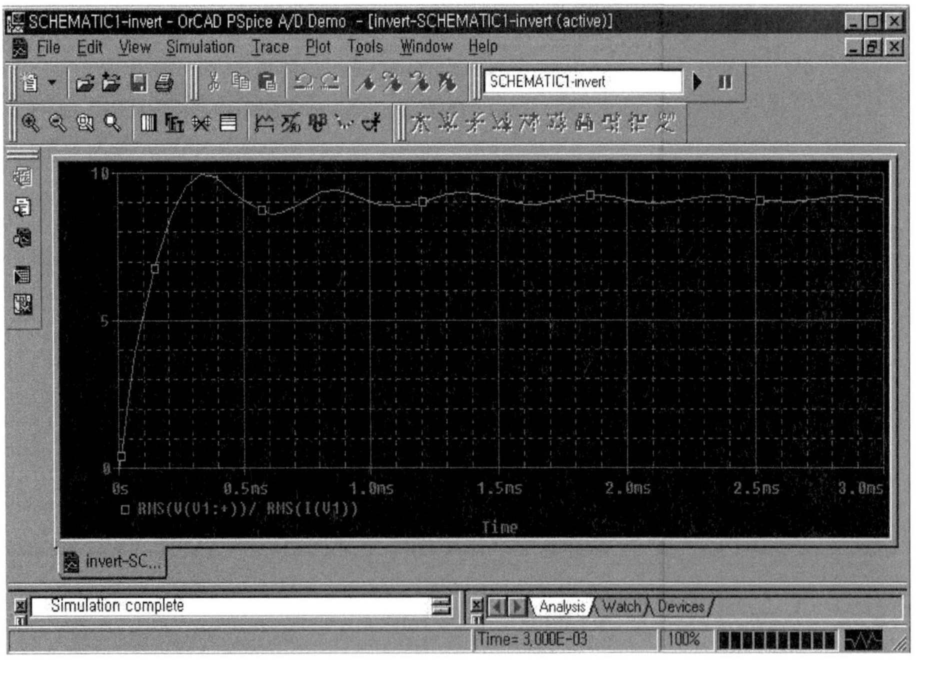

[예비보고서]

1. $\mu A741(741C)$ **연산증폭기는 그림과 같이 모두 8개 단자들로 구성되어 있다. 각 단자의 번호를 붙이고 기능을 쓰시오.**

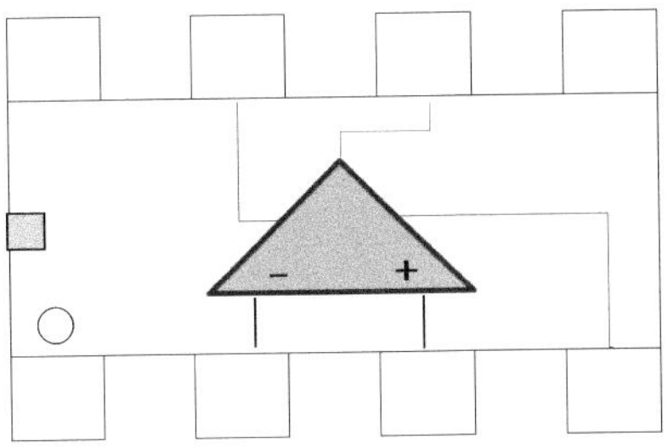

핀번호	기능	핀번호	기능
①		⑤	
②		⑥	
③		⑦	
④		⑧	

2. **이상적인 연산증폭기(ideal op. amp.)는 다음과 같은 특성들을 가진다. 다음 그림을 참조하여 물음에 답하시오.**

1〉 개방 전압이득(A_o): (　　　　　)

2〉 입력 임피던스(R_{in}): (　　　　　)[Ω]

3〉 출력 임피던스(R_{out}): (　　　　　)[Ω]

4〉 두 입력전압들은 v_+와 v_-이다.

$v_d =$

5〉 출력전압은

$v_{out} =$

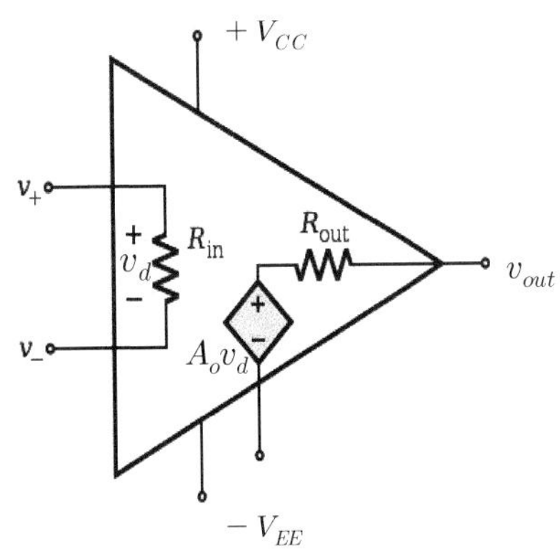

3. **다음과 같은 능동바이어스(active bias)에서**

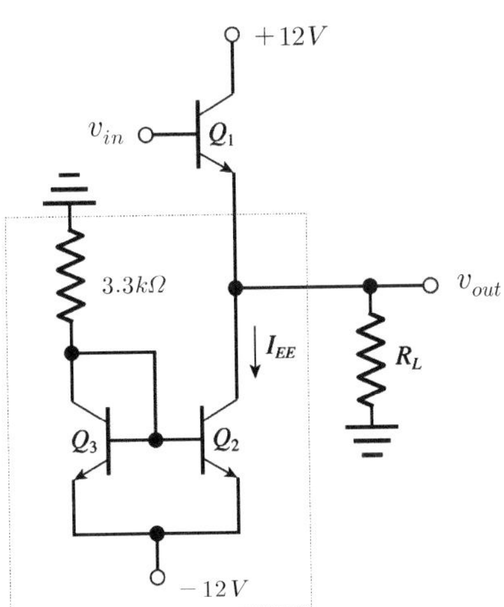

1〉 파선으로 표시된 것의 명칭은?

2〉 직류 바이어스 전류 I_{EE}를 구하시오.

3〉 이미터 팔로워에서 직류전원으로부터 공급받는 평균전력 P_{supply}은?

7. **변압기와 연산증폭기 회로에서 교류입력전원에 있는 50Ω의 등가회로에 정합(match)시키는 회로를 설계하고자 한다. 권선비는 $n>1$이라 한다.**

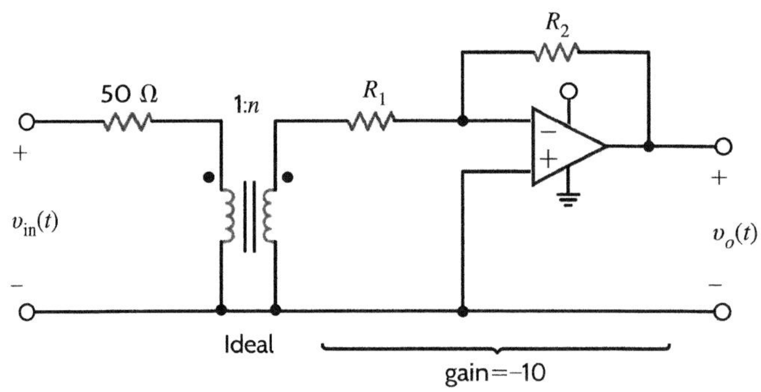

1〉 연산증폭기의 전압이득을 만족시키는 저항값을 구하시오. 단, 각 저항 R_1과 R_2는 $1k\Omega$ 이하를 사용한다고 한다.

2〉 위 반전 연산증폭기의 입력임피던스 z_{in}는?

3〉 변압기의 1차측에서 본 등가저항값은?

4〉 정합조건을 만족시키는 권선비 n을 구하시오. 답: $\sqrt{2}$

실험12장
비반전 및 전압 팔로워 연산증폭기

1. 비반전 증폭기(non-inverting amplifier)
2. 전압 팔로워(voltage follower)

Experiment 12

비반전 및 전압 팔로워 연산증폭기

Non-inverting and Voltage Follower Op. Amplifier

실험목적

입력신호가 연산증폭기의 비반전단자에 입력되는 비반전증폭기 및 전압 팔로워의 회로 구성과 이에 따른 입력 및 출력특성과 전압이득을 학습한다.

기초이론

1. 비반전 증폭기(non-inverting amplifier)

비반전 증폭기는 또 다른 기본 연산증폭기 중의 하나이다. 부귀환을 사용하여 전압이득을 안정화하며 입력임피던스를 증가시키고 출력임피던스를 더욱 감소시킨다. 그림 12-1은 비반전 증폭기의 교류 등가회로를 나타낸다. 입력전압 v_{in}이 비반전 단자를 구동하고 이 전압이 증폭되어 그림과 같이 동상의 출력전압이 나타난다. 출력전압은 전압분배기를 거쳐 부분적으로 입력부에 귀환된다. 즉 저항 R_1 양단전압이 반전단자에 가해진다. 귀환전압은 입력전압과 위상이 같다. 귀환전압은 반전단자에 더해지므로 부귀환(negative feedback)을 이루고 개방루프 전압이득이 아주 크므로 전압 v_+와 전압 v_-의 차는 거의 없다.

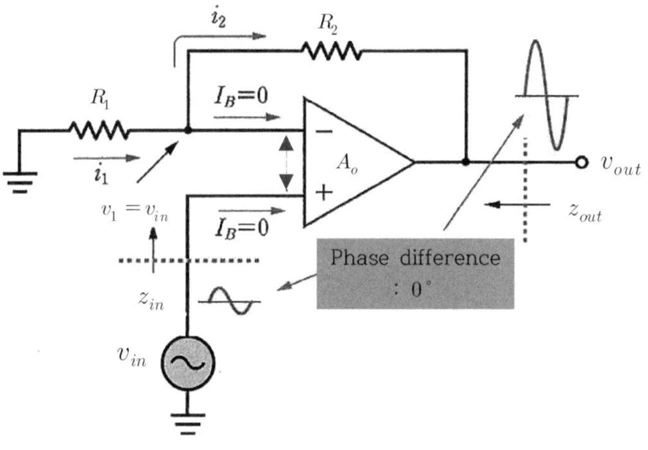

[그림 12-1] 비반전 연산증폭기(noninverting op. amp.)

그러면 어떻게 해서 부귀환이 전압이득을 안정화 시키는가? 만약 개방루프 전압이득 A_o이 어떤 원인으로 증가하면 출력전압이 증가하고 반전단자로 더욱 큰 전압이 귀환될 것이다. 위상이 반대인 귀환전압은 알짜의 입력전압 $v_{+}-v_{-}$를 감소시킨다. 따라서 A_o이 증가하더라도 $v_{+}-v_{-}$는 감소한다. 최종 출력전압은 귀환이 없을 때보다 훨씬 작게 증가한다. 전체적으로 출력전압은 거의 느낄 수 없을 정도이다.

1〉 가상단락

회로상의 어떤 지점과 접지 사이를 도선으로 연결하면 그 지점의 전압도 접지와 같이 0이 된다. 도선은 두 지점 사이에 전류가 흐르는 길이다. **기계적 접지**(mechanical ground: 두 지점 사이의 도선)는 전압과 전류에 대해서 단락이다. 그러나 **가상단락**(virtual short)은 다르다. 이런 형태의 접지는 비반전 증폭기를 해석하는 데 널리 사용된다. 이 가상단락으로 비반전 증폭기와 관련회로를 쉽고 빠르게 해석할 수 있다.

가상단락은 다음과 같은 연산증폭기 두 가지 특성들을 이용한다.

$R_{in(amp)}=\infty$이므로 연산증폭기로 흘러 들어가는 입력전류는 0이다.

$A_o=\infty$이므로 $v_d=0$이다.

그림 12-1에서 입력단자의 가상단락을 나타낸다. **가상단락**은 전압에 대해서는 접지이지만 전류에 대해서는 개방이다. 파선은 전류가 흐르지 않음을 나타낸다. 가상단락은 이상적 근사이지만 부귀환이 형성되면 아주 정확한 답을 제공한다. 어떻게 가상단락을 사용할 것인가? 비반전 증폭기 혹은 이와 유사한 회로를 해석할 때 연산증폭기의 입력단자 사이에 가상단락을 표기한다. 연산증폭기가 포화되지 않고 선형영역에서 동작하면 개방루프 전압이득은 무한대이며 두 입력사이에 가상단락이 존재한다.

2〉 전압이득(voltage gain: A)

그림 12-1에서 연산증폭기의 입력단자 사이에 가상단락을 표시하면 그림과 같이 입력전압이 저항 R_1 양단에 나타난다. R_1과 R_2를 흐르는 전류는 같으므로 Ohm 법칙과 Kirchhoff 전류법칙을 적용하면 다음과 같은 식이 성립된다.

$$v_{in}=i_1R_1 \qquad (12-1)$$

전류가 가상단락을 흐르지 못하므로 i_1 전류가 저항 R_2를 흐른다. 따라서 출력전압은 다음과 같다.

$$v_{out}=i_1(R_2+R_1) \qquad (12-2)$$

이로부터 출력전압을 입력전압으로 나누어 전압이득(voltage gain)을 구하면 다음과 같다.

$$A = \frac{R_1 + R_2}{R_1} = 1 + \frac{R_2}{R_1} \tag{12-3}$$

이 폐루프 전압이득 A는 저항비에 숫자 1을 더하는 것이므로 기억하기 쉽다.

3) 부귀환과 입력임피던스

부귀환 효과를 다루고 부귀환이 입력임피던스를 증가시킨다는 사실은 해당 참고서적을 참조하길 바란다. 개방루프 입력임피던스가 매우 크므로(741C 경우 $2M\Omega$) 폐루프 입력임피던스는 더욱 커진다.

4) 입력 바이어스전류와 입력 옵셋전압 및 옵셋전류의 영향

$I_{in(bias)}$, $I_{in(offset)}$ 및 $V_{in(offset)}$로 인한 입력 오차전압은 반전증폭기와 같은 방법으로 해석하며 각각의 입력오차전압을 계산 후 폐루프 전압이득을 곱해서 출력 오차전압을 구한다.

R_c는 반전입력단자에서 전압분배기 쪽을 들여다 볼 때의 Thevenin 등가저항이며 이 값은 반전증폭기의 경우와 동일하다.

$$R_c = R_1 \parallel R_2 \tag{12-4}$$

만약 입력 바이어스전류를 보상하려면 같은 저항 R_c을 비반전 단자에 연결하면 된다. 교류신호전류가 이 저항을 통과하므로 가상접지 근사를 적용해도 아무런 영향이 없다.

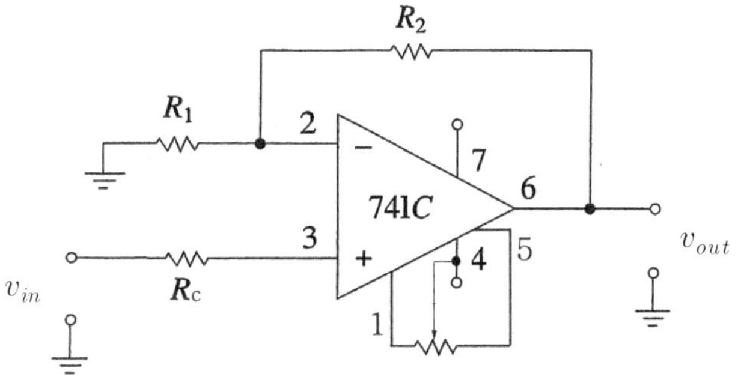

[그림 12-2] 입력오차전압 및 전류 조정

2. 전압 팔로워(voltage follower)

전압 팔로워란 증폭기의 전압이득이 1인 비반전 증폭기이다. 비반전증폭기를 이해하면

3. 입력 임피던스(z_{in})

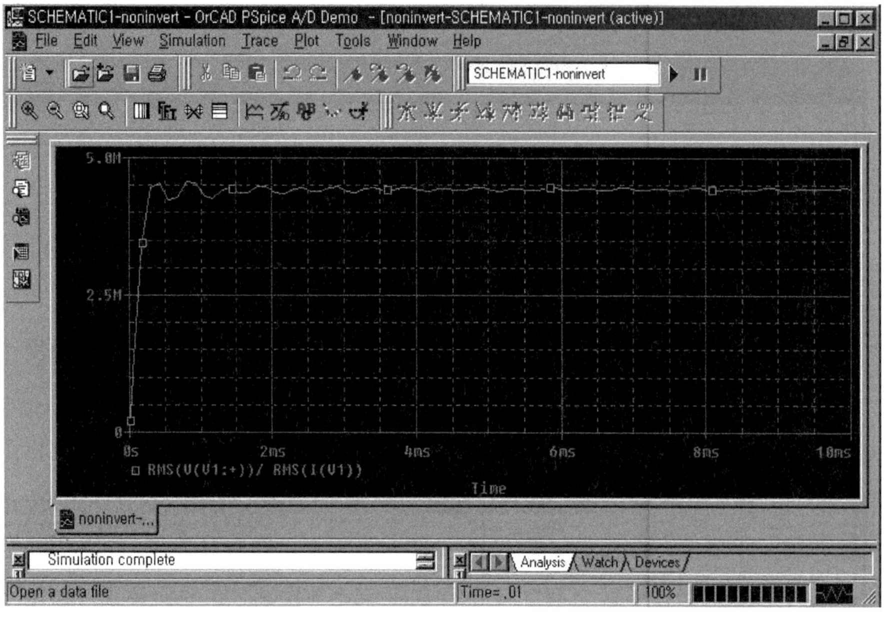

4. 출력 임피던스(z_{out})

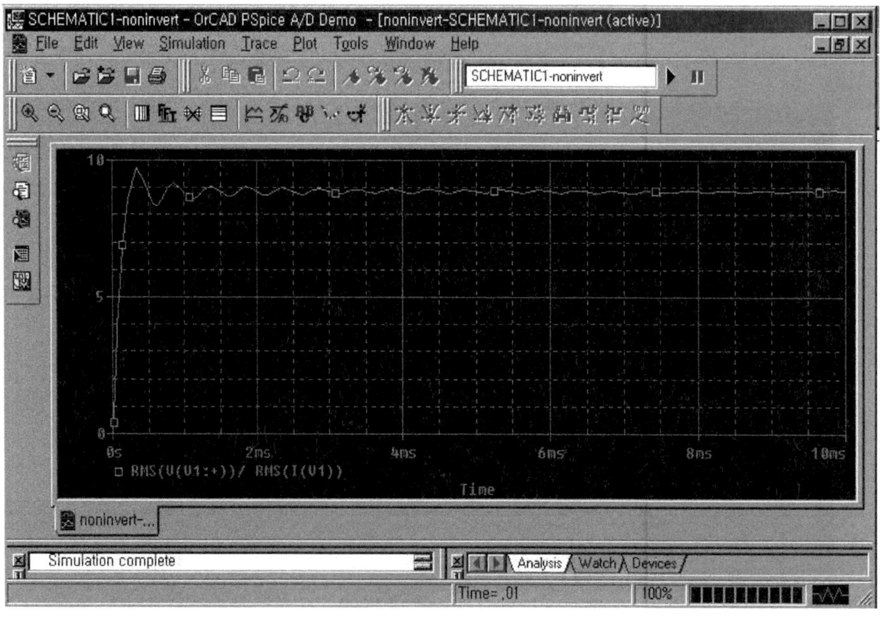

[예비보고서]

1. 다음 비반전 연산증폭기(noninverting amplifier)에 대해 답하시오.

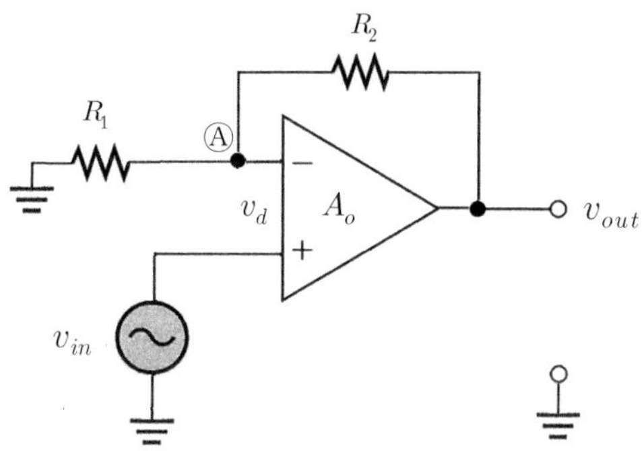

1〉 반전단자(지점 A)인 v_-에서 전압값을 구하시오.

2〉 1〉의 결과를 이용하여 $v_{out} = A_o v_d = A_o(v_+ - v_-)$이다. 폐회로 전압이득 $A = v_{out}/v_{in}$을 나타내시오.

3〉 2〉의 결과로부터 연산증폭기의 특성중의 하나인 개방 전압이득 A_o이 아주 크다고 가정하면, 폐회로 전압이득 $A = v_{out}/v_{in}$을 구하시오.

2. 전압 팔로워 연산증폭기의 전압이득은 $A=1$이므로 전압증폭기로서의 의미는 없다. 두 회로에서 내부저항이 아주 큰 $R_S=1M\Omega$인 신호에 대해 출력전압 v_{out}을 구하고자 한다.

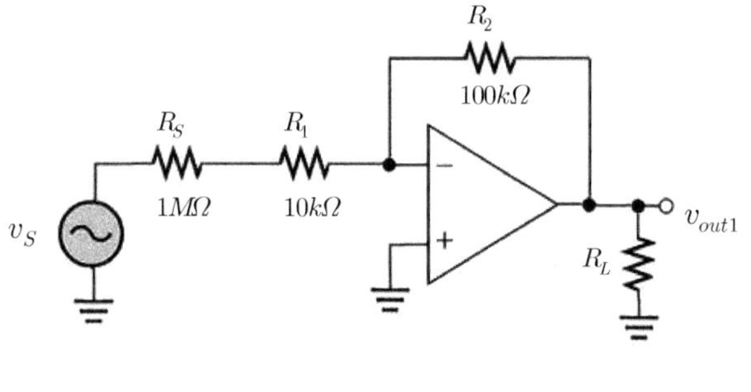

(a) 신호원과 부하가 직접 연결

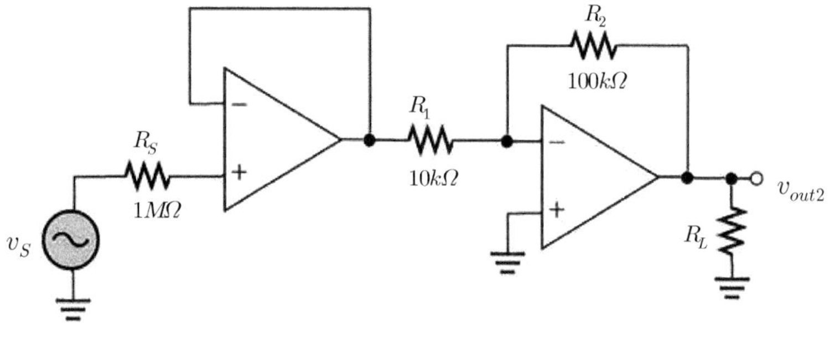

(b) 신호원과 부하사이에 전압 팔로워의 삽입

1) 각 경우에 출력전압을 구하시오.

〈1〉 〈2〉

2) 위의 결과로부터 전압 팔로워의 기능을 설명하시오.

3) 위의 각 회로에서 신호원부, 증폭기부, 부하부를 구분하여 표시하시오.

[결과보고서]

실험제목					
실험일자	년 월 일(요일)			담당교수	㊞
성 명		학 번		평 가	

1. 다음 비반전 연산증폭회로를 구성하고 물음에 답하시오. 입력신호 V_{in}은 그림과 같이 직류 또는 교류 정현파를 사용한다.

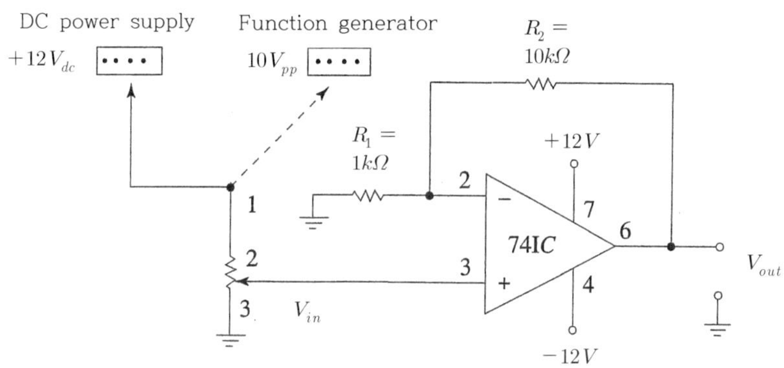

[브레드보드 상의 배치]

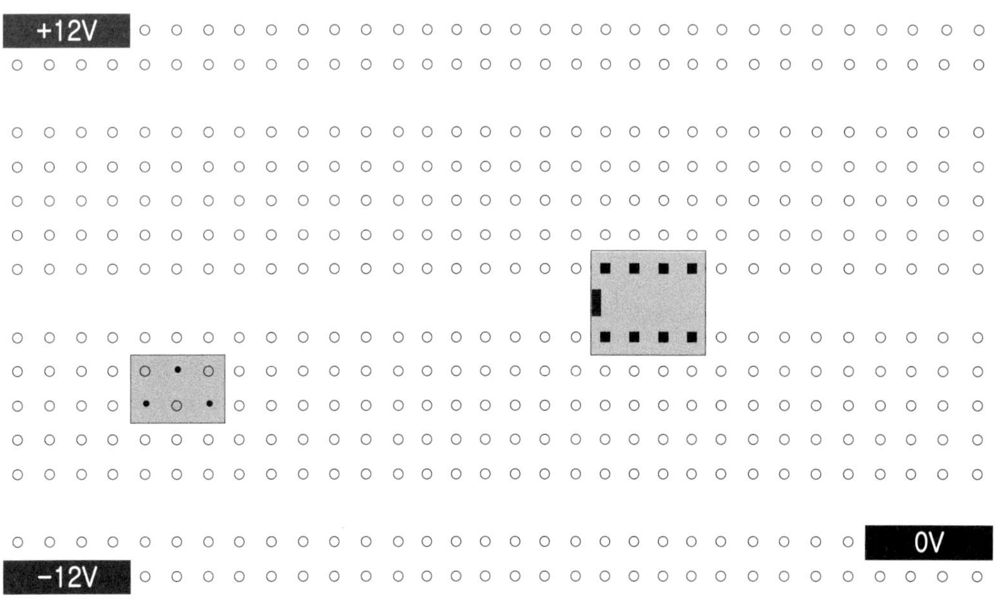

1〉 직류전압(DC) 또는 교류정현파(AC)가 인가될 때

오실로스코프를 사용하여 입력(V_{in}) 및 출력(V_{out})파형을 나타내시오. 반드시 접지모드로 하여 기준값을 일치시키고, 직류를 측정할 경우에는 DC모드로 교류측정에는 AC모드로 맞추어 측정하시오.

a) DC: $V_{in}=0.5V$

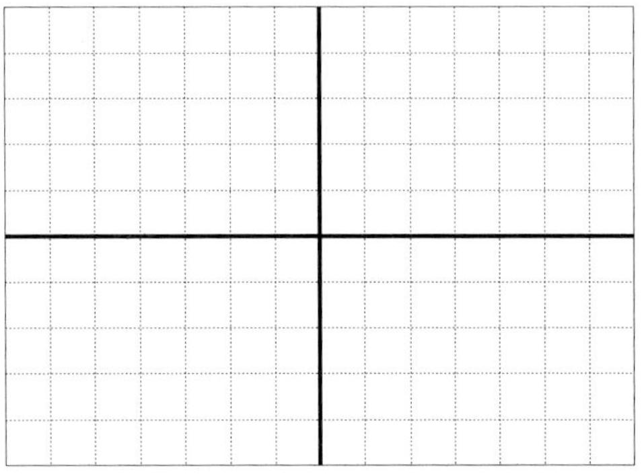

b) AC: $V_{in}=0.5V_p$, $f=1kHz$

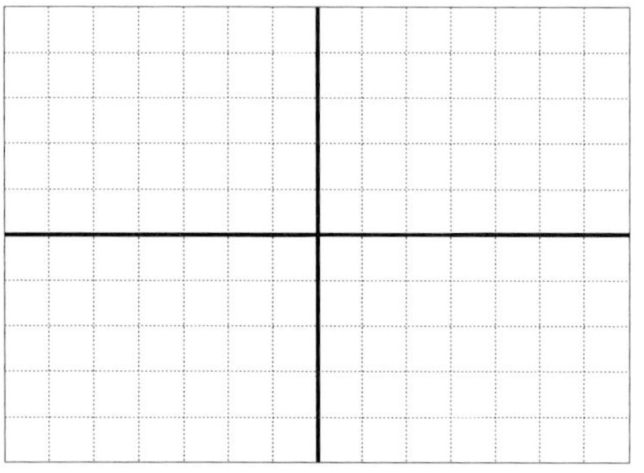

2〉 오실로스코프로 측정할 때, 직류모드 및 교류모드에 맞게 선택하여 사용하시오.

	DC		AC		비고
	이론치	측정치	이론치	측정치	
전압이득(A)					$A=\frac{R_1+R_2}{R_1}$

3〉 가상단락(virtual short) 개념을 익히기

교류전압이 인가될 때, 비반전(non-inverting)단자 v_+ 및 반전(inverting)단자 v_-의 전압을 구하시오.

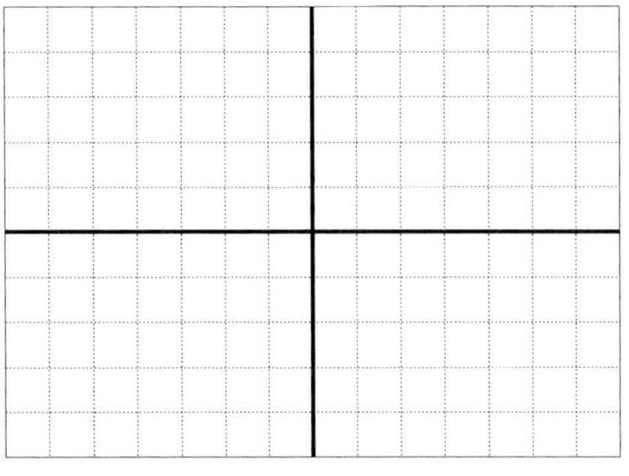

- $v_+ =$
- $v_- =$

두 단자의 전압으로부터 두 단자들 간의 전압차는 (   )이다.
이를 (   )이라 한다.

4〉 부귀환(negative feedback)의 의미를 익히기 위해 다음을 측정하자.

〈1〉 귀환저항 $R_2 = 10k\Omega$을 개방(open)하고 v_+, v_- 및 V_{out} 파형을 그리시오.

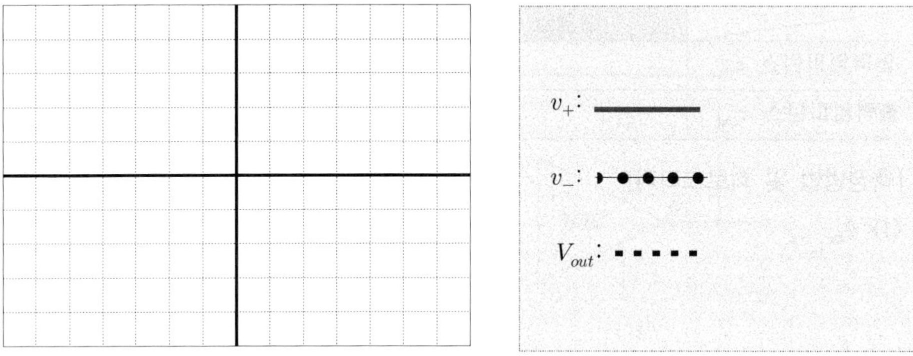

〈2〉 위와 같이 귀환저항을 개방하면 두 지점사이의 전압차는 (　　　　)이다.
그 이유는 무엇인가?

〈3〉 귀환저항이 개방된 경우에 연산증폭기는 (증폭기, 비교기)로 동작한다.

5〉 귀환저항 $R_2 = 27k\Omega$로 하여 연결하면

〈1〉 입력V_{in} 및 출력파형V_{out}은?

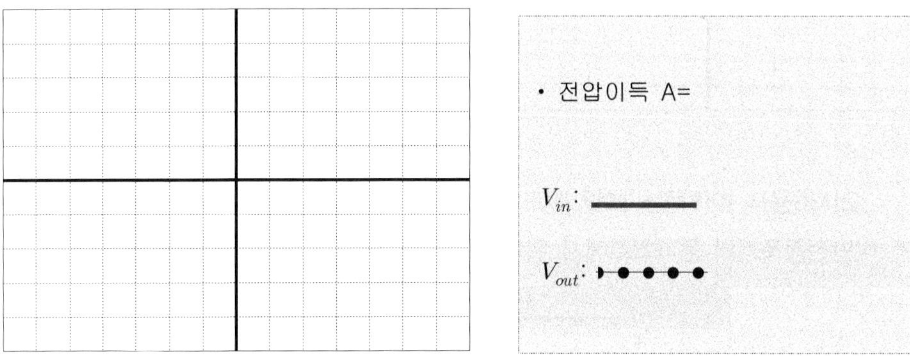

〈2〉 위 회로에서 부귀환이 성립되지만 출력파형이 잘린다. 그 이유는 무엇인가?

4〉 가상단락(virtual short) 개념을 익히기

〈1〉 위의 회로에서 비반전(non-inverting)단자 v_+ 및 반전(inverting)단자 v_-의 전압을 구하시오.

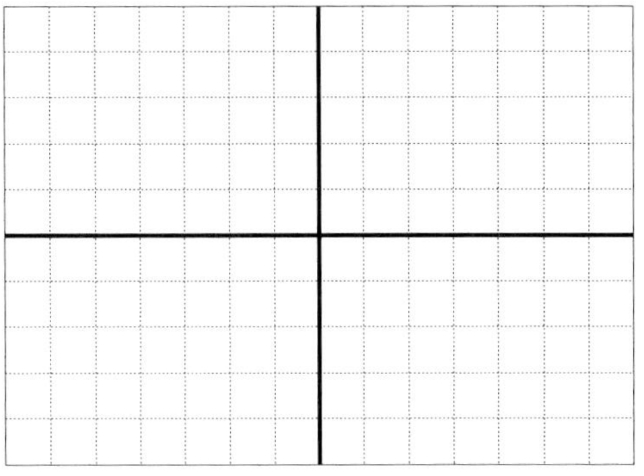

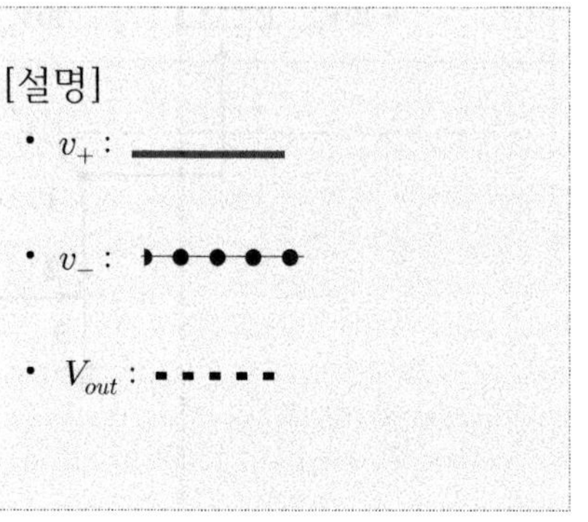

〈2〉 두 단자전압 값들로부터 두 지점사이의 전압차는 (   )이다.
이와 같이 가상단락이 성립하는 이유는?

5〉 부귀환(negative feedback)의 의미를 익히기 위해 다음을 측정하자.

〈1〉 귀환경로 개방(open)하고 v_+, v_- 및 V_{out} 파형을 그리시오.

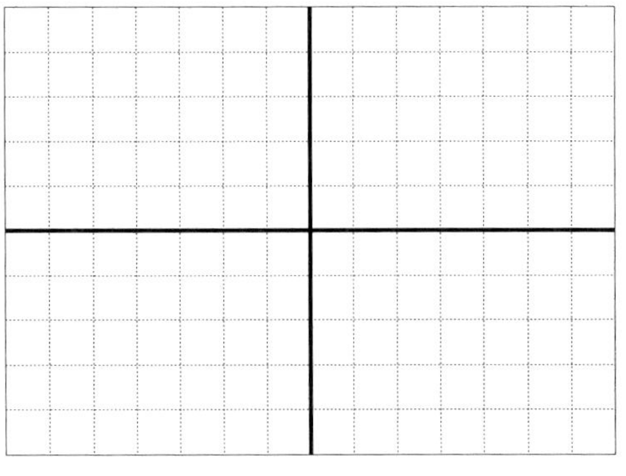

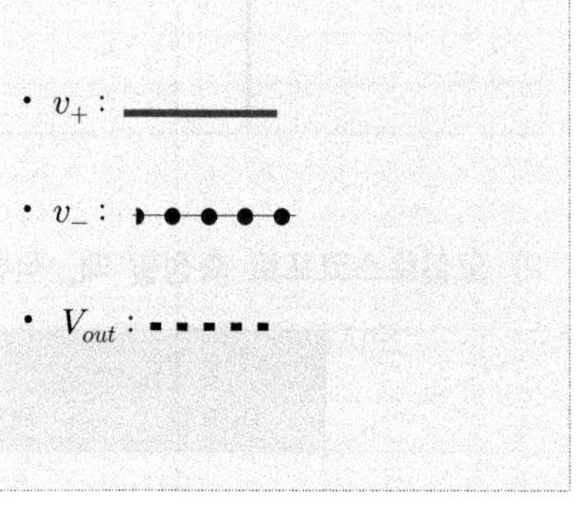

〈2〉 두 단자전압 값으로부터 두 지점사이의 전압차는 (   )이다.
이와 같이 가상단락이 성립하지 않는 이유는?

〈3〉 개방된 경우에 연산증폭기의 출력전압은 전원전압으로 포화되는가?

6〉 $v_{in}(t) = 50\sin 2000\pi t [mV]$일 때, 입력임피던스와 출력임피던스의 측정하여 구하시오.

	이론치	측정치	오차(%)
입력임피던스 z_{in}			
출력임피던스 z_{out}			

3. 기본적인 연산증폭기로서 반전증폭기, 비반전증폭기 및 전압 팔로워에 대해 요약하자.

1〉 다음 표를 완성하시오.

	회로도	전압이득(A)	부귀환여부
반전 증폭기			
비반전 증폭기			
전압 팔로워			

2〉 각 경우 부귀환이 없는 그림을 그리시오. 이 경우 출력파형 V_{out}은 어떻게 되는가?

〈1〉 반전 연산증폭기:

〈2〉 비반전 연산증폭기:

〈3〉 전압 팔로워:

[토의 및 심화학습]

1. 비반전 연산증폭기 회로를 그려서 가상단락(virtual short)을 설명하시오.

1〉 회로도

2〉 가상단락

2. 다음 회로에서 스위치 SW의 ON/OFF에 따라 각각의 경우 전압이득 A를 구하시오.

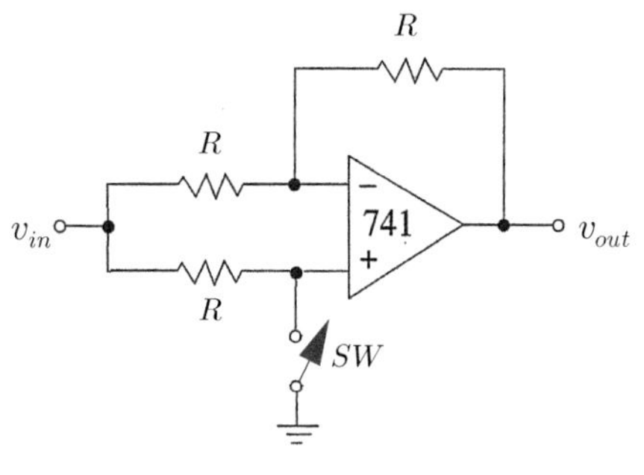

1〉 $SW \rightarrow on$: 답: $v_{out}/v_{in} = -1$

2〉 $SW \rightarrow off$: 답: $v_{out}/v_{in} = 1$

3. 다음 회로에서 두 전류값(i_1, i_2)을 구하고 부하 R_L에 흐르는 전류 i를 구하시오.

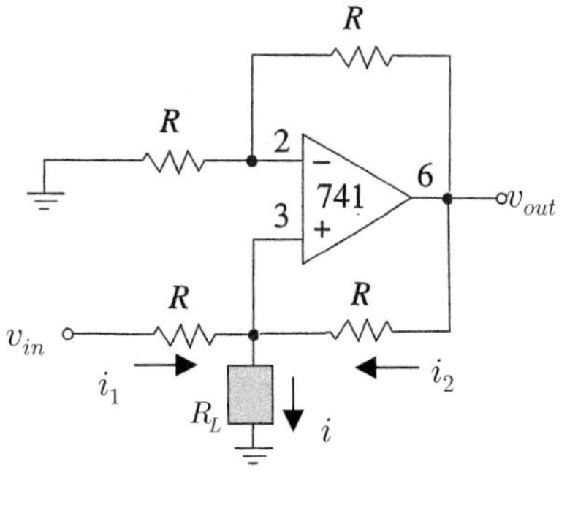

1〉 반전단자 v_-의 전압은?

2〉 비반전단자 v_+의 전압은?

3〉 전류 $i_1 =$

4〉 전류 $i_2 =$

5〉 전류 $i =$ 답: $i = v_{in}/R$

4. 다음 비반전 증폭회로에서 각 경우에 대한 출력파형에 대해 물음에 답하시오.

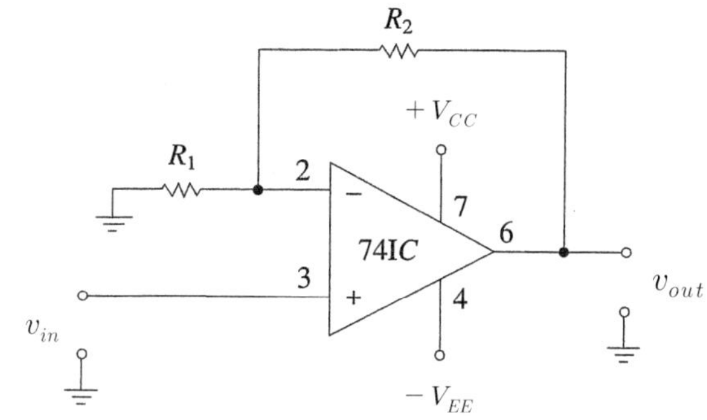

- $v_{in}(t) = 0.5\sin\omega t$
- $R_1 = 1k\Omega,\ R_2 = 10k\Omega$
- $V_{CC} = +12V$
  $-V_{EE} = -12V$
  $A = ?$

1> 회로결선에서 R_1이 개방되면 출력결과는 무엇인가?

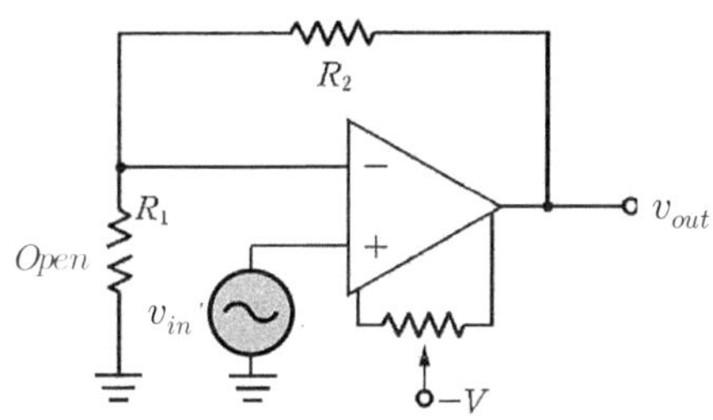

2> 회로결선에서 R_2가 개방되면 출력결과는 무엇인가?

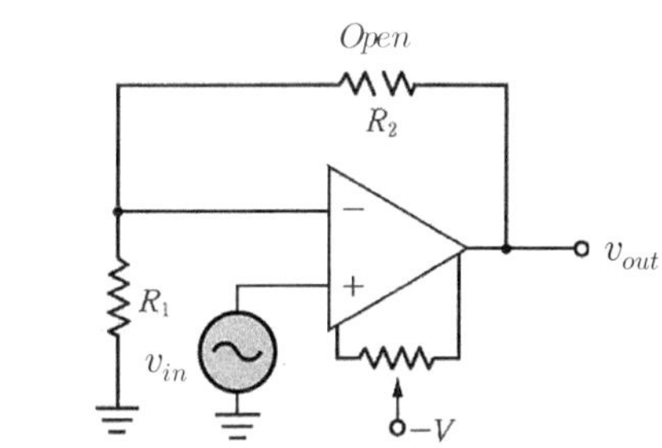

3> 회로결선에서 입력 옵셋전압이 있다면 출력파형은 어떻게 되며 그 해결책은?

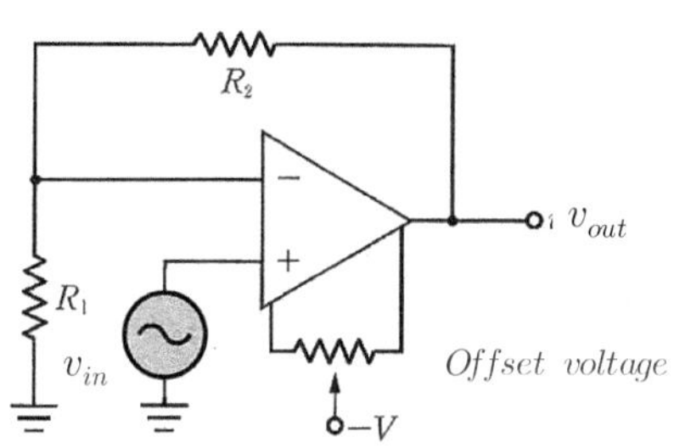

5. 제3장에서 Zener 다이오드에서 부하 R_L을 연결할 때, 특히 R_L이 아주 작으면 출력은 Zener 전압(V_Z)이 출력되지 않는다. 다음 회로에서 출력이 $V_L = V_Z$가 되도록 연산증폭기를 추가하여 위 문제를 해결하시오.

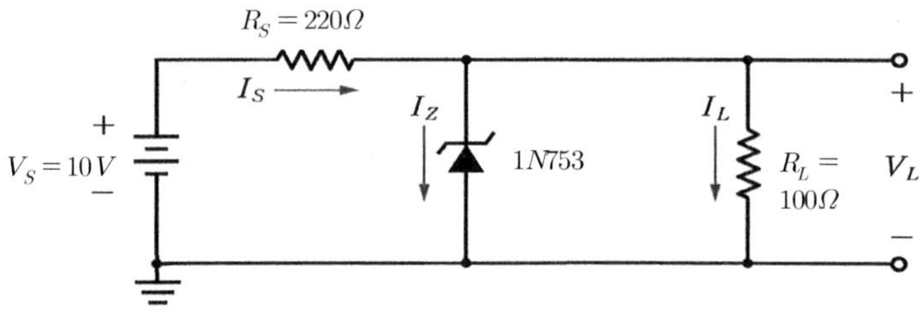

6. 다음은 어떤 전자전류계이며 미터기의 범위를 선택스위치(selector switch)로 변경할 수 있게 한다. $R_C = 1k\Omega$을 선택한 경우, 전류 $I = 1mA$에 출력전압이 $10V$ 로 된다고 한다.

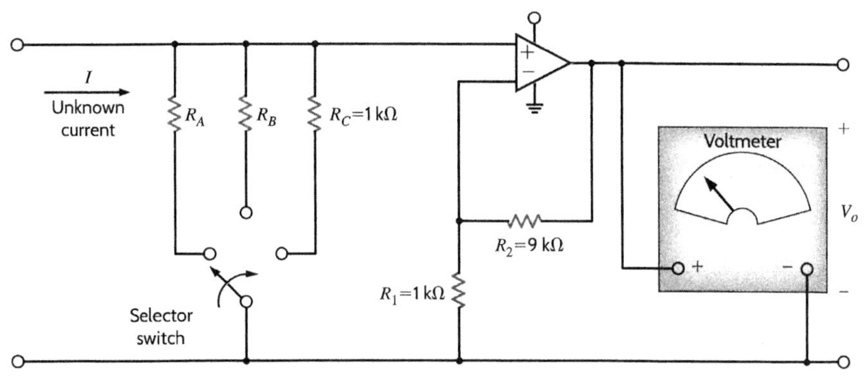

1) 연산증폭기의 전압이득(A)은?

2) $I = 10mA$일 경우에 선택스위치가 출력 $10V$를 가지는 R_B값은?

3) $I = 100mA$일 경우에 선택스위치가 출력 $10V$를 가지는 R_A값은?

실험13장

차동 연산증폭기 및 CMRR

1. 공통신호와 차동신호
2. 공통신호제거비(CMRR)

Experiment 13

차동 연산증폭기 및 CMRR

Differential Op. Amp and CMRR

실험목적

차동 연산증폭기를 활용하여 공통신호와 차동신호의 개념을 익히고, 여러 연산증폭기들의 성능을 평가할 수 있는 요소인 공통신호제거비(CMRR)를 학습한다.

기초이론

1. 공통신호와 차동신호

연산증폭기는 일반적으로 반전단자 또는 비반전단자의 어느 한 쪽을 접지시킨 비대칭회로로 많이 사용되고 있다. 입력신호는 접지에 대한 전압이 되므로 이론상으로 공통입력전압에 대한 출력전압은 존재하지 않는다. 그러나 전자기적 잡음 등의 신호는 두 압력단자에 공통으로 가해지므로 해석할 가치가 충분히 있다. 즉, 트랜지스터 입력베이스에 접속된 배선은 작은 안테나처럼 동작하는데 만일 이러한 전자기적(electromagnetic)인 간섭(잡음)이 있는 환경에서 증폭기가 동작한다면 각 베이스는 작은 안테나처럼 동작하여 불필요한 신호전압과 섞여 왜곡된 신호를 만들 수 있기 때문이다.

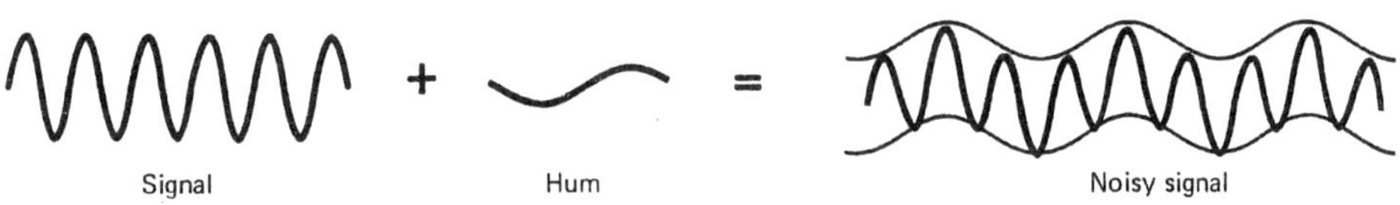

[그림 13-1] 잡음신호(공통신호) 및 차동신호와 공통신호가 중첩의 경우

차동 연산증폭기는 필요한 차동신호와 불필요한 공통신호를 식별하는 능력을 가진다고 할 수 있다. 이러한 사실은 필요한 신호와 불필요한 신호를 모두 증폭시키는 일반적인 증폭기와 달리 뚜렷한 이점을 가진다. 통상 연산증폭기에서 필요한 신호는 차동신호 $v_{in(DM)}$ 이고 불필요한 신호인 공통신호 $v_{in(CM)}$은 전자기적으로 베이스 단자에 입력으로 작용하여 차동증폭기의 전체적인 입력신호는 다음과 같이 표현할 수 있다.

$$v_{in(total)} = v_{in(DM)} + v_{in(CM)} \tag{13-1}$$

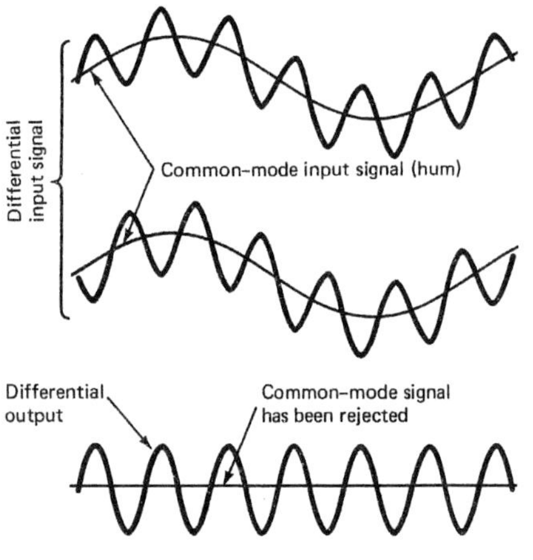

[그림 13-2] 차동연산증폭기에서 잡음신호(공통신호)는 제거된다.

이 입력신호의 각 요소는 차동증폭기에 의해 서로 다르게 처리되어 출력되는 교류전압은 공통신호와 차동신호를 구분하여 다음과 같이 나타낼 수 있다.

$$v_{out(total)} = A_d v_{in(DM)} + A_c v_{in(CM)} \tag{13-2}$$

여기서 차동전압이득은 A_d로 표시하고 공통전압이득은 A_c이다.

2. 공통신호제거비(CMRR)

각종 연산증폭회로의 성능을 평가할 수 있는 공통신호 제거비($CMRR$: common mode rejection ratio)라는 항목이 있다. 차동전압이득(A_d)과 동상전압이득(A_c)의 비($= A_d / A_c$)를 나타내며 이 값이 크면 클수록 양호한 연산증폭기이다.

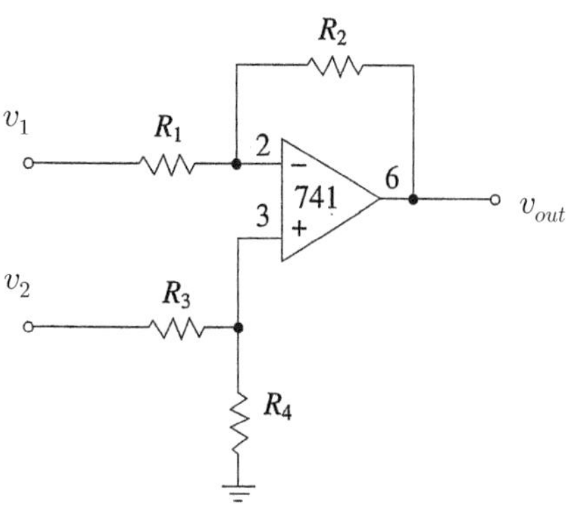

[그림 13-3] CMRR을 측정하기 위한 차동 연산증폭회로

1〉 회로해석

그림 13-4와 같이 전압이득(A_d)을 구하기 위해 중첩정리를 적용하자. 먼저 그림 (a)에서 두 입력들이 v_1와 $v_2=0$이므로 우리가 학습한 반전증폭기와 같다.

$$v_{o1}=-\frac{R_2}{R_1}v_1 \tag{13-3}$$

그림 (b)는 두 입력들이 $v_1=0$와 v_2이므로 학습한 비반전증폭기이다. 회로의 비반전단자의 입력전압은 다음과 같다.

$$v_+=v_2\times\frac{R_4}{R_3+R_4} \tag{13-4}$$

$$v_{o2}=(1+\frac{R_2}{R_1})v_+=(1+\frac{R_2}{R_1})(\frac{R_4}{R_4+R_3})v_2 \tag{13-5}$$

두 입력들이 v_1과 v_+이므로 각 전원에 대해 중첩정리를 적용한 출력전압은 다음과 같다.

$$v_{out}=v_{o1}+v_{o2}=-\frac{R_2}{R_1}v_1+(1+\frac{R_2}{R_1})(\frac{R_4}{R_4+R_3})v_2 \tag{13-6}$$

$$v_{out}=-\frac{R_2}{R_1}v_1+\frac{R_4(1+\frac{R_2}{R_1})}{R_3(1+\frac{R_4}{R_3})}v_2 \tag{13-7}$$

만약 $R_2/R_1=R_4/R_3$ 이면 다음 식으로 나타낼 수 있다.

$$\therefore v_{out}=\frac{R_2}{R_1}(v_2-v_1)=\frac{R_2}{R_1}v_{in} \tag{13-8}$$

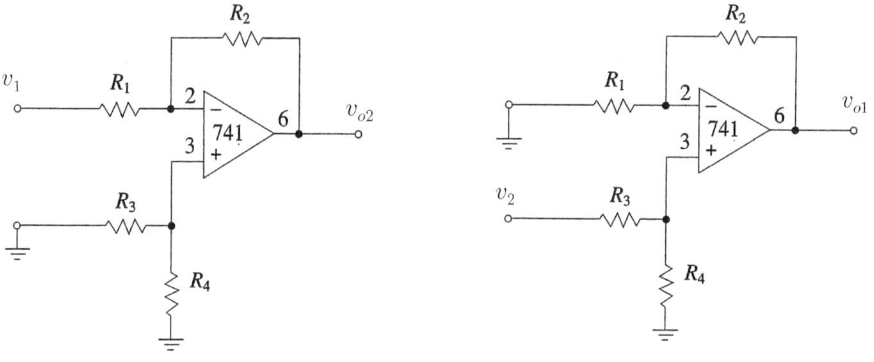

(a) 반전증폭기 (b) 비반전증폭기

[그림 13-4] 중첩정리를 적용하기 위한 회로분석

식 (13-8)로부터 차동신호로서 두 입력들 v_1과 v_2의 위상차가 180° 이면 즉 $v_1 = -v_2$이면 이들 두 입력의 차인 $v_{in(DM)} = 2v_2$가 R_2/R_1배 되어 출력전압이 된다.

$$A_d = \frac{v_{out}}{v_{in(DM)}} = \frac{R_2}{R_1} \qquad (13-9)$$

반면에 공통 전압이득(A_c: common voltage gain)은 두 트랜지스터의 특성이 동일하다고 가정하면 출력 옵셋전압은 없다. 각 베이스에는 동일한 입력전압 $v_{in(CM)}$이 공급됨에 유의하고 이 전압을 공통신호라 부른다. 이상적으로는 베이스간의 전압이 0이 되기 때문에 공통입력신호에 대한 교류출력전압은 존재하지 않는다.

차동증폭기가 널리 사용되는 이유 중의 하나가 공통신호를 식별하여 증폭시키지 않으므로 출력에는 불필요한 간섭이 나타나지 않는다. 이는 공통전압이득이 매우 작다는 것을 의미한다. 위 식에서 공통신호이득은 다음과 같다.

$$A_c = \frac{v_{out}}{v_{in(CM)}} = 0 \qquad (13-10)$$

그러나 일반적으로 공통입력신호분에 의한 출력신호를 완전히 없애는 것은 불가능하다. 네 개의 저항들 R_1, R_2, R_3 및 R_4의 각 값이 표시상으로 1$k\Omega$이지만 1%의 오차만 가지더라도 1$k\Omega \pm 1\%$와 같이 R_1이 1,010Ω이 될 수도 있고 반면 R_1'은 990Ω이 될 수도 있다. 저항들의 부정합으로 인해 동상출력전압이 발생할 수 있다. 연산 증폭기에서는 $CMRR$이라는 용어를 사용하여 이 값이 크면 클수록 우수한 것이다. 부품 데이터에서는 데시벨(dB)로 표시되고 있다. 즉, $CMRR_{dB} = 20\log CMRR = 20\log(A_d/A_c)[dB]$이다.

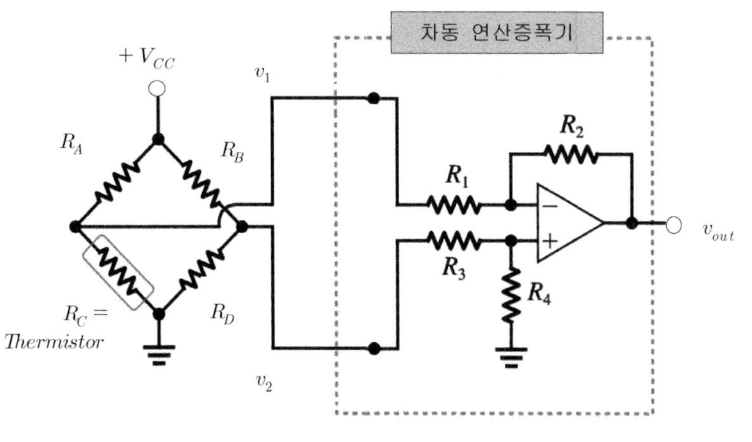

[그림 13-5] Wheatstone bridge를 활용한 온도센서의 구현

그림 13-5는 Wheatstone bridge를 활용한 온도센서를 구현한 것이다. 네 개의 저항들 R_A, R_B, R_C 및 R_D가 같으면 즉 평형을 이루면 전압 $v_1 = V_{CC}/2$이고 $v_2 = V_{CC}/2$이다. 따라서 차동연산증폭기의 출력은 $v_{out} = 0$이다.

만약 어떤 지점에 화재와 같은 온도변화로 Thermistor가 온도변화로 저항이 변화하면 v_1에 변화가 발생한다. 그 결과 차동 연산증폭기 출력단에 그 변화가 증폭되어 감지된다.

2) 입력임피던스와 전압이득의 타협조건

이와 같이 차동 연산증폭기는 동상신호와 차동신호는 잘 처리하지만 입력 임피던스가 작다는 단점이 있다. 이 회로에서 입력 임피던스는 $R_{in} = 1k\Omega$이다. 따라서 차동 전압이득과 차동 입력저항과의 관계는 적절한 타협(trade-off)이 필요하다.

- 입력 임피던스(R_{in}): $R_{in} \propto R_1$
- 차동 전압이득(A_d): $A_d = R_2/R_1$

이득을 증가시키기 위해서는 R_1이 작을수록 좋지만 그에 비례하여 차동 입력저항이 작아진다. 두 값들을 동시에 크게 하기 위해서 R_1과 R_2를 동시에 증가시켜야 하지만 R_2가 너무 크면 회로 동작에 영향을 미친다.

이와 같은 입력 임피던스 문제를 해결하기 위해 계측증폭기(instrument amplifier)를 도입하며 이 증폭기는 차후 학습한다.

[실험장비 및 부품]

사용장비	품 목	정 격	소요량
DC power supply Oscilloscope Function generator Breadboard	Op. amp. Resistor Potentiometer Thermistor	$\mu A741(LM741)$, $LM318$ $1k\Omega$ $33k\Omega$, $68k\Omega$, $100k\Omega$ $1k\Omega$ $1k\Omega$(at 25℃)	각 1개 4개 각 1개 1개 1개

[PSPICE 시뮬레이션]

1. 차동 연산증폭기

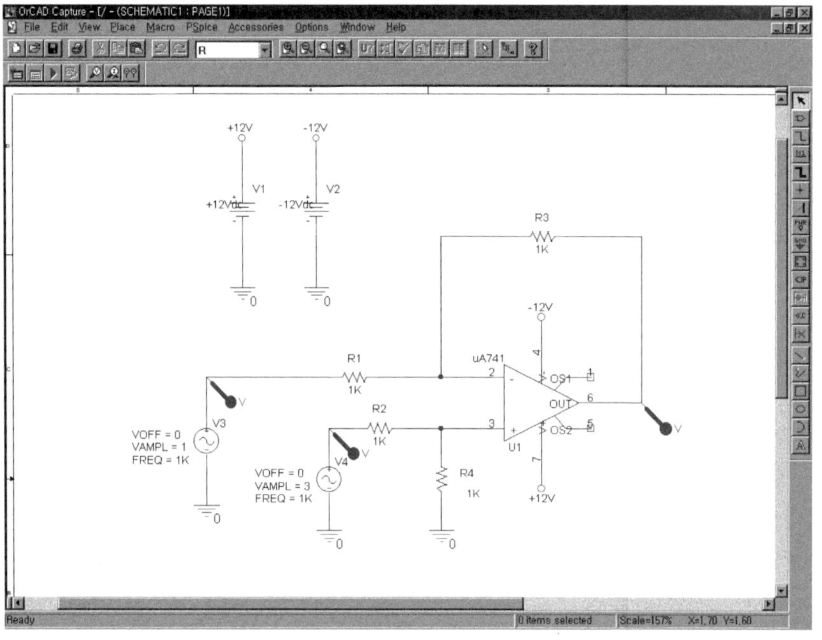

2. 차동신호 및 출력

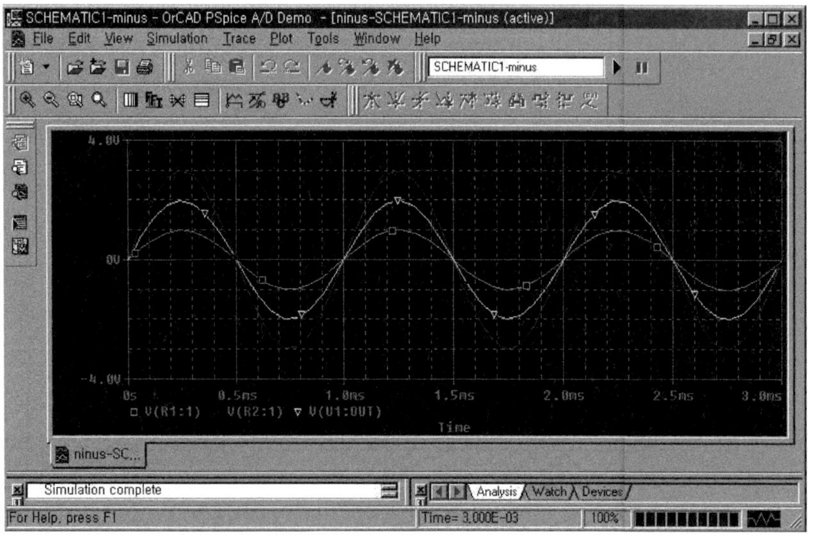

3. 공통신호 및 출력

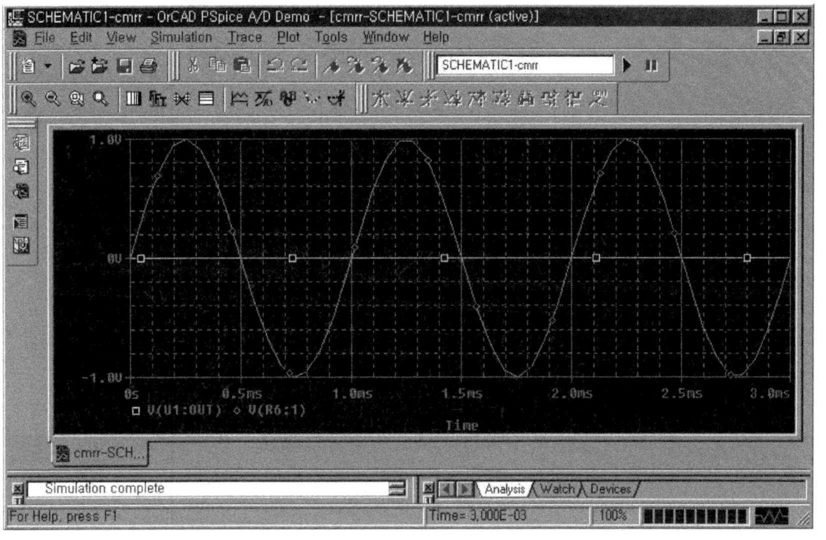

4. 입력임피던스

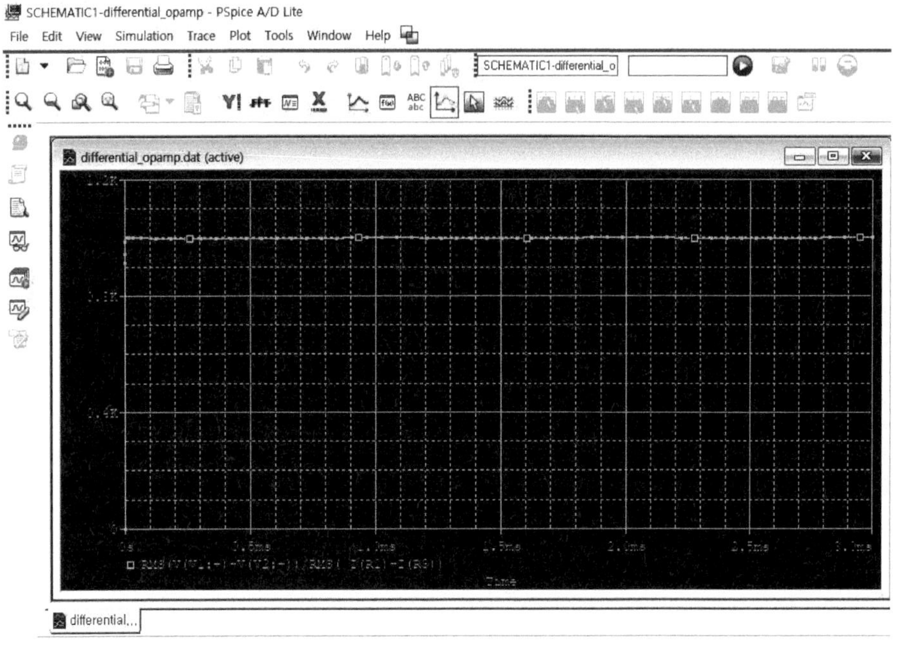

[예비보고서]

1. 연산증폭기의 특성들을 비교하는 요소들 중에 공통신호 제거비($CMRR$)라는 요소가 있다. 다음 회로에 대해 물음에 답하시오.

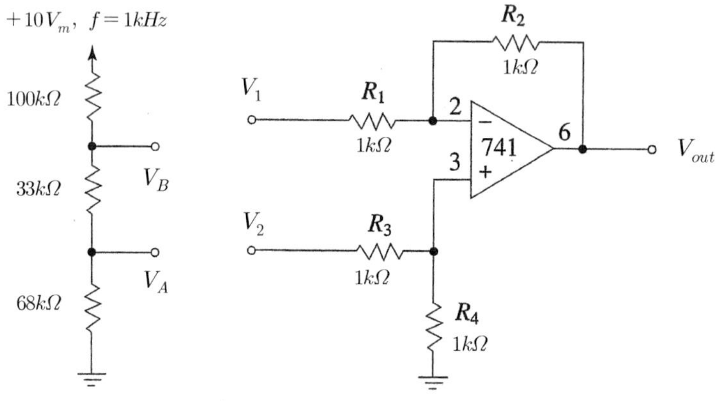

1〉 $V_B \rightarrow V_1$, $V_A \rightarrow V_2$로 연결될 때, 출력전압(V_{out})을 구하시오.

2〉 V_B가 $V_1 = V_2$에 공통으로 연결될 때, 출력전압(V_{out})을 구하시오.

3〉 위의 결과로부터 공통신호제거비($CMRR$)을 구하시오.

4〉 차동이득 A_d를 구하시오.

2. 다음은 Wheatstone bridge를 이용한 변환기를 이용하여 온도 또는 압력을 측정하는 장치이다. 만약 온도를 측정하려면 트랜스듀서가 서미스터로서 사용된다면 저항값은 $R_3 - \Delta R$ 으로 나타낼 수 있다. 여기서 ΔR은 적다고 한다.

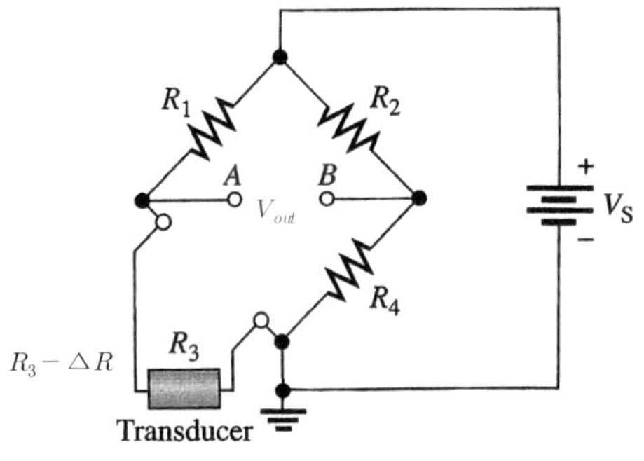

1〉 $R_1 = R_2 = R_3 = R_4$에서 각 저항을 모두 R로 같다면 V_A과 V_B 전압을 구하시오.

2〉 만약 서미스터가 개방(open)되면 출력전압은 얼마인가?

3〉 만약 서미스터가 단락(short)되면 출력전압은 얼마인가?

4〉 온도가 변하여 저항 $R_3 - \Delta R$이 된다면 출력전압을 다음과 같음을 증명하시오.

$$V_{out} = V_A - V_B \simeq - V_S(\frac{\Delta R}{4R})$$

2〉 위의 회로에서 비반전(non-inverting)단자 및 반전(inverting)단자의 전압을 구하시오. 부귀환(negative feedback)이 성립하는가?

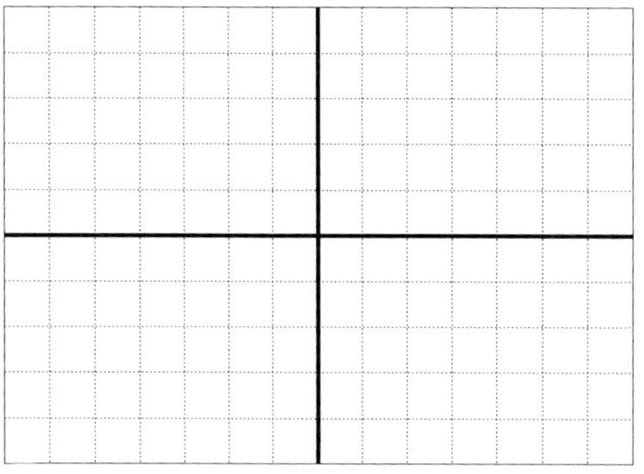

[설명]

- $v_+ =$
- $v_- =$

3〉 직류전압 V_2이 $V_A = V_B$에 같이 인가될 때, 즉 두 단자들에 동상신호가 될 때 입력(V_{in}) 및 출력(V_{out})파형을 각각 그리시오.

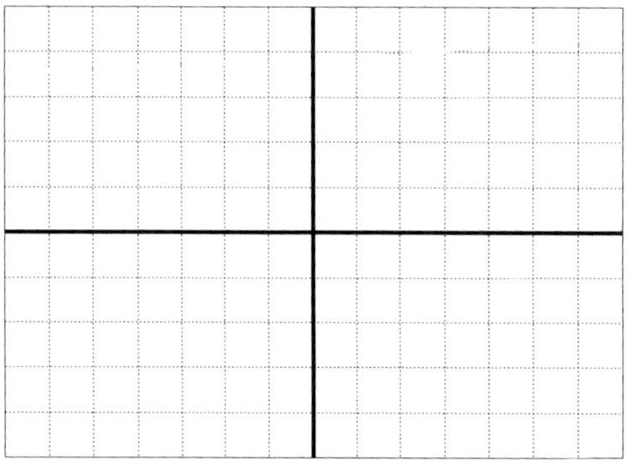

[설명]

- $V_2 = V_A = V_B$:
- $V_{out} =$

  $A_c =$

4〉 연산증폭기는 여러 증폭단들로 구성되어 있으며 첫 번째 단으로 차동증폭기(differential amplifier)를 사용한다. 즉 입력신호들의 차를 증폭하는 것이다.
위 실험에서 과정 1〉은 차동신호이며, 과정 3〉은 공통신호이다. 이로부터 공통신호제거비($CMRR$: common mode rejection ratio)를 구하시오. 이 값은 연산증폭기의 성능을 평가하는 한 방법으로 사용된다.

	$V_2 - V_1$	$V_1 = V_2$	전압이득(A)		$CMRR = A_d / A_c$
			A_d	A_c	
차동신호		╳		╳	
동상신호	╳		╳		

2. 다음은 차동 연산증폭기의 입력 임피던스 z_{in}를 측정하고자 한다.

1〉 측정방법을 그림으로 설명하시오

2〉 측정값을 구하시오.

3. 연산증폭기 LM318에 대해 답하시오.

1〉 다음 표를 완성하시오.

	$V_B - V_A$	$V_A = V_B$	전압이득(A)		$CMRR = A_d / A_c$
			A_d	A_c	
차동신호					
동상신호					

2〉 위의 자료를 활용하여 $LM741$과 비교하시오.

	$LM741$		$LM318$	
	A_c	A_d	A_c	A_d
전압이득(A)				
$CMRR$				

3〉 어느 연산증폭기가 더 성능이 좋다고 할 수 있나?

4. 다음 회로를 구성하시오. 차동연산증폭기의 각 저항들은 $1k\Omega$이다.

평상시엔 Thermistor 저항이 $1k\Omega$이다. 그러나 온도가 변화하면 저항변화가 발생한다.

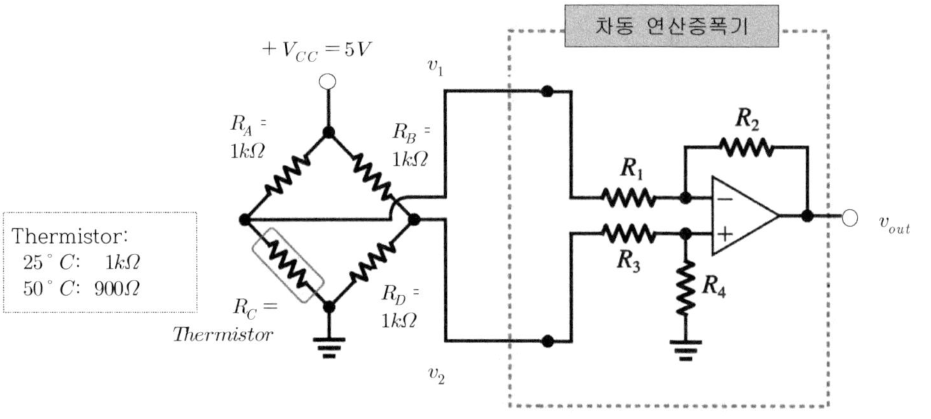

1〉 Wheatstone bridge 회로에 대해

〈1〉 다음 표를 완성하시오.

	$T=25℃$			$T=50℃$		
	R_C	v_1	v_2	R_C	v_1	v_2
이론치						
측정치						
오차(%)						

〈2〉 〈1〉의 자료로부터 Thermistor는 온도가 상승하면 저항값은 (증가, 감소)한다.

〈3〉 Thermistor가 문제가 있다면 가변저항을 사용하여 Wheatstone 브릿지 회로의 출력 전압을 구하시오.

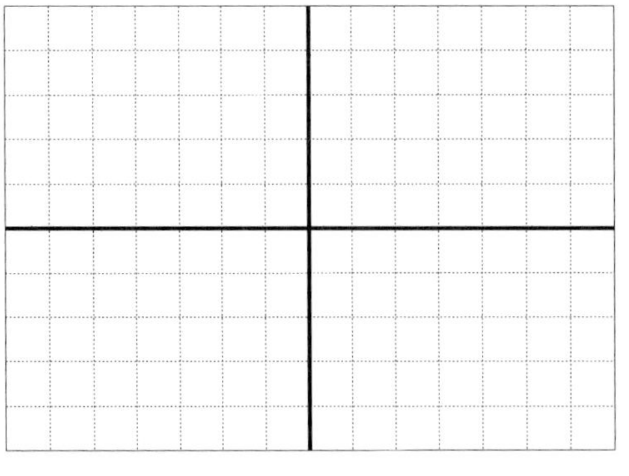

———	: v_1
volt/div:	( )
••••••	: v_2
volt/div:	( )

2〉 차동 연산증폭기에 대해

〈1〉 다음 표를 완성하시오.

	$v+$	$v-$	v_{out}	기타
이론치				
측정치				
오차(%)				

〈2〉 각 온도에서 차동 연산증폭기의 출력전압 v_{out}은?

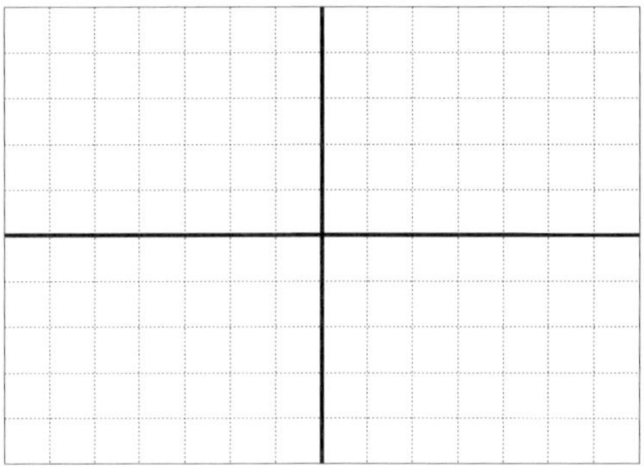

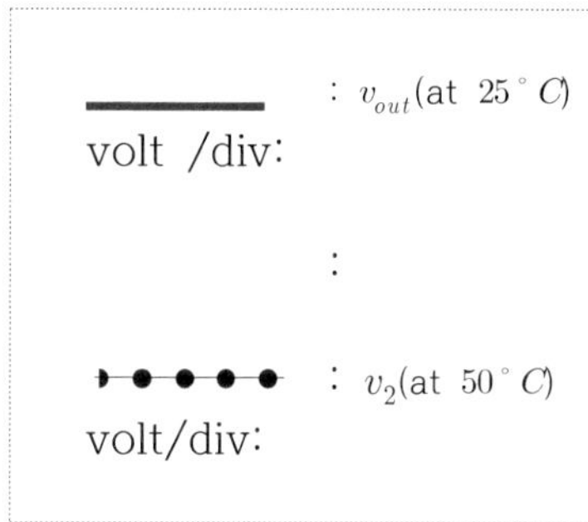

〈3〉 차동 연산증폭기에 대해 다음과 같이 다이어그램을 그릴 때, 전압이득을 나타내는 값을 빈 칸을 채우시오.

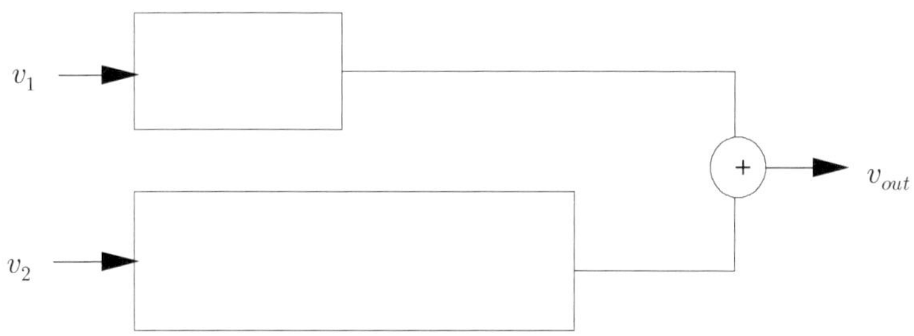

[토의 및 심화학습]

1. 차동 연산증폭기에 대해 답하시오.

1〉 회로를 그리시오.

2〉 차동이득(A_d)과 동상이득(A_c)이란 무엇인가?

3〉 식 (13-5)를 유도하시오.

4〉 공통신호제거비(CMRR)란 무엇이며 왜 이 값이 크면 좋은가를 설명하시오.

2. 고도에는 기압고도, 진고도, 절대고도가 있다. 고도센서는 금속박막으로 분리된 한 쌍의 커패시터를 이용한다. 아래쪽 용기는 밀폐되어 있다. 고도가 높아짐에 따라 압력이 변화되며 위로 올라갈수록 압력은 작아지게 되어 박막은 위로 구부러진다. 이 결과로 두 커패시턴스 값은 변하게 된다. 고도센서는 커패시턴스 변화에 비례하는 전압을 측정하면 된다. 고도에 따른 센서 출력전압의 관계는 $v_{sig}=3+0.2h$ 이다.

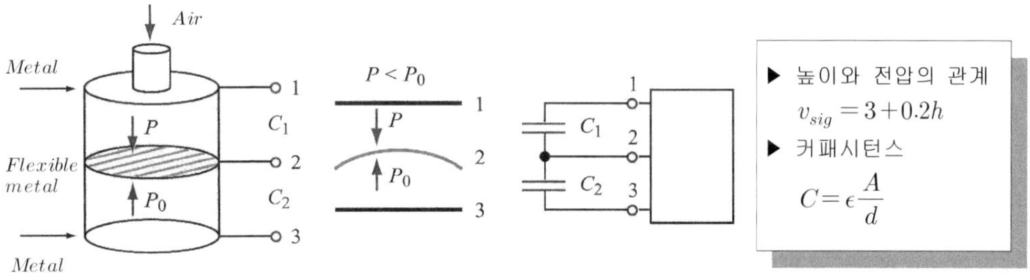

1〉 고도 h가 최종 증폭기의 출력전압이 되도록 관계식을 변형하시오. 답: $h=5(v_{sig}-3)$

2〉 고도가 증가하면 커패시터 C_2는 (증가, 감소)한다. 따라서 C_2의 양단전압은 V_{C2}는 (증가, 감소)한다.

3〉 그림 13-5를 참고하여 위의 시스템을 구현하는 차동 연산증폭기를 설계하시오. 한 입력은 고정전압으로 하고 다른 한 전압은 센서의 출력전압(C_2의 양단전압)으로 하시오.

실험14장
슬루레이트(SR) 및 주파수특성

1. 슬루 레이트(slew rate)
2. 부귀환(negative feedback)

Experiment 14

슬루레이트(SR) 및 주파수특성

Slew Rate and Frequency Characteristic

실험목적

연산증폭기의 특성 중에서 성능을 결정하는 슬루레이트를 학습하고 앞장에서 배운 세 가지 증폭기들에 대해 전압이득(A)과 주파수대역(bandwidth)의 관계를 익힌다.

기초이론

1. 슬루 레이트(slew rate)

연산증폭기 입력단자에 계단파전압 및 정현파전압을 인가한 경우에 출력파형에 미치는 영향을 고찰한다. 연산 증폭기의 입력으로 큰 계단(step)전압을 가하면 출력전압은 입력과 같이 스텝으로 변하지 못하고 유한한 기울기를 가지고 직선적으로 변하다가 포화된다.

슬루레이트(S_R)란 피드백이 있는 증폭기에서 입력신호로 큰 계단파형 전압을 가할 때, 출력전압의 상승속도 또는 하강속도($=\Delta V/\Delta t$)를 나타낸다. 이 값이 크면 클수록 동작속도가 빠른 양호한 증폭기이다. 단위는 $V/\mu s$이다. 충전곡선의 초기기울기를 말한다.

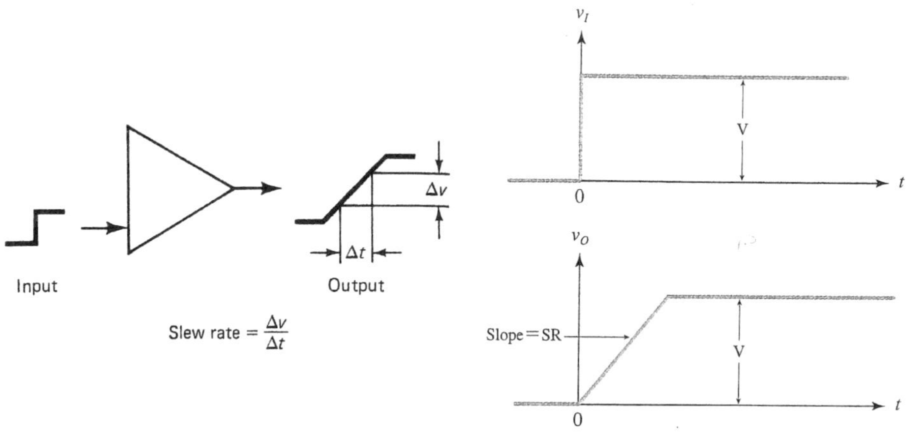

[그림 14-1] 계단입력에 따른 출력 변화율

슬루레이트 또는 초기기울기는 연산 증폭기가 가질 수 있는 가장 빠른 응답이다. 커패시터의 충전전류는 다음과 같이 주어진다.

$$i_C = C\frac{\Delta v}{\Delta t} \qquad (14-1)$$

이 식을 다시 정리하면

$$\frac{\Delta v}{\Delta t} = \frac{i_C}{C} \tag{14-2}$$

가 된다. 이것은 전압의 시간적 변화율이 충전전류를 커패시턴스로 나눈 값과 같음을 의미한다. 입력에 스텝전압을 가하면 출력전압이 입력전압에 즉각 응답하지 않고 일정시간당의 출력전압의 변화가 있다. 즉, 시간당의 전압변화를 슬루레이트라 하며 $S_R = \Delta V/\Delta t$ 로 나타낸다. 즉, 슬루레이트가 크면 '입력신호를 충분히 따라갈 수 있다'는 것을 의미한다.

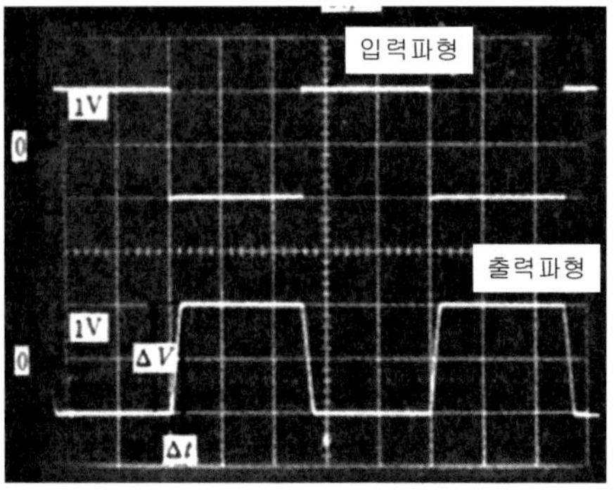

[그림 14-2] 구형파입력에 따른 슬루레이트 측정

1〉 동작주파수와 슬루레이트 관계

정현파신호가 너무 빠르면 출력이 찌그러질 수도 있다. 즉, 741연산 증폭기의 슬루레이트가 입력 정현파 신호를 못 따라갈 정도로 빠르기 때문이다. 이 결과로 출력으로 삼각파가 나온다. 정현파의 초기기울기 S_S가 차동 증폭기의 S_R보다 작으면 찌그러지지 않은 출력신호를 얻을 수 있다. 예로서 정현파가 $1V/\mu s$의 초기기울기를 가지고 연산증폭기의 $S_R = 2V/\mu s$이면 연산증폭기는 충분히 출력응답을 가진다.

계산을 위해 정현파의 초기기울기에서 다음 식을 유도할 수 있다.

$$v_0(t) = V_m \sin\omega t \tag{14-3}$$

$$\frac{dv_0}{dt} = \omega V_m \cos\omega t \tag{14-4}$$

t=0에서 가질 수 있는 초기기울기는 다음과 같다.

$$S_S = \frac{dv_0}{dt}\Big|_{t=0} = 2\pi f V_m (V/\mu s) \tag{14-5}$$

슬루레이트 왜곡을 제거하기 위해서는 $S_S \le S_R$ 을 만족해야 한다. 슬루레이트가 문제될 때, 실제 출력은 이 그림과 같이 삼각파로 찌그러진 모양을 얻게 된다. 입력신호의 주파수(f)가 증가하면 할수록 출력신호의 스윙(swing)은 더욱 작아지고 더욱 삼각형으로 날카로워진다.

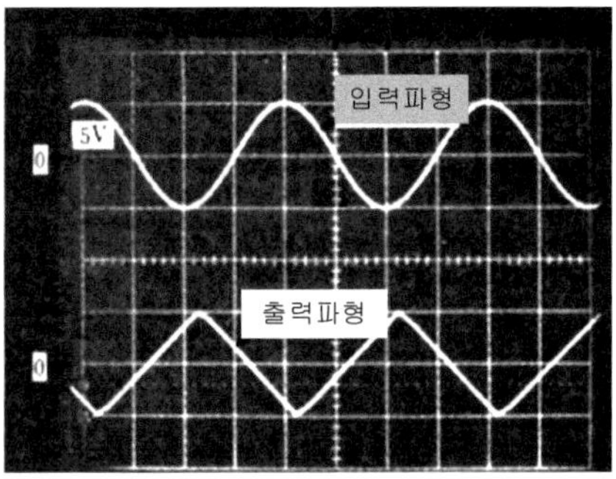

[그림 14-3] 슬루레이트를 초과한 정현파입력에 따른 출력파형

그림 14-4는 슬루레이트의 영향을 두 가지 측면에서 해석할 수 있으며 슬루레이트 출력전압과 슬루레이트를 제한하는 주파수의 특성을 나타낸 것이다.

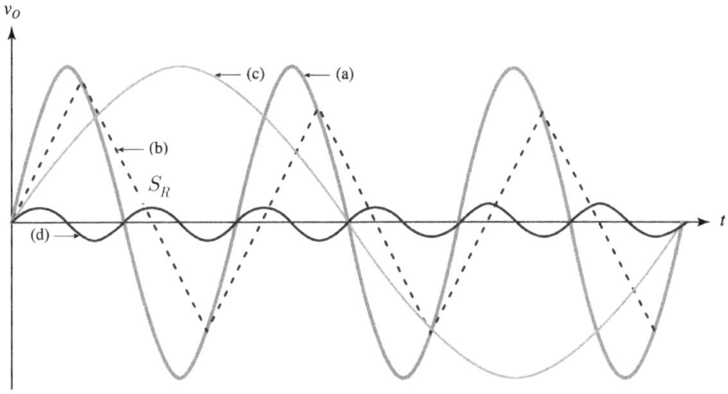

[그림 14-4] 정현파의 진폭과 주파수에 따른 슬루레이트 영향

진폭과 주파수가 모두 큰 정현파인 (a)는 슬루레이트의 영향으로 (b)와 같이 찌그러진 형태로 출력된다. 반면 진폭은 크지만 주파수가 작은 정현파인 (c)와 주파수는 크지만 진폭은 작은 정현파인 (d)는 슬루레이트의 영향을 받지 않아 찌그러지지 않는 상태로 출력된다.

정귀환은 우선 입력신호가 증폭기(amplifier)를 통해 증폭된다. 전압이득 A_o이 어떤 원인으로 증가하면 출력전압이 증가하고 더욱 큰 전압이 귀환된다. 증폭기의 입력은 더욱 커져 최종출력은 귀환이 없을 때보다 훨씬 커지게 된다. 이것이 귀환되어 입력측에 가해지기 전의 신호를 입력신호와 비교하면 같은 위상을 가진다. 즉, 이들 두 신호가 합해지면 더 큰 신호가 되고 증폭기를 다시 통과하면 더욱 큰 신호가 된다. 이런 과정을 반복하면 출력은 어떤 값으로 포화된다.

반면 부귀환은 입력신호가 증폭기(amplifier)를 통해 증폭된다. 전압이득 A_o이 어떤 원인으로 증가하면 출력전압이 증가하고 더욱 큰 전압이 귀환된다. 입력신호와 비교하여 위상차가 180° 인 신호귀환으로 인해 증폭기 입력전압은 감소한. 최종출력은 귀환이 없을 때보다 훨씬 작게 변화하며 전체적으로 출력전압은 거의 느낄 수 없을 정도로 안정하다. 이런 과정을 반복하여도 출력은 결코 포화되지 않고 안정된 상태를 유지한다.

입력신호: V_{in}

출력신호: $V_{out} = A_o V_d$

귀환신호: $V_{fb} = BV_{out}$,　출력 중에서 입력으로 귀환되는 비율: B

차이신호: $V_d = V_{in} - V_{fb}$

이를 전달함수로 나타내면 부귀환으로 인한 폐루프 이득 A는 다음과 같다.

$$A = \frac{V_{out}}{V_{in}} = \frac{A_o}{1 + A_o B}$$

부귀환은 BA_o가 아주 큰 양(+)의 값이므로 폐루프 이득은 개방전압이득보다 작아 안정된 이득을 얻는다. 이 실험을 통해 부귀환의 여러 가지 장점들을 잘 익히길 바란다.

[실험장비 및 부품]

사용장비	품 목	정 격	소요량
DC power supply Oscilloscope Function generator Breadboard	Op. amp. Resistor Potentiometer	$\mu A741$, $LM318$ $1k\Omega$, $10k\Omega$, $27k\Omega$ $1k\Omega$	각 1개 각 1개 1개

[PSPICE 시뮬레이션]

1. 슬루레이트

1〉 반전증폭기

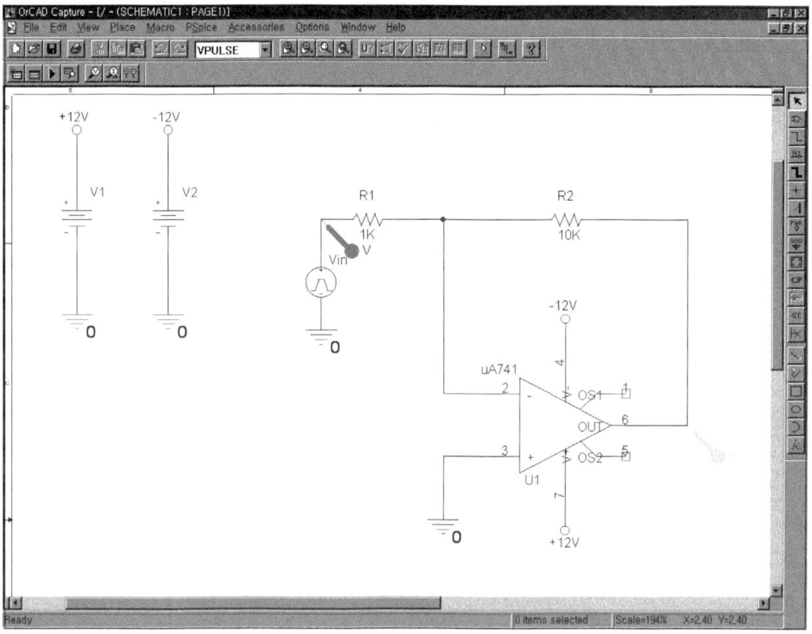

〈1〉 사각파

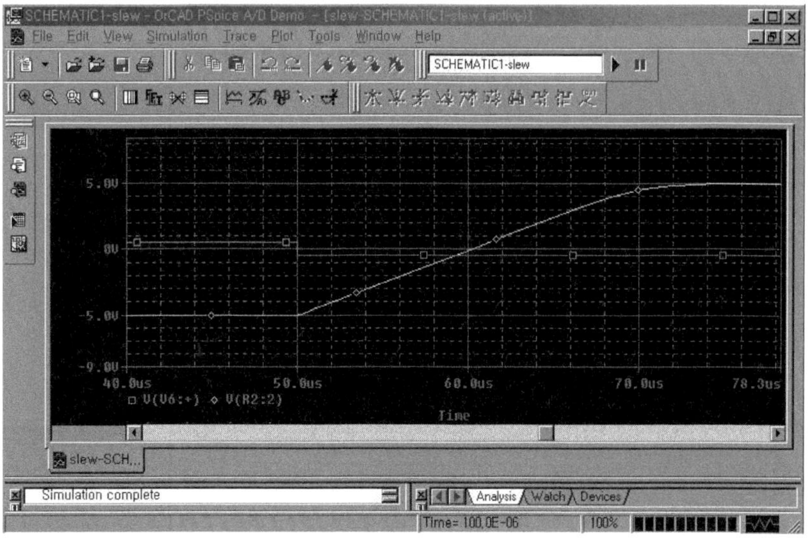

〈2〉 정현파

▶ $f = 1kHz$

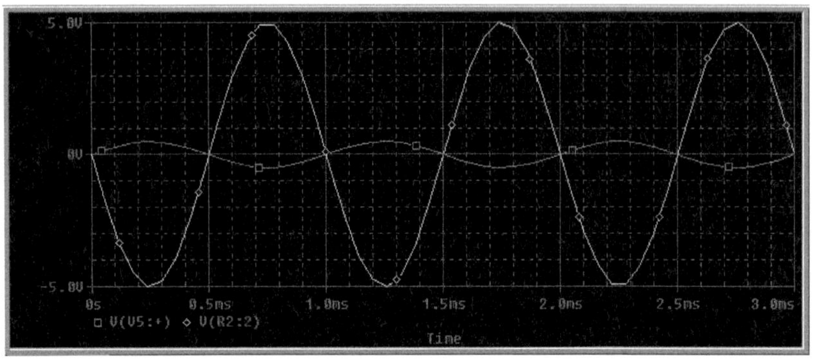

▶ $f = 10kHz$

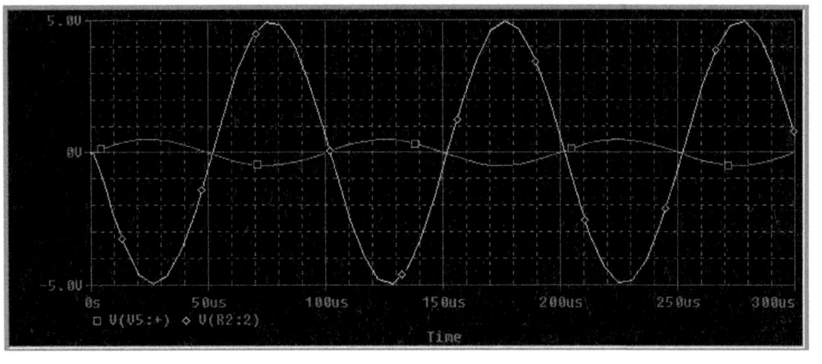

▶ $f = 25kHz$

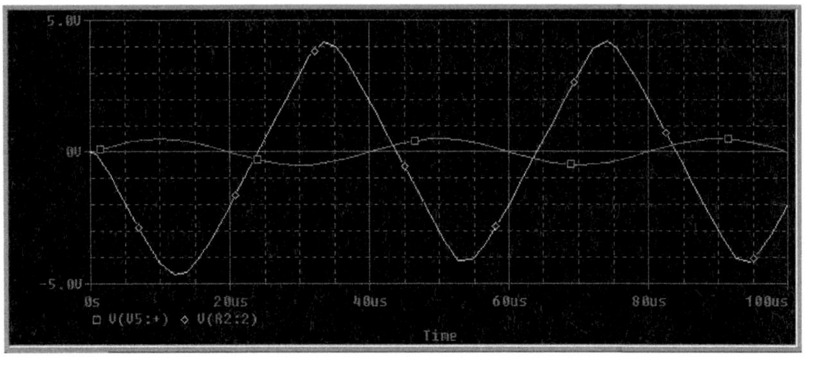

2) 전압 팔로워

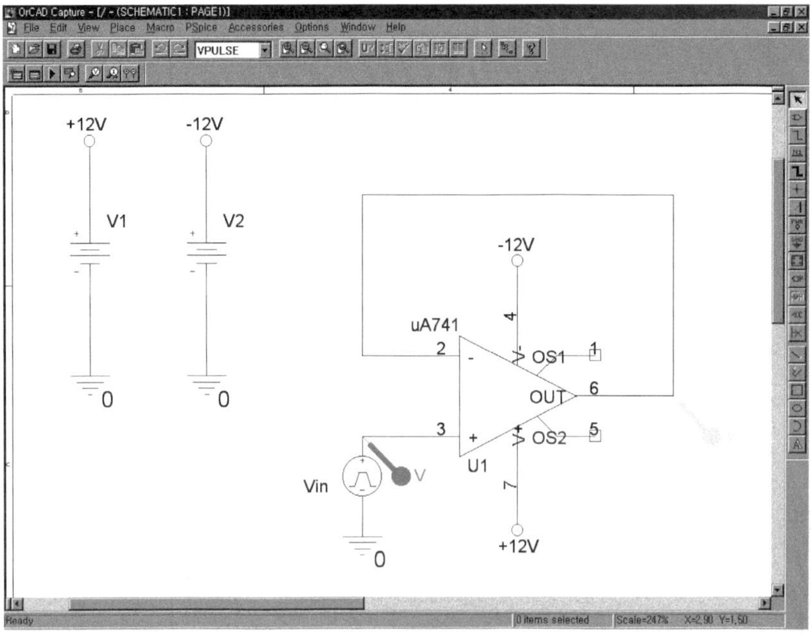
OrCAD Capture - [/ - (SCHEMATIC1 : PAGE1)]
File Edit View Place Macro PSpice Accessories Options Window Help
VPULSE
+12V
-12V
V1
V2
0
0
-12V
uA741
4
2
OS1
1
OUT
6
3
OS2
5
U1
7
Vin
V
0
+12V
Ready
0 items selected
Scale=247%

〈1〉 사각파

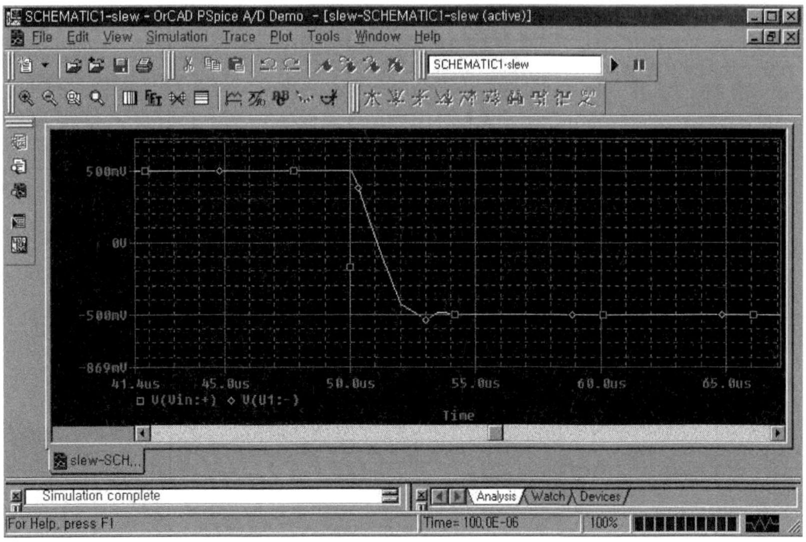
SCHEMATIC1-slew - OrCAD PSpice A/D Demo - [slew-SCHEMATIC1-slew (active)]
File Edit View Simulation Trace Plot Tools Window Help
SCHEMATIC1-slew
500mV
0V
-500mV
-869mV
41.4us
45.0us
50.0us
55.0us
60.0us
65.0us
□ V(Vin:+) ◇ V(U1:-)
Time
slew-SCH...
Simulation complete
Analysis Watch Devices
For Help, press F1
Time= 100.0E-06
100%

〈2〉 정현파

▶ $f = 50kHz$

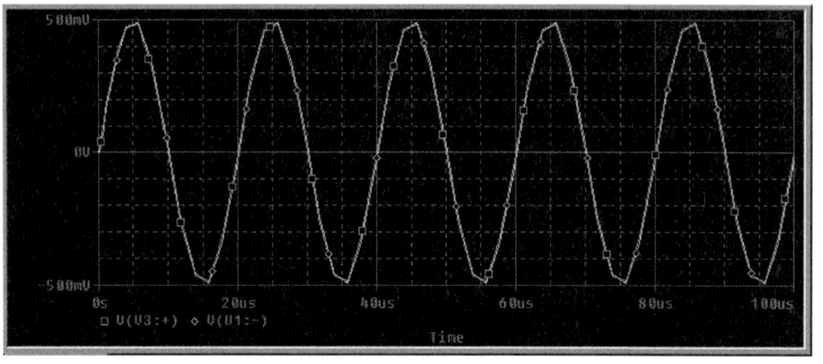

▶ $f = 200kHz$

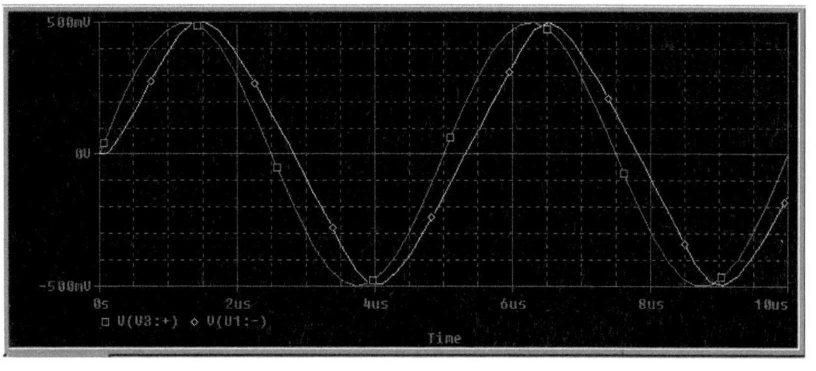

▶ $f = 500kHz$

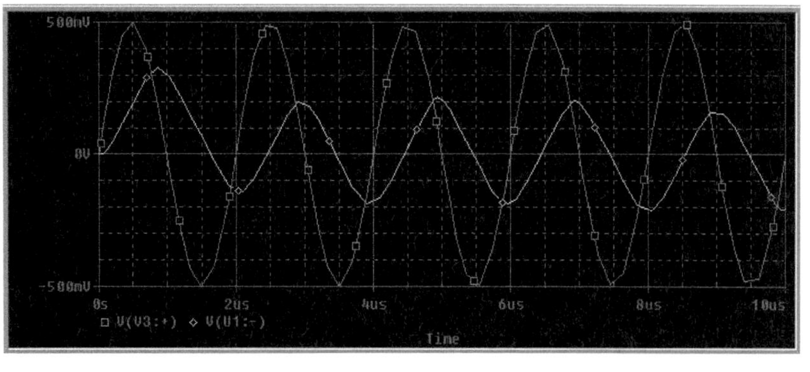

2. 전압이득(A: voltage gain)과 대역폭(BW: bandwidth)의 관계

1) 비반전 증폭기

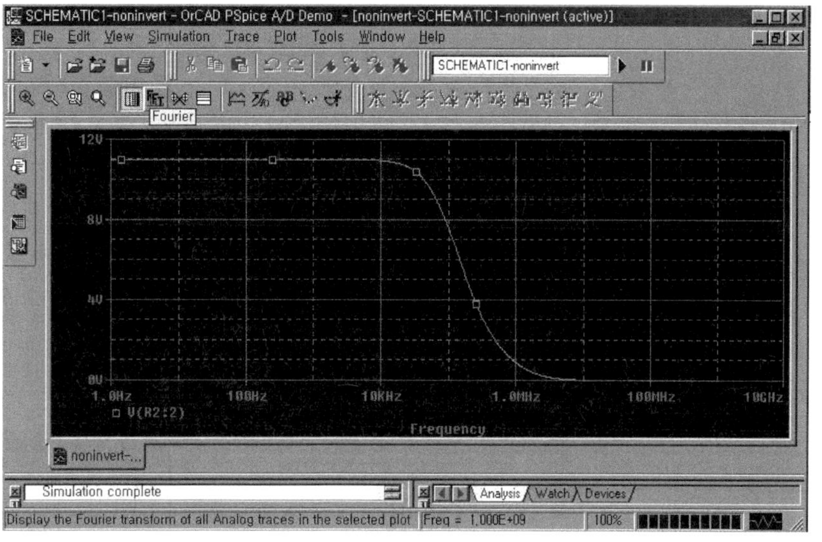

2) 전압 팔로워

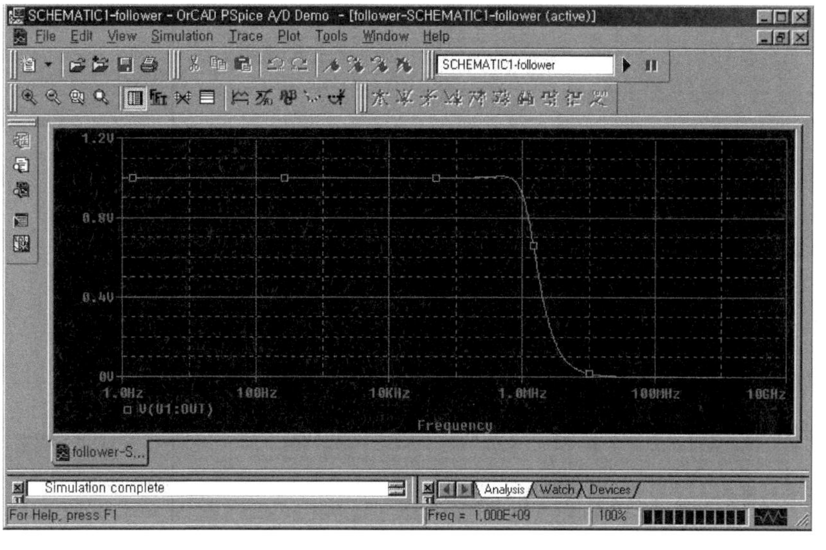

[예비보고서]

1. 연산증폭기의 특성 비교 중에 슬루레이트(S_R)이라는 요소가 있다. 설명하시오.

1〉 S_R의 정의를 그림으로 나타내시오.

2〉 이것의 의미는 무엇인가?

3〉 어떤 정현파 신호의 주파수에 충분히 응답하려면 어떤 조건이 필요한가?

2. 부귀환(negative feedback)을 정의하고 전압이득과 대역폭의 영향을 설명하시오.

1〉 단위이득 주파수 f_{unity}란 무엇인가?

2〉 동작주파수에 따른 전압이득 A와 대역폭 BW의 관계를 설명하시오.

3〉 반전증폭기와 전압 팔로워에 대해 전압이득과 대역폭의 관계를 그림으로 나타내시오.

[결과보고서]

실험제목					
실험일자	년 월 일(요일)			담당교수	㉢
성 명		학 번		평 가	

1. 다음은 실험은 슬루레이트(S_R) 및 찌그러짐의 발생하는 주파수비교를 위한 실험이다.

1〉 반전증폭기($\mu A741$)

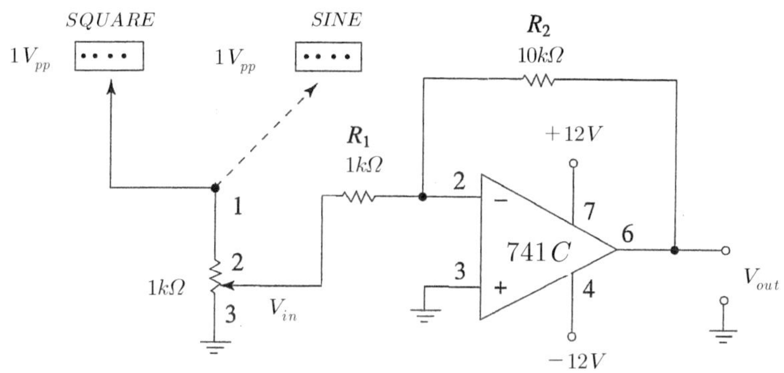

〈1〉 입력신호(V_{in})로서 구형파 $V_{in} = 1V_{pp}$, $f = 1kHz$를 사용한다.

입력(V_{in}) 및 출력(V_{out})파형을 각각 서로 다른 색상으로 나타내시오.

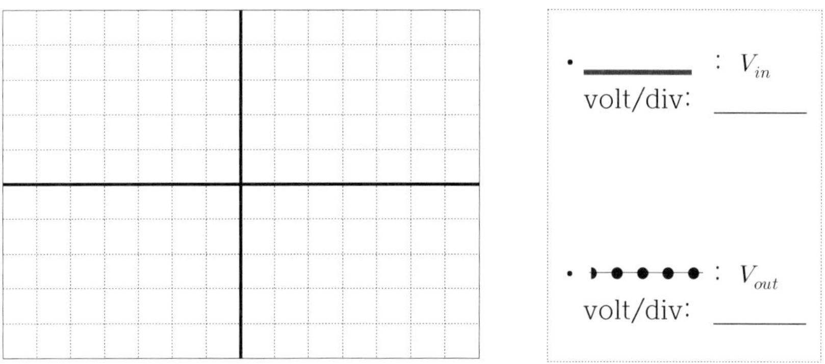

〈2〉 위의 특성에서 슬루레이트를 구하시오.

〈3〉 입력신호(V_{in})로서 정현파 $V_{in}=1V_{pp}$, $f=1kHz$, $50kHz$를 사용한다.

두 주파수에 대한 출력(V_{out})파형을 각각 서로 다른 색상으로 나타내시오.

(a) $f=1kHz$

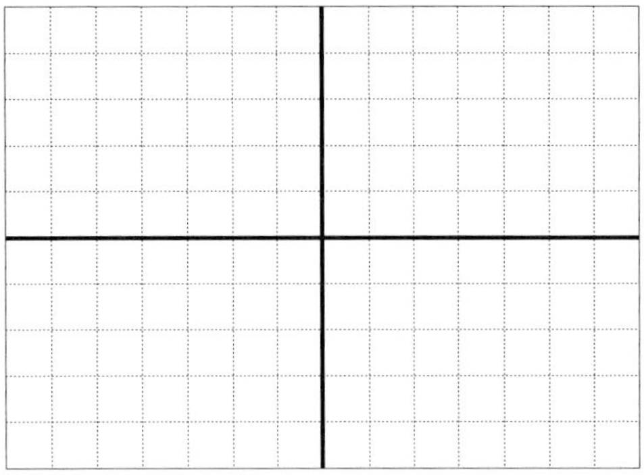

(b) $f=50kHz$

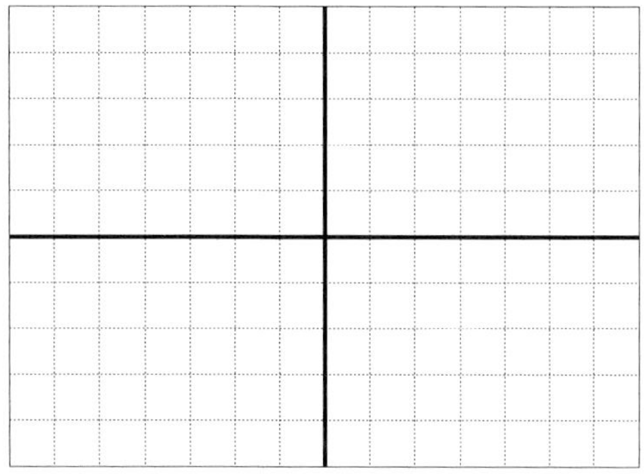

2> 비반전증폭기($\mu A741$)

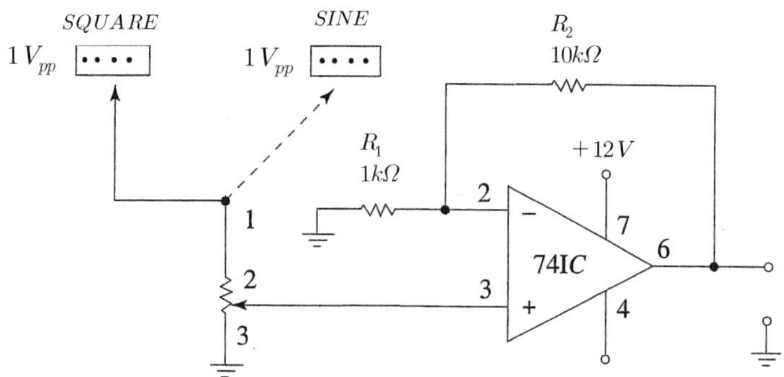

〈1〉 입력신호(V_{in})로서 구형파 $V_{in}=1V_{pp}$, $f=1kHz$를 사용한다. 입력(V_{in}) 및 출력(V_{out}) 파형을 각각 서로 다른 색상으로 나타내고 슬루레이트를 구하시오.

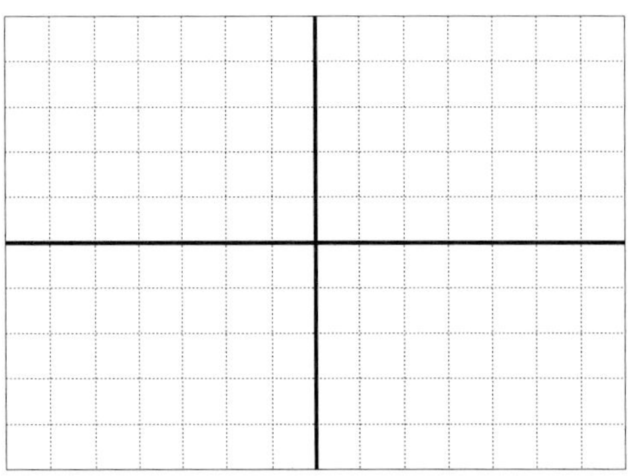

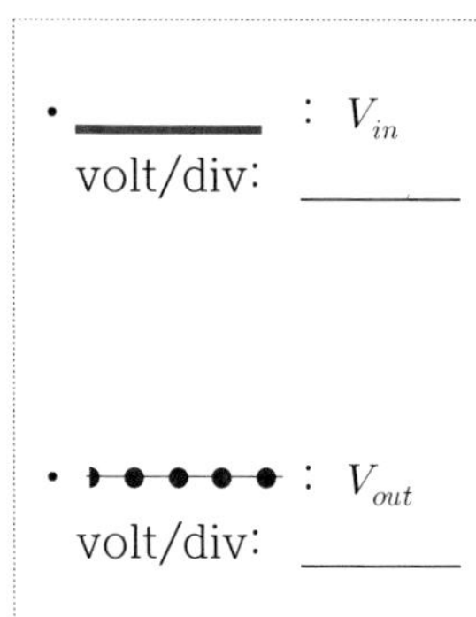

〈2〉 입력신호(V_{in})로서 정현파 $V_{in}=1V_{pp}$, $f=1kHz$, $50kHz$를 사용한다.
두 주파수에 대한 출력(V_{out})파형을 각각 서로 다른 색상으로 나타내시오.

(a) $f=1kHz$

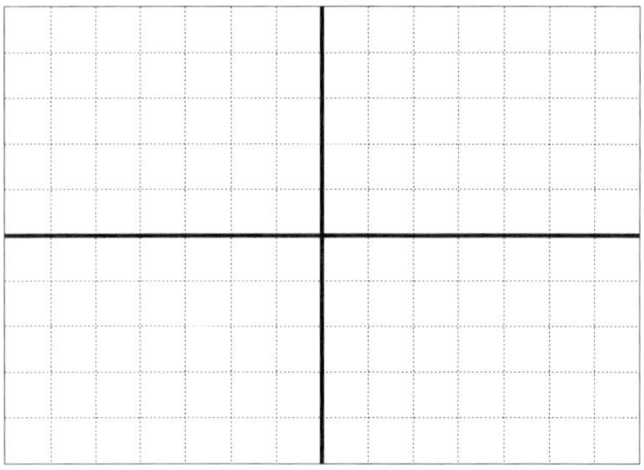

(b) $f=50kHz$

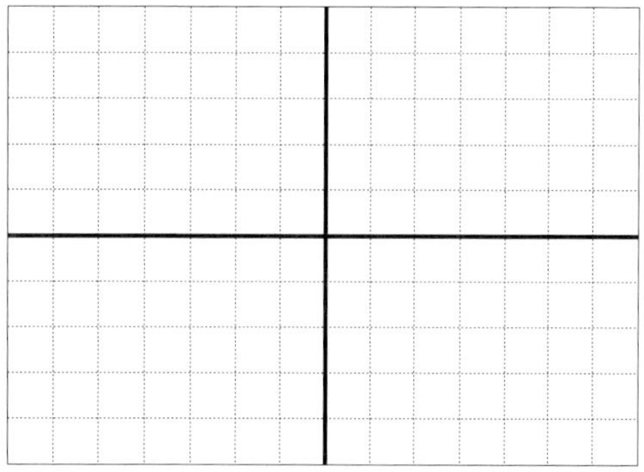

3〉 전압 팔로워 연산증폭기($\mu A741$)

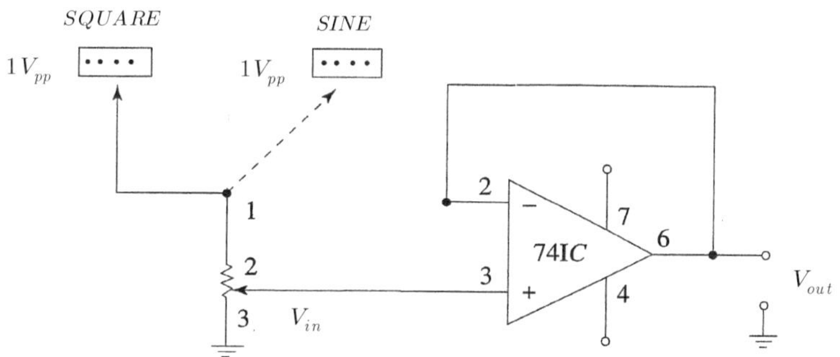

〈1〉 입력신호(V_{in})로서 구형파 $V_{in}=1V_{pp}$, $f=1kHz$를 사용한다. 입력(V_{in}) 및 출력(V_{out}) 파형을 각각 서로 다른 색상으로 나타내고 슬루레이트를 구하시오.

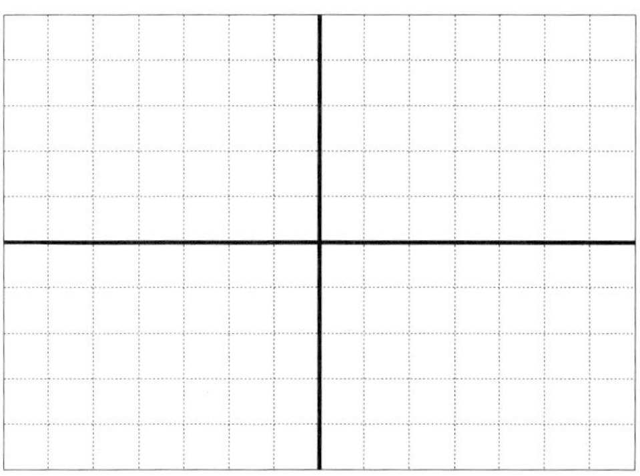

• ———— : V_{in}
volt/div: ______

• ●●●●● : V_{out}
volt/div: ______

〈2〉 입력신호(V_{in})가 두 주파수일 때 출력(V_{out})파형을 각각 구하시오.

(a) $f = 50kHz$

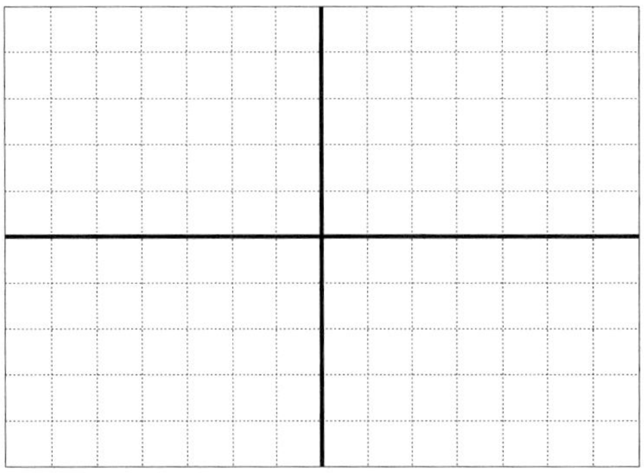

(b) $f = 200kHz$

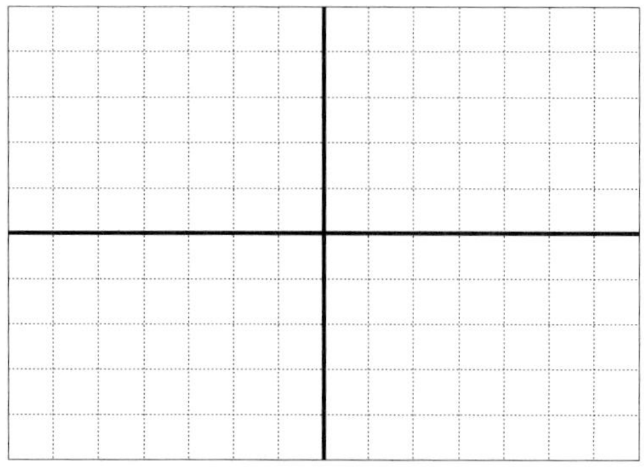

4〉 위 전압 팔로워 실험에서 $\mu A741$을 $LM318$로 바꾸고 다음 실험을 수행하시오.

〈1〉 입력신호(V_{in})로서 구형파 $V_{in} = 1\,V_{pp}$, $f = 1kHz$를 사용한다.

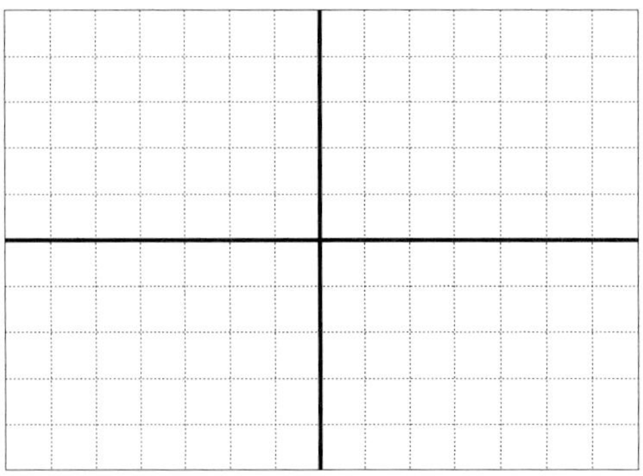

• ▬▬▬ : V_{in}
volt/div: ______

• ━●━●━●━●━ : V_{out}
volt/div: ______

〈2〉 입력신호(V_{in})로서 정현파 $V_{in} = 1\,V_{pp}$, $f = 50kHz$, $200kHz$일 때, 출력(V_{out})파형은?

(a) $f = 50kHz$

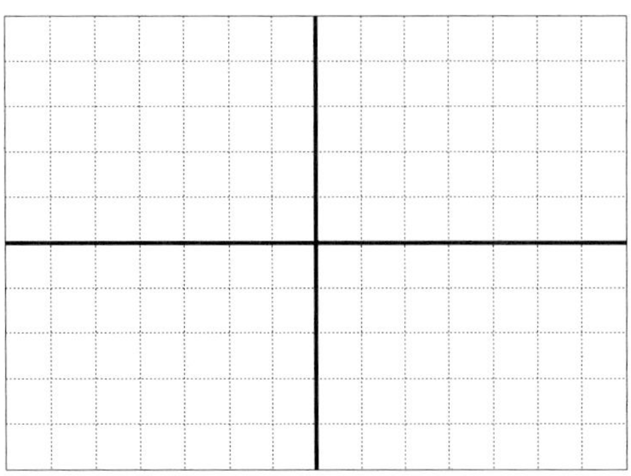

(b) $f = 200kHz$

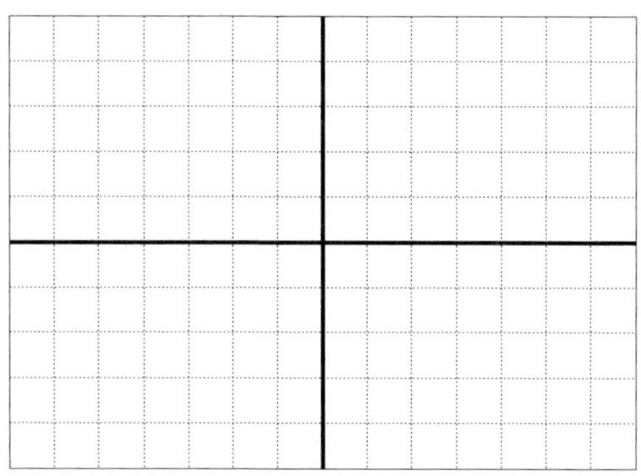

3. 위 실험으로부터 다음을 완성하시오.

1〉 각 증폭기에 대해 다음을 완성하시오.

	반전증폭기	비반전증폭기	전압 팔로워
S_R			
A			
BW			
$A \times BW$			

2〉 1〉로부터 어떤 결과를 확인할 수 있는가?

4. 위 실험으로부터 $LM741$과 $LM318$ 성능을 비교하기 위한 것이다.

1〉 각 연산증폭기로 전압 팔로워를 구성하여 다음을 구하시오.

	$\mu A741$	$LM741$	$LM318$
S_R			
A			
BW			
f_{unity}			

2〉 1〉로부터 어떤 결과를 확인할 수 있는가?

[토의 및 심화학습]

1. 슬루레이트(slew rate)를 정의하고 그 의미를 설명하시오.

2. 단위이득 주파수 f_{unity}란 무엇인가?

3. 이득(A)과 대역폭(BW)의 관계는?

4. 부귀환의 단점도 있지만 더 많은 장점이 있다. 다음 각 항목별로 증명하시오.

1〉 이득 둔감도(gain desensitivity)

2〉 대역폭 증가

3〉 신호 대 잡음비(S/N) 개선

5. 다음 회로에 대해 물음에 답하시오.

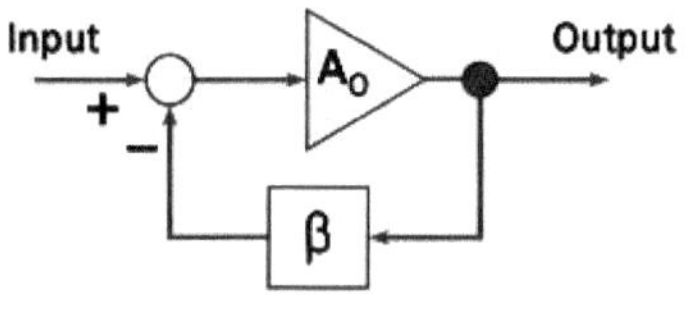

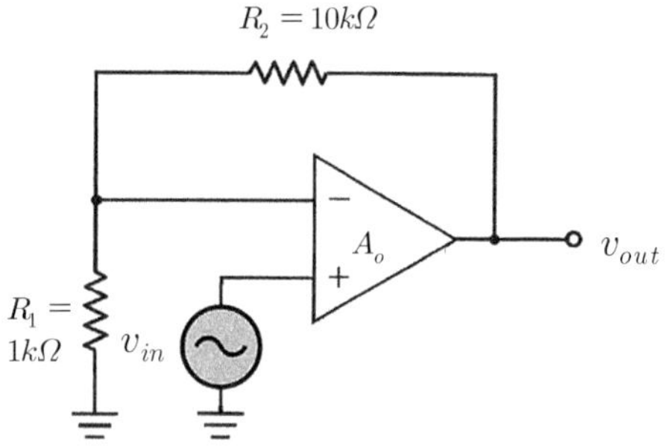

1〉 전압이득 A를 구하시오.

2〉 부귀환 개념을 이용하여 폐루프 전압이득을 단계별로 구하고자 한다.
실험 12장의 예비보고서를 참고하고 증폭기의 개방전압이득 A_o는 아주 크다.

〈1〉 귀환율 β를 구하시오.

〈2〉 루프 전압이득 βA_o를 구하시오.

〈3〉 폐루프 전압이득 A를 구하시오.

〈4〉 1〉의 결과와 비교하시오.

6. 다음 회로에 대해 물음에 답하시오.

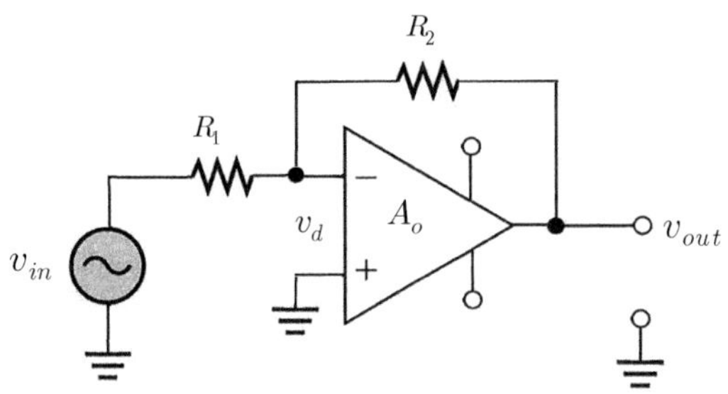

1〉 전압이득 A를 구하시오.

2〉 부귀환 개념을 이용하여 폐루프 전압이득을 단계별로 구하고자 한다.
실험 10장 예비보고서를 참고하고, 연산증폭기의 개방전압이득 A_o는 아주 크다.

〈1〉 귀환율 β를 구하시오.

〈2〉 루프 전압이득 βA_o를 구하시오.

〈3〉 폐루프 전압이득 A를 구하시오.

〈4〉 1〉의 결과와 비교하시오.

실험15장
계측 연산증폭기

1. 오실로스코프 프로브(probe)
2. 계측증폭기의 필요성
3. Wheatstone bridge와 결합된 계측증폭기

Experiment 15

계측 연산증폭기

Instrument Operational Amplifier

실험목적

연산증폭기를 활용한 차동연산증폭기의 설계를 위해 가장 중요한 특성 중의 하나인 공통신호 제거비($CMRR$)를 바탕으로 Wheatstone bridge와 Thermistor가 결합된 센서제어 변환 계측시스템을 구현한다.

기초이론

선형 연산증폭기 회로의 출력은 입력신호와 동일한 모양을 가진다. 만약 입력이 정현파이면 출력도 정현파이다. 앞서 배운 각각의 반전, 비반전 및 전압 팔로워 연산증폭기를 활용하여 오실로스코프의 프로브(probe)와 계측 연산증폭기를 만들어 보자.

1. 오실로스코프 프로브(probe)

디지털 멀티미터(DMM: digital multimeter) 또는 오실로스코프의 탐침(probe)는 입력신호를 충실히 전달하기 위해 사용하는 인터페이스(interface)로 높은 입력 임피던스를 가지는 프로브(high impedance probe)가 필요하다.

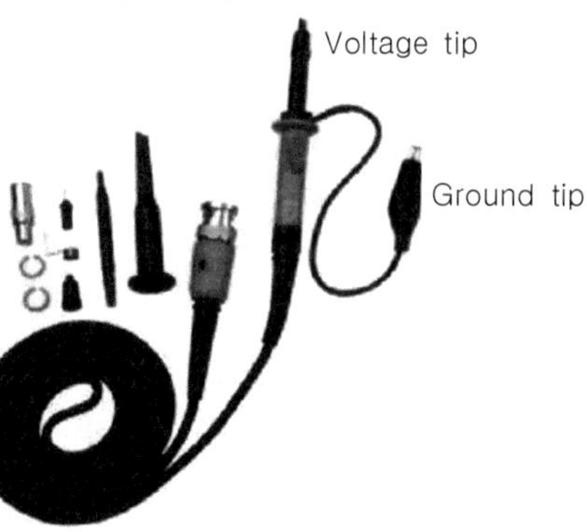

[그림 15-1] 오실로스코프의 프로브는 높은 입력임피던스를 가진다.

그림 15-1은 연산증폭기로 구현된 고임피던스 프로브의 구성을 나타낸다. 첫째 단은 반전 연산증폭기로서 전압이득 A_1이 −0.1이다. 또한 가상접지로 저주파수에서 $100M\Omega$의 입력임피던스를 가진다. 둘째 단은 전압이득 A_2가 −1 또는 −10을 가지는 반전 연산증폭기이다.

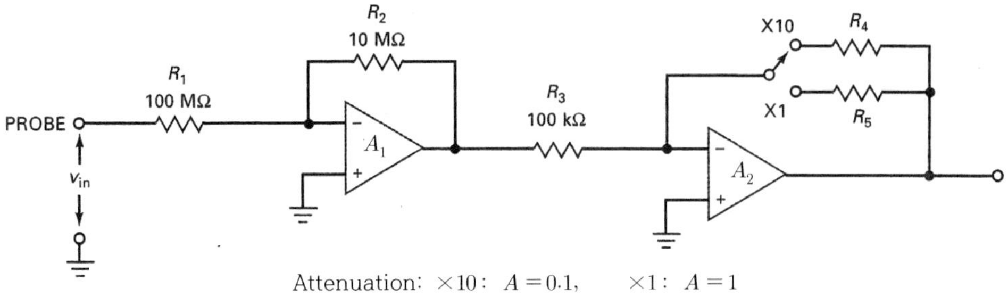

Attenuation: ×10: $A=0.1$, ×1: $A=1$

[그림 15-2] 고임피던스 프로브 구현

전체적으로 이 회로는 매우 높은 입력임피던스와 전체적인 전압이득이 0.1 또는 1 중에 하나이다. 감쇄비는 프로브에 ×10과 ×1로 표기되어 있으며 ×10은 출력신호가 10배 줄어든 값을 나타내므로 실제값은 이 측정값의 10배 이며, ×1은 출력신호를 그대로 나타낸다. 입력 임피던스를 크게 하는 것은 부하효과(loading effect)를 줄이기 위한 것이며 실제적인 오실로스코프 프로브의 특성을 잘 반영한다. 여기에 나타낸 기본회로는 대역폭을 증가시키기 위해 부품을 추가하여 개선할 수 있다.

2. 계측증폭기의 필요성

전기 센서는 거리, 움직임, 속도, 압력, 습도와 같은 물리적인 양을 측정하기 위해 사용되는 회로이다. 이러함 센서회로를 사용할 때 특정한 물리량의 값을 단순히 측정만하는 것이 아니라 기준값에 대한 미세한 편차를 감지하는 경우가 많이 있으며 필요하다. 예를 들면, 방의 온도가 20℃로 유지하고자 하면 온도센서의 목표는 방 온도와 기준온도 사이의 차를 측정하고 온도편차가 미리 입력한 특정 한계점을 초과하면 에어컨이나 난방장치를 작동시키면 된다.

한계점이 아주 작다고 생각해 보자. 위에서 온도를 언급하였으므로 한계온도가 0.1℃라 하자. 0.1℃인 미세한 온도센서를 만드는 대신에 어떤 두 값들의 차이를 측정하는 센서를 설계하여 $\Delta V = V_2 - V_1$과 같이 온도감지에 활용할 수 있다. 이러한 접근방식의 장점은 아주 작은 신호도 측정할 수 있다는 것이다.

이와 같이 계측증폭기는 하나의 신호 또는 두 개 이상의 다른 두 신호를 처리할 때, 마이크로 볼트 또는 mV 단위의 작은 편차를 감지하여 증폭할 수 있는 강력한 회로이다. 따라서 계측증폭기는 높은 감도와 높은 이득을 갖는 편차 센서이다. 몇몇 반도체 제조업체는 집적된 패키지 형태로 계측증폭기 회로를 판매하고 있다.

3. Wheatstone bridge와 결합된 계측증폭기

그림 15-3에서 저항 R_3는 어떤 비전기적인 양을 전기적인 양으로 변환하는 소자인 입력 변환기이다. 예를 들면 R_3로서 광저항기라면 광세기의 변화를 저항의 변화로 변환하고, 서미스터(thermistor)라면 온도변화를 저항변화로 변환한다. 이와 같이 변환기는 아날로그 양인 온도(temperature), 소리(sound), 빛(light), 습도(moisture), 속도(velocity), 가속도(acceleration velocity), 힘(force), 방사능(radioactivity), 응력(stress), 압력(pressure) 등과 같은 값을 Wheatstone 브릿지를 이용하여 측정할 수 있다.

1〉 Wheatstone bridge를 이용한 계측기 구현

Wheatstone 브릿지 회로에서 두 지점들에서 전압을 구하면 다음과 같다.

$$V_1 = V_{REF} \times \frac{R_{ther}}{R_A + R_{ther}}, \qquad V_2 = V_{REF} \times \frac{R_B}{R_B + R_A} \tag{15-1}$$

이들 출력전압들이 뒷단의 연산증폭기 A_1과 A_2에 각각 인가된다. 상온에서 서미스터 저항은 $R_{ther} = R_B$이고, 온도가 증가하면 저항이 감소하여 $R_{ther} - \Delta R$이 된다. 상온에서서는 평형이 되며 온도가 변하면 불평형(out of balance) 상태를 가진다. 평형이 만족될 때, 브리지 출력전압은 $0V$가 된다.

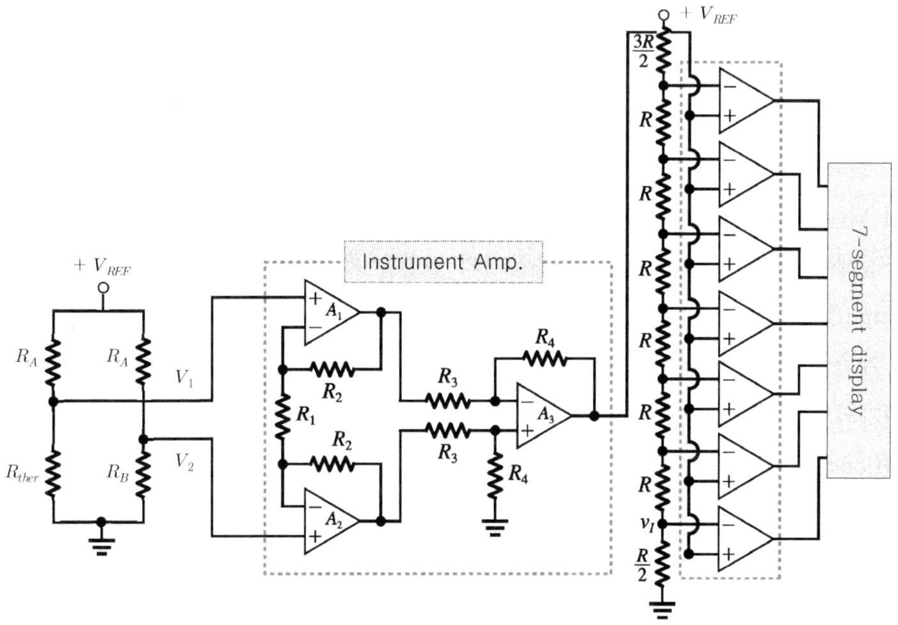

[그림 15-3] 온도변화를 측정하는 계측제어 시스템

또한 만약 $R_3 = R_4$로 설계하면 출력단의 차동증폭기는 두 입력신호들에 존재하는 공통신호를 제거하는 역할을 하므로 연산증폭기 A_1, A_2 및 A_3는 우수한 계측증폭기로 동작한다.

$$\therefore v_{out} = (1 + \frac{2R_2}{R_1})(v_2 - v_1) \tag{15-6}$$

[실험장비 및 부품]

사용장비	품 목	정 격	소요량
DC power supply Oscilloscope Function generator Breadboard	Op. amp. Resistor Switch Thermistor	$\mu A741$(or $LM741$) $1k\Omega$, $10k\Omega$, $100k\Omega$ $1M\Omega$, $10M\Omega$, $100M\Omega$ SPDT $1k\Omega$(at 25℃)	3개 각 3개 각 2개 1개 1개

[PSPICE 시뮬레이션]

1. 차동 연산증폭기

1〉 회로구성

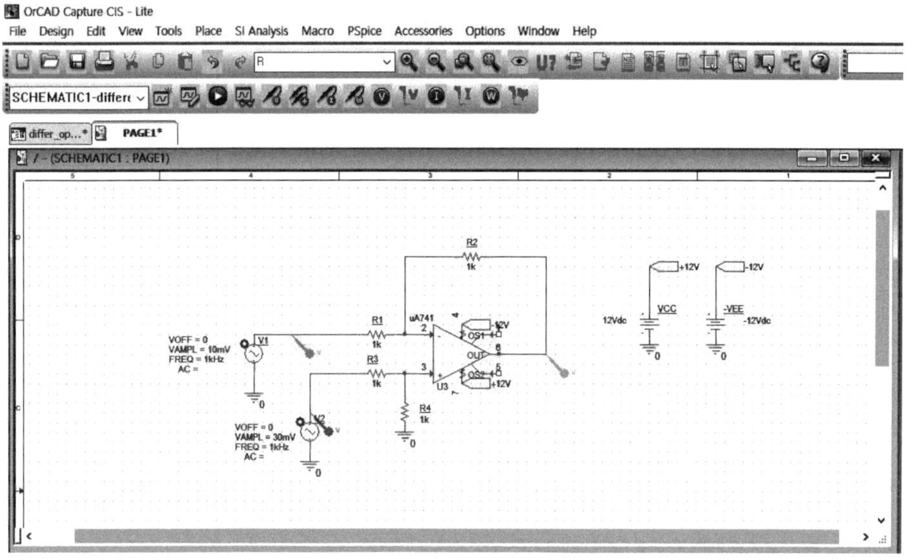

2〉 입력 및 출력파형

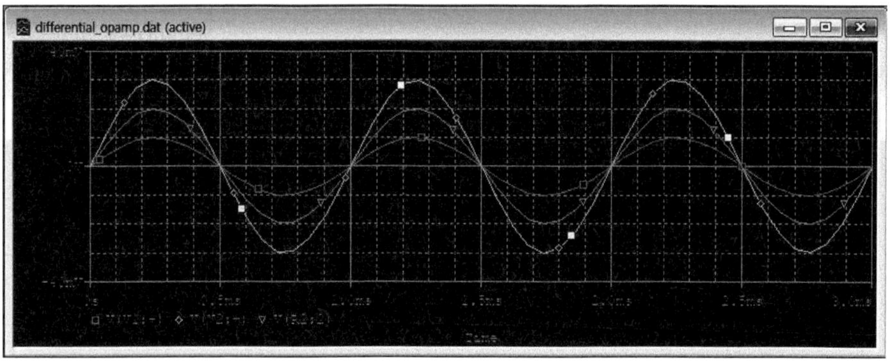

3〉 입력 임피던스

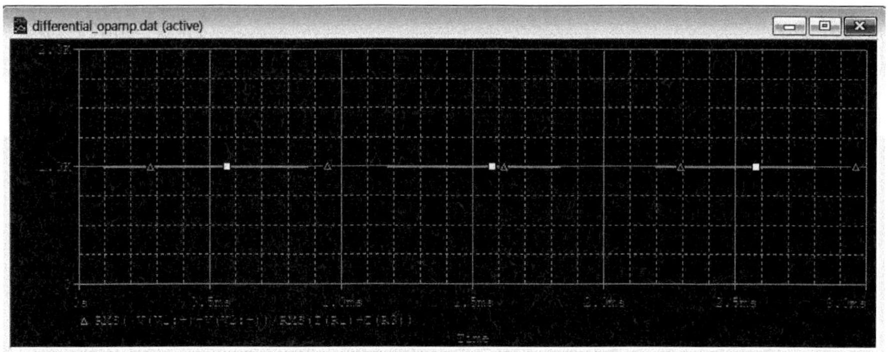

2. 계측증폭기

1〉 회로구성

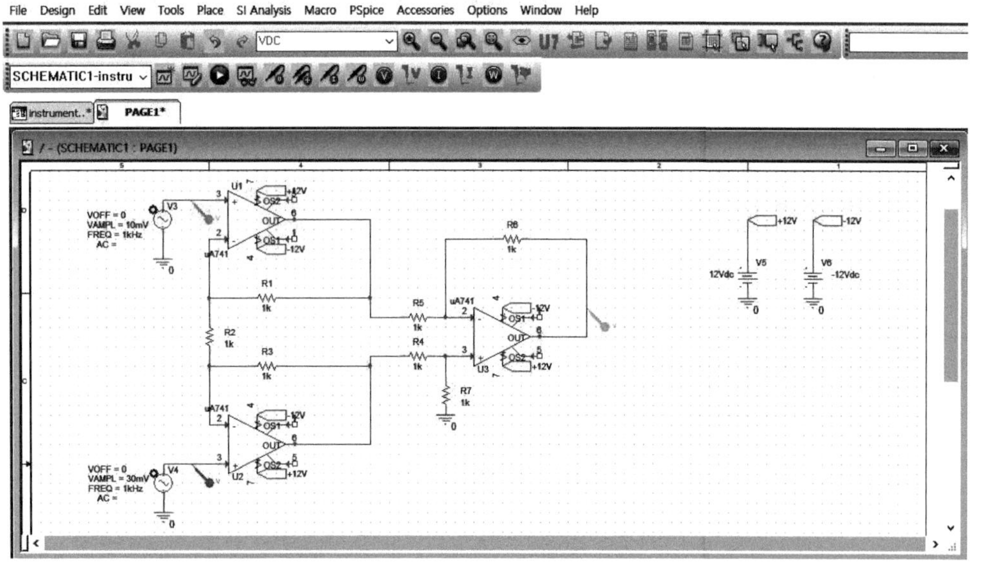

2〉 입력 및 출력파형

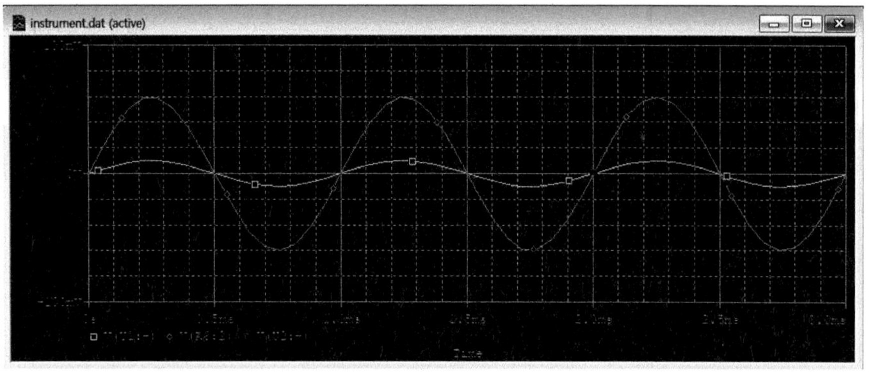

3〉 입력 및 출력파형

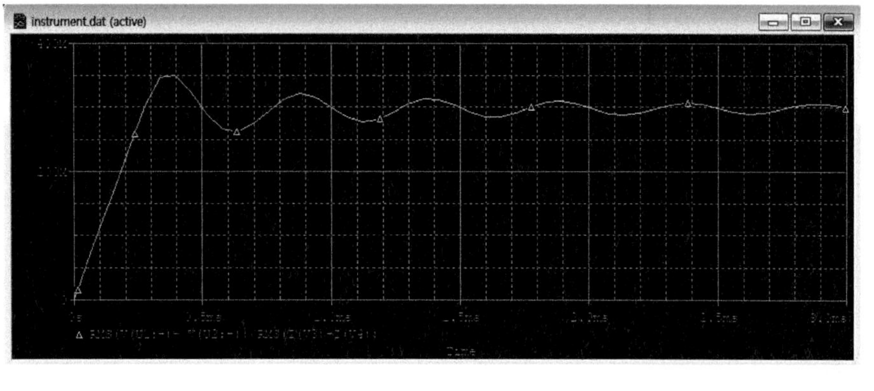

[예비보고서]

다음과 같이 브릿지회로와 계측증폭기로 구현된 온도계측 시스템에 대해 답하시오.

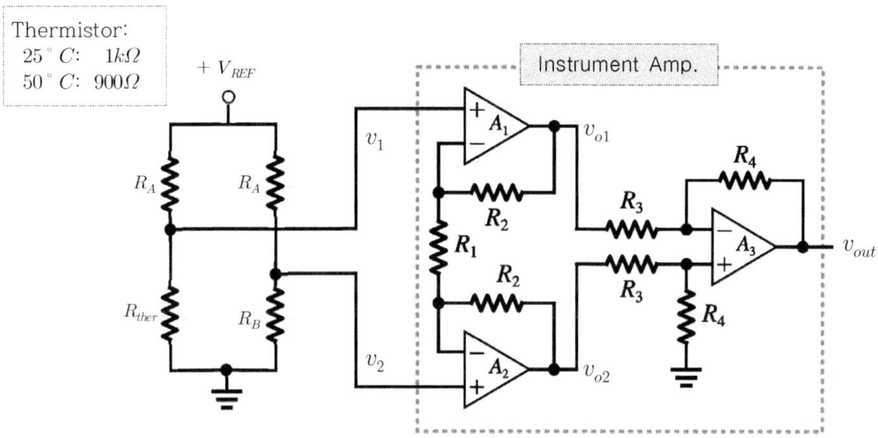

각 소자값은 다음과 같다.

$V_{ref} = 12V$ $R_A = 1k\Omega$ $R_B = 1k\Omega$ $R_1 = 1k\Omega$ $R_2 = 1k\Omega$

$R_3 = 1k\Omega$ $R_4 = 10k\Omega$ $A_1 = A_2 = A_3$: $\mu A741$

1. 그림과 같이 서미스터로 측정한 결과, 어떤 지점의 온도가 증가하여 $50^\circ C$가 되었다. Wheatstone 브릿지회로의 두 출력전압 v_1과 v_2를 구하시오.

2. 계측증폭기에서

1〉 각 연산증폭기(A_1 및 A_2)의 출력전압 v_{o1}과 v_{o2}은?

2〉 증폭기(A_3)의 출력전압 v_{out}은?

3〉 계측증폭기의 부분인 차동증폭기의 단점이 입력임피던스가 작다는 것이다. 위 회로에서 차동증폭기의 입력임피던스를 구하시오.

4〉 계측증폭기의 입력임피던스는 아주 크다. 의료용 기기의 신호측정에도 활용된다.

〈1〉 입력임피던스가 커지는 이유를 설명하시오.

〈2〉 입력임피던스가 크면 어떤 장점이 있는가?

3. 위에서 구현된 온도계측시스템의 동작에 대해 설명하시오.

[결과보고서]

실험제목					
실험일자	년 월 일(요일)			담당교수	㊞
성 명		학 번		평 가	

1. Oscilloscope probe를 연산증폭기로 구현하고자 한다. 여기서 $\times 10$**은** $v_{out}/v_{in} = 0.1$ **을 나타내며 10배 줄어든 값을 의미한다. 회로를 구성하시오.**

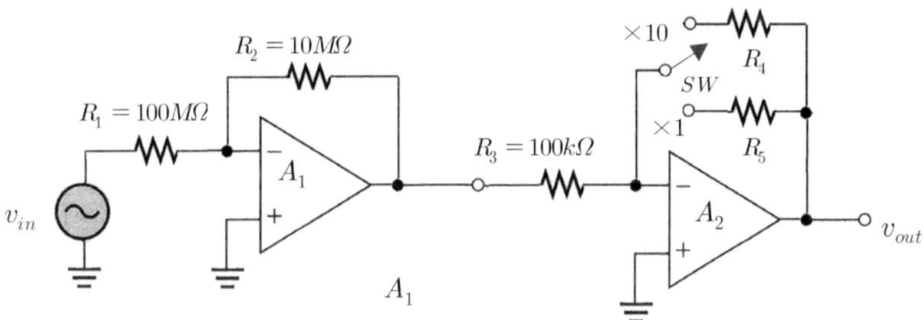

1〉 스위치(SPDT)의 위치에 따른 동작특성에 대해 다음 물음에 답하시오.

〈1〉 위의 조건을 만족시키는 저항 R_4, R_5를 구하시오.

〈2〉 각 경우 출력전압 v_{out}을 구하시오. $v_{in} = 5\sin 2000\pi t$ V이다.

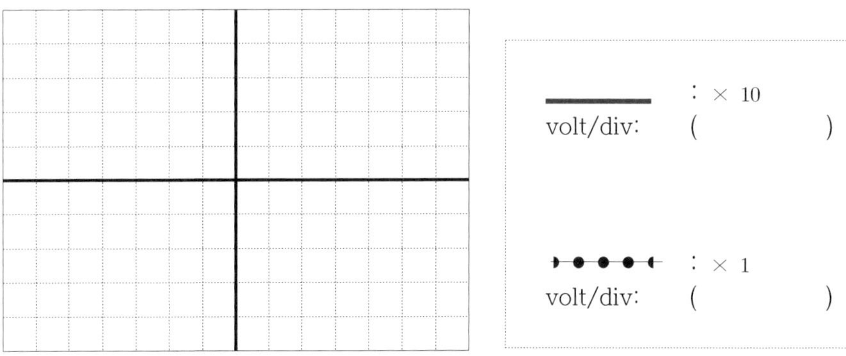

2> 이 프로브의 입력임피던스 z_{in}를 측정하시오.

	이론치	측정치	오차(%)
z_{in}			

2. 다음 계측증폭기를 구성하시오. 아래와 같은 조건으로 동작될 때, 물음에 답하시오. 실험을 수행할 때, 서미스터는 가변저항으로 대체한다.

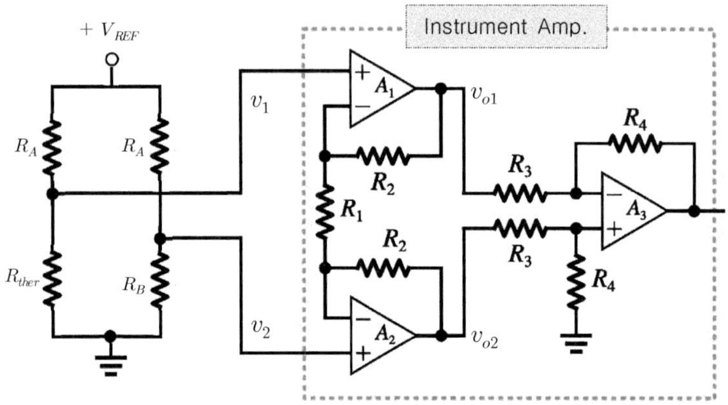

$V_{REF} = +12V$,
$R_{ther} = 1k\Omega$
(가변저항)
$R_A = R_B = 1k\Omega$
$R_1 = R_2 = R_3 = 1k\Omega$
$R_4 = 10k\Omega$

1〉 가변저항을 950Ω일 때, Wheatstone 브릿지의 두 출력전압들을 구하시오.

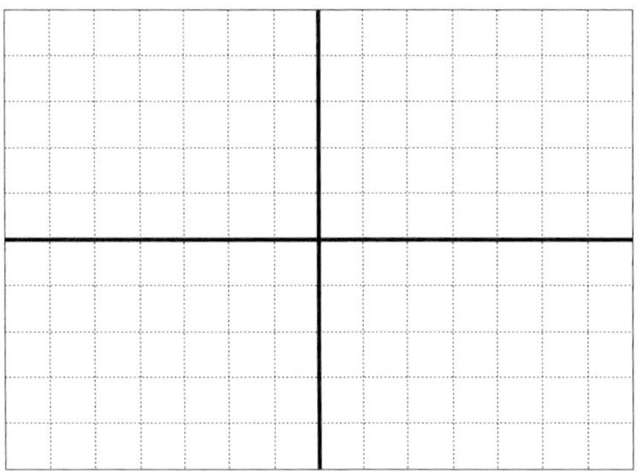

: v_1
volt/div: ( )

: v_2
volt/div: ( )

2〉 연산증폭기 A_1과 A_2를 연결하는 저항 R_1을 흐르는 전류는?

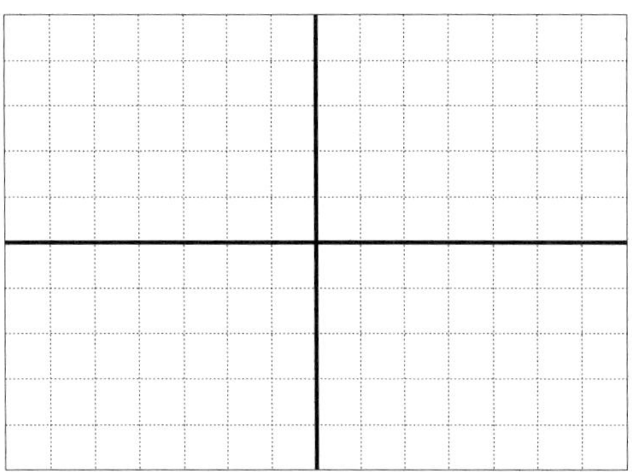

: i_1
ampere /div: ( )

$i_1 = \dfrac{v_1 - v_2}{R_1} =$

3) 계측증폭기내의 차동증폭기의 각 입력전압파형을 그리시오.

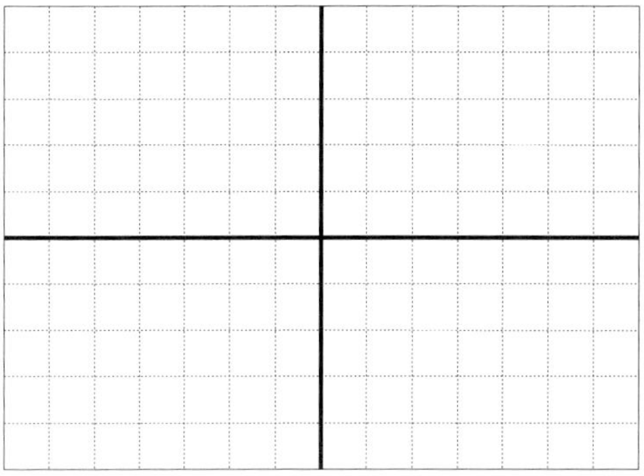

: v_{o1}
volt/div: ( )

: v_{o2}
volt/div: ( )

4) 계측증폭기의 출력전압 v_{out}은?

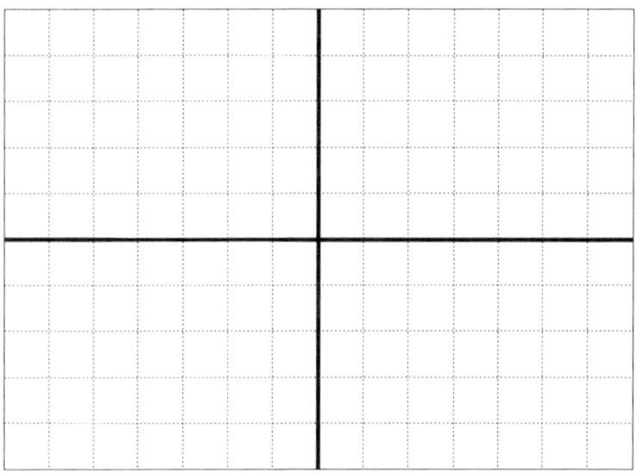

: v_{out}
volt /div: ( )

5) 계측증폭기의 입력임피던스 z_{in}을 측정하시오.

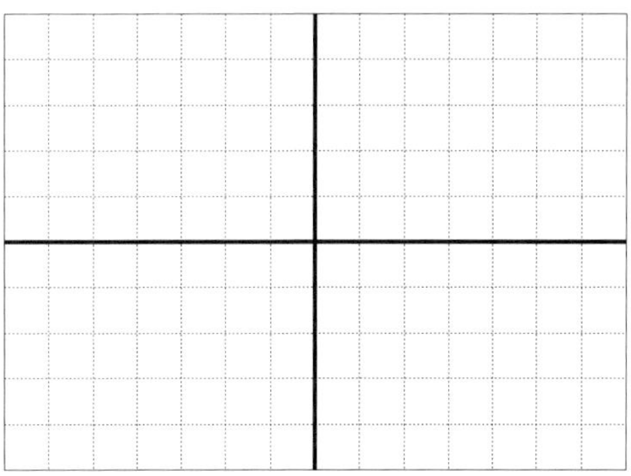

$z_{in} =$

[토의 및 심화학습]

1. 오실로스코프의 프로브는 다음과 같이 등가회로로 모형화할 수 있다. 출력단은 저항과 각종 표류(drift) 및 기생(parasitic) 커패시턴스를 고려하여 C_2를 병렬로 추가하였다. 구형파(square wave)가 입력될 때, 저항만으로 분배되는 동일한 출력이 나오도록 되어 있다. 물음에 답하시오.

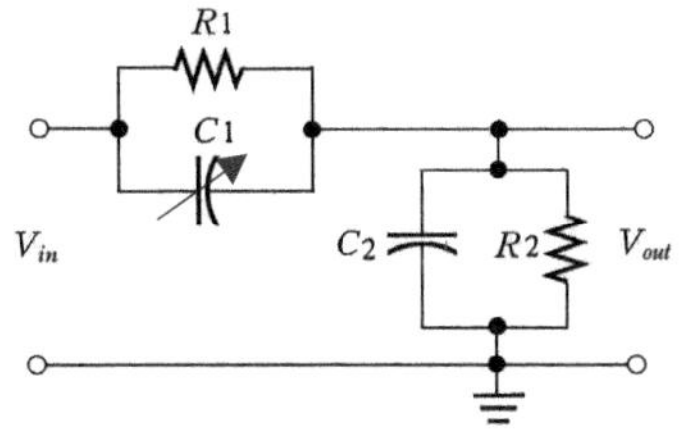

1〉 전압 전달함수 $\dot{V}_{out}/\dot{V}_{in}$을 구하시오.

2〉 $\dfrac{\dot{V}_{out}}{\dot{V}_{in}} = \dfrac{R_2}{R_1+R_2}$가 되는 조건을 구하시오.

3〉 위 조건이 성립될 때, 두 시정수 $\tau_1 = R_1C_1$, $\tau_2 = R_2C_2$는 어떤 관계를 가지는가?

4〉 입력으로 사각파가 인가되면 C_1에 따라 다음과 같은 현상이 발생한다. 설명하시오.

〈1〉 과댐핑(overdamping)

〈2〉 부족댐핑(underdamping)

〈3〉 위와 같은 현상이 발생하면 보상을 위해 입력단에서 어떻게 조치해야 하는가?

2. 계측증폭기는 한 신호 또는 둘 이상의 신호를 처리할 때, 작은 편차를 감지하여 증폭시키는 곳에 적절하다. 동물의 두뇌활동이나 심전도를 관찰하기 위해 한 쌍(one pair)의 프로브를 가지는 계측증폭기를 사용한 센서가 있다. 그림 15-5의 계측증폭기에서 R_1를 제외한 나머지 저항들이 $30k\Omega$이고 센서가 나타내는 최대 전압차가 $2mV$라고 한다.

1〉 포화되지 않는 최대 출력전압은?

2〉 최대감도를 가지는 저항 R_1를 구하시오. 답: $11 \sim 12[\Omega]$

3. 다음 브리지회로와 결합된 연산증폭기에 대해 답하시오.

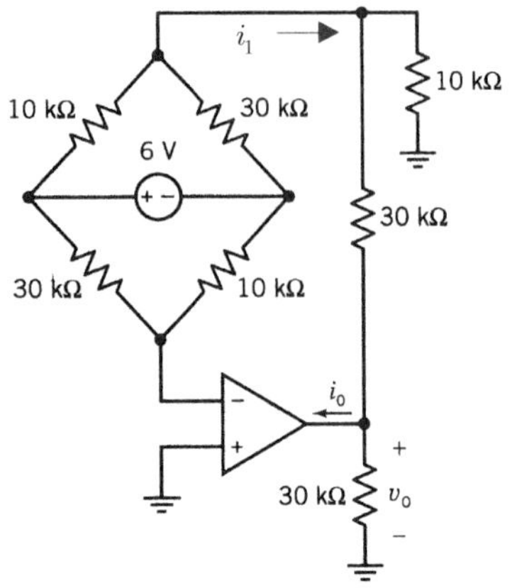

1〉 브리지회로의 양단에서 측정된 Thevenin전압 V_{TH}과 Thevenin저항 R_{TH}를 구하시오.

정답: $V_{TH}=3V,\ R_{TH}=15k\Omega$

2〉 위 등가회로를 연결하고 다시 회로를 그리시오.

〈1〉 반전단자의 전압 v_-는?

〈2〉 브리지 단자를 흘러나가는 전류 i_1는?

3〉 전압 및 전류관계로부터 출력전압 v_o을 구하시오.

정답: $4V$

4〉 출력전류 i_o를 구하시오.

정답: $-1/6mA$

5〉 선형동작을 위해서는 세 가지 동작조건을 만족하는지를 ☑로 나타내시오.

- 출력전압 : $|v_{out}| \le v_{sat}$
- 출력전류 : $|i_{out}| \le i_{sat}$
- 슬루레이트 : $|dv_{out}(t)/dt| \le S_R$

실험16장 가산 및 감산 증폭기

1. 가산기(adder)
2. 감산기(subtractor)

Experiment 16

가산 및 감산 증폭기

Summing and Subtracting Amplifier

실험목적

앞장에서 학습한 반전, 비반전 및 전압 팔로워의 세 가지 연산증폭기를 활용하여 대수적 연산을 수행하는 가산기와 감산기를 구현한다.

기초이론

1. 가산기(adder)

연산증폭기를 이용한 가산회로는 연산증폭기로 적절한 귀환회로를 구성하여 다수개의 입력직류 전압을 합하거나 빼는 회로이다. 가산하거나 감산할 신호 전압의 양은 몇 개가 있어도 전부 병렬로 더하면 되고 접지가 공통이라는 데에 큰 이점이 있다.

그림 16-1은 전압을 더하는 가산회로이다.

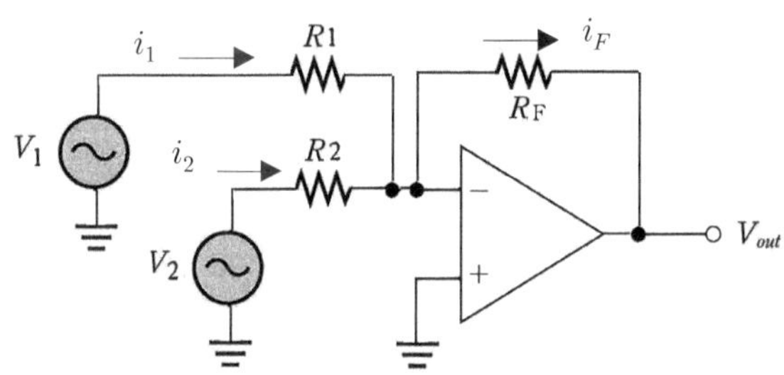

[그림 16-1] 가산기

그림 16-1에서 v_1, v_2, ⋯, v_n 의 몇 개의 직류전압을 같은 값의 저항 R을 통하여 연산증폭기에 가하면 귀환저항 R_F의 부귀환회로를 거쳐 전압 v_{out}가 출력되는데 그 값은 v_1, v_2, ⋯, v_n의 합이 된다. 입력전류를 i_1, i_2, ⋯, i_n 으로, R_F의 전류를 i_F로 하고 연산증폭기가 이상적인 특성을 가져 반전단자인 v_-에서 입력임피던스가 무한대가 되어 연산증폭기로 흐르는 전류가 0이라고 가정하여 KCL과 Ohm 법칙을 적용하면 식 (16-1)과 식 (16-2)으로 나타낼 수 있다.

$$i_F = i_1 + i_2 + \cdots + i_n \qquad (16-1)$$

$$i_F = -\frac{v_{out}}{R_F} = \frac{v_1}{R_1} + \frac{v_2}{R_2} + \cdots + \frac{v_n}{R_n} \qquad (16-2)$$

위 식 (16-2)로부터

$$v_{out} = -R_F(\frac{v_1}{R_1} + \frac{v_2}{R_2} + \cdots + \frac{v_n}{R_n}) \quad (16\text{-}3)$$

만약 $R_1 = R_2 = \cdots = R_n$ 이라면 출력전압은 식 (16-3)으로부터 식 (16-4)와 같이 표현된다.

$$v_{out} = -\frac{R_F}{R}(v_1 + v_2 + \cdots + v_n) \quad (16\text{-}4)$$

만약 귀환저항 R_F까지 R_1, R_2, $\cdots$, R_n 등과 같다면 출력전압은 식 (16-4)으로부터 식 (16-5)와 같이 표현된다.

$$v_{out} = -(v_1 + v_2 + \cdots + v_n) \quad (16\text{-}5)$$

다음과 같이 전원변환법 또는 Thevenin 등가회로를 이용하여 구할 수 있다. 중첩정리를 이용하여 등가전압을 구하고 등가저항을 구하면 다음과 같다.

$$v_{TH} = (v_1 \times \frac{R_2}{R_1 + R_2}) + (v_2 \times \frac{R_1}{R_1 + R_2}) \quad (16\text{-}6)$$

$$R_{TH} = R_1 \parallel R_2 = \frac{R_1 R_2}{R_1 + R_2} \quad (16\text{-}7)$$

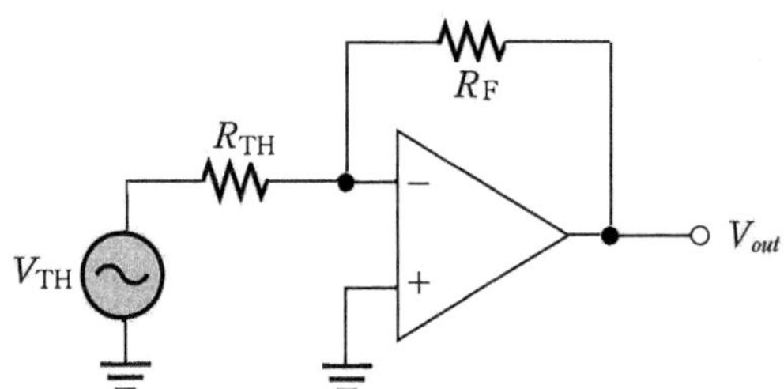

[그림 16-2] 가산기의 Thevenin 등가회로

위 회로는 실험 10장에서 학습한 반전증폭기이므로 전압이득을 구하면 다음과 같다.

$$v_{out} = -\frac{R_F}{R_{TH}} v_{TH} = -\frac{R_F}{R_1} v_1 - \frac{R_F}{R_2} v_2 \quad (16\text{-}8)$$

이와 같이 동일한 결과를 얻는다.

1) 디지털신호를 아날로그로 변환하는 가산기

그림 16-2의 회로는 반전증폭기 회로를 이용한 가산기이며 아래와 같이 디지털값을 아날로그값으로 변환(digital to analog conversion)하는데 사용한다.

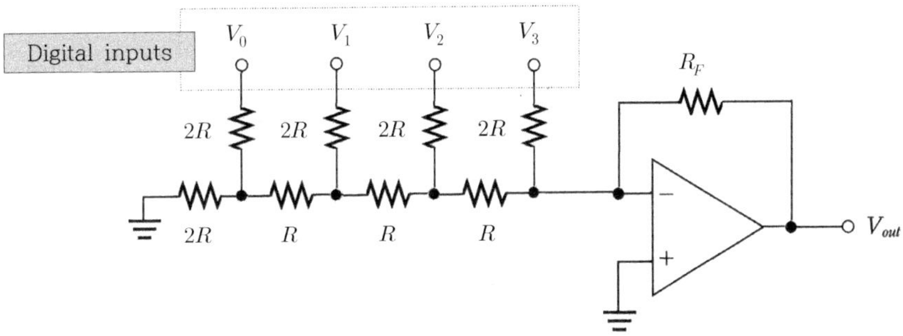

(a) DAC에 활용된 반전 가산기

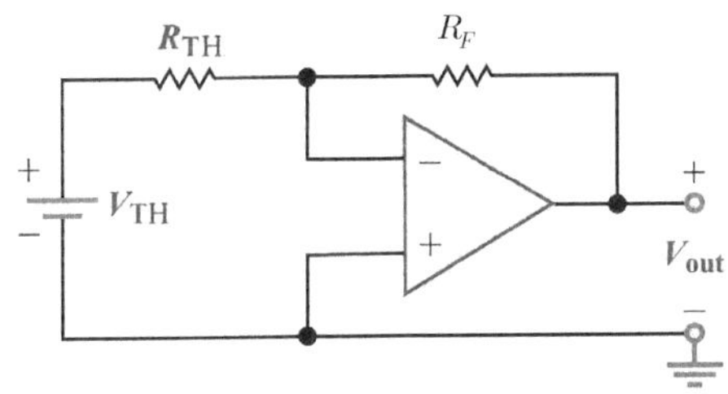

(b) Thevenin 등가회로

[그림 16-3] 반전 가산기 및 등가회로

Thevenin 등가회로로 바꾸면 두 값은 각각 다음과 같이 구할 수 있다.

$$V_{TH} = \frac{V_0}{16} + \frac{V_1}{8} + \frac{V_2}{4} + \frac{V_3}{2} \qquad (16-9)$$

$$R_{TH} = R \qquad (16-10)$$

따라서 출력전압은 반전증폭기이므로 다음과 같다.

$$V_{out} = -\frac{R_F}{R_{TH}}\left(\frac{V_0}{16} + \frac{V_1}{8} + \frac{V_2}{4} + \frac{V_3}{2}\right)$$

$$= -\frac{R_F}{16R_{TH}}(V_0 + 2V_1 + 4V_2 + 8V_3) = -\frac{R_F}{16R_{TH}}(8V_3 + 4V_2 + 2V_1 + V_0)$$

만약 디지털신호가 '[$V_3V_2V_1V_0$]'=[1111]이면 최대 출력전압은 다음과 같다.
여기서 '1'상태는 $1V$로 하고 '0'상태는 $0V$로 간주한다.

〈3〉 연산증폭기 A_3은 가산기이므로 출력은 다음과 같이 나타낼 수 있다.

$$v_{out} = -v_{o1}\left(\frac{R_F}{R_1}\right) - v_{o2}\left(\frac{R_F}{R_2}\right) \quad (16-18)$$

〈4〉 마지막으로 가산기에서 각 저항이 같다면 다음과 같이 감산이 구현된다.

$$v_{out} = 3v_1 - 11v_1 = -8v_1 \quad (16-19)$$

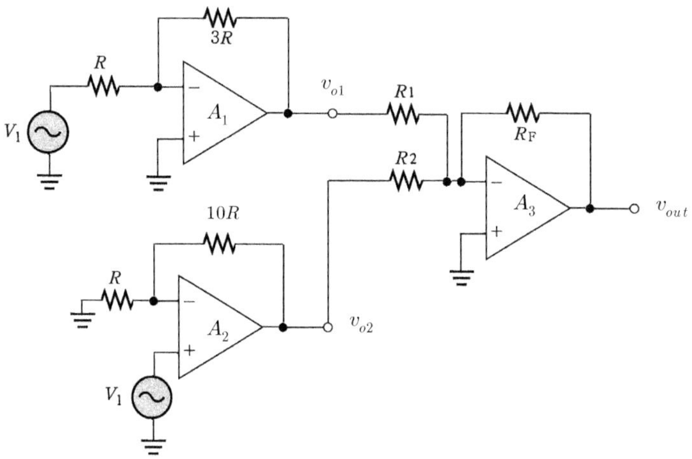

[그림 16-6] 반전증폭기, 비반전증폭기 및 가산기로 구현된 감산회로

이와 같이 감산기는 어떤 신호를 바꾸어 가산기와 조합하면 간단히 구현할 수 있다는 것이다.

[실험장비 및 부품]

사용장비	품 목	정 격	소요량
DC power supply Oscilloscope Function generator Breadboard	Op. amp. Resistor Switch	$\mu A741$ or $LM741$ $1k\Omega$, $2k\Omega$ $3k\Omega$ SPDT	3개 각 6개 1개 4개

[PSPICE]

1〉 덧셈회로

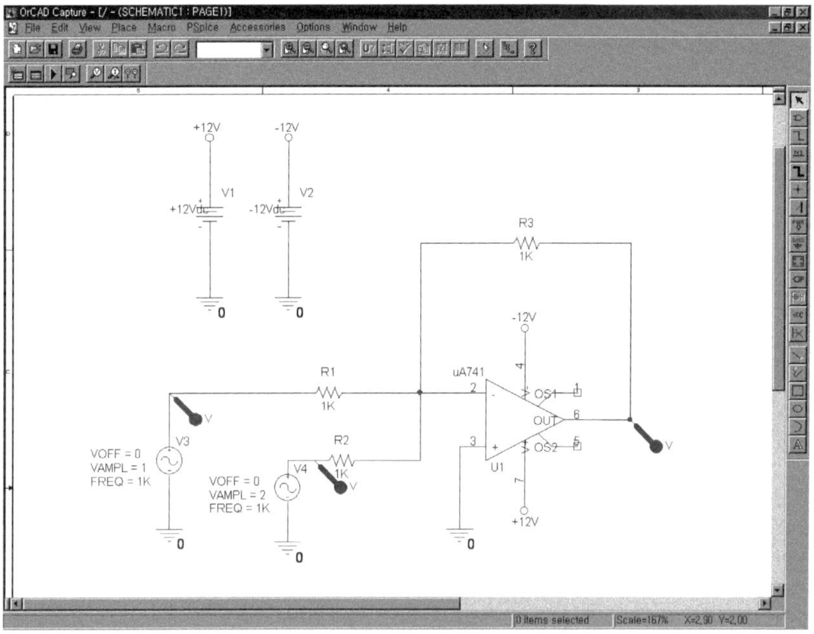

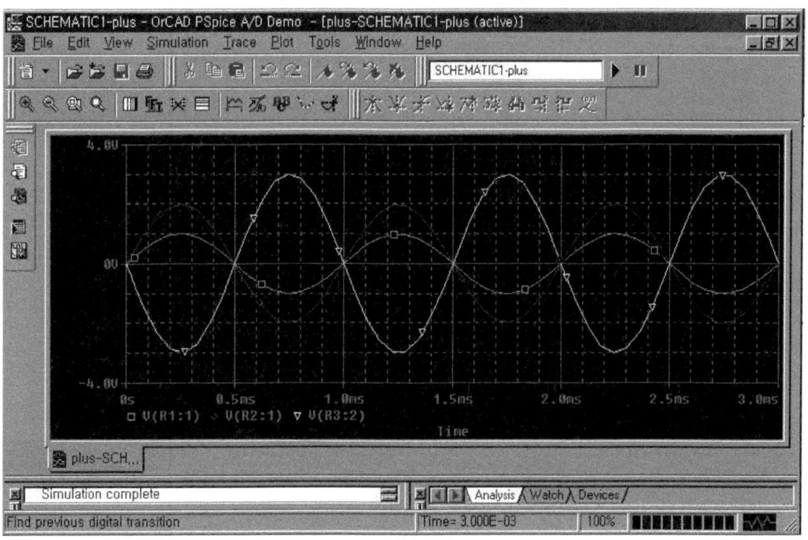

2) 뺄셈회로

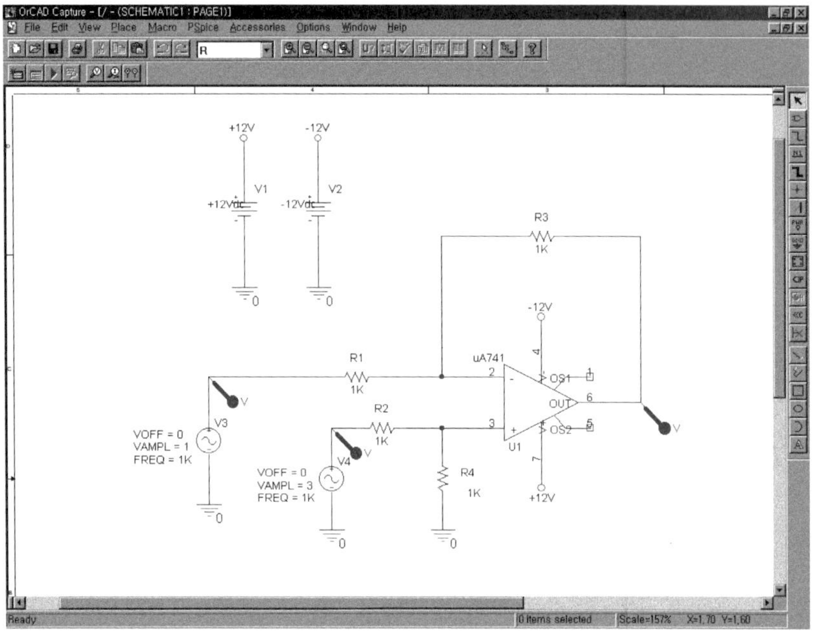
OrCAD Capture - [/ - (SCHEMATIC1 : PAGE1)]
+12V
-12V
V1
V2
+12Vdc
-12Vdc
R3
1K
-12V
R1
1K
uA741
OS1
OUT
OS2
U1
R2
1K
V3
VOFF = 0
VAMPL = 1
FREQ = 1K
V4
VOFF = 0
VAMPL = 3
FREQ = 1K
R4
1K
+12V
Ready

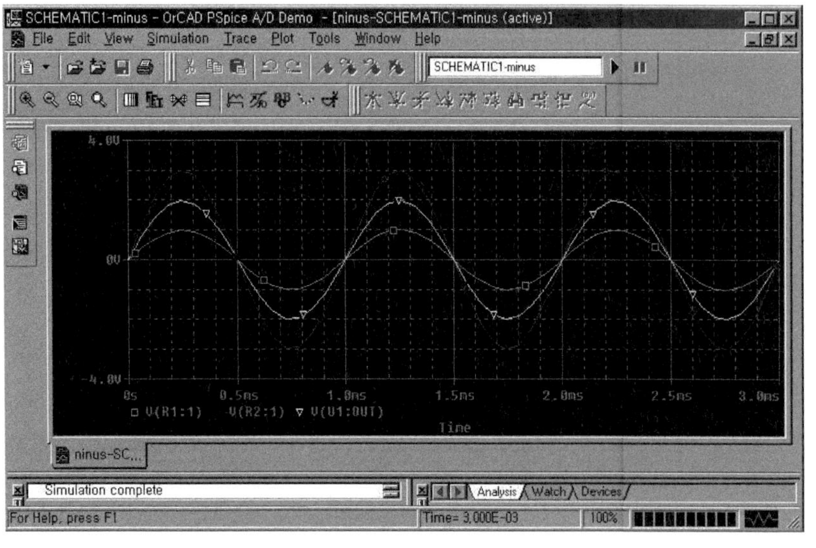
SCHEMATIC1-minus - OrCAD PSpice A/D Demo - [ninus-SCHEMATIC1-minus (active)]
4.0V
0V
-4.0V
0s
0.5ms
1.0ms
1.5ms
2.0ms
2.5ms
3.0ms
V(R1:1)
V(R2:1)
V(U1:OUT)
Time
Simulation complete
For Help, press F1
Time= 3.000E-03

[예비보고서]

1. 다음 감산기에 대해 답하시오. 여기서 V_1은 V_A에 연결하고 V_2은 V_B에 연결된다.

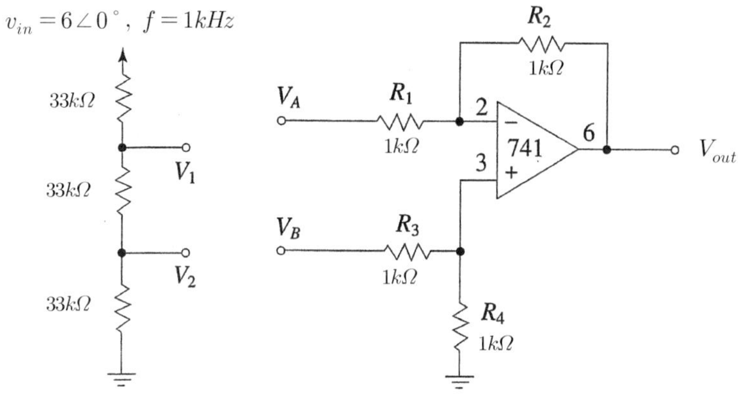

1) 연산증폭기의 비반전단자 v_+ 및 반전단자 v_-의 전압은?

2) 출력전압 V_{out}을 구하시오.

2. 다음 반전 가산기 회로에 대해 답하시오.

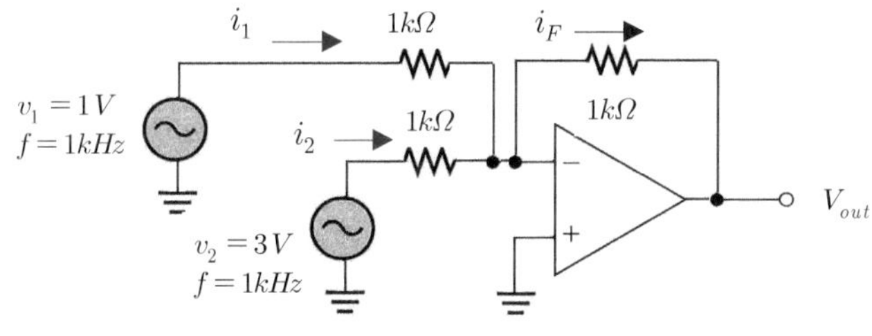

1) 연산증폭기의 반전단자 v_-의 전압은?

2) 출력전압 V_{out}을 구하시오.

3. 다음 반전 가산기에 대해 답하시오.

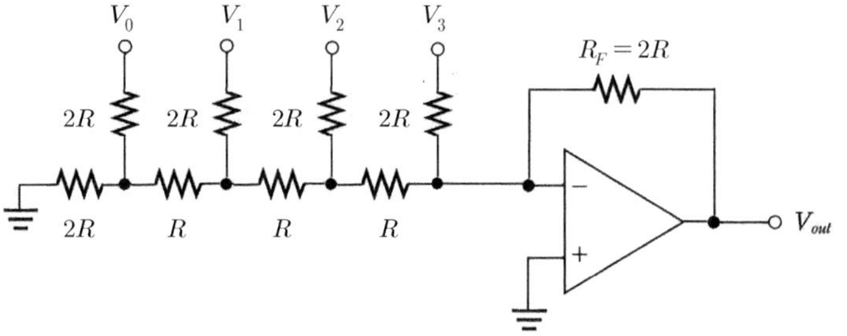

1) 위 회로에 맞는 Thevenin 등가전압 V_{TH} 및 Thevenin 등가저항 R_{TH}를 구하시오.

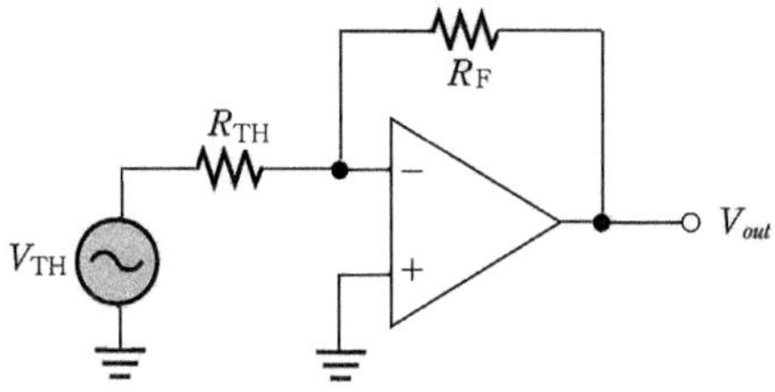

2〉 다음 표로 완성하고 가산기로 동작한다는 것을 확인하시오. 단, '1' 상태는 직류 $5V$ 이고 '0' 상태는 접지로 한다.

V_3	V_2	V_1	V_0	V_{out}
0	0	0	0	
0	0	0	1	
0	0	1	0	
0	0	1	1	
0	1	0	0	
0	1	0	1	
0	1	1	0	
0	1	1	1	
1	0	0	0	
1	0	0	1	
1	0	1	0	
1	0	1	1	
1	1	0	0	
1	1	0	1	
1	1	1	0	
1	1	1	1	

3〉 연산증폭기의 최대값은 바이어스전압 $+V_{CC}$ 또는 $-V_{CC}$이다. 위 출력이 이 값을 넘지 않고 안정적인 값을 가지려면 $R=1k\Omega$일 때, 귀환저항값은 얼마로 해야 하나?

4〉 위 회로를 R-2R ladder라고 부르며 DAC(Digital to Analog Converter)의 일종이다. 위의 결과로부터 동작을 설명하시오.

2. R-2R ladder를 이용한 가산회로로서 디지털신호를 아날로그신호로 변환한다. 다음 회로를 구성하고 물음에 답하시오. 여기서 저항은 $R=1k\Omega$하고 SPDT 스위치들을 사용하며 '1' 상태는 직류 $5V$이고 '0' 상태는 $0V$(접지)로 한다.

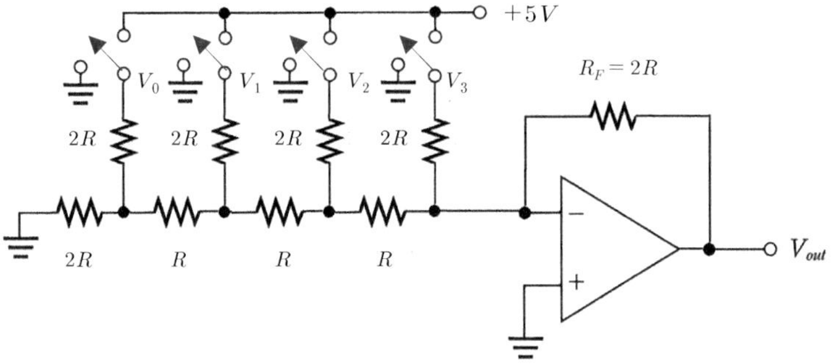

[브레드보드 상의 배치]

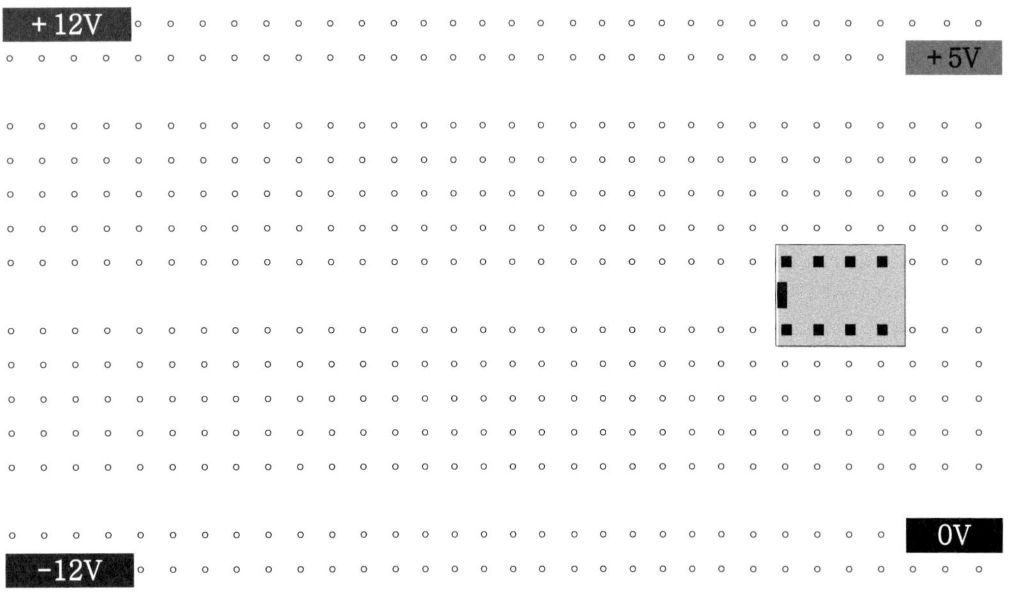

1) 위 회로에서 디지털신호가 최대일 때, 안정적인 출력을 위해 귀환저항 R_F는 얼마로 해야 하는가? 위의 회로설계는 타당한가?

2〉 네 개의 입력 V_3, V_2, V_1 및 V_0을 가지는 회로에서 출력전압을 표시하시오.

V_3	V_2	V_1	V_0	V_{out}		
				이론치	측정치	오차(%)
0	0	0	0			
0	0	0	1			
0	0	1	0			
0	0	1	1			
0	1	0	0			
0	1	0	1			
0	1	1	0			
0	1	1	1			
1	0	0	0			
1	0	0	1			
1	0	1	0			
1	0	1	1			
1	1	0	0			
1	1	0	1			
1	1	1	0			
1	1	1	1			

3. 다음 회로를 구성하고 $V_1 = 1\angle 0^\circ V$, $f = 1kHz$일 때, 물음에 답하시오.

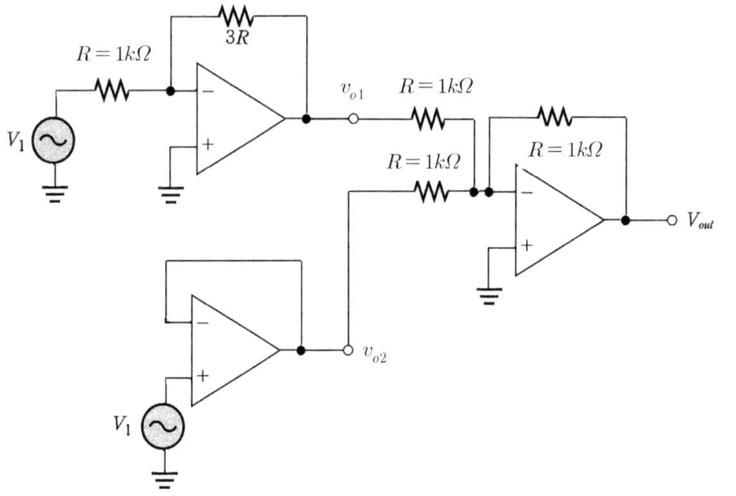

3. 그림 16-3의 DAC 회로에서 식 (16-9)와 식 (16-10)을 증명하시오.

1〉 $R_{TH} =$

2〉 $V_{TH} =$

4. 다음 연산증폭회로에서 각 단계마다 출력전압을 구하시오.

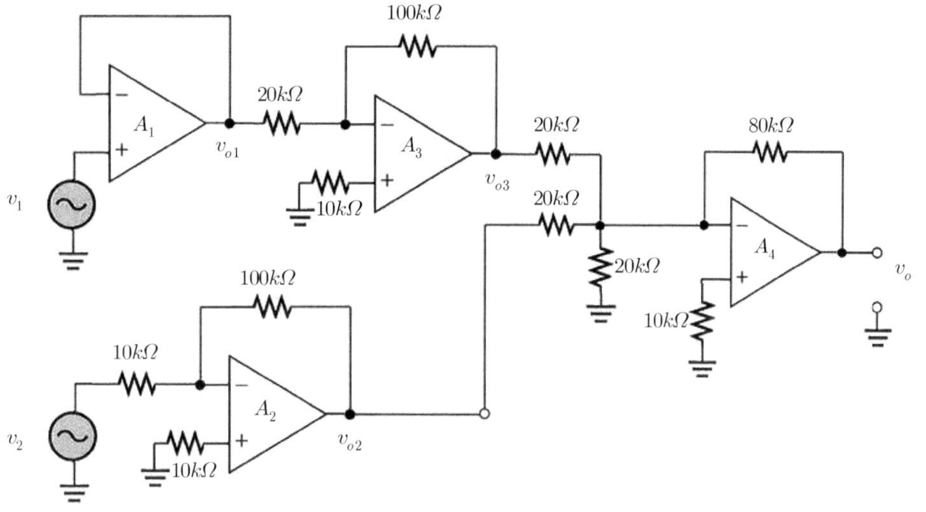

〈1〉 $v_{o1} =$

〈2〉 $v_{o2} =$

〈3〉 $v_{o3} =$

〈4〉 $v_o =$ 답: $v_o = 20v_1 + 40v_2$

〈5〉 연산증폭기 A_2, A_3, A_4에서 비반전단자의 저항 $10k\Omega$이 연결된 이유는?

실험17장
적분기 및 미분기

1. 적분기(integrator)
2. 미분기(differentiator)

Experiment 17

적분기 및 미분기

Integrator and Differentiator

실험목적

연산증폭기를 이용하여 출력전압이 입력전압을 적분한 값과 미분한 값을 가지는 회로를 이해하고 특히 사각파, 정현파 및 삼각파들이 입력될 때 동작에 따른 그 입출력특성을 학습한다.

기초이론

연산증폭기는 아날로그 컴퓨터를 구성하는 중요한 요소로서 아날로그 컴퓨터에서의 연산역할 중 가장 중요한 것 중의 하나인 적분과 미분기능을 수행할 수 있다. 적분(integration)이란 함수의 곡선으로 싸인 전체면적을 구하는 기본적 합산과정인 수학적 과정이며 미분(differentiation)은 입력신호의 시간적 변화에 비례하는 출력전압을 만드는 것이다.

1. 적분기(integrator)

1〉 적분기 개념

우리는 그림 17-1과 같은 회로에서 커패시터의 전류와 전압관계는 $i = Cdv_{out}/dt$라고 기초실험에서 학습했다. 이 직렬회로에서 저항을 흐르는 전류 $i = (v_{in} - v_{out})/R$ 와 같으므로 식을 정리하고 $v_{in} \gg v_{out}$이면 출력전압 v_{out}은 다음과 같이 표현 가능하다.

$$v_{out} = \frac{1}{RC}\int v_{in}dt \qquad (17-1)$$

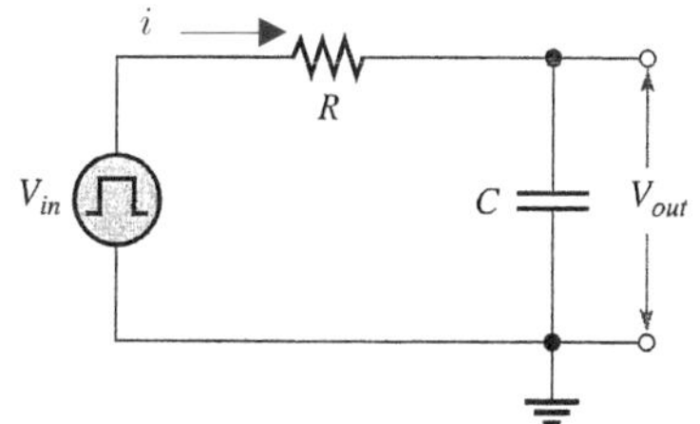

(a) RC 적분회로

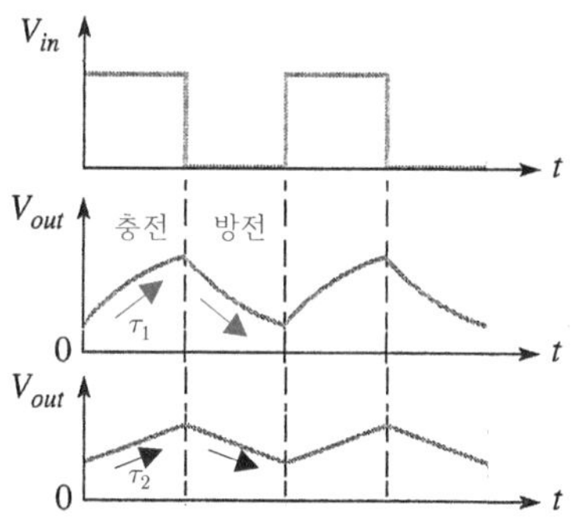

(b) 입력파형 및 시정수 증가에 따른 출력파형

[그림 17-1] 적분기의 개념 및 출력특성

회로의 시정수(time constant) $\tau = RC$ 란 충전속도 또는 방전속도를 의미한다. 적분기의 역할을 수행하려면 이 시정수(τ)가 입력신호 v_{in}의 주기(T)보다 훨씬 커야 한다. 다시 말해서 $T \propto 1/f$이므로 주기가 작으려면 동작주파수(f)가 커야 한다. 그림 17-1에 나타낸 것과 같이 회로 시정수가 커지면 입력이 사각파이면 출력은 삼각파로 바뀐다.

회로의 전달함수를 구하기 위해 Laplace 변환을 사용하여 살펴보자.

$$\frac{\dot{V}_{out}}{\dot{V}_{in}} = \frac{1/sC}{R+1/sC} = \frac{1/j\omega C}{R+1/j\omega C} = \frac{1}{j\omega RC+1} \tag{17-2}$$

적분기로 동작하려면 위 식으로부터 ωRC가 커야한다. 즉 적분기로 동작될 때 위 식을 극좌표를 사용하여 간단히 하면 다음과 같다.

$$\frac{\dot{V}_{out}}{\dot{V}_{in}} \fallingdotseq \frac{1}{j\omega RC} = \frac{1}{\omega RC} \angle -90^{\circ} \tag{17-3}$$

신호주파수가 큰 정현파가 입력되면 출력파형은 위상이 90° 이동된 정현파를 얻는다.

다행히 연산증폭기를 사용한 적분기는 커패시턴스 C값을 아주 크게 하는 효과를 만들어 유효 시정수가 아주 크게 되므로 일반적인 적분회로보다 더욱 쉽게 적분을 구현할 수 있다. 관련서적을 참조하여 Miller 정리를 활용하면 간단히 이해할 수 있다.

2) 연산증폭기를 활용한 능동 적분기

입력신호는 저항을 통해 반전단자에 연결되며 커패시터는 출력과 연결되어 있다.

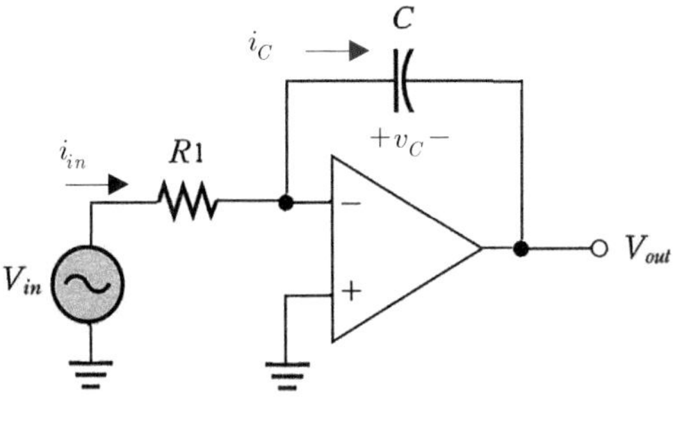

[그림 17-2] 연산증폭기를 이용한 적분기

입력전압 v_{in}이 가해지면 전류 i_{in}이 흐른다. 커패시터 C는 v_{in}에 비례하는 전류로 충전되어 적분한다. 연산증폭기의 반전입력이 가상접지(virtual ground: $0V$)이므로 R 양단전압은 입력전압 v_{in}과 같다. 따라서 입력전류는 다음과 같다.

$$i_{in} = \frac{v_{in}}{R} \qquad (17-4)$$

만약 입력 v_{in}이 일정하면, 반전입력이 항상 0V로 일정하므로 전류 i_{in}도 일정하며, R양단전압을 일정하게 한다. 연산증폭기의 높은 입력임피던스 때문에 반전입력의 전류는 무시될 수 있다. 따라서 입력전류 i_{in}이 모두 커패시터를 통해 흐르는 전류 i_C가 되므로 다음과 같이 나타낼 수 있다. v_{out}을 구하면 연산증폭기 적분기 출력전압이 구해진다.

$$i_C = i_{in} = -C\frac{dv_{out}}{dt} \qquad (17-5)$$

$$v_{out} = -\frac{1}{RC}\int_0^t v_{in}dt \qquad (17-6)$$

〈1〉 사각파 입력

그림 17-3은 기본적인 적분회로이다. 귀환소자로 사용되는 커패시터가 저항과 함께 RC 회로를 구성하고 있다.

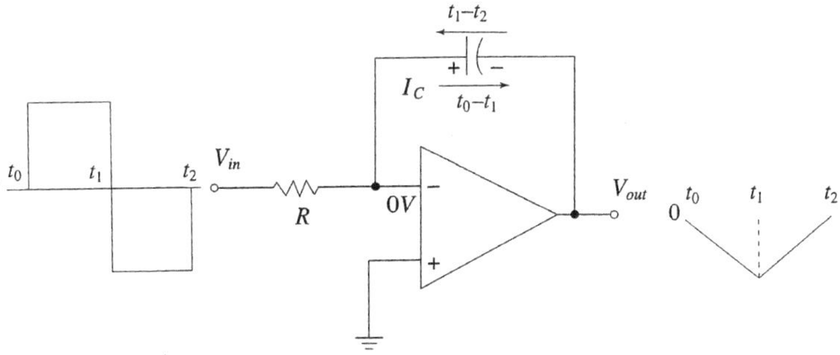

[그림 17-3] 적분기는 사각파를 삼각파로 바꾼다.

i_{in}이 일정하므로 커패시터의 전류 i_C도 일정하게 되며, 이 전류가 커패시터를 충전시켜 커패시터 양단전압을 일정하게 한다. 커패시터 +쪽은 연산증폭기의 가상접지 때문에 0V를 유지한다. 커패시터의 -쪽은 커패시터가 충전함에 따라 0으로부터 선형적으로 감소한다.

출력전압 v_{out}은 커패시터 -쪽 전압과 같다. 일정 입력전압이 계단파이거나 펄스형태로 공급될 때, 출력전압은 그림 17-3과 같이 연산증폭기가 최대 부(-)값으로 포화될 때가지 감소한다. 커패시터의 충전율, 즉 출력전압의 기울기는 i_C/C 로 정해진다. $i_C = v_{in}/R$ 이므로 변화율이나 적분기 출력의 기울기는 다음과 같다.

$$\frac{\Delta v_{out}}{\Delta t} = -\frac{v_{in}}{RC} \qquad (17-7)$$

<2> 사각파

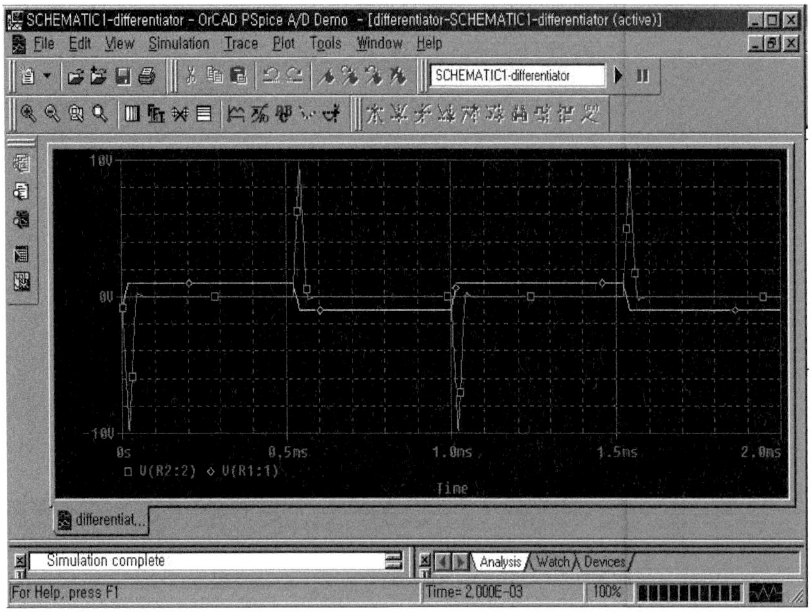

<3> 정현파

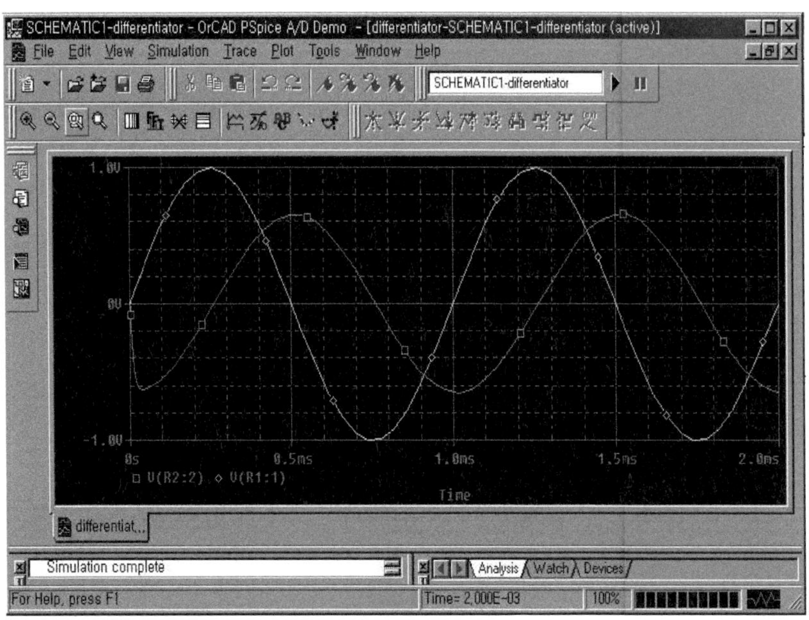

[예비보고서]

1. 다음 회로에서 입력이 사각파 $\dot{V}_{m(in)} = 0.5\,V$, $f = 10kHz$인 경우, 물음에 답하시오.

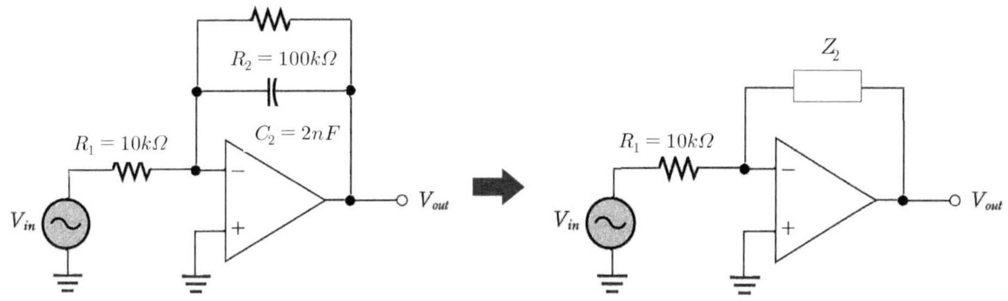

1〉 반전(inverting)단자의 전압이 왜 $0\,V$인가?

2〉 저항 R_1을 흐르는 전류는?

3〉 $\dot{Z}_2$를 구하고 이로부터 출력전압 $\dot{V}_{out}$과 입력전압 $\dot{V}_{in}$의 관계를 구하시오.

〈1〉 동작주파수가 크면 출력전압은 입력전압보다 위상각이 몇 도 앞서는가?

〈2〉 동작주파수가 작으면 이 회로는 어떤 기능을 수행하는가?

〈3〉 위 회로는 주파수에 대해 (저역통과, 고역통과) 필터 역할을 한다.

2. 다음 회로에서 입력이 삼각파 $\dot{V}_{p(in)} = 0.5V$, $f = 1kHz$ 인 경우, 물음에 답하시오.

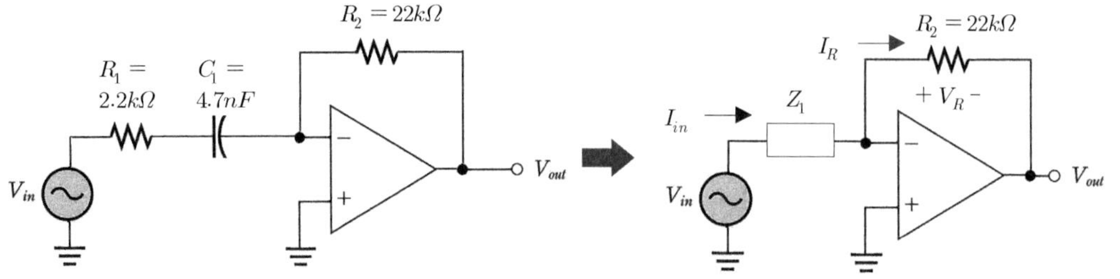

1〉 반전(inverting)단자의 전압은?

2〉 $\dot{Z}_1$를 구하고 이로부터 출력전압 $\dot{V}_{out}$과 입력전압 $\dot{V}_{in}$의 관계를 구하시오.

〈1〉 동작주파수가 작으면 출력전압은 입력전압보다 위상각이 몇 도 앞서는가?

〈2〉 동작주파수가 크면 이 회로는 어떤 기능을 수행하는가?

〈3〉 위 회로는 주파수에 대해 (저역통과, 고역통과) 필터 역할을 한다.

[결과보고서]

실험제목					
실험일자	년 월 일(요일)		담당교수		㉑
성 명		학 번		평 가	

1. 다음 적분기 회로를 구성하고 물음에 답하시오.

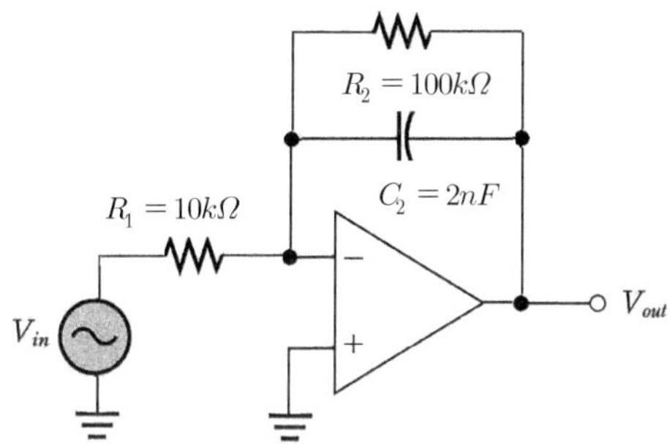

1〉 사각파 $\dot{V}_{in} = 0.5\angle 0^\circ\ V,\quad f = 10kHz$가 인가될 때

〈1〉 입력 V_{in} 및 출력 V_{out} 파형을 그리시오.

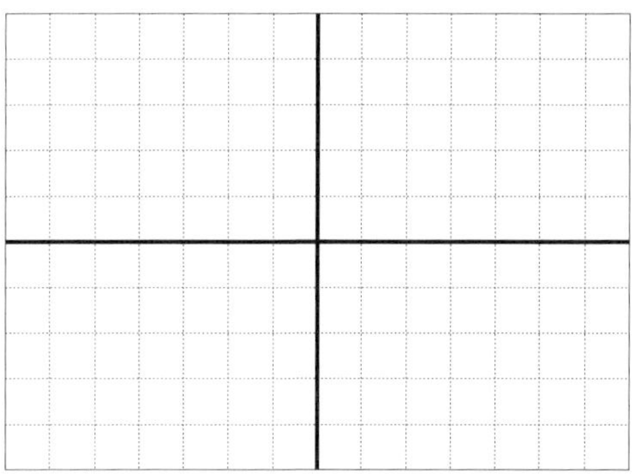

———— : V_{in}
volts/div: ________

• • • • • : V_{out}
volts/div: ________

출력파형은 (   )이다.

〈2〉 입력신호의 반주기(=$T/2$)마다 V_{out}을 구하시오. PSPICE를 참고하시오.

	이론치		측정치		오차(%)	
V_{in}	$+V_m$	$-V_m$	$+V_m$	$-V_m$	V_m	$-V_m$
V_{out} 초기치						
V_{out} 최종치						
V_{out} 기울기						

[수치적 계산]

2〉 입력신호가 정현파 $\dot{V}_{in}=0.5\angle 0^{\circ}\ V$, $f=10kHz$일 경우

〈1〉 입력 V_{in} 및 출력 V_{out}의 파형을 각각 그리시오.

———— : V_{in}
volts/div: ____________

•••••• : V_{out}
volts/div: ____________

출력파형은 (   )이다.

〈2〉 입력 V_{in}과 출력 V_{out}에 대해 다음 표를 완성하시오. PSPICE를 참고하시오.

	이론치	측정치	오차(%)
$V_{m(out)}$			
입력과 위상차			

〈3〉 입력신호와 출력신호 중에서 어느 것이 앞서는가?

3〉 입력신호가 정현파 $\dot{V}_{in}=0.5\angle 0^{\circ}\ V$, $f=10kHz$이고 커패시터 C를 개방될 경우

〈1〉 입력 V_{in} 및 출력 V_{out} 파형을 그리시오.

———— : V_{in}
volts/div: ____________

•••••• : V_{out}
volts/div: ____________

이 회로는 (   )이다.

〈2〉 입력과 출력의 위상차 ϕ 및 전압이득 A는 각각 얼마인가?

4〉 원 회로에서 입력신호가 $V_{in} = 0.5V_{dc}$ 이고 귀환저항 R_2를 개방할 경우

〈1〉 회로를 다시 그리시오.

〈2〉 입력 V_{in} 및 출력 V_{out} 파형을 그리시오.

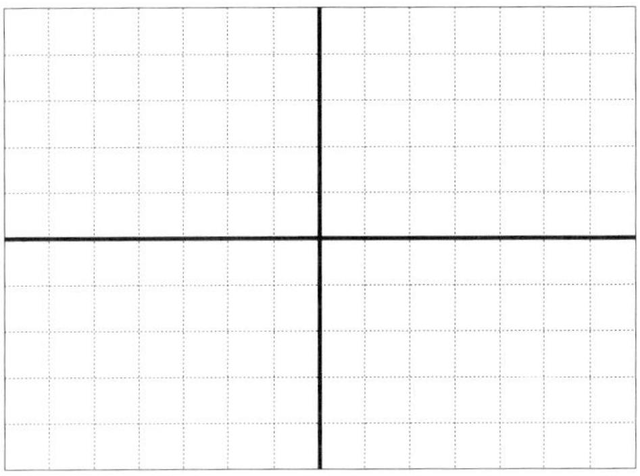

———— : V_{in}
volts/div: ________

●●●●● : V_{out}
volts/div: ________

이 회로는 ( )이다.

〈3〉 출력전압은 얼마인가? 이 이유를 설명하시오.

5〉 입력신호가 $V_{in} = 0.5V_{dc}$ 이고 귀환저항 R_2를 다시 연결할 경우,

〈1〉 입력 V_{in} 및 출력 V_{out} 파형을 그리시오.

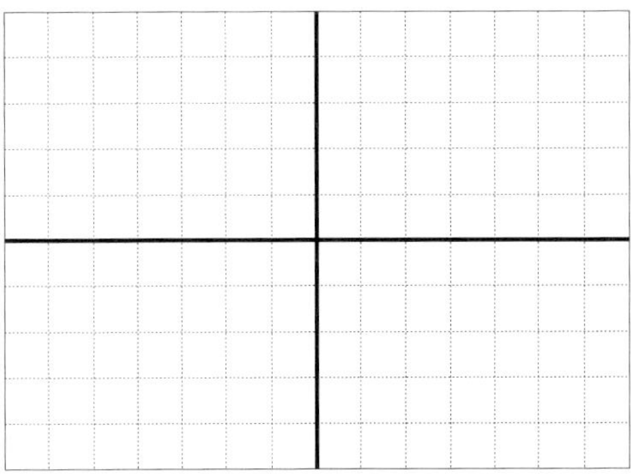

———— : V_{in}
volts/div: ________

●●●●● : V_{out}
volts/div: ________

〈2〉 귀환저항 R_2를 연결한 이유는 무엇인가?

[토의 및 심화학습]

1. 다음 회로에서 입출력관계를 구하고자 한다. 여기서 $R=10k\Omega$, $C=20\mu F$이다.

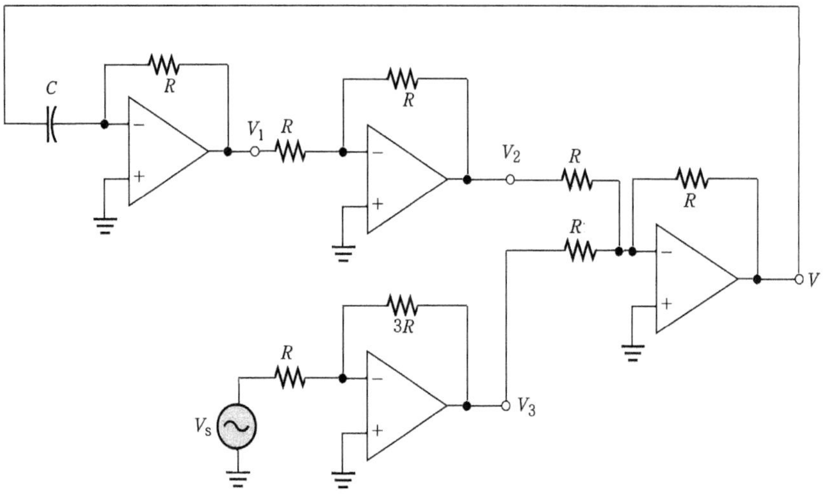

1〉 v와 v_1의 관계를 쓰시오.

2〉 v_1과 v_2의 관계를 쓰시오.

3〉 v_s와 v_3의 관계를 쓰시오.

4〉 v_2, v_3 및 v의 관계를 쓰시오.

5〉 위의 관계를 미분방정식으로 나타내시오.

답: $\frac{dv}{dt}+5v=15v_s$

2. 다음 회로에서 입력은 그림과 같으며, 커패시터의 초기전압 $v_C(0)=0[V]$ 이다.

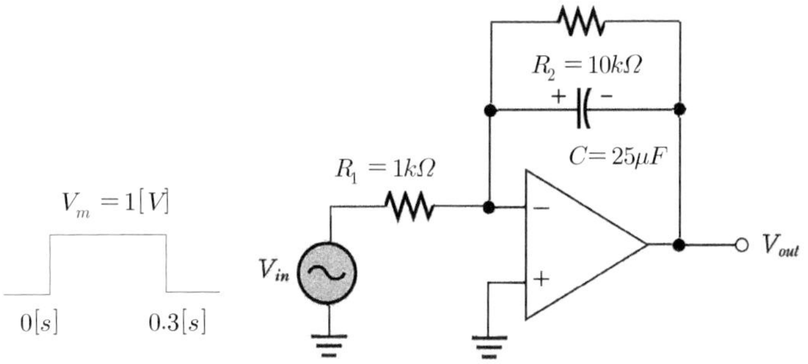

1〉 Thevenin(또는 Norton) 등가회로를 이용하여 출력전압 v_{out}을 구하고자 한다.

〈1〉 R_1을 흐르는 전류를 구하고 커패시터를 부하로 하는 등가회로를 구하시오.

〈2〉 시정수 τ를 구하고 커패시터 양단전압 v_C로부터 출력전압을 구하시오.

2〉 v_{in}이 그림과 같을 때, 다음 두 구간들에서 출력전압 v_{out}을 구하시오.

〈1〉 $0 < t < 0.3[s]$ 답: $-10(1-e^{-4t})[V]$

〈2〉 $0.3[s] < t$ 답: $-7e^{-4(t-0.3)}[V]$

〈3〉 v_{out}

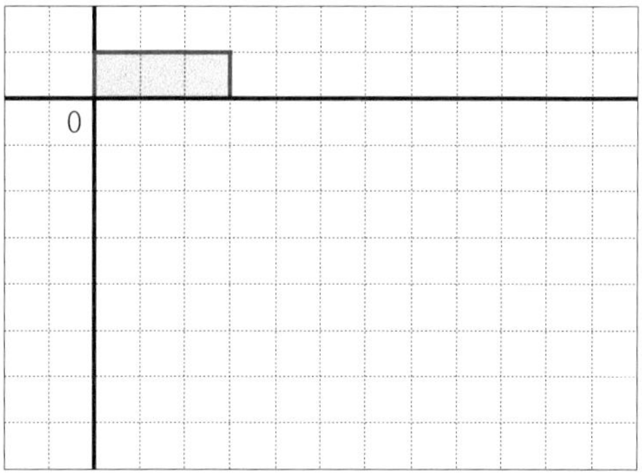

3〉 만약 저항 R_2를 제거하면 출력파형은 어떻게 되는가?

3. 다음은 Switched capacitor를 이용하여 적분기를 구현하고자 한다. 커패시터 C_1과 클럭으로 동작하는 두 트랜지스터들을 사용하여 저항 R_1의 역할을 수행한다.

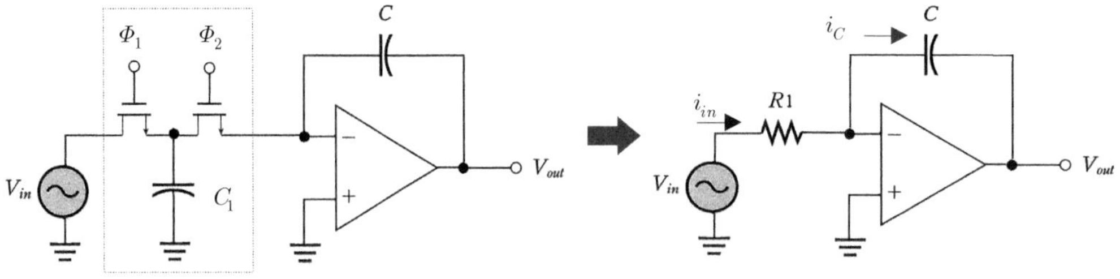

1〉 어떻게 그림과 같이 등가저항 R_1으로 대체할 수 있는 지를 설명하시오.

2〉 $C_1 = 1000pF$으로 등가저항 $R_1 = 10k\Omega$을 구현코자 한다. 동작주파수 f를 구하시오.

3〉 Φ_1과 Φ_2에는 사각파를 구동하여 두 MOSFET들을 서로 상보적으로 동작시킨다.

〈1〉 Duty 계수는 50%로 하여 두 신호파형들을 그리시오.

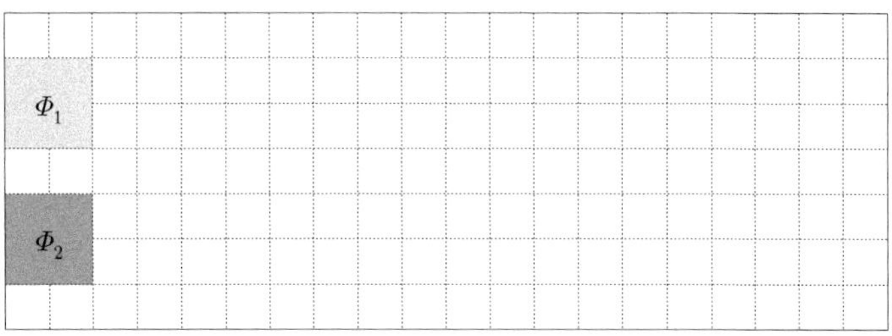

〈2〉 이 두 신호들의 동작주파수는 입력신호의 주파수보다 커야하는가 작아야 하는가? 또한 그 이유는 무엇인가?

4. 통상적으로 제어기는 PID(비례, 적분 및 미분) 제어를 이용하여 시스템을 보상하여 과도응답(transient response)과 정상상태(steady state) 오차를 개선한다. 이는 회로로 구성할 수 있다. 다음 회로에 대해 답하시오.

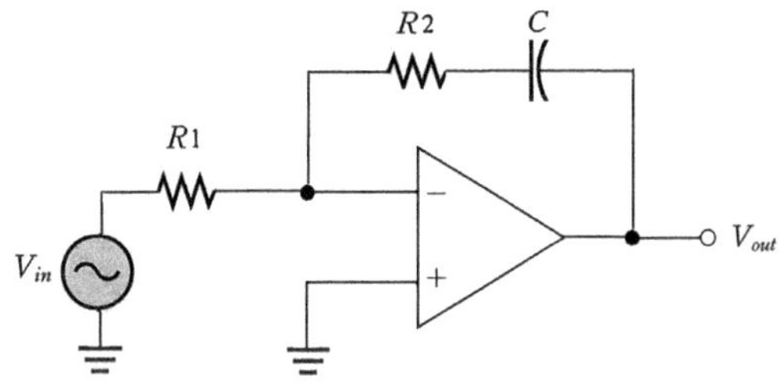

1⟩ 전달함수 $\dot{V}_{out}/\dot{V}_{in}$를 구하시오.

2⟩ 이 시스템은 P(비례)제어, PI(비례 및 적분)제어, PD(비례 및 미분)제어 중에서 어디에 해당하는가?

3⟩ 위 회로의 전달함수 $G(s)=-\dfrac{100(s+1)}{s}$이라고 한다. 저항과 커패시터 값을 구하시오. 단, $R_1=10k\Omega$이다. 답: $R_2=1M\Omega,\ C=1\mu F$

4⟩ PID제어기를 연신증폭기로 구현하시오.

5. 다음 회로에서 입력신호 v_{in}과 출력신호 v_{out}의 관계는? 답: ㉰

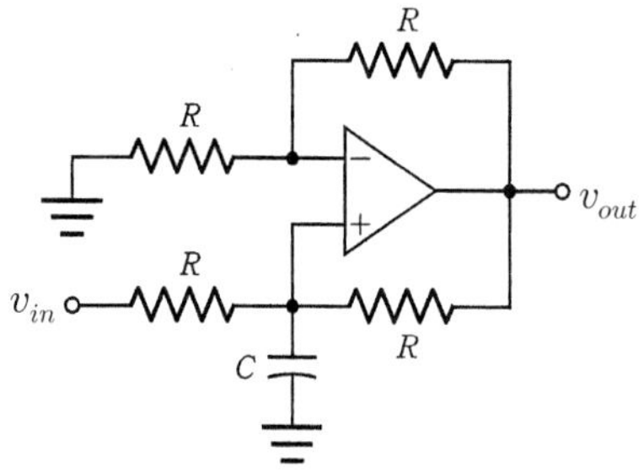

㉮ $v_{out} = \frac{1}{RC}\int v_{in}dt$ ㉯ $v_{out} = -\frac{1}{RC}\int v_{in}dt$

㉰ $v_{out} = \frac{2}{RC}\int v_{in}dt$ ㉱ $v_{out} = -\frac{2}{RC}\int v_{in}dt$

6. 다음 미분방정식 $\frac{d^2v}{dt^2}+3\frac{dv}{dt}+4v=v_S$의 해를 구하고자 한다.

1〉 해를 구하는 아날로그회로를 구성하시오.

(힌트: 가산기, 적분기, 반전 및 비반전 증폭기를 활용하시오.)

2〉 위 시스템의 안정여부를 결정하시오.

실험18장

비교기 및 Schmitt 회로

1. 비교기란?
2. Schmitt 비교기
3. 멀티바이브레이터(multivibrator) 분류

Experiment 18

비교기 및 Schmitt 회로

Comparator and Schmitt Circuit

실험목적

연산증폭기를 개방회로로 사용하면 기준전압과 기준입력을 비교하는 비교기로 동작한다. 이 비교기에 정귀환(positive feedback)을 걸면 두 개의 문턱전압을 갖는 Hysteresis 특성을 갖고 잡음에 둔감한 회로가 되는 Schmitt 비교기를 익힌다.

기초이론

지금까지 주로 부귀환(negative feedback)이 작동하는 증폭회로에 대해 학습하였다. 이 장에서는 부귀환이 없는 회로나 정귀환을 가지는 비교기에 대해 학습한다.

1. 비교기란?

그림 18-1는 비교기를 나타낸 것이다. 연산증폭기 자체를 개방루프로 아주 적은 전압차이에도 출력은 포화된다. $A_0 = 100{,}000$인 증폭기에 $v_{in} = 1mV$가 인가되면 $v_o = A_0 v_d = 100V$가 된다. 그러나 실제 출력은 그림 (b)와 같이 바이어스 전압보다 약간 작은 값인 포화전압을 가지므로 $+V_{sat}(HIGH)$나 $-V_{sat}(LOW)$를 가진다. 이와 같이 연산증폭기를 개방루프로 사용하면 작은 입력전압에 대해 출력이 포화되어 선형동작을 상실하므로 비교기 이외에는 개방루프로 사용하지 않는다.

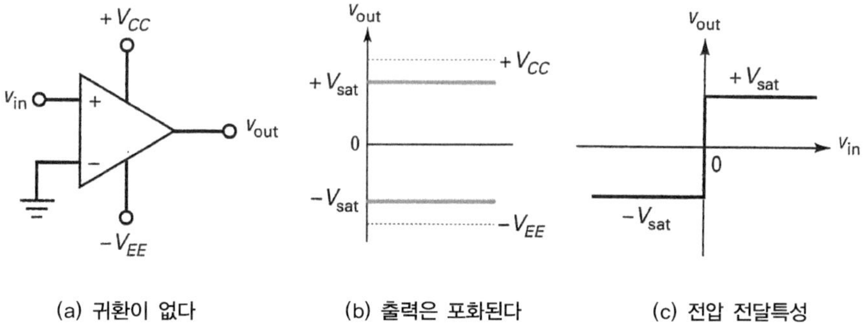

(a) 귀환이 없다　(b) 출력은 포화된다　(c) 전압 전달특성

[그림 18-1] 비교기원리 및 전달특성

그림 (c)는 비교기의 전달특성을 나타낸 것으로서 비교 기준전압은 0V이다. 즉, 0V와 입력전압을 비교하여 어느 것이 크냐에 따라 출력이 생성된다. 이 기준전압은 설계자가 마

음대로 정할 수 있다.

출력단자에서 입력단자로의 부귀환이 없음을 명심해야 한다. 반전단자전압은 $0V$이다. 비반전단자에 입력신호(정현파, 삼각파 등)가 인가된다. 이 두 개의 입력을 비교하여 $V_{in} > 0$ 이면 $V_{out} = -V_{sat}$, $V_{in} < 0$이면 $V_{out} = +V_{sat}$이 되어 입력이 사각파로 변환된다. 비교되는 기준전압이 0V이면 이 비교기를 '영점 검출기(zero-crossing detector)'라고 부르며 출력이 두 개의 상태들을 가진 디지털신호이므로 아날로그신호를 디지털호로 바꾸는 데 활용된다.

만약 비반전 단자전압이 $v_- = 2V$이면, 입력신호와 $2V$의 크기를 비교하여 출력전압을 발생시킨다.

1) 비교기를 활용한 시간표시기

그림 18-2는 정현파로부터 사각파 및 시간표시기를 발생시키는 회로이다.

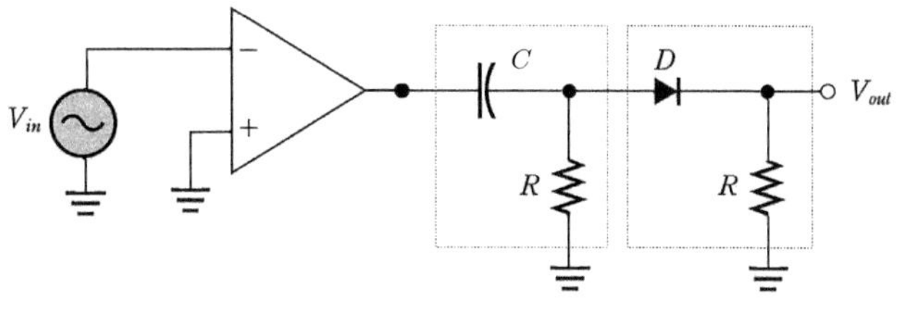

[그림 18-2] 타임마커를 구현하는 비교회로

먼저 연산증폭기의 출력은 입력신호 V_{in}과 $0V$의 크기에 따라 출력은 '1상태'와 '0상태'를 가지는 사각파가 된다. 다음으로 C와 R으로 이루어진 미분회로는 음과 양의 트리거펄스가 생기며, D와 R로 구성된 다이오드 반파 정류회로를 거치면 원래의 정현파와 같은 주기의 양의 펄스만 남는다. 이와 같은 트리거펄스는 시간표시기(time marker)로 쓸 수 있다.

또한 window 비교기는 비반전과 반전비교기를 결합하여 이 두 비교기가 서로 다른 두 기준전압을 갖는 창(window)을 구성할 수 있으며 동작상태를 확인하기 위해 부가적으로 LED 검출회로를 구성할 수 있다.

2) 비교기 및 7-세그먼트 디스플레이

그림 18-3은 7개의 비교기들을 사용하여 LED 또는 FND를 구동하여 표시하도록 구성된 회로이다. 각 비교기의 반전단자와 비반전단자들의 상호 전압크기에 따라 출력은 HIGH 또는 LOW로 생성된다. 각 비교기의 반전단자전압은 전압분배법칙으로 간단히 구할 수 있다. 동작특성을 익히기 위해 먼저 가장 오른쪽의 비교기를 해석해 보자.

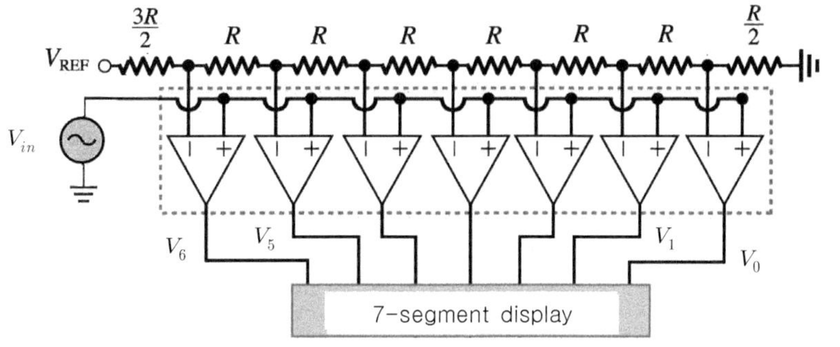

(a) LED를 구동하는 비교기

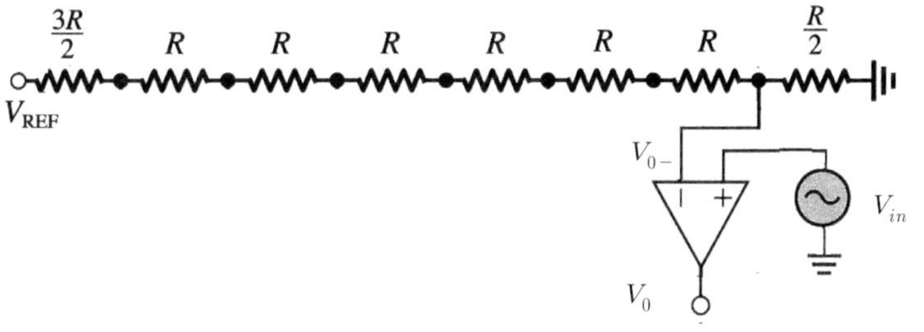

(b) 어떤 하나의 디지털신호를 구동하는 비교기

[그림 18-3] 아날로그신호를 디지털 신호로 처리한다.

그림 18-3(b)에 나타낸 첫 번째 비교기에서 반전단자의 전압을 구하면 다음과 같다.

$$V_{0-} = V_{REF} \times \frac{R/2}{15R/2 + R/2} = \frac{V_{REF}}{16} \qquad (18\text{-}1)$$

따라서 출력 V_0는 V_{in}와 V_{o-}의 값의 크기에 따라 '1상태' 또는 '0상태'를 가진다.
그 다음 각 직류전압이 인가되는 비교기의 반전단자 전압은 다음과 같다.

$$V_{1-} = V_{REF} \times \frac{3R/2}{13R/2 + 3R/2} = \frac{3V_{REF}}{16} \qquad (18\text{-}2)$$

$$V_{2-} = V_{REF} \times \frac{5R/2}{11R/2 + 5R/2} = \frac{5V_{REF}}{16} \qquad (18\text{-}3)$$

………

$$V_{6-} = V_{REF} \times \frac{13R/2}{3R/2 + 13R/2} = \frac{13V_{REF}}{16} \qquad (18\text{-}4)$$

2. Schmitt 비교기

정귀환(positive feedback)을 사용한 비교기로서 이 회로가 가지는 잡음제거기능을 가지는 동작특성을 이해한다. 논리회로를 구동하는 입력신호는 확실한 동작을 위해 비교적 빠른 동작시간을 가져야 한다. 50ns를 초과하는 상승 및 하강시간은 인버터게이트 출력에서 발진을 일으키며 플립플랍(F/F)이나 단안정 멀티바이브레이터(monostable multivibrator)를 오동작시킬 수도 있다. 따라서 상승 및 하강시간이 빠르며 잡음에도 강한 회로가 필요하게 되었다.

그림 18-4는 일반 비교기와 Schmitt 비교기의 특성을 나타낸 것이다. 단순한 비교기는 다음과 같은 두 가지 문제점들을 가진다. 첫째 입력이 서서히 변하면 출력도 서서히 변한다. 둘째 입력에 잡음이 섞이면 기준전압(trigger voltage)을 끊을 때마다 출력이 변동한다.

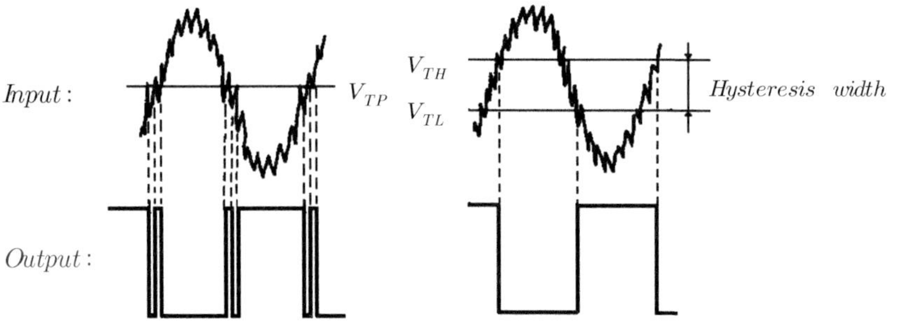

(a) 잡음에 영향을 받는다 (b) 잡음에 내성을 가진다.

[그림 18-4] 단순 비교기와 Schmitt 비교기

앞서 설명한 비교기에 정귀환(positive feedback)을 걸면 두 개의 문턱전압들을 갖는 히스테러시스(hysteresis) 특성을 가진다. 이 특성으로 인해 잡음에 강하게 된다. 센서(온도, 조도, 압력 등)의 출력전압이 기준값 근처에서 불규칙하게 변화하는 경우에 그 시스템은 불안정하다. 예를 들어 설정된 온도에 따라 자동으로 ON/OFF하는 에어컨디셔너를 고려해 보자. 기기가 동작하여 온도가 내려가면 동작을 멈추고 다시 온도가 상승하면 동작되도록 제어하고자 할 경우에 단순비교기를 사용한다면 실내온도가 설정된 근처에서 작은 변화에 대해 동작하므로 출력에 채터링(chattering)이 발생하여 ON/OFF를 반복할 것이다. 그러나 Schmitt 비교기를 사용하면 실내온도 변화폭에 안정적으로 동작한다.

또한 푸시버튼 스위치, 릴레이 등의 기계적 접점을 가지는 소자에서는 스위칭되는 순간에 채터링이 발생하여 스위치를 여러 번 ON/OFF하는 것처럼 되어 회로의 오동작을 유발시키는 원인이 된다. 그림 18-5는 RS 래치(latch)와 Schmitt 비교기를 이용한 해결기법을 나타낸 것이다.

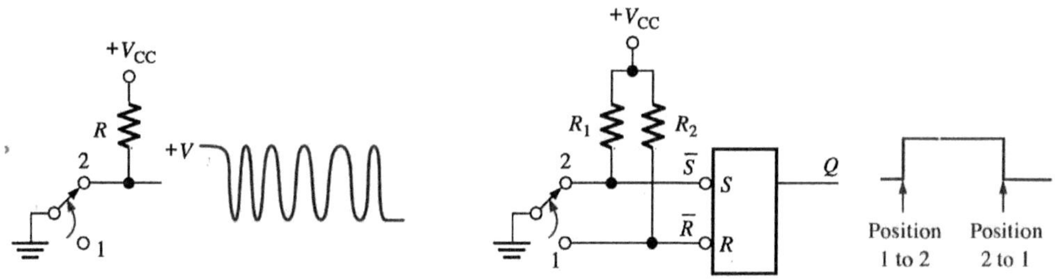

(a) SR latch의 활용

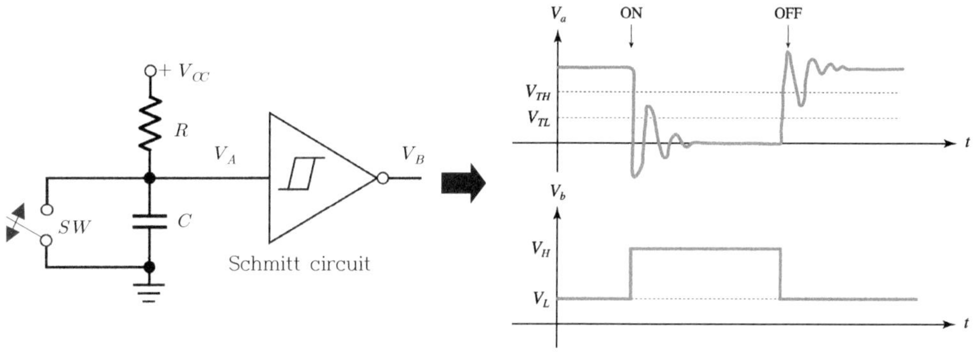

(b) Schmitt 비교기의 활용

[그림 18-5] Chattering 현상 및 문제 해결방법

이러한 문제를 해결하는 방식이 Schmitt 비교회로를 사용하는 것이다. 즉 두 개의 비교점을 가지고 있어 잡음에 대한 면역성이 있다는 것이다. 일반적으로 연산 증폭기는 부귀환을 걸어 동작시킨다. 그러나 이 회로는 정귀환을 걸므로 비교기로 동작되어 출력이 포화된다.

1〉 반전 Schmitt 비교기

출력이 입력으로 정귀환(positive feedback)을 형성하는 회로를 Schmitt 회로라 부르며 출력상태에 따라 그림 18-6과 같이 두 개의 문턱전압(threshold voltage) 즉 V_{TH} (upper threshold voltage) 및 V_{TL}(lower threshold voltage)를 가진다.

〈1〉 그림에서 출력은 양 또는 음의 전압으로 포화되어 있다. 이는 비교기로서 동작되기 때문이다. 우선 $V_{out} = +V_H$ (≒ 12 V)인 양의 전압으로 포화되어 있다면 비반전단자 전압은 다음과 같다.

$$V_+ = \frac{R_2}{R_1 + R_2} V_{sat} = BV_H \qquad (18-5)$$

여기서 B는 귀환율을 나타낸다. 이 값이 상측 문턱전압 V_{TH}이 된다.

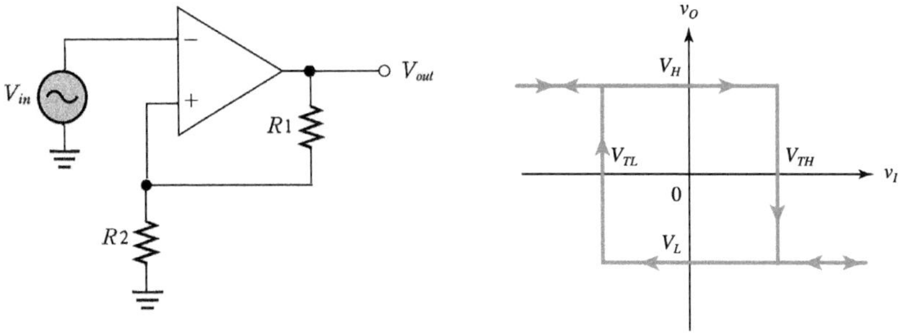

(a) 반전 Schmitt 회로　　(b) 전압 전달특성

[그림 18-6] 반전 Schmitt 비교기

〈2〉 반전단자의 전압 V_{in}를 증가시켜서 $V_{in} < BV_H$이면 $V_{out} = V_H(\fallingdotseq +12V)$ 이지만 만약 V_{in}이 BV_H보다 조금만 커지면 출력은 $V_L(\fallingdotseq -12V)$ 으로 변환된다.

〈3〉 출력이 비반전단자로 귀환되어 정귀환으로 인한 재생작용은 $|BA| \gg 1$이란 조건이 만족되면 입력파의 속도에 관계없이 출력값의 변화가 순간적으로 일어나서 다음과 같이 되며 이것이 하측 문턱전압 V_{TL}이다.

$$V_+ = \frac{R_2}{R_1 + R_2}(V_L) = BV_L \qquad (18-6)$$

〈4〉 이와 같이 Schmitt 비교기는 두 개의 비교점 V_{TH} 및 V_{TL}를 갖는다. 즉v_{in}과v_+를 비교하여 2개의 변환점들을 가진다. 이 값이 입력신호와 비교되어 양(+)이나 음(−)으로 포화된 출력파형이 나타난다. 이 두 개의 문턱점 간의 차를 이력폭(hysteresis width)라고 한다.

$$V_{HW} = V_{TH} - V_{TL} \qquad (18-7)$$

만일 정귀환이 없다면 $B=0$가 되고 문턱점들이 모두 0이기 때문에 이력폭은 없어진다. 이력폭은 잡음(noise)으로 인한 잘못된 변화를 일으키는 막아주므로 어떤 환경에서 피크-피크 잡음전압이 이력폭보다 작다면 상태변화는 일어나지 않고 안정하게 동작할 것이다.

응용회로에서는 V_{TH} 및 V_{TL}가 모두 음수 또는 양수이고 수평방향으로 이동된 이력특성이 필요한 경우가 있다. 이는 입력신호가 인가되지 않은 단자에 기준전압을 바이어스하여 이력특성을 수평으로 이동시킨다. 그러나 이력폭의 영향은 없다.

2〉 비반전 Schmitt 비교기

입력이 비반전단자에 가해지고 연산증폭기의 출력이 두 저항들을 통해 비반전단자로 귀환되므로 정귀환이 형성된다.

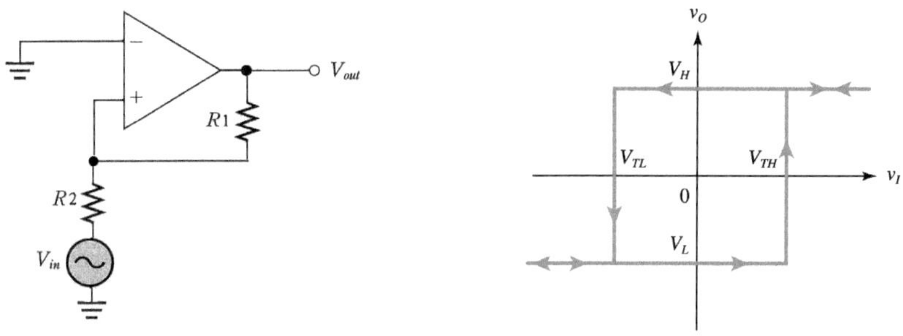

(a) 비반전 Schmitt 회로　　　(b) 전압 전달특성

[그림 18-7] 비반전 Schmitt 비교기

1〉 중첩정리를 이용하여 비반전단자의 전압을 구하자.

$$V_+ = V_{in}\left(\frac{R_1}{R_1+R_2}\right) + V_{out}\left(\frac{R_2}{R_1+R_2}\right) \quad (18-8)$$

2〉 출력이 음으로 포화되어 있다면 $V_{out} = V_L$이다. 출력이 High로 이동하기 위해서는 $V_+ > 0$이 되어야 한다. 따라서 $V_+ = 0$이 되는 입력전압이 상측 문턱전압이 된다.

$$V_{TH} = -\frac{R_1}{R_2}(V_L) \quad (18-9)$$

$V_{in} < V_{TH}$이면 $V_+ < 0$이므로 출력은 $V_{out} = V_L$을 유지한다. 이 상태를 그림 (b)에 나타내었다.

3〉 출력이 양으로 포화되어 있다면 $V_{out} = V_H$이다. 출력이 Low로 이동하기 위해서는 $V_+ < 0$이 되어야 한다. 따라서 $V_+ = 0$이 되는 입력전압이 하측 문턱전압이 된다.

$$V_{TL} = -\frac{R_1}{R_2}(V_H) \quad (18-10)$$

$V_{in} > V_{TL}$이면 $V_+ > 0$이므로 출력은 $V_{out} = V_H$을 유지한다. 이 상태를 그림 (b)에 나타내었다.

4) 이력폭(hysteresis width)은 다음과 같다.

$$V_{HW} = V_{TH} - V_{TL} \tag{18-11}$$

반전 Schmitt 회로와 비반전 Schmitt 회로의 차이점은 전달특성에서 비교하면 상태변환 시점이 서로 다른 것이다. 이력곡선의 수평값을 이동하려면 입력신호가 인가되지 않는 단자에 원하는 기준전압을 가하면 된다. Schmitt 비교기는 이력특성을 나타내는 V_{HW}, V_{TH} 및 V_{TL}은 저항 R_1과 R_2의 비(ratio)에 의해서 결정된다.

3. 멀티바이브레이터(multivibrator) 분류

멀티바이브레이터는 다음과 같이 세 가지로 분류한다.

1) 단안정(monostable): 외부 신호가 입력되는 그 순간만 어떤 상태로 변환한 후 얼마의 시간이 지나면 외부 신호가 입력되기 전의 처음상태로 복귀한다. 펄스발생기는 외부의 트리거신호에 의해 정해진 폭의 펄스를 생성하고 하나의 안정한 상태를 가진다.

2) 쌍안정(bistable): 두 개의 안정 상태 중의 어느 한쪽에 무한히 머무르며 변화조건이 주어지면 즉, 트리거될 때마다 다른 안정 상태로 넘어간다.

3) 비안정(astable): 외부신호에 관계없이 출력은 계속하여 두 상태(H, L)를 반복한다. 사각파발생기는 두 개의 출력상태를 주기적으로 반복하여 생성하므로 비안정이다.

실험한 Schmitt 비교기는 쌍안정 멀티바이브레이터로서 두 개의 안정상태를 가진다. 이외에도 Schmitt 회로 또는 555 타이머를 이용하여 다양한 멀티바이브레이터를 구현한다.

[실험장비 및 부품]

사용장비	품 목	정 격	소요량
DC power supply Oscilloscope Function generator Breadboard	Op amp Resistor Capacitor Diode	$LM741$ or $\mu A741$ $1k\Omega$, $10k\Omega$, $47k\Omega$ $0.1\mu F$, $0.01\mu F$ 1N4001~7	1개 2개 각 1개 각 1개 2개

[PSPICE]

1. 비교기를 이용한 타임마커

1) 회로도

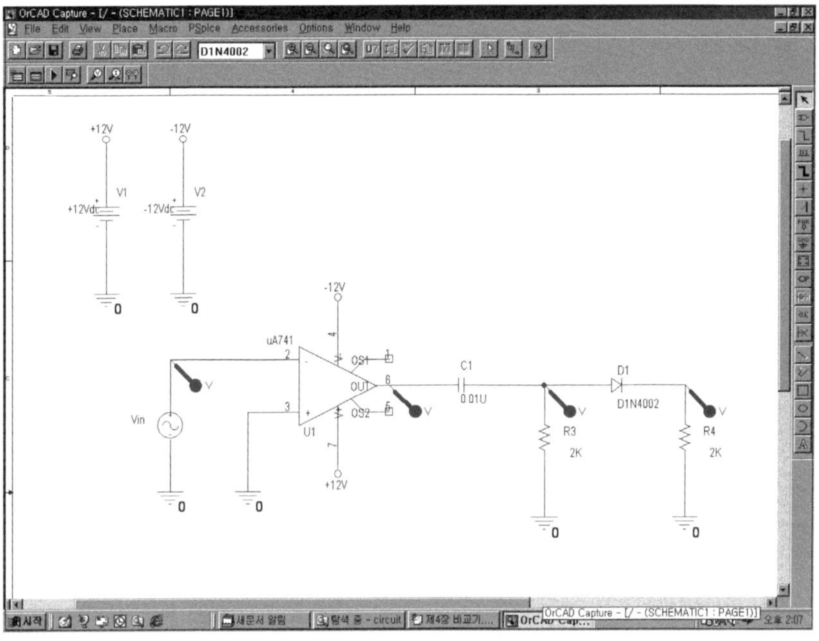

2) 정현파로 사각파 생성

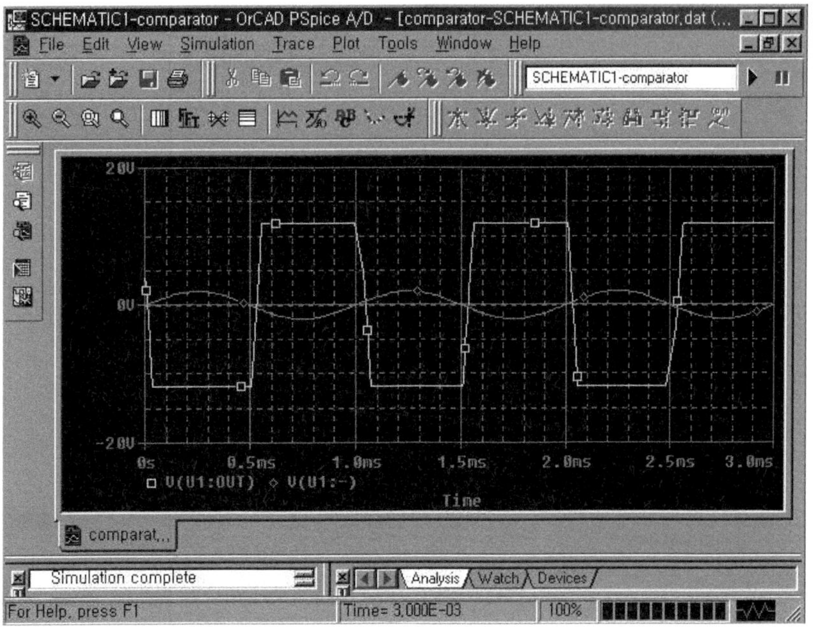

3〉 과도특성(삼각파 입력)

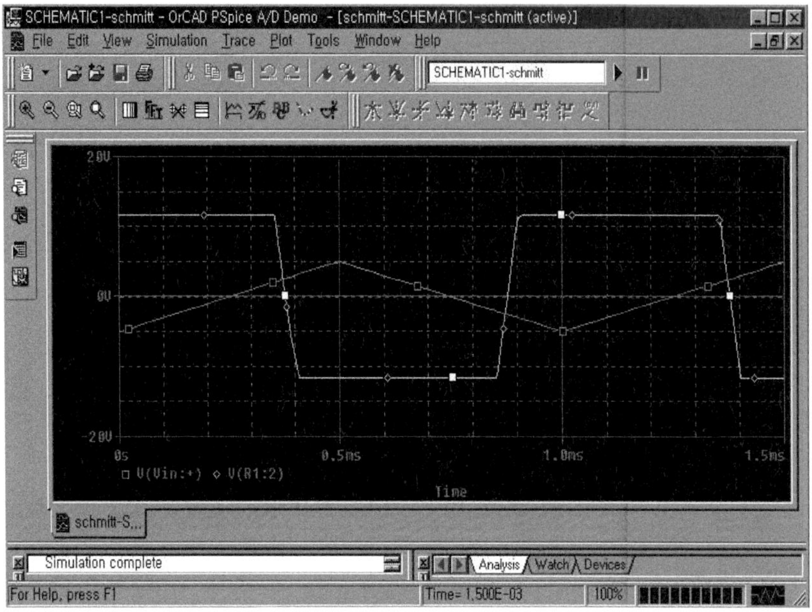

4〉 비반전단자 전압 v_+ 및 출력전압

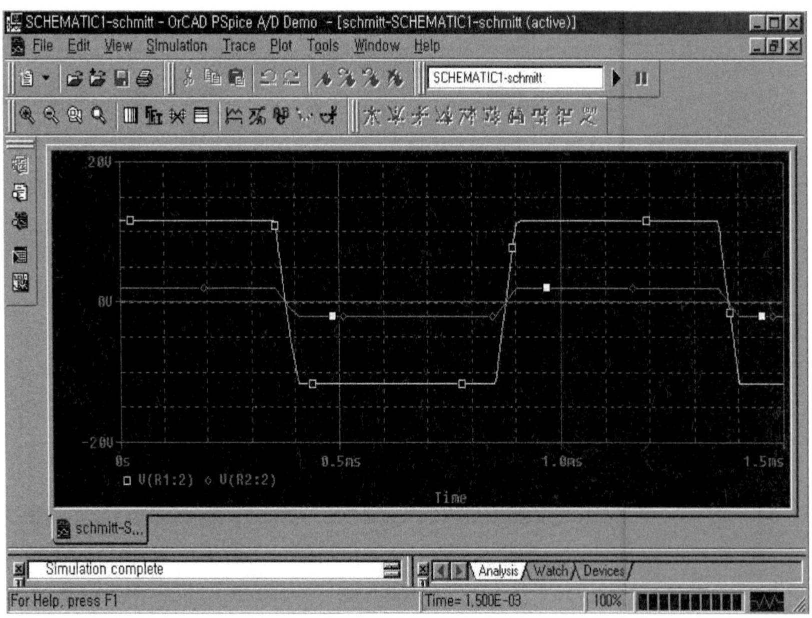

[예비보고서]

1. 다음 비교기에 대해 답하시오. 입력신호는 $V_{in}(t)=2\sin 120\pi t[V]$이다.

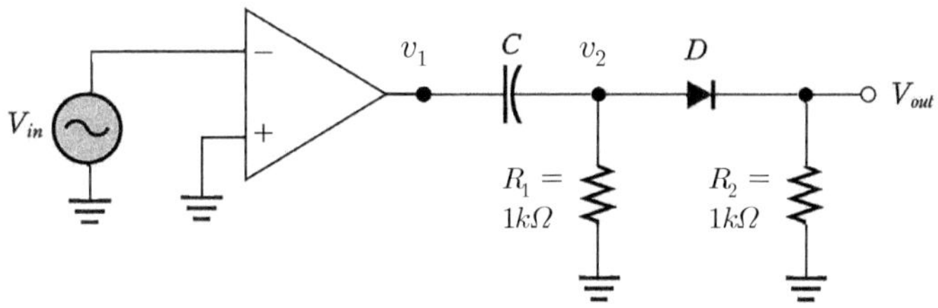

1〉 전압파형 v_1은?

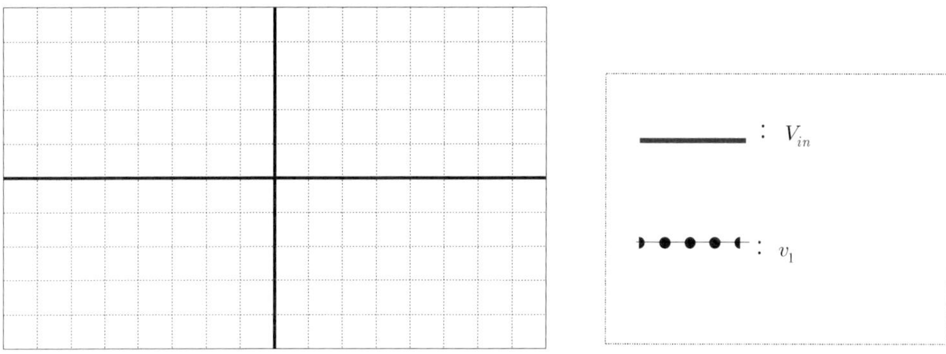

2〉 전압파형 v_1은 왜 포화되는가?

3〉 저항 R_1 및 R_2양단의 파형은?

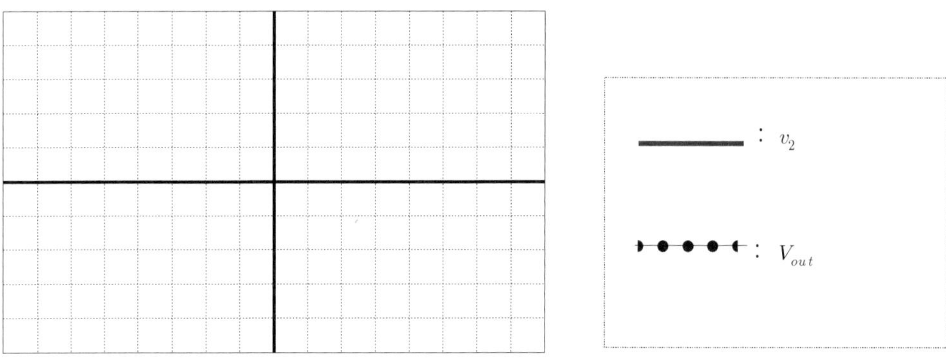

〈1〉 파형으로부터 커패시터 C와 저항 R_1이 하는 역할은?

〈2〉 파형으로부터 다이오드 D와 저항 R_2이 하는 역할은?

2. 다음 반전 Schmitt 비교기에 대해 답하시오. 입력신호는 $V_{in}=5V_p$, $f=10Hz$ 정현파이다.

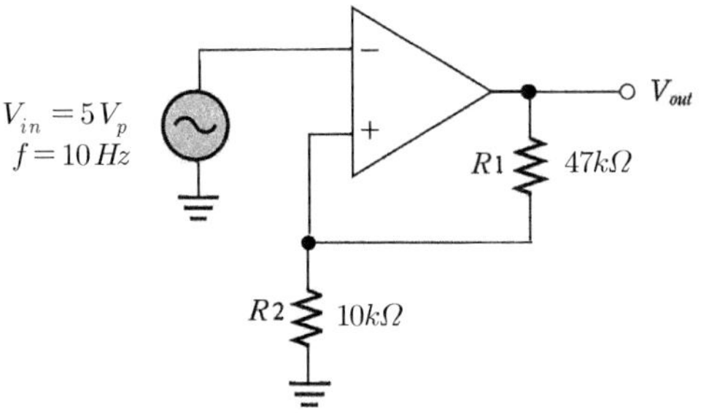

1〉 이 회로는 (부귀환, 정귀환) 회로이다. 그 근거를 설명하시오.

2〉 출력 V_{out}이 HIGH이면 비반전단자의 전압은? 또한 입력신호가 얼마일 경우 출력은 LOW로 전환되는가?

3〉 출력 V_{out}이 LOW이면 비반전단자의 전압은? 입력신호가 얼마일 경우 출력은 HIGH로 전환되는가?

4〉 입력 및 출력의 전달특성 그래프를 그리시오.

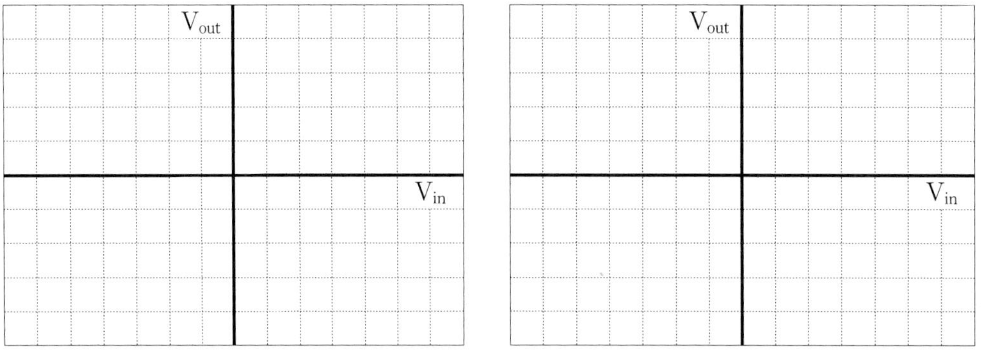

(a) 문제 4〉의 파형 (b) 문제 5〉의 파형

5〉 4〉를 참조하여 중심전압을 양의 값으로 이동하려면 회로에서 어떻게 해야 하나?

[결과보고서]

<table>
<tr><td>**실험제목**</td><td colspan="5"></td></tr>
<tr><td>실험일자</td><td colspan="3">년 월 일(요일)</td><td>담당교수</td><td>㊞</td></tr>
<tr><td>성 명</td><td></td><td>학 번</td><td></td><td>평 가</td><td></td></tr>
</table>

1. 그림과 같이 회로를 구성하고 각 지점의 파형을 그리시오.

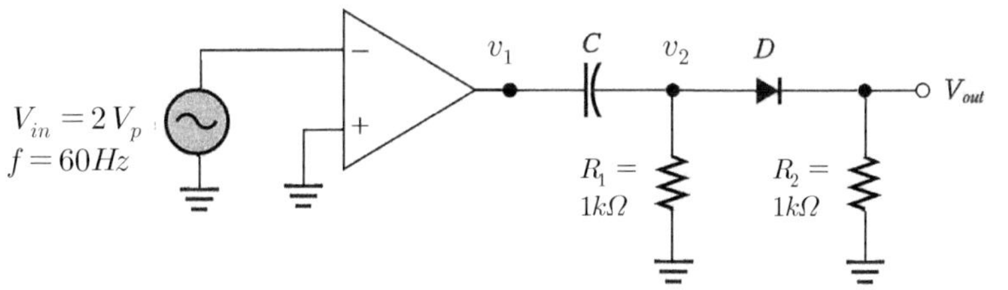

1〉 연산증폭회로의 입출력 특성을 나타내시오.

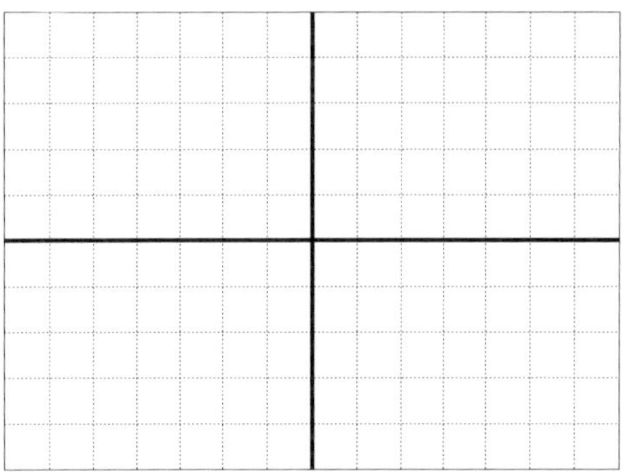

───── : V_{in}
volts/div: ________

•••••• : v_1
volts/div: ________
이 회로는 귀환이 없는
(   )이다.

2〉 두 개의 커패시터 값에 따른 각각의 파형을 그리고 이 미분기능을 수행하는데 가장 적당한 커패시터 값을 구하시오.

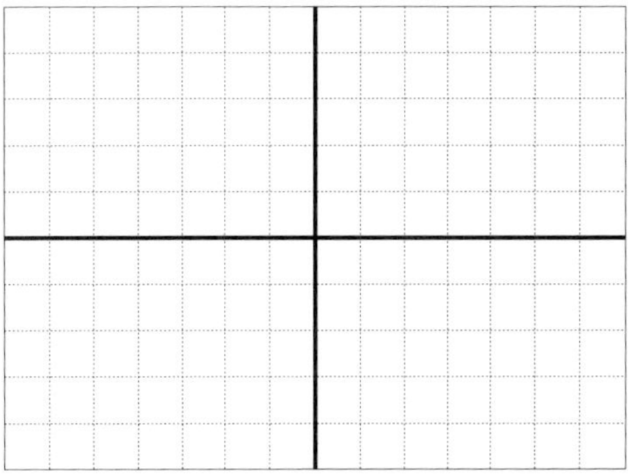

───── : $v_2(C=0.1\mu F)$
volts/div: ________

•••••• : $v_2(C=0.01\mu F)$
volts/div: ________
미분기는 시정수 $\tau = RC$가
(커야, 작아야) 한다.

3〉 2〉번 실험에서 미분기의 역할을 잘 수행하는 커패시턴스 C값을 선택한 상태에서 아래 파형을 구하시오.

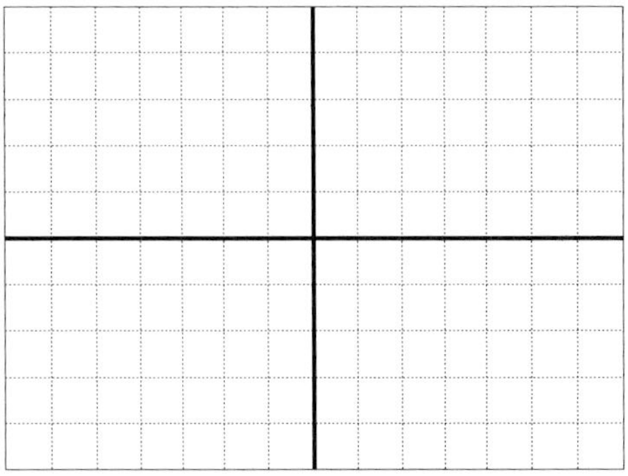

───── : V_{in}
volts/div: ________

•••••• : V_{out}
volts/div: ________

출력파형으로부터 트리거링이 60개마다 (   )초이다.

2. 다음의 회로를 구성하고 물음에 답하시오. 통상 센서로부터 신호의 주파수는 아주 작다.

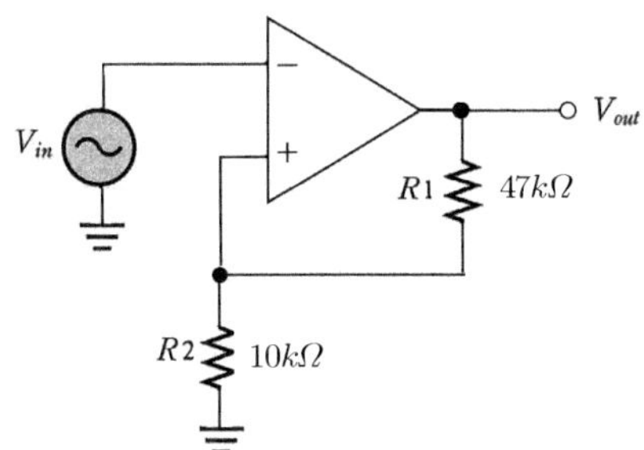

1〉 입력신호가 $V_{in} = 10\,V_{pp}$, $f = 10\,Hz$인 정현파인 경우에 각 지점의 파형을 그리시오.

〈1〉 V_{in}, v_+

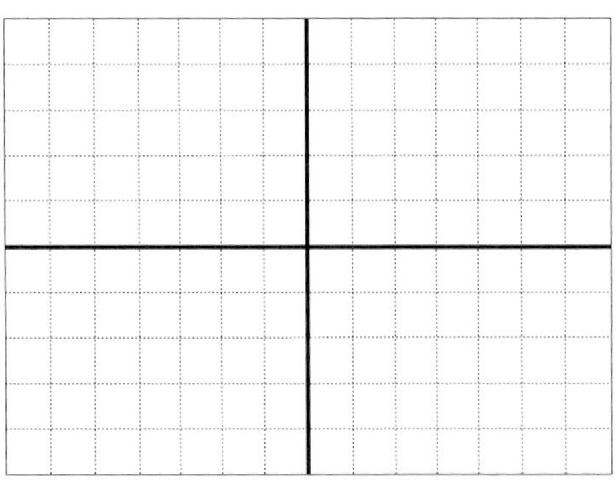

───── : V_{in}
volts/div: ________

•••••• : v_+
volts/div: ________

〈2〉 v_+, V_{out}

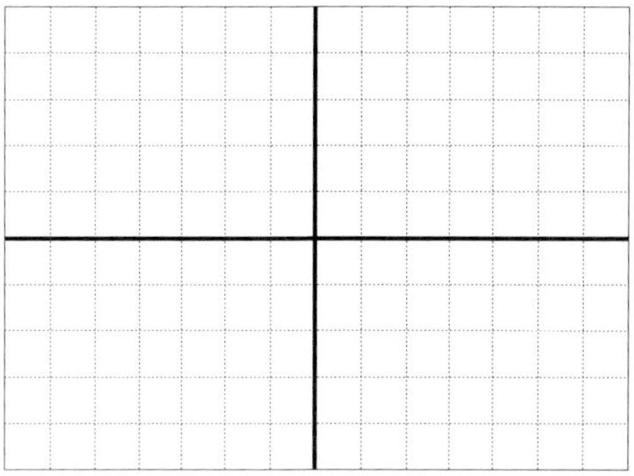

▬▬▬ : v_+

volts/div: ________

●●●●● : V_{out}

volts/div: ________

〈3〉 V_{in}, V_{out}

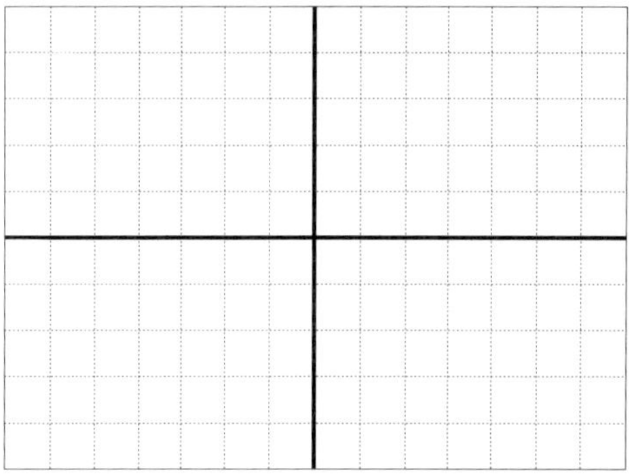

▬▬▬ : V_{in}

volts/div: ________

●●●●● : V_{out}

volts/div: ________

2〉 위 결과를 검증하기 위해 삼각파의 한 주기($1T$)에 대하여 다음 표를 완성하시오. 변화가 발생하는 부분은 추가하여 상세히 측정하시오.

〈1〉 V_{in}의 $T/2$에 대해

V_{in}(V)	-5	-4	-3	-2	-1	0	1	2	2.5	3	4	5
V_{out}												

〈2〉 V_{in}의 나머지 $T/2$에 대해

V_{in}(V)	5	4	3	2	1	0	-1	-2	-2.5	-3	-4	-5
V_{out}												

〈3〉 위의 자료를 바탕으로 비교기의 전달특성을 그리시오. 반주기별로 변화하는 방향을 화살표로 나타내시오. 또한 오실로스코프로 전달특성을 나타내시오.

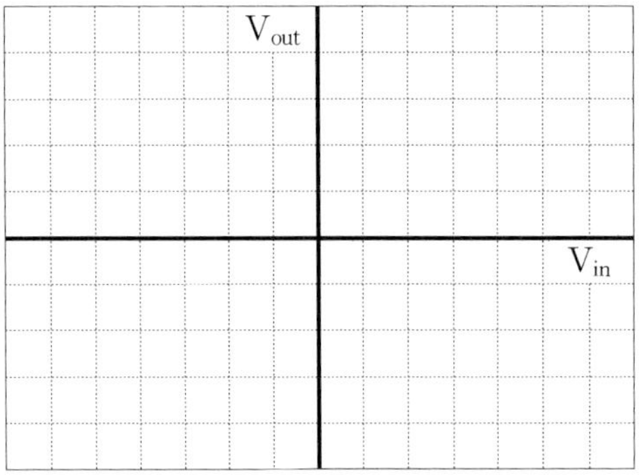

———— : V_{in}
volts/div: ________

•••••• : V_{out}
volts/div: ________

	이론치	측정치	오차(%)
V_{TH}			
V_{TL}			
V_{HW}			

3〉 만약 입력신호를 $V_{in} = 2V_{pp}$, $f = 10Hz$ 으로 하면 어떤 결과가 나오는지를 답하시오.

〈1〉 V_{in}, V_{out}

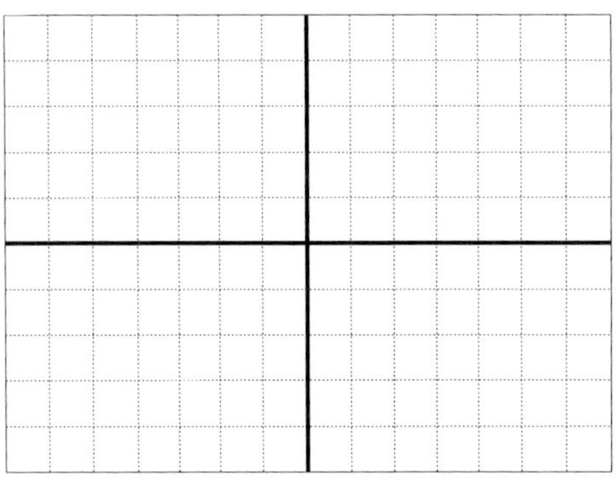

———— : V_{in}
volts/div: ________

•••••• : V_{out}
volts/div: ________

〈2〉 입력 V_{in}과 각 문턱전압과의 관계를 비교하여 왜 두 개의 비교점을 가지지 못하는가를 설명하시오.

4〉 저항 R_2와 접지사이에 기준 직류전압 $V_{REF}=5V$을 인가하고 물음에 답하시오.

〈1〉 오실로스코프로 입력과 출력의 전달특성을 구하시오.

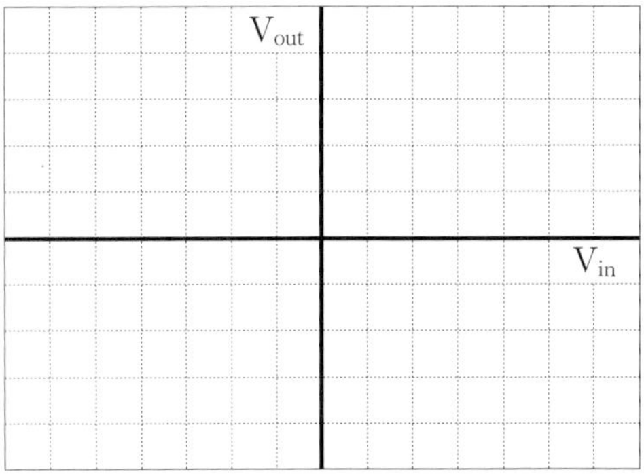

- $V_{TH}=$
- $V_{TL}=$
- $V_{HW}=$

〈2〉 기준전압이 바이어스되지 않았을 경우와 비교하여 차이점을 설명하시오.

〈3〉 에어컨디셔너에 사용되는 센서를 동작시키려고 한다. 이 환경에서 온도센서와 연관되어 실내온도의 변화로 인한 전압폭이 이력폭 V_{HW}보다 적으면 ON/OFF 동작이 안정하게 된다. 위의 결과를 참고하여 다음 그림에 기준전압, 상측 문턱전압 및 하측 문턱전압과 출력파형을 나타내시오.

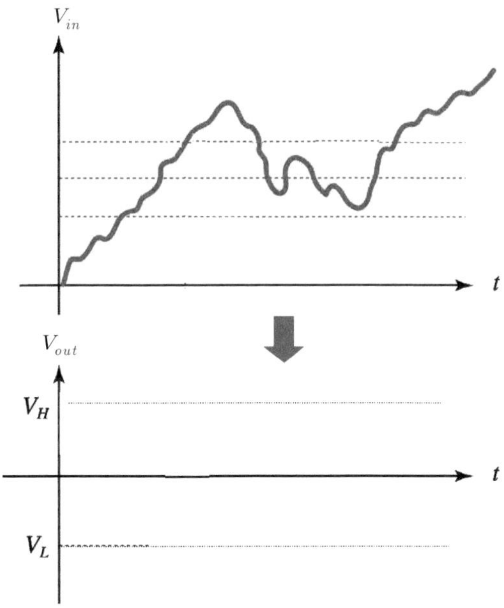

[토의 및 심화학습]

1. 다음과 같은 어떤 회로에서 두 비교기들에 대해 답하시오.

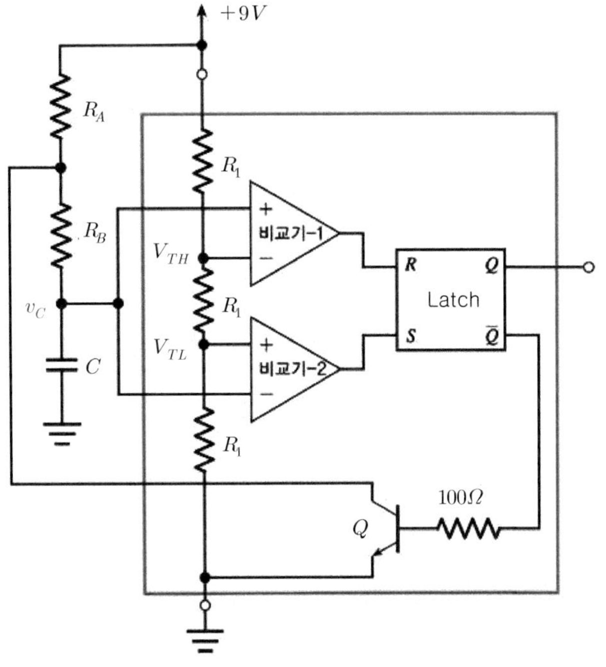

1〉 비교기1의 반전단자 전압 V_{TH}는?

2〉 비교기2의 비반전단자 전압 V_{TL}은?

3〉 위 회로에서 커패시터 전압 $v_C(t)$에 따라 변한다면 각 비교기의 출력상태는?

〈1〉 $v_C(t) = 1V$

〈2〉 $v_C(t) = 4V$

〈3〉 $v_C(t) = 7V$

2. 다음 비반전 Schmitt 비교기에 대해 답하시오.

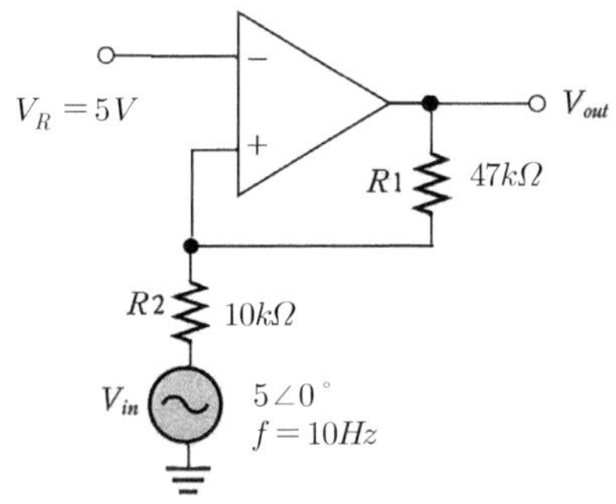

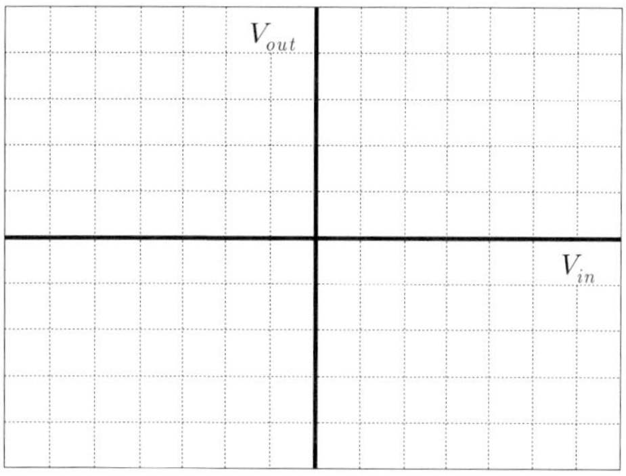

1) 비반전단자 v_+에서의 전압을 중첩원리를 이용하여 구하시오.

2) 출력(V_{out}) 대 입력(V_{in})의 관계를 위 그래프에 나타내시오.

3. 다음은 두 기능들을 결합하여 구현한 파형발생기이다. 물음에 답하시오.

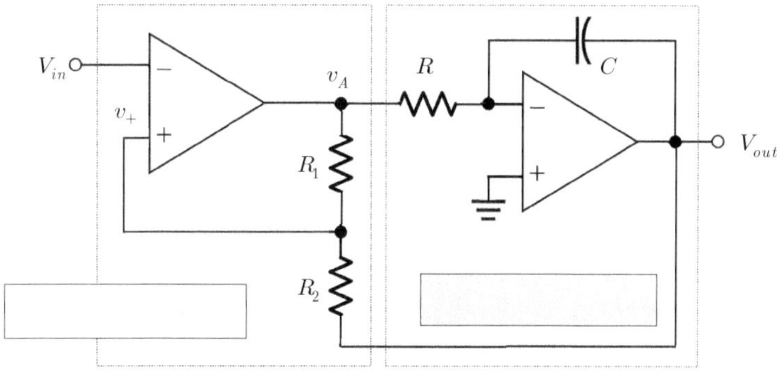

1) 회로를 분석하여 기능에 맞게 그림의 빈 간을 완성하시오.

2) Schmitt 비교기와 적분기는 각각 정귀환인가 아니면 부귀환인가?

3) 중첩정리를 이용하여 Schmitt 비교기의 비반전단자 v_+의 전압을 구하시오.

4〉 아래 과정을 거쳐 동작주파수 f를 구하고 파형을 그리시오. 단, 여기서 $V_{in}=0V$이다.

〈1〉 v_A의 파형은 (   )파이고 출력 V_{out}의 파형은 (   )파이다.

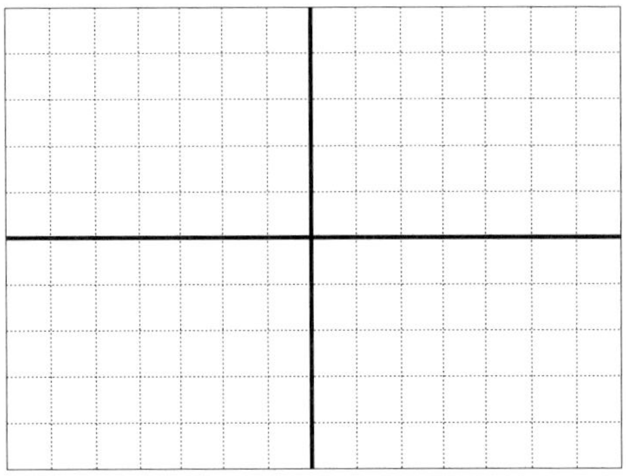

• 출력파형의 대해

- 최대치(V_{max})

- 최소치(V_{min})

〈2〉 저항 R을 흐르는 전류는?

〈3〉 이 전류가 커패시터 C를 통해 흐른다. 출력전압 V_{out}을 구하시오.

4. 우리는 종종 마이크로폰을 사용할 때, 하울링(howling) 현상을 경험한다. 이 현상은 의도하지 않게 시스템을 발진시켜 듣기 거북하게 귀에 들린다. 그러나 볼륨을 줄이면 이 현상은 사라진다. 이를 바탕으로 발진이 일어날 조건에 대해 설명하시오.

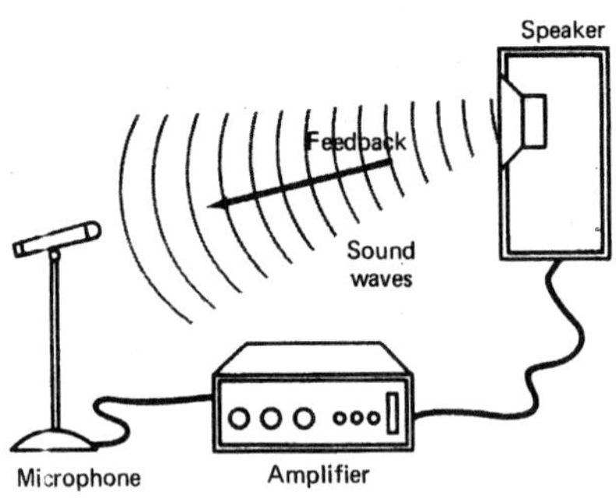

[발진조건]

•

•

실험19장

정전압 조절기 및 정류회로

1. 전압조절기(voltage regulator)
2. 연산증폭기를 활용한 정류기

Experiment 19

정전압 조절기 및 정류회로

Constant Voltage Regulator and Rectifier using Op amp

실험목적

조절되지 않은(unregulated) 직류전압을 연산증폭기를 이용하여 안정된 직류전압을 얻는 방법, 스위칭모드 전원공급기(SMPS)의 원리 및 정류회로의 특성을 학습한다.

기초이론

앞장에서 정류, 필터 및 제너다이오드를 이용한 전압조절에 관해 배웠다. 이 장에서는 전력공급 성능을 향상시켜 현대 전자시스템의 요구를 충족시키는 회로시스템을 학습할 것이다. 전력공급시스템의 능력척도는 일정한 출력전압을 유지하는 것이다.

1. 전압조절기(voltage regulator)

이상적인 전압조절기는 교류 전원전압의 변동 및 부하전류의 변동에 관계없이 일정한 전압을 출력한다. 그러나 실제로 내부회로의 특성으로 교류 전원전압 및 부하전류의 변동에 영향을 받는다. 개방루프 전압조절기는 부하전류의 큰 변화가 있다면 안정한 출력전압을 제공할 수 없다. 전압조절기의 성능을 나타내는 지표로서 부하조정률(load regulation)과 전원조정률(line regulation)을 사용한다. 이 두 지표들이 작을수록 우수한 조절기이다.

▶ 부하조정률

그림 19-1은 조절되지 않은 대표적인 전력공급기의 전압-전류 그래프이다. 부하전류가 변함에 따라 출력전압강하는 $\Delta V=6V$이다. 전력공급기의 부하전류가 $0A$에서 $5A$로 증가함에 따라 전력공급기는 최대부하일 때, $12V$의 전압을 공급한다. 부하가 적어지면 출력전압은 $12V$보다 커진다.

전압조절기에 부하가 걸리지 않은 상태인 무부하 상태(no load)와 최대부하(full load)가 걸리는 상태에서 조절기 출력전압의 변동률을 나타내며 다음과 같이 정의한다.

$$VR_{load} = \frac{V_{NL} - V_{FL}}{V_{NL}} \times 100\% \qquad (19-1)$$

여기서 V_{NL}은 부하전류 $I_L = 0A$인 무부하상태의 출력전압, V_{FL}은 최대허용 부하전류가 흐르는 상태에서 조절기의 출력전압이다. 즉, 무부하일 경우 출력전압이 $10V$이고 최대 허용전류에서 출력전압이 9.9V이면 $VR_{load}=(10-9.9)/10=0.01$로서 1%이다.

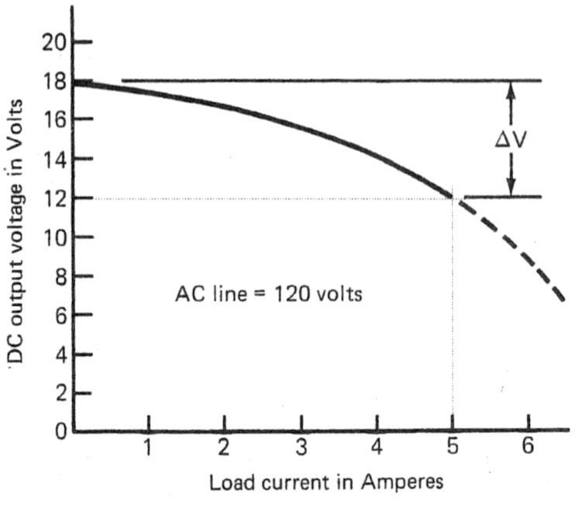

[그림 19-1] 12V, 5A의 전력공급에 대한 부하조정률

▶ 전원조정률

그림 19-2는 동일한 전력공급기에 대한 전원조정에 관해 나타낸다. 선전압은 변화한다. 선전압이 120V아래로 떨어짐에 따라 출력전압은 감소한다. 높은 선전압은 출력전압을 정상이상으로 증가시킨다. 전압저하(brownout)는 전력의 과도한 사용으로 야기되는 낮은 전압상태를 말한다. 이 현상은 전력을 많이 사용하는 시기에 도시에서 발생한다. 전력회사는 종종 심한 부하조건에서 종종 선전압을 줄이는데, 이는 장비고장을 막기 위한 것이다.

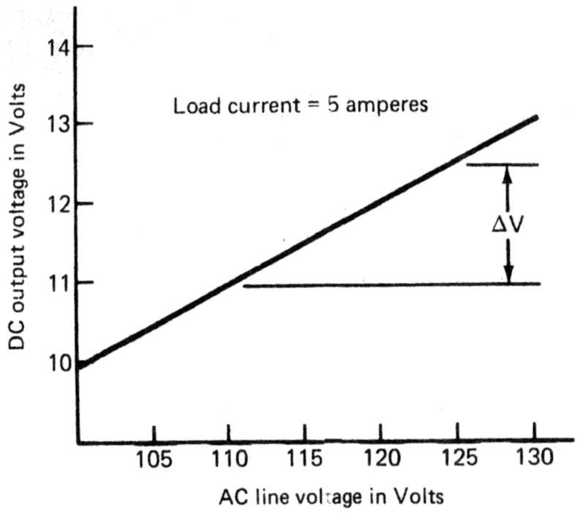

[그림 19-2] 12V, 5A의 전력공급에 대한 전원조정률

조절기에 공급되는 전원전압(line voltage)의 변동에 대해 조절기 출력전압으로부터 변동되는 양을 백분율로 나타내며 다음과 같이 정의한다.

$$VR_{line} = \frac{\Delta V_L / V_{NL}}{\Delta V_{in}} \times 100\% \tag{19-2}$$

여기서 ΔV_L은 조절기 출력전압의 변동, ΔV_{in}은 공급 전원전압의 변동, V_{NL}은 출력전압의 공칭값(nominal voltage)이다. 즉, 공급 전원전압의 변동이 $5V$에 대해 조절기의 출력공칭전압이 $10V$이며 변동폭이 $0.25V$라면 $VR_{line} = (0.25/10)/5 = 0.005$이므로 0.5%가 된다.

1) 개방루프 전압조절기

그림 19-3은 개방루프로 구성된 전압조절기이다. 개방루프란 출력을 일정하게 유지하기 위해 피드백을 하지 않는 것이다.

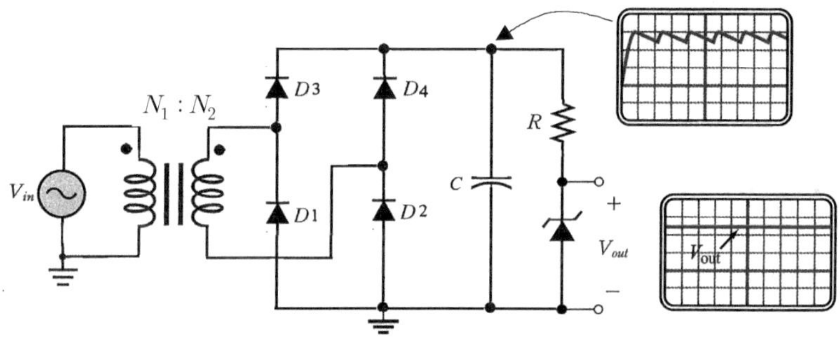

[그림 19-3] 개방루프로 구현된 전압조절기

2) 폐루프 전압조절기의 개념

귀환(feedback)은 폐루프(closed loop) 전압조절기를 이용하여 안정된 출력전압을 제공한다. 그림 19-4는 피드백되는 폐루프 전압조절기의 개념을 나타낸 것이다. 에러증폭기(error amplifier)는 피드백신호와 기준신호 V_{ref}를 받아들여 그 차이를 증폭하고 이를 제어소자에 신호를 가한다.

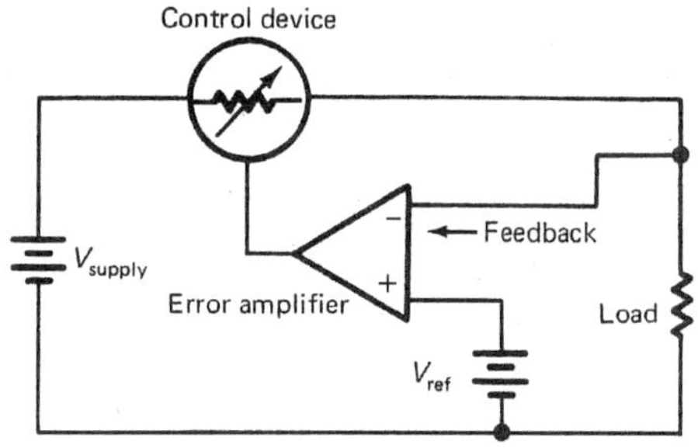

[그림 19-4] 귀환으로 구현된 전압조절기

먼저 V_{supply}가 인가되고 제어소자가 더욱 턴온되면(저항이 감소되면), 이 소자에서는 더 작은 전압이 걸릴 것이며 출력부하에는 더 많은 전압을 이용할 수 있을 것이다. 반대로 더 큰 소자저항에 대해서는 출력 부하전압이 작아지게 된다. 즉, 제어소자의 저항을 조절하여 출력 부하전압을 제어할 수 있다.

기준전압 V_{ref}은 직류전압으로 안정하고 에러증폭기의 한 입력으로 작용한다. 이 귀환신호는 기준신호와 비교하여 부하전압의 변화가 일어나면 그 차이를 에러증폭기가 감지한다. 그리고 이 증폭기는 제어소자를 동작시킨다. 다시 말하면 증가된 부하 때문에(전류증가) 출력전압이 감소한다면 그 에러는 감지되고 제어소자는 더욱 턴온되어 출력감소를 보상한다. 피드백과 에러증폭기는 출력전압을 안정화시킨다.

⟨1⟩ 직렬형 전압조절기

그림 19-5는 피드백으로 조절된 직렬형 전압조절기를 나타낸다. 이미터 팔로워로 동작하는 BJT Q_1은 연산증폭기의 출력전류를 증폭하여 부하에 전류공급능력을 크게 해주며, 통과 트랜지스터(pass transistor)라 부른다. 그림 19-3에서 개방루프를 이용하는 제너조절기는 신뢰성을 유지하기 위해 높은 전력을 견딜 수 있는 비싼 제너다이오드를 사용해야 한다. 그림 19-4(a)는 제너다이오드의 전력손실을 줄이기 위해 통과 트랜지스터Q_1의 베이스전압을 조절한다. 이미터전류는 $I_E=1A$, 출력전압은 $V_{out}=12V$ 그리고 트랜지스터의 전류이득 $\beta=49$라고 하자. 또한 정상동작을 위한 제너전류 I_Z는 베이스전류의 1/2이라 한다.

$$I_B=\frac{I_E}{1+\beta}=\frac{1A}{1+49}=20mA$$

$$I_{R1}=I_B+I_Z=20mA+10mA=30mA$$

트랜지스터 베이스-이미터간의 전압강하로 제너전압은 부하전압보다 $0.7V$ 커야 한다. 조절안된 전압 $V_{in}=18V$이라면 Ohm 법칙으로부터 저항 R_1값은 다음과 같다.

$$R_1=\frac{V_{in}-V_Z}{I_{R1}}=\frac{18V-12.7V}{30mA}\simeq 177\Omega$$

무부하가 되면 제너전류 I_Z는 증가하며 최악의 경우 $I_L=0$일 때, 제너다이오드는 최대소비전력을 가지며. 이 경우의 전력은 다음과 같다.

$$P_D=VI=(12.7V)(30mA)\simeq 0.38W$$

$1W$용 제너다이오드 정도이면 안전하며, 통과트랜지스터를 사용하면 비싼 높은 정격의 제너다이오드만을 사용하였을 경우보다 비용을 줄일 수 있다.

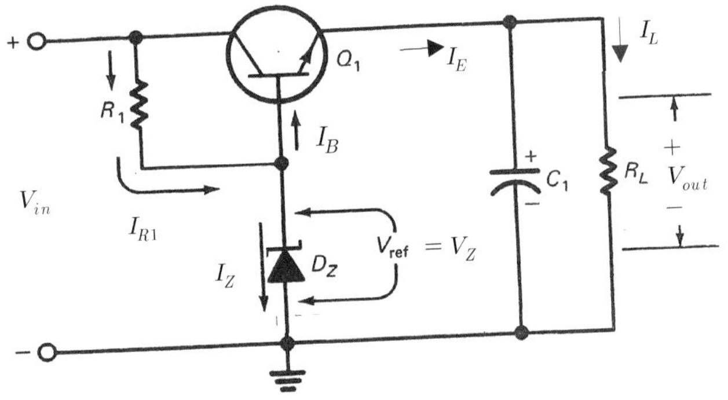

(a) BJT로 구현된 간단한 전압조절기

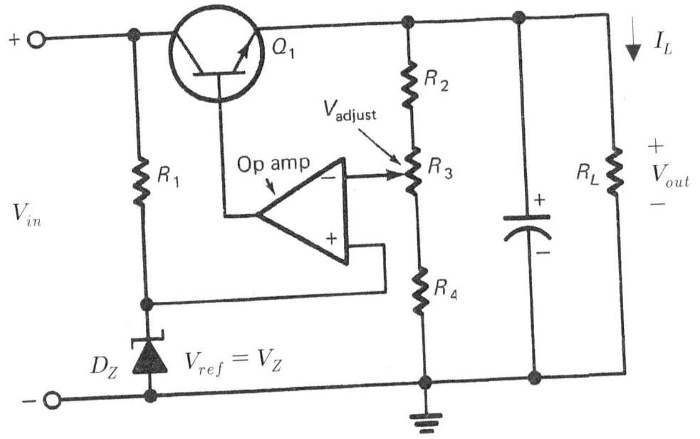

(b) 연산증폭기로 구현된 피드백 전압조절기

[그림 19-5] 직렬형 전압조절기

연산증폭기는 부귀환(negative feedback)으로 연결되어 있으며 증폭기의 출력이 트랜지스터 Q_1의 베이스에 인가된다. 연산증폭기의 사용으로 안정도(stability)를 증가시킬 수 있다. 부하에 큰 전류를 공급하려면 Q_1대신에 Darlington 트랜지스터를 연결한다.

저항 R_1과 역방향 바이어스된 제너다이오드 D_Z은 임의의 기준전압을 만들고 이 기준전압은 연산증폭기의 비반전단자(v_+)에 입력된다.

$$v_+ = V_Z = V_{adjust} \tag{19-3}$$

부하출력전압 V_L은 저항 R_2, R_3 및 R_4의 구성에 따라 동작하는 전압분배기이다. 이 부하전압이 감소하면 연산증폭기의 반전 단자전압(v_-)은 감소하며 비반전 단자전압과 비교하여 작으면 연산증폭기의 출력 V_{out}은 양으로 된다. 이 양(+)의 출력은 통과트랜지스터(Q_1)에 가해져 턴온되고 전류가 흐른다. 이후 출력이 증가되므로 초기에 감소된 전압감소분을 보상한다. 이와 같이 부귀환을 형성하고 있다.

3> $v_{-(op1)}$, $v_{-(op2)}$

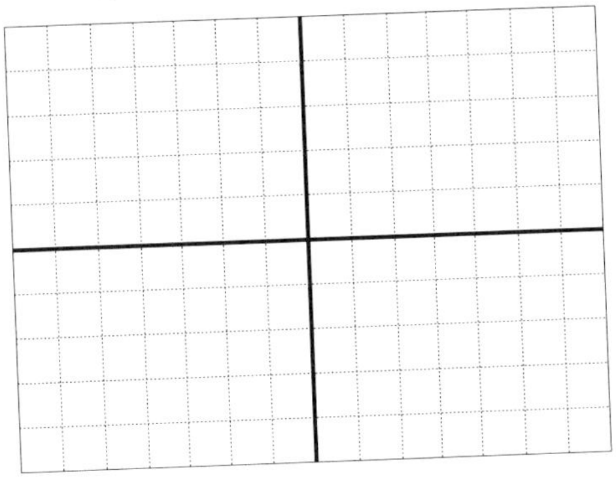

<설명>

4> v_{in}, v_{out}

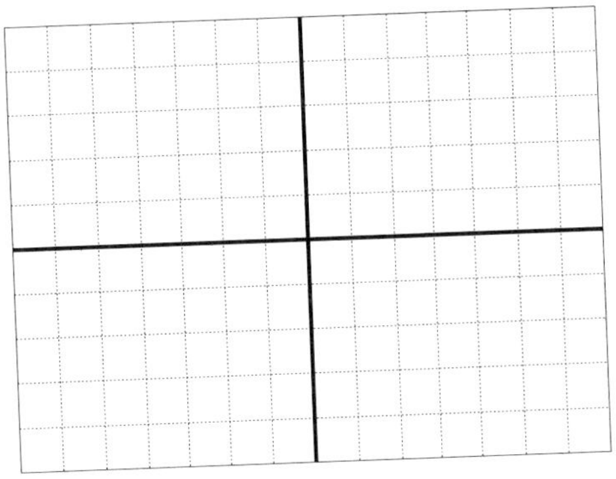

<설명>

[토의 및 심화학습]

1. 전력공급기(power supply) 설계의 또 하나의 접근법은 선형 트랜지스터를 사용하는 대신에 스위칭 트랜지스터를 사용하는 것이다. 스위칭 트랜지스터(switching transistor)는 차단영역 또는 포화영역에서 동작한다.

1) 포화된 트랜지스터에서 낮은 전력손실을 가지는 이유는?

2) 차단된 트랜지스터에서 전력손실은?

3) 트랜지스터를 구동하는 PWM에서 평균전압을 조절하는 원리를 설명하시오.

2. 다음 회로에서 입력이 $v_{in}(t)=0.5\sin\omega t[V]$일 때, 출력파형 v_{out}을 그리시오.

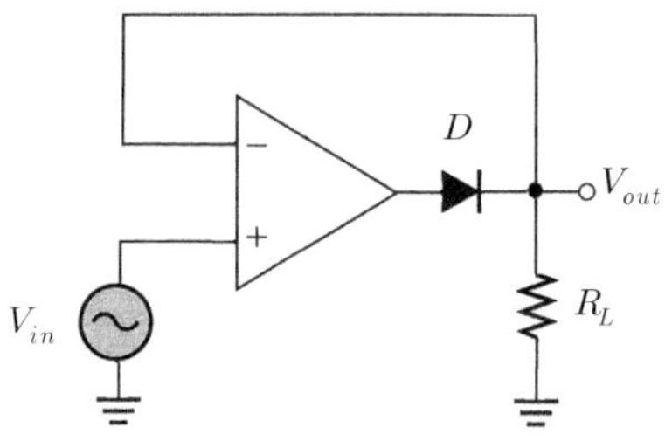

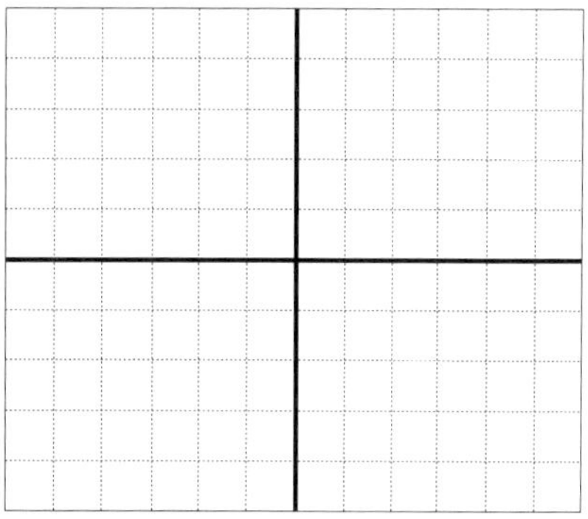

3. 모터, 조명장치 등을 제어하기 위해 단순히 ON/OFF 동작만으로는 부족하다. 모터에 공급되는 에너지, 조명장치에 공급되는 에너지를 조절할 수 있는 능력이 마이크로컨트롤러에 필요하게 된다. 주로 PWM(pulse width modulation)의 Duty비(Duty ratio)를 이용하여 장치에 공급되는 에너지를 조절한다. 다음 신호는 부하에 공급되는 평균전압을 이용하여 평균전력 및 에너지를 조절하는 방법을 나타낸 것이다.

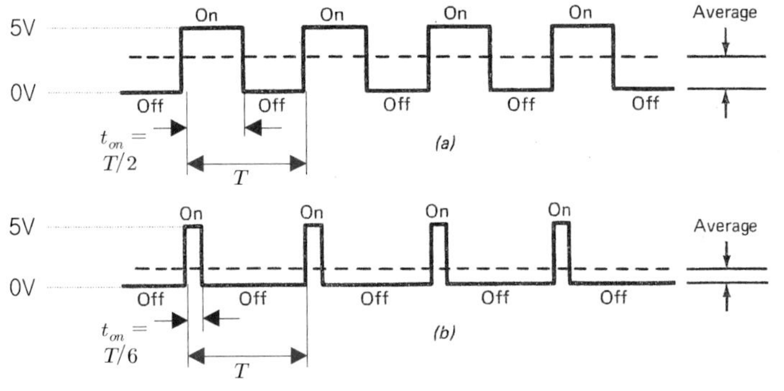

1〉 위의 그래프 (b)에서 각 파형의 Duty비(D)를 구하시오.

2〉 1〉의 자료를 바탕으로 한 주기에 대한 평균전압을 구하시오.

3〉 1〉의 자료를 바탕으로 한 주기에 대한 평균전력을 구하시오.

4〉 공급된 에너지를 구하시오.

5〉 어떤 장치에 공급되는 평균전력은 (D에 비례, D^2에 비례)한다.

실험20장

능동 저역통과 및 고역통과 필터

1. 저역통과 필터(low-pass filter)
2. 고역통과 필터(high-pass filter)

Experiment 20

능동 저역통과 및 고역통과 필터

Active Low-pass Filter and High-pass Filter

실험목적

연산증폭기를 사용하여 설계자가 원하는 임의의 낮은 주파수를 가진 신호를 선택하거나 높은 주파수를 가지는 신호를 통과시키는 능동 저역통과 필터 및 고역통과 필터를 익힌다.

기초이론

우리는 기초회로실험에서 RC 및 RL 회로에 대해 학습했다. 필터란 특정대역 내의 신호(주파수)만 통과시키고 그 외의 모든 주파수는 감쇠시킴으로써 원하는 전달특성을 얻어 낼 수 있는 회로이다. 기본적으로 4가지 종류의 필터가 사용되며 그들은 낮은 주파수신호만을 통과시키는 저역통과 필터(low-pass filter: LPF), 높은 주파수신호만을 통과시키는 고역통과 필터(high-pass filter: HPF), 원하는 중간 주파수신호를 통과시키는 대역통과 필터(band-pass filter: BPF) 및 어떤 특정한 주파수신호를 제거시키는 대역차단 필터(band-stop filter: BSF) 등이 있다. 이들 특성을 그림으로 표시하면 아래와 같다.

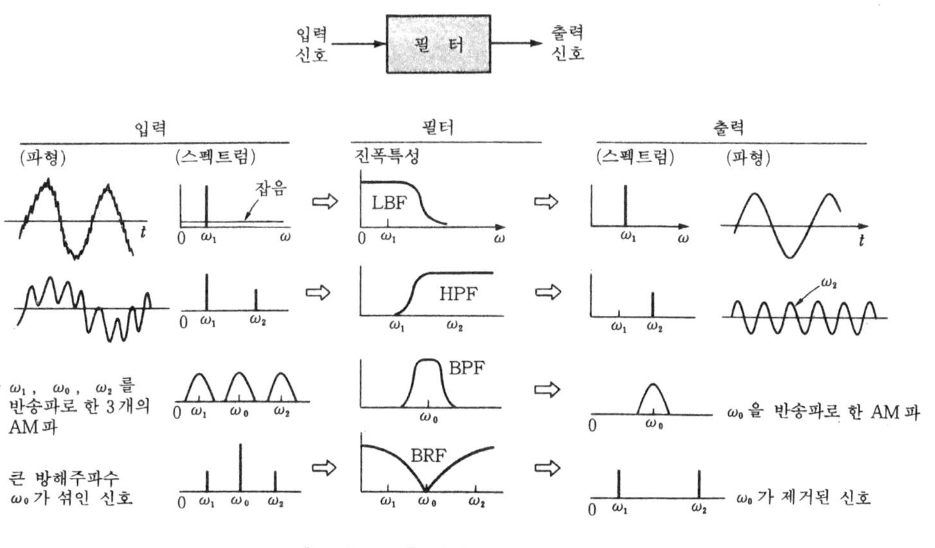

[그림 20-1] 여러 가지 필터 특성

필터는 RLC 소자를 사용한 **수동필터**와 원하는 전압이득이나 임피던스특성을 유지할 수 있는 **능동필터**가 있다. 능동필터는 트랜지스터나 연산 증폭기, 저항 및 커패시터를 사용하여 구성한다. 수동소자는 전력이득이 1을 초과할 수 없다. 그러나 능동필터는 원하는 필터성능을 구현하면서 상당한 정도의 이득을 갖도록 설계할 수 있다. 수동필터의 또 하나의 단점은 인덕터와 관련이 있다. 커패시터와 저항은 인쇄회로기판에 평면형으로 쉽게 제작하여 장착할 수 있지만 인덕터는 부피가 크고 형태가 입체적이므로 제작비용이 많이 들고 회로상으로 구현하기 어려웠다. 이에 반해 연산증폭회로는 인덕터를 사용하지 않고도 인덕터 기능을 가지는 필터를 구현하도록 설계할 수 있다. 일반적으로 연산증폭기는 $1MHz$보다 큰 주파수에서는 성능이 감소되므로, 필터용도로는 저주파로 제한된다. 다행스럽게도 인덕터의 크기는 $1MHz$보다 높은 주파수에서 크게 문제되지 않는다. 우리는 적분기와 미분기에서 학습한 자료를 바탕으로 그 범위를 확장하고자 한다.

1. 저역통과 필터(low-pass filter)

능동 저역필터는 수동필터에 비해 저역통과 필터의 차단주파수가 입력저항 및 0이 아닌 부하저항에 영향을 받지 않는다는 것이다. 다음 필터를 통해 확인하자.

1) 1차 저역통과 필터

그림 20-2와 같이 적분회로를 페이저영역에서 일반화한다. 반전증폭기로 처리하면 다음과 같다.

$$\frac{\dot{V}_{out}}{\dot{V}_{in}} = -\frac{\dot{Z}_F}{R_S} \qquad (20\text{-}1)$$

여기서 $\dot{Z}_F = R_F \parallel (1/j\omega C_F) = \dfrac{R_F}{1+j\omega R_F C_F}$이다.

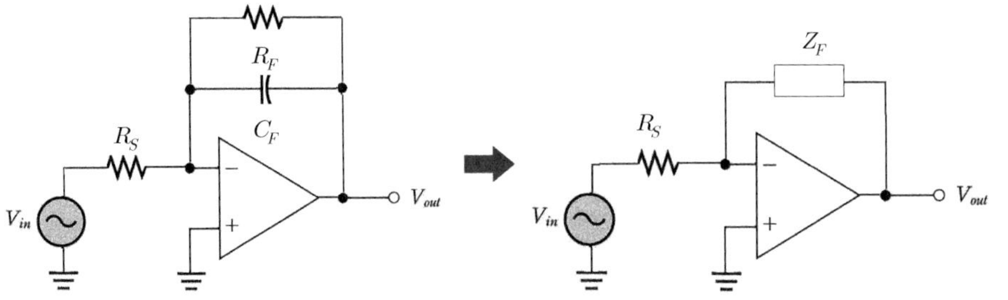

[그림 20-2] 저역통과 필터로 작용하는 적분기

이 회로의 전달함수는 출력전압 대 입력전압의 비이므로 다음과 같다.

$$\dot{H}(f) = \frac{\dot{V}_{out}}{\dot{V}_{in}} = -\frac{R_F}{R_S}\left(\frac{1}{1+j\omega R_F C_F}\right)$$
$$= A\left(\frac{1}{1+j\omega/\omega_{LP}}\right) = A\left(\frac{1}{1+jf/f_{LP}}\right) \qquad (20-2)$$

여기서 차단주파수(반전력 주파수)는 $f_{LP} = \frac{1}{2\pi R_f C_f}$ 이다.

위의 식으로부터 저주파에서 전압이득은 $A = -R_F/R_S$로 반전증폭기와 같으며 뒷부분은 RC 저역통과 필터와 형식이 동일하다. 주파수가 증가하면 전달함수 즉 출력값은 감소하고 차단주파수는 최대출력의 $1/\sqrt{2}$ 가 되는 것이 저역통과 필터와 동일하다. 고주파에서는 적분기로 동작한다.

식 (20-2)와 같이 능동 저역통과 필터가 수동필터에 비해 장점으로서 저역 차단주파수가 입력저항 R_S와 출력단에 연결될 부하저항 R_L에 영향을 받지 않는다는 것이다. 이를 주파수에 따른 크기를 고려해 보자.

$$\dot{H}(f) = A\left(\frac{1}{1+jf/f_{LP}}\right) = \frac{A}{\sqrt{1+(f/f_{LP})^2}} \angle -\tan^{-1}(f/f_{LP}) \qquad (20-3)$$

이 전달함수의 크기를 dB로 나타내면 다음과 같다.

$$H(f)[dB] = 20\log A - 10\log[1+(f/f_{LP})^2] \qquad (20-4)$$

저주파수에서는 첫 번째 항의 크기는 $20\log A$가 된다. 수동필터에서는 크기가 1을 초과할 수 없지만 능동필터에는 이득이 있으므로 크기를 조절할 수 있다는 것이다. 또한 저주파와 고주파수에서는 두 번째 항에서 주파수항이 크므로 간략히 하면 다음과 같다.

- 저주파 점근선(asymptote)

  $f/f_{LP}=0$에 접근함에 따라 $\qquad -10\log[1+(f/f_{LP})^2]=0$

- 고주파 점근선

  $f/f_{LP}=\infty$에 접근함에 따라 $\qquad -10\log[1+(f/f_{LP})^2] \simeq -20\log(f/f_{LP})$

주파수가 증가하여 $f/f_{LP}=10$이 됨에 따라 기울기는 -20[dB]로 감소한다. 이를 바탕으로 2단으로 종속연결된 저역통과 필터를 고찰해 보자.

2) 2차 저역통과 필터

각 단을 개별적으로 설계하고 단과 단 사이를 연결하는 종속연결로 원하는 회로사양을

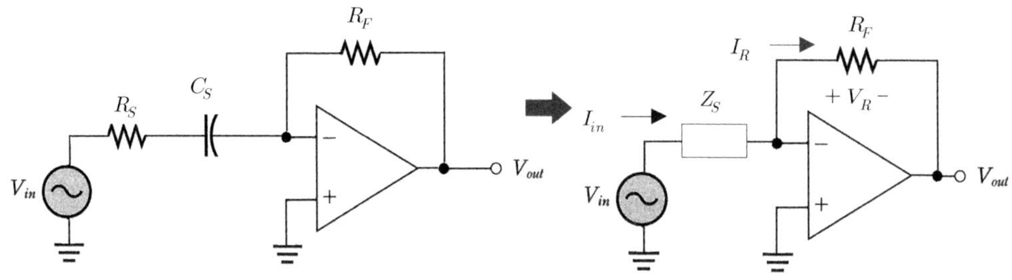

[그림 20-5] 고역통과 필터로 작용하는 미분기

이 회로의 전달함수는 출력전압 대 입력전압의 비이므로 다음과 같다.

$$\dot{H}(f)=\frac{\dot{V}_{out}}{\dot{V}_{in}}=-\frac{R_F}{R_S}\left(\frac{j\omega R_S C_S}{1+j\omega R_S C_S}\right)$$

$$=A\left(\frac{j\omega/\omega_{HP}}{1+j\omega/\omega_{HP}}\right)=A\left(\frac{jf/f_{HP}}{1+jf/f_{HP}}\right) \qquad (20-10)$$

식 (20-10)과 같이 저주파에서는 미분기로, 고주파에서는 반전증폭기로 작용한다.

$$\dot{H}(f)=A\left(\frac{jf/f_{HP}}{1+jf/f_{HP}}\right)=A\left[\frac{f/f_{HP}}{\sqrt{1+(f/f_{HP})^2}}\right]\angle 90^\circ-\tan^{-1}(f/f_{HP})$$

이 전달함수의 크기를 dB로 나타내면 다음과 같다.

$$H(f)[dB]=20\log A+20\log(f/f_{HP})-10\log[1+(f/f_{HP})^2] \qquad (20-11)$$

저주파수에서는 첫 번째 항의 크기는 $20\log A$가 된다. 수동필터에서는 크기가 1을 초과할 수 없지만 능동필터에는 이득이 있으므로 크기를 조절할 수 있다는 것이다. 또한 저주파와 고주파수에서는 세 번째 항에서 주파수값에 따라 간략히 정리하면 다음과 같다.

- 저주파 점근선

  $f/f_{HP}=0$에 접근함에 따라 $\quad -10\log[1+(f/f_{HP})^2]=0$이므로

  $$H(f)[dB]=20\log A+20\log(f/f_{HP})-0=20\log A+20\log(f/f_{HP}) \qquad (20-12)$$

- 고주파 점근선

  $f/f_{HP}=\infty$에 접근함에 따라 $\quad -10\log[1+(f/f_{HP})^2]\simeq-20\log(f/f_{HP})$이므로

  $$H(f)[dB]=20\log A+20\log(f/f_{HP})-20\log(f/f_{HP})\simeq 20\log A \qquad (20-13)$$

저주파수에서 주파수가 증가하여 $f/f_{LP}=10$이 됨에 따라 기울기는 20[dB]로 증가하고 고주파에서는 이득항만으로 $H(f)[dB] \simeq 20\log A$가 된다. 이를 바탕으로 2단으로 종속연결된 고역통과 필터를 고찰해 보자.

2〉 2차 고역통과 필터

각 단을 개별적으로 설계하고 단과 단 사이를 연결하는 종속연결로 원하는 회로사양을 구현할 수 있다. 또한 반전증폭기나 비반전증폭기를 필터에 종속연결하여 출력신호의 이득이나 부호를 조절할 수도 있으며 전압 팔로워(buffer)를 삽입하여 임피던스를 분리할 수 있다. 그러나 출력은 포화되지 않도록 항상 인가전원보다 작아야 한다.

그림 20-6은 고역통과 필터를 2단으로 종속연결하여 설계한 필터이다.

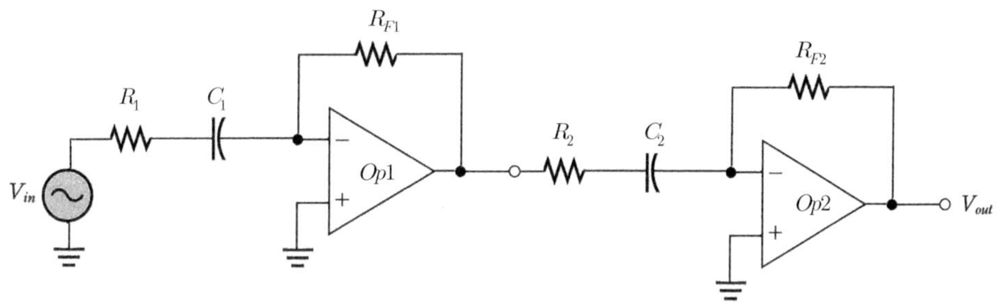

[그림 20-6] 2단 고역통과 필터

$$\dot{H}_1(\omega)=\frac{\dot{V}_{o1}}{\dot{V}_{in}}=-\frac{R_{F1}}{R_1}\left(\frac{j\omega R_1 C_1}{1+j\omega R_1 C_1}\right)=A_1\left(\frac{jf/f_{HP}}{1+jf/f_{HP}}\right) \tag{20-14}$$

$$\dot{H}_2(\omega)=\frac{\dot{V}_{out}}{\dot{V}_{o1}}=-\frac{R_{F2}}{R_2}\left(\frac{j\omega R_2 C_2}{1+j\omega R_2 C_2}\right)=A_2\left(\frac{jf/f_{HP}}{1+jf/f_{HP}}\right) \tag{20-15}$$

만약 $R_1C_1=R_2C_2$이면 다음과 같이 간략화된다.

$$\dot{H}(f)=\dot{H}_1(f)\times\dot{H}_2(f)=A\left(\frac{jf/f_{HP}}{1+jf/f_{HP}}\right)^2$$

$$=A\left(\frac{jf/f_{HP}}{1+jf/f_{HP}}\right)^2=A\left[\frac{f/f_{HP}}{\sqrt{1+(f/f_{HP})^2}}\right]^2\angle 180^\circ-2\tan^{-1}(f/f_{HP})$$

이 전달함수의 크기를 dB로 나타내면 다음과 같다.

$$H(f)[dB]=20\log A+40\log(f/f_{HP})-20\log(1+(f/f_{HP})^2) \tag{20-16}$$

저주파수에서는 첫 번째 항의 크기는 20log$A$가 된다. 수동필터에서는 크기가 1을 초과할 수 없지만 능동필터에는 이득이 있으므로 크기를 조절할 수 있다는 것이다. 또한 저주파와 고주파수에서는 세 번째 항에서 주파수값에 따라 간략히 정리하면 다음과 같다.

- 저주파 점근선

$f/f_{HP}=0$에 접근함에 따라 $-20\log[1+(f/f_{HP})^2]=0$이므로

$$H(f)[dB]=20\log A+40\log(f/f_{HP}) \quad (20-17)$$

- 고주파 점근선

$f/f_{HP}=\infty$에 접근함에 따라 $-20\log[1+(f/f_{HP})^2]\simeq-40\log(f/f_{HP})$이므로

$$H(f)[dB]=20\log A+40\log(f/f_{HP})-40\log(f/f_{HP})\simeq 20\log A \quad (20-18)$$

저주파수에서 주파수가 증가하여 $f/f_{LP}=10$이 됨에 따라 기울기는 40[dB]로 증가하고 고주파에서는 이득항만으로 $H(f)[dB]\simeq 20\log A$가 된다.

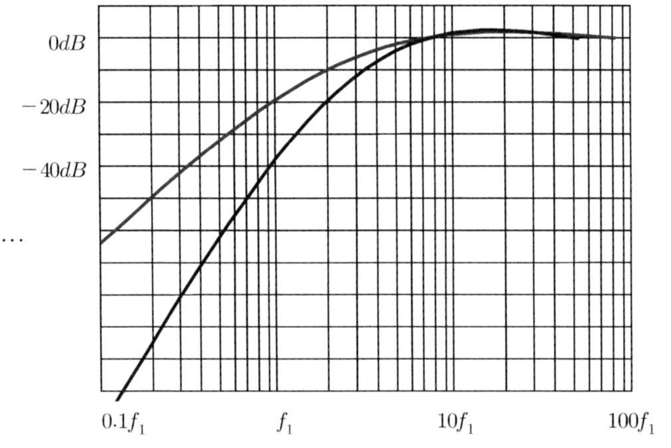

[그림 20-7] 1단 및 2단 고역통과 필터의 Bode 선도

[실험장비 및 부품]

사용장비	품 목	정 격	소요량
Oscilloscope Function generator Breadboard DC power supply	Resistor Capacitor Op. amp	100Ω, $100k\Omega$ $10k\Omega$ $1nF$, $10nF$ $\mu A741$	각 2개 3개 2개 2개

[PSPICE]

1. 능동 저역통과 필터

1〉 회로구성

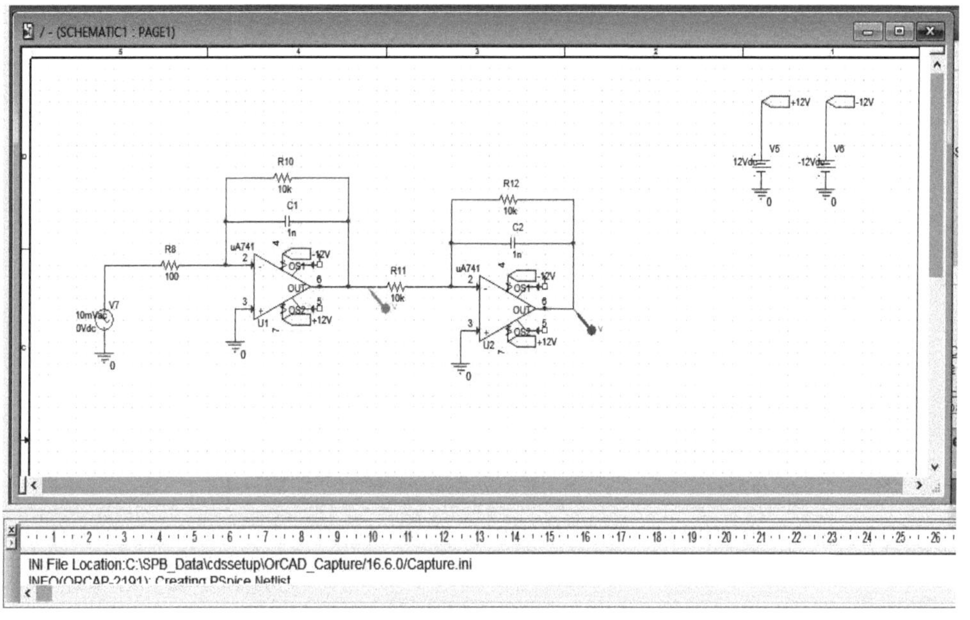

2〉 교류특성

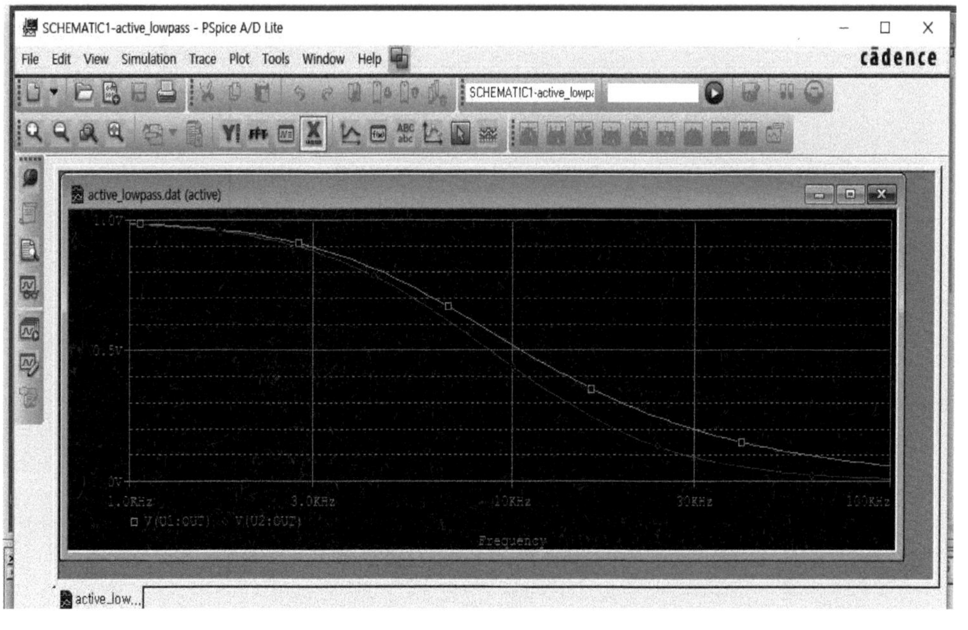

2. 능동 고역통과 필터

1〉 회로구성

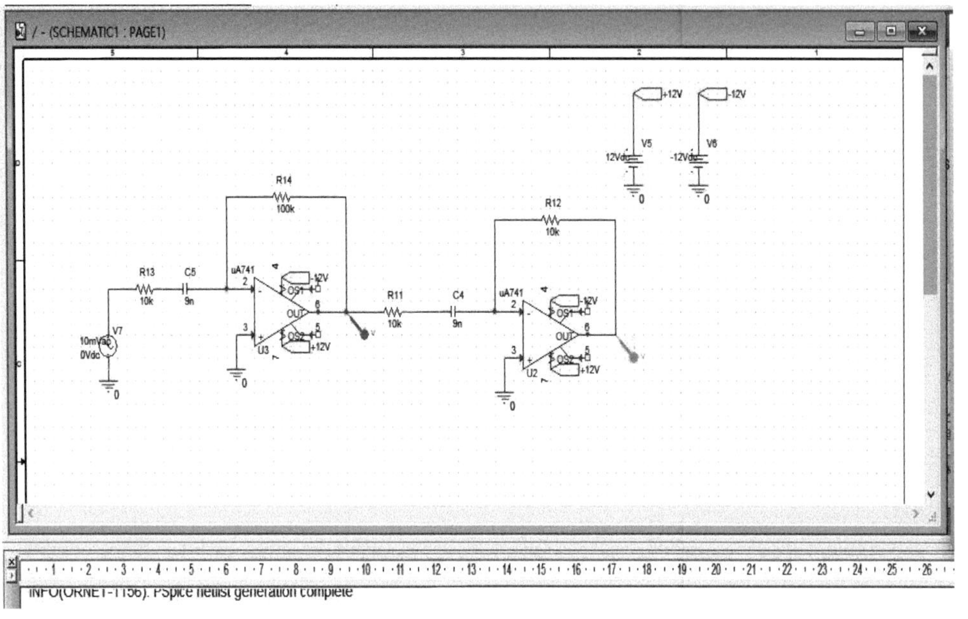

2〉 교류특성

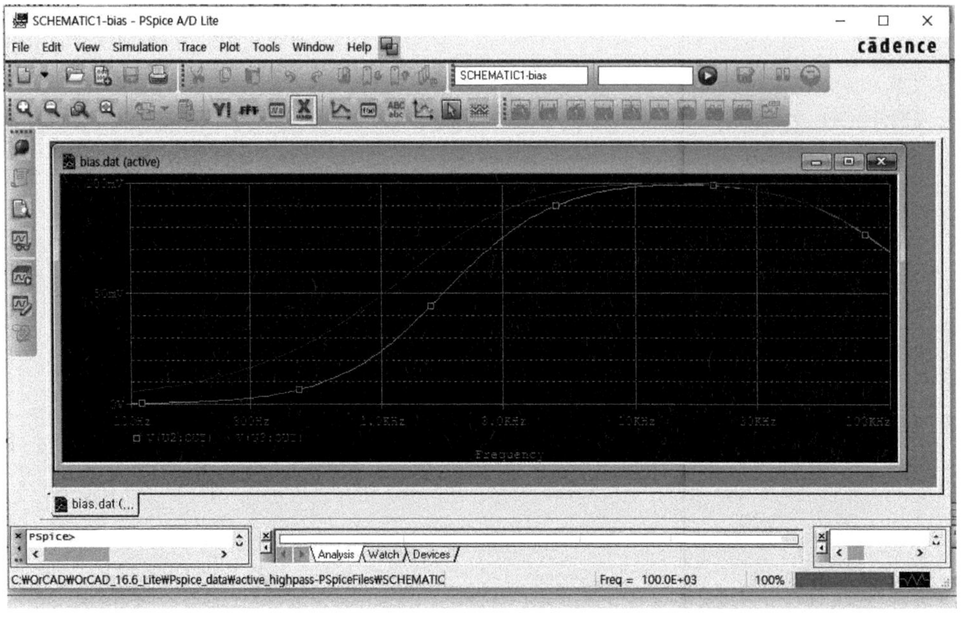

[예비보고서]

1. 다음 저역통과 필터회로에 대해 답하시오.

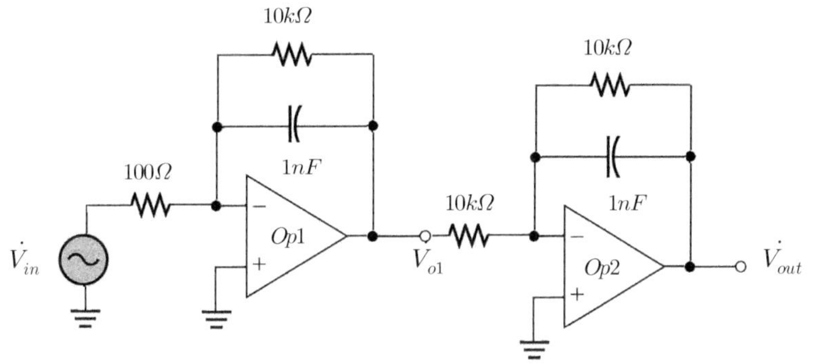

1〉 1단 저역통과 필터($Op1$)

〈1〉 입출력의 전달특성 $\dot{V}_{o1}/\dot{V}_{in}$을 구하시오.

〈2〉 차단주파수 f_{LP1}를 구하시오.

2〉 2단 저역통과 필터($Op1$ 및 $Op2$)

〈1〉 입출력의 전달특성 $\dot{V}_{out}/\dot{V}_{in}$을 구하시오.

〈2〉 차단주파수 f_{LP}를 구하시오.

2. 다음 고역통과 필터회로에 대해 답하시오.

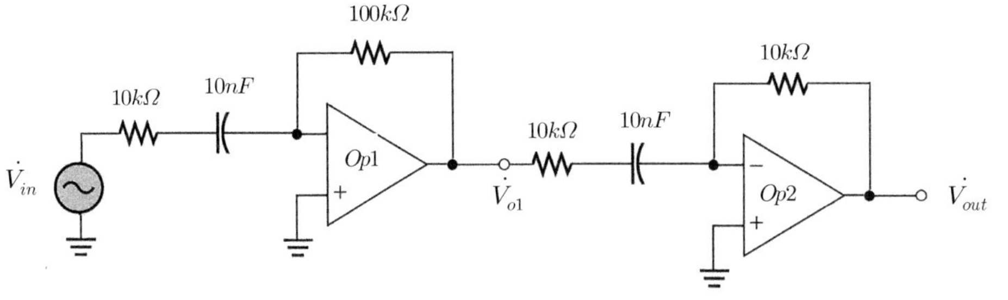

1〉 1단 고역통과 필터($Op1$)

〈1〉 입출력의 전달특성 $\dot{V}_{o1}/\dot{V}_{in}$을 구하시오.

〈2〉 차단주파수 f_{HP1}를 구하시오.

2〉 2단 고역통과 필터($Op1$ 및 $Op2$)

〈1〉 입출력의 전달특성 $\dot{V}_{out}/\dot{V}_{in}$을 구하시오.

〈2〉 차단주파수 f_{HP}를 구하시오.

[결과보고서]

실험제목					
실험일자	년 월 일(요일)			담당교수	㊞
성 명		학 번		평 가	

1. 다음 회로를 구성하고 물음에 답하시오.

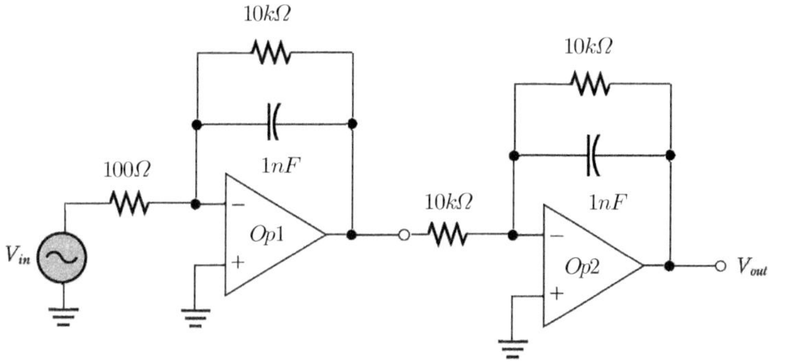

1) 주파수의 변화에 대해 다음 표를 완성하시오.

$v_{in}=1V_{pp}$	1차 필터			2차 필터		
$f[kHz]$	v_{o1}	A_1	$20\log\|A_1\|$	v_{out}	A	$20\log\|A\|$
1						
2						
3						
4						
5						
6						
7						
8						
9						
10						
20						
30						
40						
50						
60						
70						
80						
90						
100						
200						
300						

2〉 위의 자료를 바탕으로 1차 및 2차 필터회로에서 주파수에 대한 전압이득을 반대수 그래프에 그리시오. 자료가 부족하면 추가하여 측정하시오.

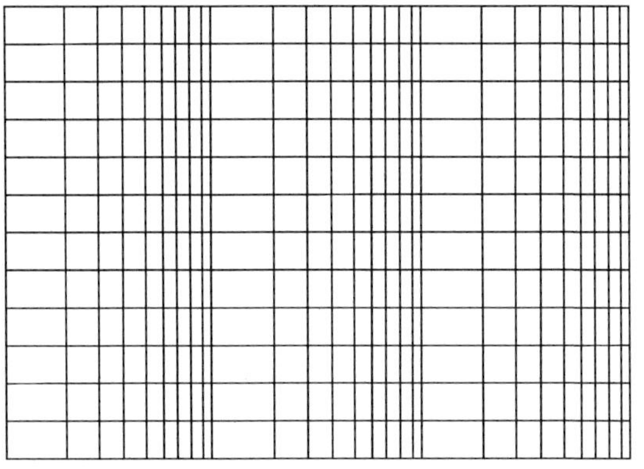

3〉 다음 표를 완성하시오.

		1차 필터	2차 필터	기타
최대전압이득	**이론치**			
	측정치			
	오차(%)			
$-3dB$ 주파수	**이론치**			
	측정치			
	오차(%)			
기울기	**이론치**			
	측정치			
	오차(%)			

4〉 1차과 2차 필터의 차이점을 설명하시오.

2. 다음 회로를 구성하고 물음에 답하시오.

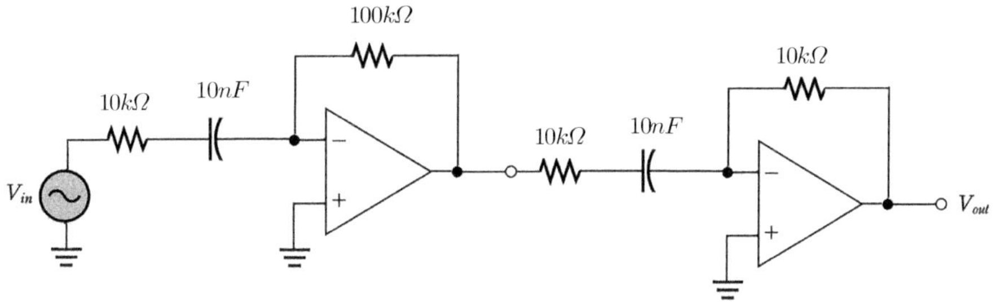

1〉 주파수의 변화에 대해 다음 표를 완성하시오.

$v_{in} = 1V_{pp}$	1차 필터			2차 필터		
$f[Hz]$	v_{o1}	A_1	$20\log\|A_1\|$	v_{out}	A	$20\log\|A\|$
100						
200						
300						
400						
500						
600						
700						
800						
900						
1,000						
2,000						
3,000						
4,000						
5,000						
6,000						
7,000						
8,000						
9,000						
10,000						
20,000						
30,000						
...						

2〉 위의 자료로부터 동작주파수가 저주파이면 출력이 나오지 않는 이유를 간략히 설명하시오.

3〉 위의 자료를 바탕으로 1차 및 2차 필터회로에서 주파수에 대한 전압이득의 갓을 반대수 그래프에 그리시오. 자료가 부족하면 추가하여 측정하시오.

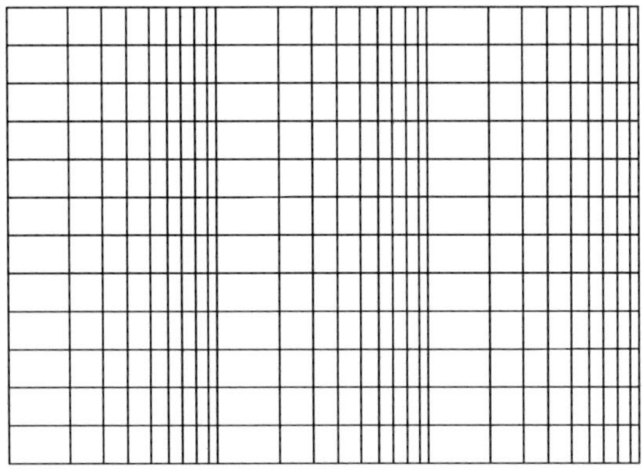

4〉 다음 표를 완성하시오.

		1차 필터	2차 필터	기타
최대전압이득	**이론치**			
	측정치			
	오차(%)			
$-3dB$ 주파수	**이론치**			
	측정치			
	오차(%)			
기울기	**이론치**			
	측정치			
	오차(%)			

5〉 1차과 2차 필터의 차이점을 설명하시오.

[토의 및 심화학습]

1. 수동필터와 비교하여 능동필터의 장점은 무엇인가?

1〉

2〉

…

2. 다음 회로는 2단 능동 저역통과 필터이다.

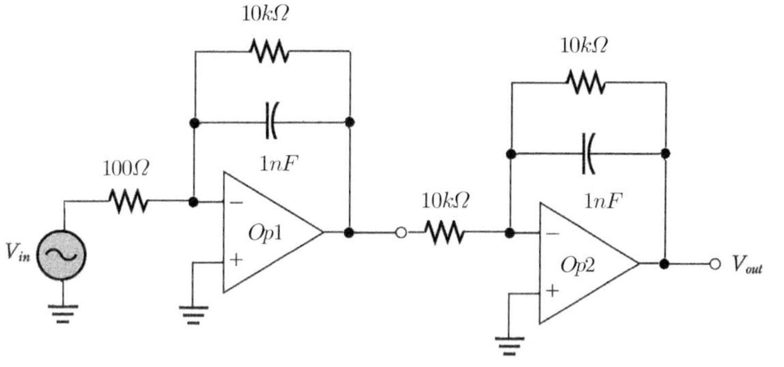

1> 주파수특성 그래프를 그리시오.

2> 주파수특성에 볼 때, 한 단을 추가하여 3단으로 하면 어떤 차이점이 있는가?

3. 다음 필터회로에 대해 답하시오.

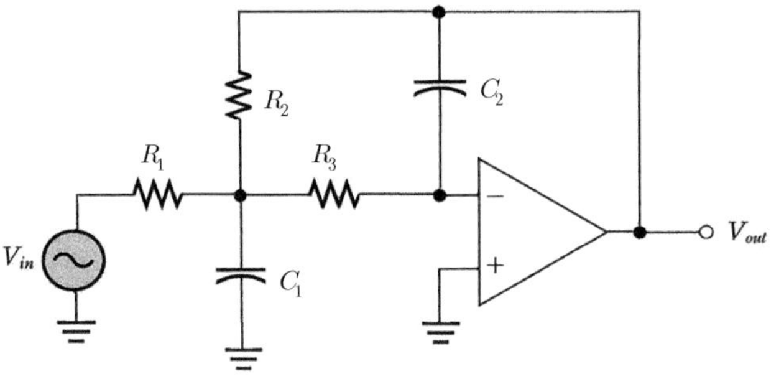

1〉 전달특성 $\dot{V}_{out}/\dot{V}_{in}$을 구하시오.

2〉 직류(dc) 전압이득을 구하시오.

3〉 $R_2 = R_3 = R$, $C_1 = C_2 = C = 0.047\mu F$로 하여 $\omega_0 = 2000\ rad/s$로 되는 R값을 구하시오.

4〉 Quality factor $Q = 8$인 R_1을 구하시오.

실험21장
능동 대역통과 및 대역차단 필터

Experiment 21 능동 대역통과 및 대역차단 필터

Active Band-pass Filter and Band-stop Filter

실험목적

연산증폭기를 사용하여 원하는 주파수를 가진 신호를 선택하여 통과시키거나 차단시키는 능동 대역통과 필터와 대역차단 필터를 익힌다.

기초이론

연산증폭회로의 장점들 중의 하나는 여러 회로가 의도한 대로 기능을 수행할 수 있도록 직렬 혹은 병렬로 쉽게 구현할 수 있다는 사실이다. 또한 연속되는 단들 사이에 전압 팔로워(buffer)를 삽입하여 임피던스 부정합 및 부하문제를 해결할 수 있다. 또한 각 단을 개별적으로 설계하고 단과 단 사이를 연결하는 종속연결하여 원하는 회로사양을 얻고, 반전증폭기나 비반전증폭기를 필터에 종속연결하여 출력신호의 이득이나 부호를 조절할 수도 있다.

1. 대역통과 필터(band-pass filter)

1〉 설계 개념

종속(cascade)연결을 이용하여 대역통과 필터를 학습해 보자. 그림 21-1은 고역통과 필터(HPF)와 저역통과 필터(LPF)를 활용하여 대역통과 필터(BPF)를 구현하는 개념이다.

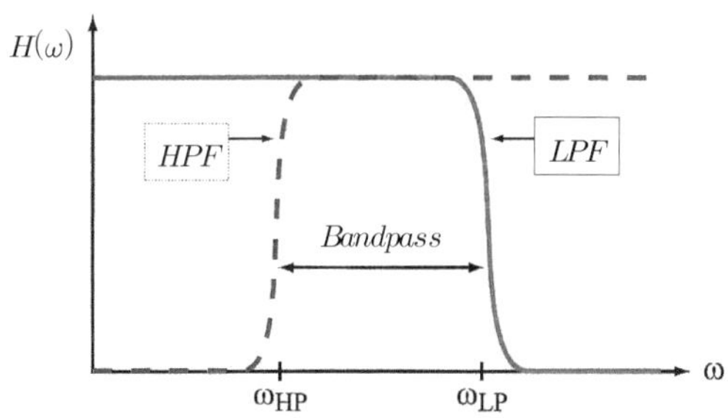

(a) 각 필터의 주파수에 따른 전달함수

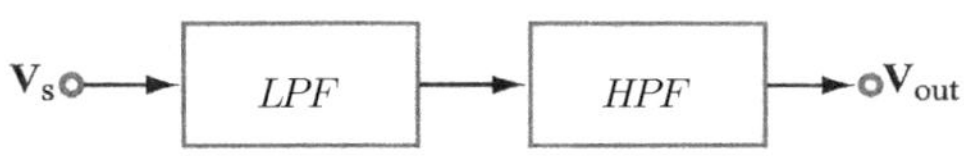

(b) 저역통과 필터와 고역통과 필터의 논리적 AND로 구현

[그림 21-1] 대역통과 필터의 주파수 특성

AND 논리는 입력들이 모두 '1'상태이면 출력은 '1'상태이고, 입력 중에서 어느 하나라도 '0'상태이면 출력은 '0'상태이다. 대역통과 필터는 AND 논리와 유사하다. 필터는 차단주파수가 f_{HP}(또는 ω_{HP})인 고역통과 필터와 차단주파수가 f_{LP}(또는 ω_{LP})인 저역통과 필터의 종속연결로 구성된다. 입력신호의 주파수는 신호가 출력될 수 있도록 두 필터들의 통과대역 사이에 존재해야 한다.

그림 21-2는 앞단에 저역통과 필터와 뒷단에 고역통과 필터를 종속연결하여 구성한 대역통과 필터이다.

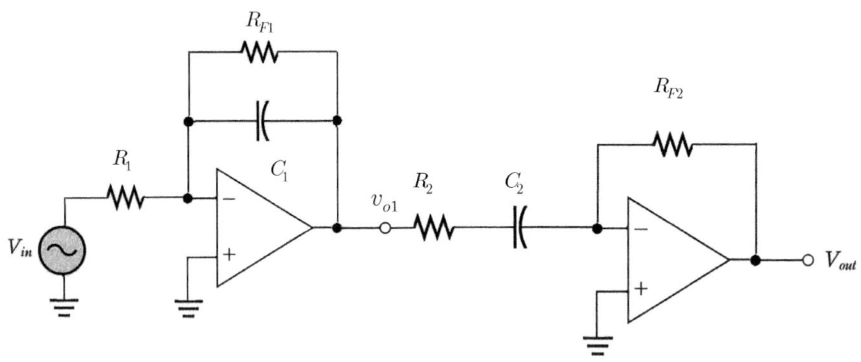

[그림 21-2] 대역통과 필터

2〉 회로해석

앞에서 학습한 각 전달함수를 바탕으로 전체적인 전달함수는 다음과 같다.

$$\dot{H}_1(\omega) = \frac{\dot{V}_{o1}}{\dot{V}_{in}} = -\frac{R_{F1}}{R_1}\left(\frac{1}{1+j\omega R_{F1}C_1}\right) \tag{21-1}$$

$$\dot{H}_2(\omega) = \frac{\dot{V}_{out}}{\dot{V}_{o1}} = -\frac{R_{F2}}{R_2}\left(\frac{j\omega R_2 C_2}{1+j\omega R_2 C_2}\right) \tag{21-2}$$

$$\dot{H}(f) = \frac{\dot{V}_{o1}}{\dot{V}_{in}}\frac{\dot{V}_{out}}{\dot{V}_{o1}} = \left(\frac{-R_{F1}}{R_1}\right)\left(\frac{1}{1+j\omega R_{F1}C_1}\right)\left(\frac{-R_{F2}}{R_2}\right)\left(\frac{j\omega R_2 C_2}{1+j\omega R_2 C_2}\right) \tag{21-3}$$

$$= A_1 A_2\left(\frac{1}{1+jf/f_{LP}}\right)\left(\frac{jf/f_{HP}}{1+jf/f_{HP}}\right) \tag{21-4}$$

이 전달함수의 크기를 구하고 dB로 표기하면 다음과 같다.

$$|H(f)| = A\left(\frac{f/f_{HP}}{\sqrt{1+(f/f_{LP})^2}\,\sqrt{1+(f/f_{HP})^2}}\right) \tag{21-5}$$

$$|H(f)|[dB] = 20\log A + 20\log(f/f_{HP}) - 10\log(1+(f/f_{LP})^2) - 10\log(1+(f/f_{HP})^2)$$

여기서 대역통과특성을 위해 f_{LP}와 f_{HP}는 $f_{LP} > f_{HP}$로 한다.

수동필터의 단점은 인덕터와 관련성이 있다. 커패시터와 저항은 인쇄회로 기판에 평면형으로 제작하여 활용하지만, 인덕터는 부피가 크고 입체적이므로 회로상의 구현이 어렵고 비용이 많이 들게 된다. 그러나 연산증폭기를 사용하면 가상 인덕터를 구현하여 라디오 동조기에 사용할 수 있도록 설계할 수 있다. 이것은 토의 및 심화학습에 제시되어 있다.

2. 대역차단 필터(band-stop filter)

1〉 설계 개념

병렬접속방식과 가산기를 이용하여 대역차단 필터(BSF)를 설계하는 방법을 학습해 보자.

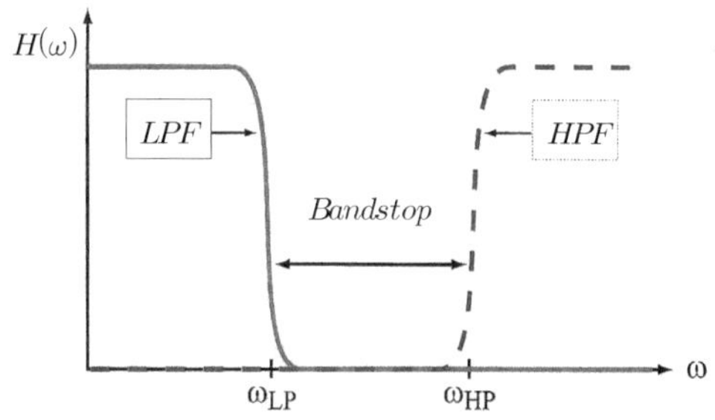

(a) 각 필터의 주파수에 따른 전달함수

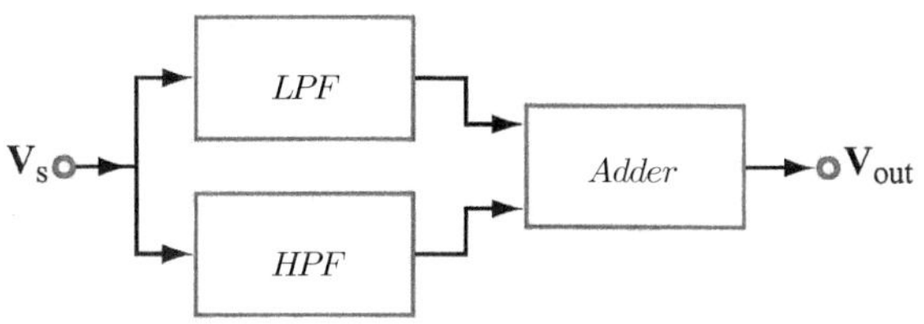

(b) 저역통과 필터와 고역통과 필터의 논리적 OR로 구현

[그림 21-3] 대역차단 필터의 주파수 특성

OR 논리는 입력들 중에서 어느 하나라도 '1'상태이면 출력은 '1'상태이다. 대역차단 필터는 OR 논리와 유사하다. 필터는 차단주파수가 f_{HP}(또는 ω_{HP})인 고역통과 필터와 차단주파수가 f_{LP}(또는 ω_{LP})인 저역통과 필터의 병렬연결로 구성되고 각 필터의 출력은 가산기에 인가된다. 입력신호의 주파수는 신호가 제거될 수 있도록 두 필터들의 차단대역 사이에 존

재해야 한다.

그림 21-4는 저역통과 필터와 고역통과 필터를 이용한 대역차단필터이다.

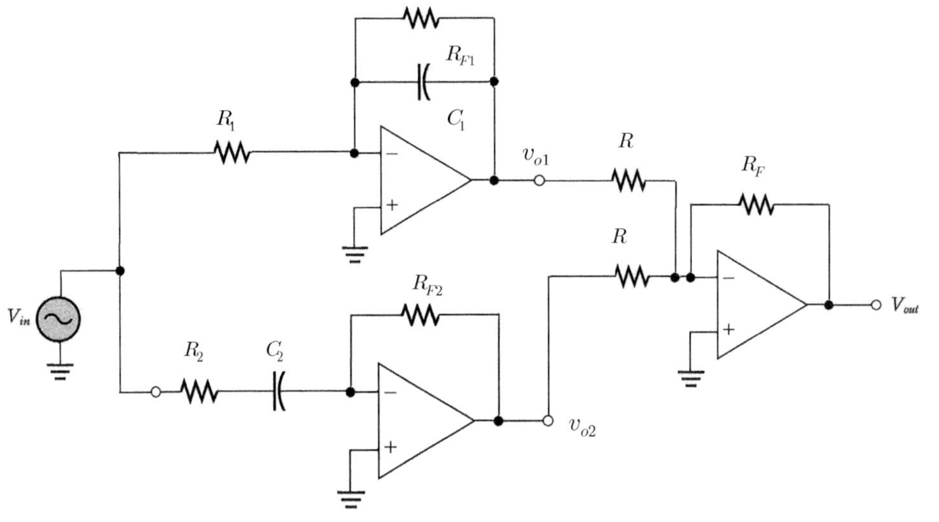

[그림 21-4] 대역차단 필터

2〉 회로해석

앞에서 배운 각 전달함수를 바탕으로 가산기를 통과한 최종출력은 다음과 같다.

$$\dot{H}_1(f)=\frac{\dot{V}_{o1}}{\dot{V}_{in}}=-\frac{R_{F1}}{R_1}\left(\frac{1}{1+j\omega R_{F1}C_1}\right)=A_1\left(\frac{1}{1+jf/f_{LP}}\right) \tag{21-6}$$

$$\dot{H}_2(f)=\frac{\dot{V}_{o2}}{\dot{V}_{in}}=-\frac{R_{F2}}{R_2}\left(\frac{j\omega R_2C_2}{1+j\omega R_2C_2}\right)=A_2\left(\frac{jf/f_{HP}}{1+jf/f_{HP}}\right) \tag{21-7}$$

$$\dot{V}_{out}=\dot{V}_{o1}\left(\frac{-R_F}{R}\right)+\dot{V}_{o2}\left(\frac{-R_F}{R}\right)=A_3(\dot{V}_{o1}+\dot{V}_{o2}) \tag{21-8}$$

대역차단 필터의 전달함수를 구하면 다음과 같다.

$$\dot{H}(f)=\frac{\dot{V}_{out}}{\dot{V}_{in}}=A(\dot{H}_1(f)+\dot{H}_2(f)) \tag{21-9}$$

[실험장비 및 부품]

사용장비	품 목	정 격	소요량
Oscilloscope Function generator Breadboard DC power supply	Resistor Capacitor Op. amp	$1k\Omega$, $10k\Omega$, $15k\Omega$, $100k\Omega$ $5k\Omega$ $1nF$, $10nF$, $25nF$ $\mu A741$	각 2개 6개 1개 3개

[PSPICE 시뮬레이션]

1. 능동 대역통과 필터

1〉 회로구성

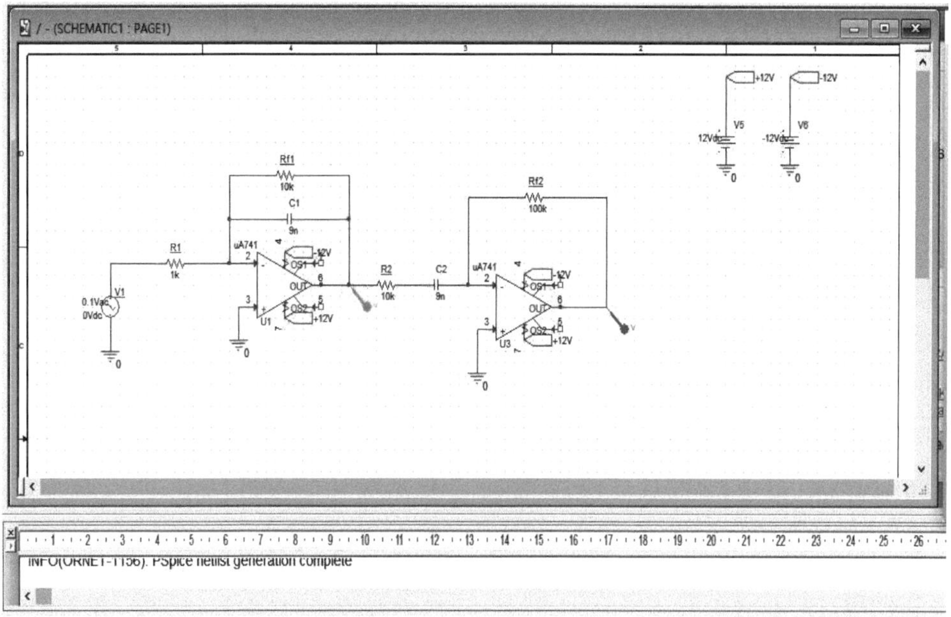

2〉 주파수 특성(AC 특성)

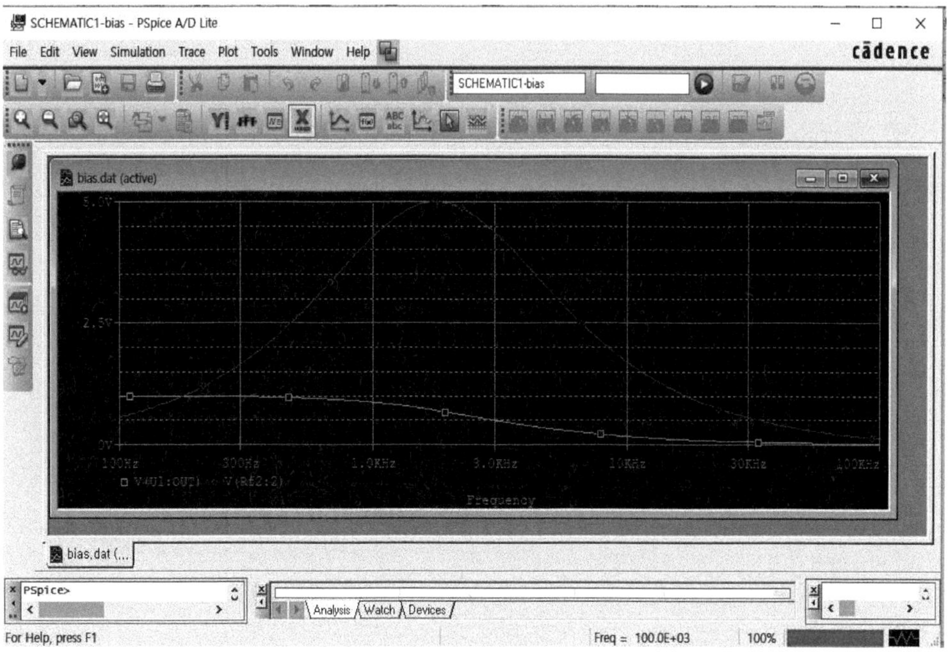

2. 능동 대역차단 필터

1〉 회로구성

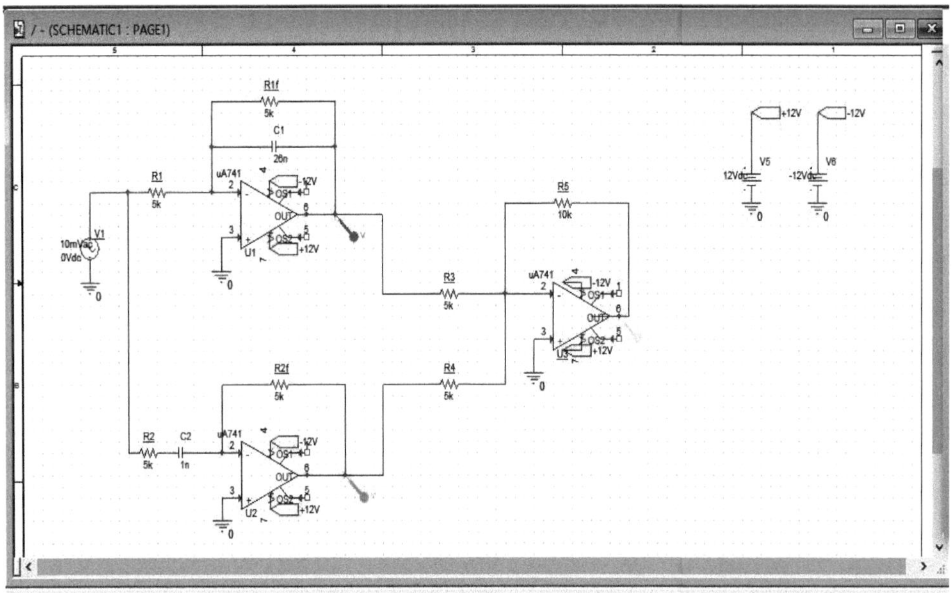

2〉 주파수 특성

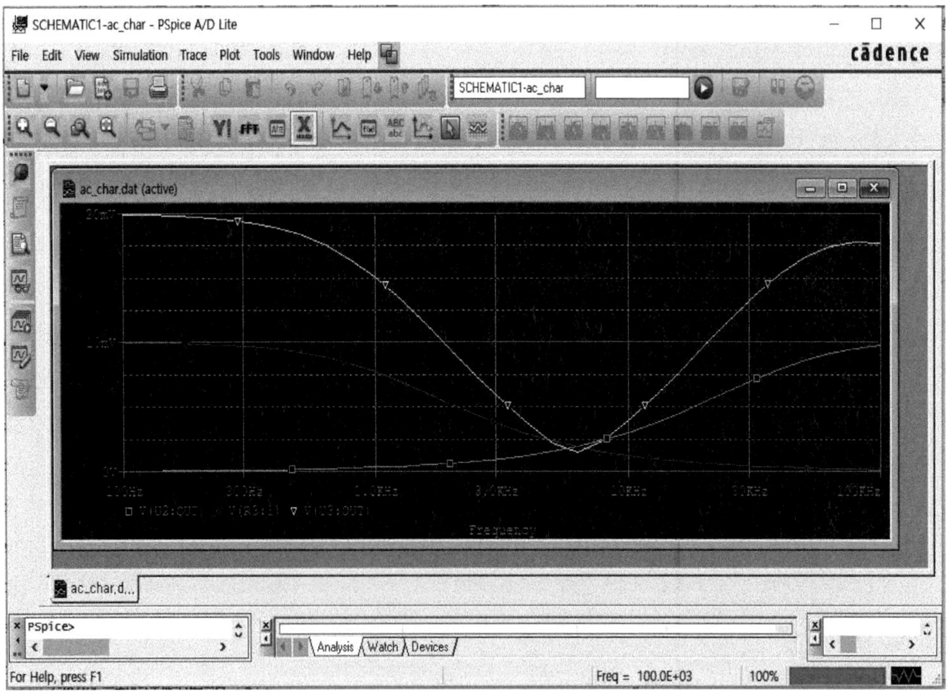

[예비보고서]

1. 다음 회로에 대해 답하시오.

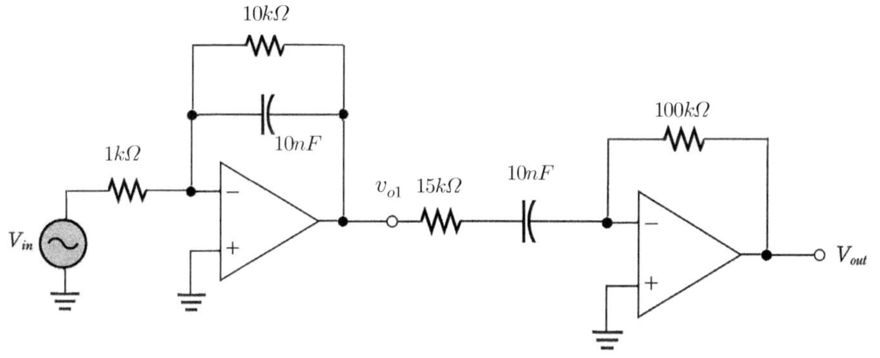

1〉 저역통과 필터의 차단주파수 f_{LP}는?

2〉 고역통과 필터의 차단주파수 f_{HP}는?

3〉 $f_{LP} > f_{HP}$이면 위 회로는 주파수($s = j\omega$)에 대해 어떤 특성을 가지는가?

4〉 주파수함수로 나타낸 전달특성 $\dot{V}_{out}/\dot{V}_{in}$을 구하시오.

5〉 4〉의 특성방정식으로부터 이 시스템은 (안정, 불안정)이다.

2. 다음 회로에 대해 답하시오.

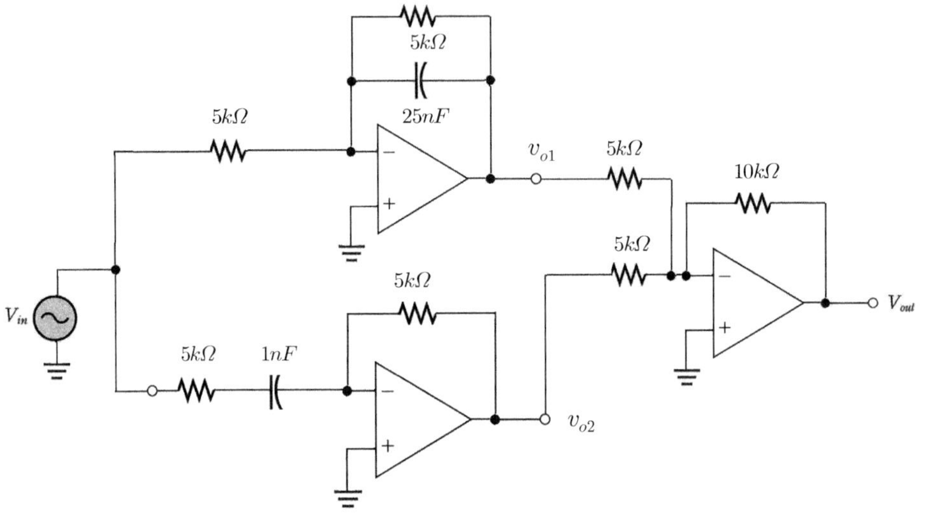

1〉 저역통과 차단주파수 f_{LP}는?

2〉 고역통과 필터의 차단주파수 f_{HP}는?

3〉 $f_{LP} < f_{HP}$이면 위 회로는 주파수($s = j\omega$)에 대해 어떤 특성을 가지는가?

4〉 주파수함수로 나타낸 전달특성 $\dot{V}_{out}/\dot{V}_{in}$을 구하시오.

5〉 4〉의 특성방정식으로부터 이 시스템은 (안정, 불안정)이다.

[결과보고서]

실험제목					
실험일자	년 월 일(요일)			담당교수	㊞
성 명		학 번		평 가	

1. 다음 회로를 구성하고 물음에 답하시오.

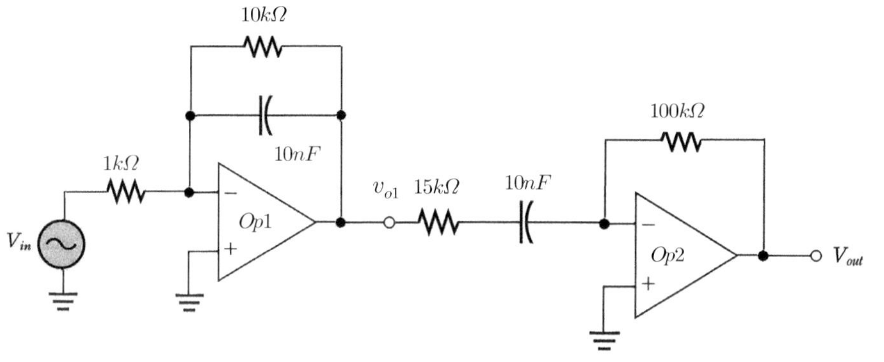

1) 주파수의 변화에 대해 다음 표를 완성하시오.

$v_{in}=1V_{pp}$	필터1($Op1$)			필터2($Op2$)		
$f[Hz]$	v_{o1}	A_1	$20\log\lvert A_1\rvert$	v_{out}	A	$20\log\lvert A\rvert$
100						
200						
300						
400						
500						
600						
700						
800						
900						
1,000						
2,000						
3,000						
4,000						
5,000						
6,000						
7,000						
8,000						
9,000						
10,000						

2〉 위의 자료를 바탕으로 1차 및 2차 필터회로에서 주파수에 대한 전압이득의 값을 반대수 그래프에 그리시오. 자료가 부족하면 추가하여 측정하시오.

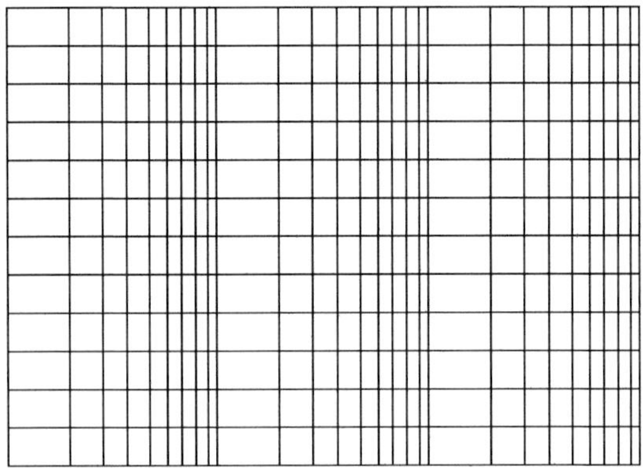

3> 다음 표를 완성하시오.

		필터1($Op1$)	필터2($Op2$)	기타
최대전압이득	**이론치**			
	측정치			
	오차(%)			
$-3dB$ 주파수	**이론치**			
	측정치			
	오차(%)			
기울기	**이론치**			
	측정치			
	오차(%)			

4〉 주파수 선택도를 증가시켜 특정주파수를 통과시키려면 회로설계적으로 어떻게 하는 방법이 있는 지를 설명하시오.

2. 다음 회로를 구성하고 물음에 답하시오.

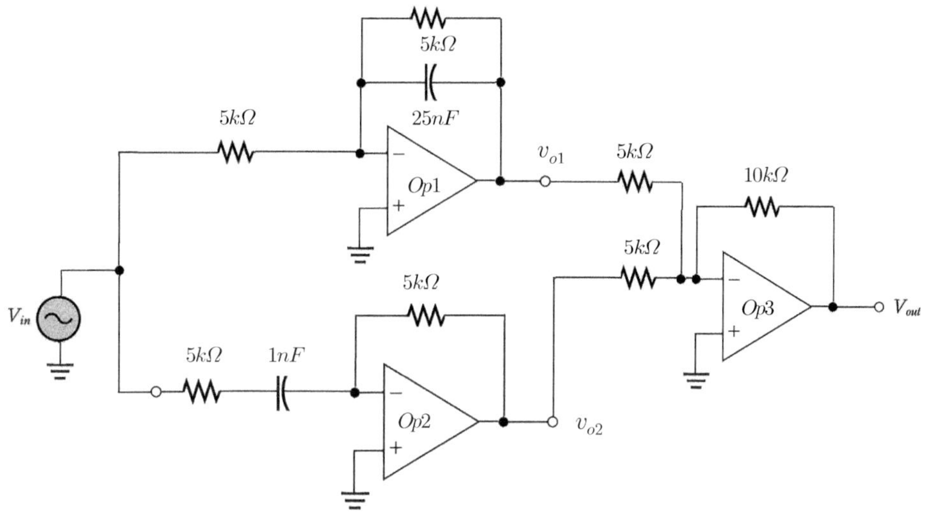

1〉 주파수의 변화에 대해 다음 표를 완성하시오.

$v_{in}=1\,V_{pp}$	필터1($Op1$)			필터2($Op2$)			가산기($Op3$)		
$f[kHz]$	v_{o1}	A_1	$20\log\lvert A_1\rvert$	v_{o2}	A_2	$20\log\lvert A_2\rvert$	v_{out}	A	$20\log\lvert A\rvert$
0.1									
0.3									
0.5									
0.7									
0.9									
1									
2									
3									
4									
5									
6									
7									
8									
9									
10									
20									
30									
40									
50									
...									

2〉 위의 자료를 바탕으로 필터1, 필터2 및 가산기 회로에서 주파수에 대한 전압이득의 값을 반대수 그래프에 그리시오. 자료가 부족하면 추가하여 측정하시오.

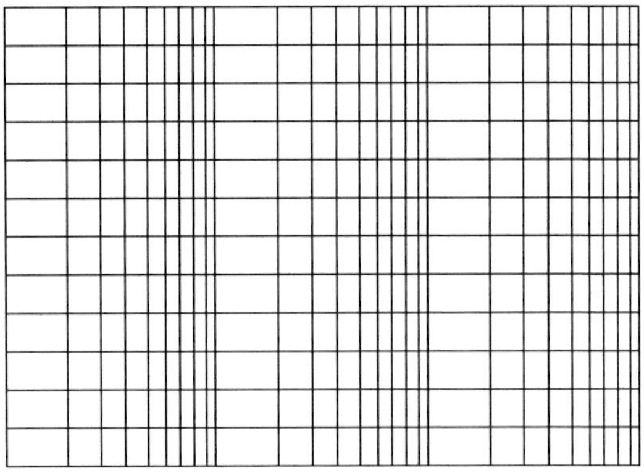

3〉 다음 표를 완성하시오.

		필터1($Op1$)	필터2($Op2$)	가산기($Op3$)
최대전압이득	**이론치**			
	측정치			
	오차(%)			
$-3dB$ 주파수	**이론치**			
	측정치			
	오차(%)			
기울기	**이론치**			
	측정치			
	오차(%)			

4〉 만약 가산기의 귀환저항을 $50k\Omega$으로 교환하면 어떤 결과를 가져오는가?

5〉 주파수 선택도를 증가시켜 특정주파수를 차단하려면 회로설계적으로 어떻게 하는 방법이 있는 지를 설명하시오.

[토의 및 심화학습]

1. 다음 회로는 대역통과 필터이다. 수동필터는 기초 RLC 회로에서 학습하였을 것이다. 능동필터는 연산증폭기를 활용하여 인덕터 L을 대신할 수 있는 회로로 구현하고자 한다. 우리나라에서 세 방송국들인 KBS, MBC, CBS에서 각각 711kHz, 900 kHz 및 837kHz로 방송을 하며 이들 세 방송국들이 송출하는 신호들은 안테나를 통해 감지되며 다음과 같다고 하자.

$$v_{in}(t)=\cos(2\pi\times711000+135°)+\cos(2\pi\times900000)+\cos(2\pi\times837000+30°)$$

1〉 어떤 청취자가 MBC 방송을 듣고자 한다. 이를 구현하기 위한 RLC 병렬회로로 된 라디오 동조기(tuner)를 설계하시오. 따라서 출력은 MBC 방송신호만 선택하므로 다음과 같은 $v_{out}(t)=A\cos(2\pi\times900000+\theta)$ 형태이다. 물음에 답하시오.

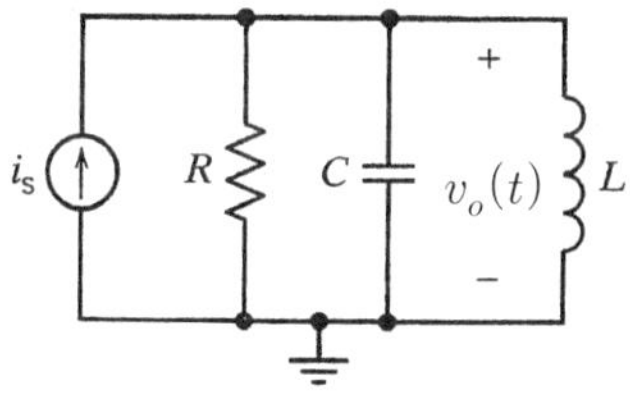

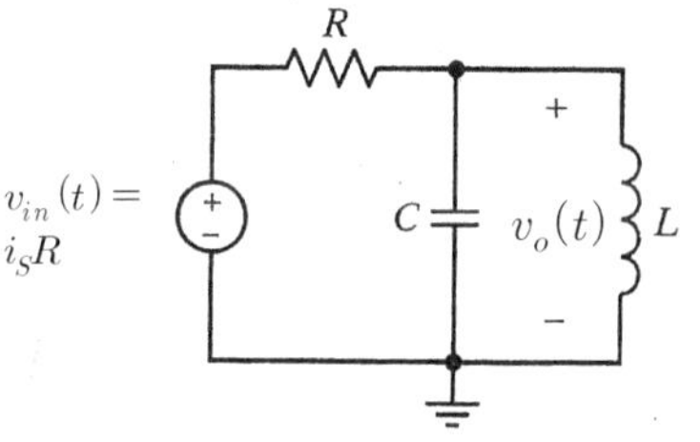

〈1〉 공진주파수(f_r)를 구하시오. 답: $900[kHz]$

〈2〉 $Q=15$로 하고 커패시터는 $C=1nF$으로 한다면 인덕턴스값을 구하시오.

답: $31.27[\mu H]$

〈3〉 위의 기능을 수행하는 저항값 R을 구하시오. 답: $2653[\Omega]$

2〉 능동 대역통과 필터

인덕터는 비교적 크고 부피를 많이 차지하므로 인덕터(L) 대신에 연산증폭기, 저항 및 커패시터를 조합하여 그 기능을 가지는 능동필터를 도입한다. 다음 회로에 대해 답하시오.

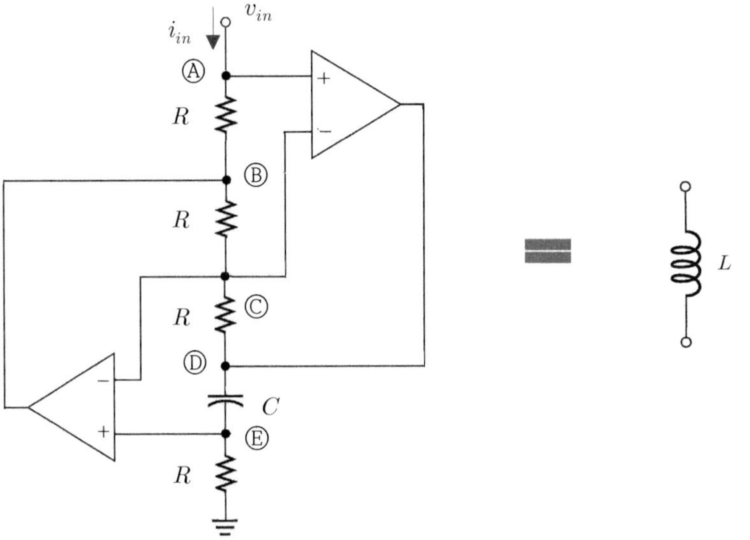

〈1〉 세 지점 Ⓐ, Ⓒ, Ⓔ에서 전압은 동일한가 혹은 동일하지 않은가?

〈2〉 〈1〉의 세 지점에서 KCL을 만족하는 노드전압 방정식을 쓰시오.

〈3〉 〈2〉에서 입력 임피던스 $\dot{Z}_{in} = \dot{V}_{in}/\dot{I}_{in}$를 구하시오.

〈4〉 위의 식에서 인덕턴스 L을 대신하는 등가값을 구하시오. 답: $L = R^2C$

〈5〉 위의 회로를 PSPICE 시뮬레이션을 수행하여 타당성을 검토하시오.

2. 다음 필터회로에 대해 답하시오.

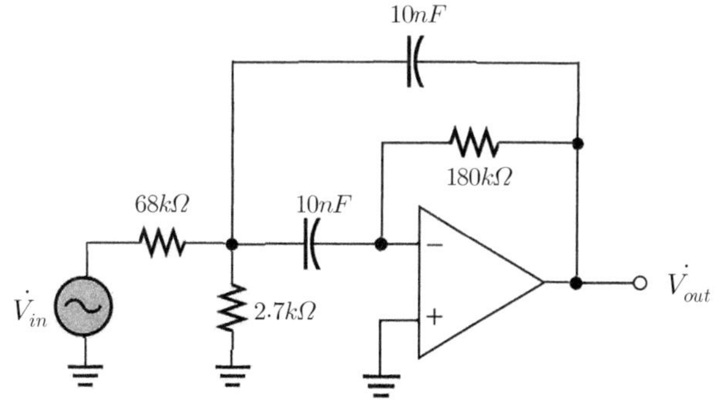

1〉 아주 작은 저주파와 아주 큰 고주파에서 근사회로를 그리시오.

〈1〉 저주파 영역

〈2〉 고주파 영역

2〉 1〉의 결과로부터 위 연산증폭 필터회로는 어떤 특성을 가지는가?

㉮ 저역통과 필터 ㉯ 고역통과 필터 ㉰ 대역통과 필터 ㉱ 대역제거 필터

3〉 전압이득($\dot{V}_{out}/\dot{V}_{in}$)을 구하시오.

4〉 공진주파수(resonant frequency)를 구하시오. 답: $737[Hz]$

5〉 공진(resonance)이 발생한 경우에 전압이득 A를 구하시오. 답: 1.32

6〉 선택도(Q)와 대역폭($BW: bandwith$)을 구하시오. 답: $Q=4.19,\ BW=177[Hz]$

실험22장

555 IC 및 비안정 멀티바이브레이터

Experiment 22

555 IC 및 비안정 멀티바이브레이터

555 Timer IC and Astable Multivibrator

실험목적

파형발생에 광범위하게 활용되는 555 타이머 IC의 구성을 바탕으로 비안정 멀티바이브레이터인 사각파를 발생시키는 회로를 학습한다.

기초이론

IC 555는 제작사에 따라 여러 종류가 있으며 파형발생에 매우 중요한 IC이다. 1972년에 개발된 Signetics사의 Timer NE555는 4.5V~16V의 전압에서 잘 작동한다. 여러 회사에서 출시되는 범용 555 타이머 IC는 사각파발생기(비안정 멀티바이브레이터), 펄스발생기(단안정 멀티바이브레이터) 등 비정현파 신호의 생성을 위해 폭넓게 사용되는 소자이며, 외부에 저항과 커패시터의 간단한 연결을 시행하여 다양한 응용회로를 구현할 수 있다.

1. 555 타이머 IC 개요

IC의 내부는 그림 22-1과 같이 8핀 IC로서 내부에 전압분배용 3개의 동일저항, 2개의 비교기, 1개의 RS 래치(latch), 1개의 NPN 트랜지스터로 구성되어 있다.

[핀 번호 및 기능]

번호	기 능	번호	기 능
①	접지	⑤	제어전압단자
②	트리거 단자	⑥	문턱전압조절
③	출력단자	⑦	방전트랜지스터
④	비동기 리셋단자	⑧	전원전압

[그림 22-1] 555 타이머 IC의 핀 구성

1〉 비교기 1에서는 문턱(threshold)전압과 제어(control)전압의 두 입력단자를 가진다. 제어단자 ⑤는 보통 사용하지 않는다. 따라서 문턱전압단자 ⑥에 가해지는 외부전압이 $\frac{2}{3}V_{CC}$를 넘으면 비교기 1은 출력은 RS 래치를 $Q=0$, $\overline{Q}=1$으로 변환시킨다.

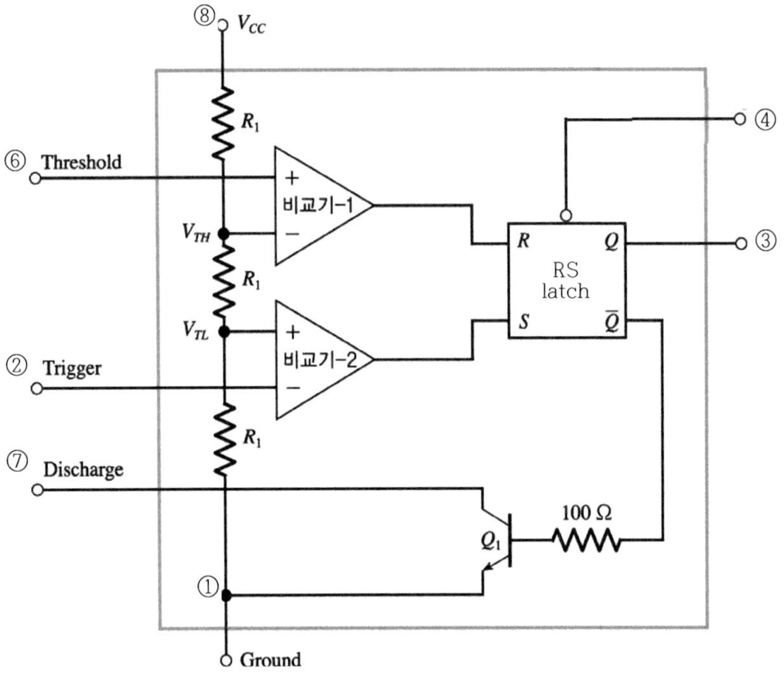

[그림 22-2] 555 타이머 IC의 내부구조

2) 비교기 2의 반전단자는 Trigger단자라고 부르며, 이 트리거 단자 ②에 인가되는 외부 전압이 $\frac{1}{3}V_{CC}$보다 낮으면 비교기 2의 출력은 F/F를 $Q=1$, $\overline{Q}=0$ 시킨다.

3) RS 래치는 2개의 입력단자 R과 S, 2개의 출력단자 Q와 $\overline{Q}$를 갖는 논리소자로서 S가 '1' 이면 Q는 '1' 로 되고 R이 '1' 이면 $Q=0$가 된다. 특히 $S=R='1'$인 경우는 허용되지 않으며 Q와 $\overline{Q}$는 항상 반대의 관계를 가진다.

4) RS 래치의 Q출력은 출력단을 거쳐 단자 ③으로 간다. 그러나 Reset단자 ④를 접지(LOW상태)시키면 F/F의 $Q=0$된다. 그러나 통상 이 비동기 단자를 전원전압 V_{CC}에 연결하여 F/F를 정상 동작시킨다.

5) Discharge 트랜지스터의 컬렉터 단자 ⑦에는 보통 커패시터가 부하로 연결된다. F/F는 출력 $\overline{Q}=1$이면 트랜지스터는 포화되어 C를 방전시키고 $\overline{Q}=0$이면 트랜지스터는 개방되어 C는 전원을 통하여 충전된다.

2. 비안정 멀티바이브레이터

멀티바이브레이터 회로는 많이 활용되는 회로로서 꼭 알아 두어야만 하는 아주 중요한 회로이다. 비안정 555를 종종 free-running 멀티바이브레이터 또는 비안정 멀티바이브레이터라고 부르며 그 이유는 전원만 가해지면 출력으로 연속적인 사각파를 스스로 발생시키기 때문이다. 즉, 그림과 같이 주기를 가지고 계속적으로 변하므로 안정한 상태를 가지지 않는다.

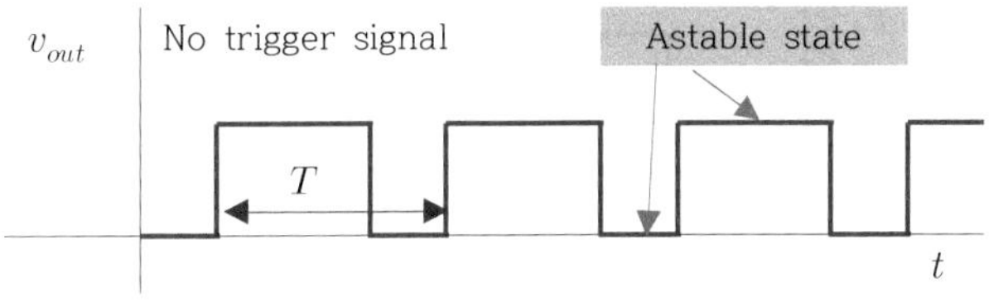

[그림 22-3] 비안정 멀티바이브레이터의 개념

그림 22-4는 비안정 멀티바이브레이터로 활용된 사례를 나타낸 것이다.

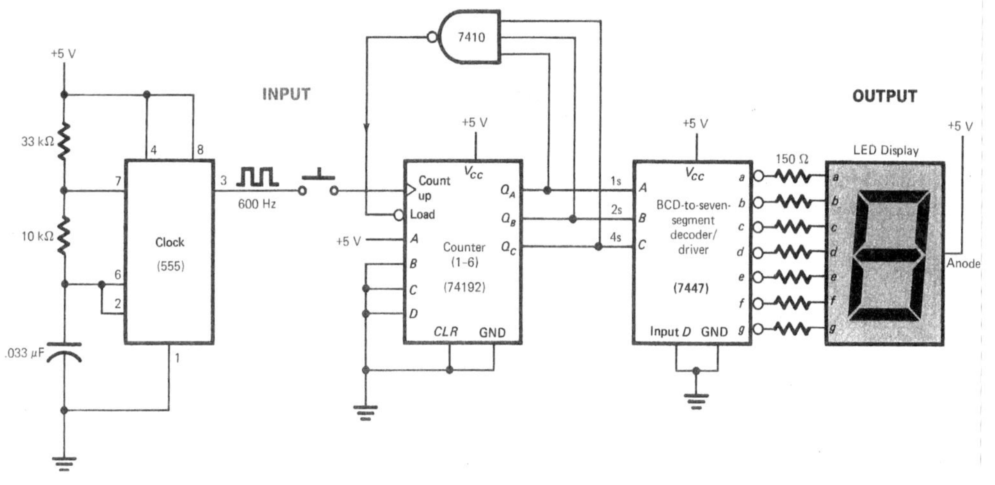

(a) 클락(clock) 신호로 사용되는 555 타이머

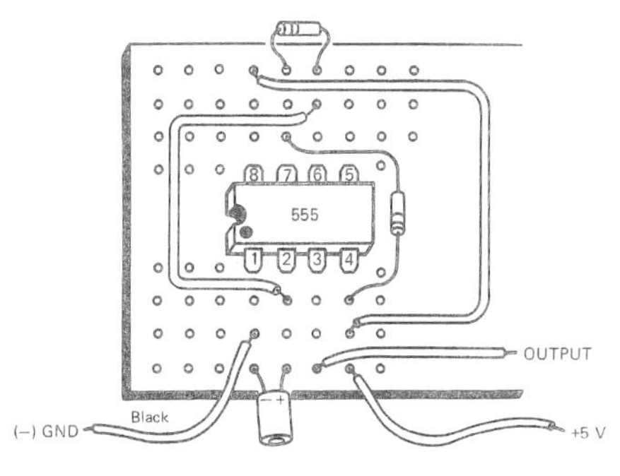

(b) Breadboard 상의 부품배치

[그림 22-4] 555 IC의 활용한 비안정 멀티바이브레이터

$$\frac{1}{3}V_{CC}=0+(\frac{2}{3}V_{CC}-0)e^{-T_2/\tau}$$

$$\therefore T_2=0.7\tau=0.7R_BC \qquad (22-3)$$

〈3〉 발진주파수는 주기 $T=T_1+T_2$의 역수이므로 다음과 같다.

$$f=\frac{1}{T}=\frac{1}{T_1+T_2}=\frac{1.44}{(R_A+2R_B)C} \qquad (22-4)$$

〈4〉 통상 Duty 사이클(또는 Duty 계수)은 출력펄스에서 주기(T)에 대한 '1' 상태(HIGH) 시간의 비를 나타내며 다음과 같이 정의한다. 실제 실험에서는 부품의 값을 변경하든지 또는 부가적으로 부품을 회로에 추가하여 Duty 사이클을 가변시킬 수 있다.

펄스폭(t_w)을 주기(T)로 나눈 비율로서 보통 %로 표시한다.

$$Duty\ cycle\ =\ \frac{t_w}{T}\times 100\%$$

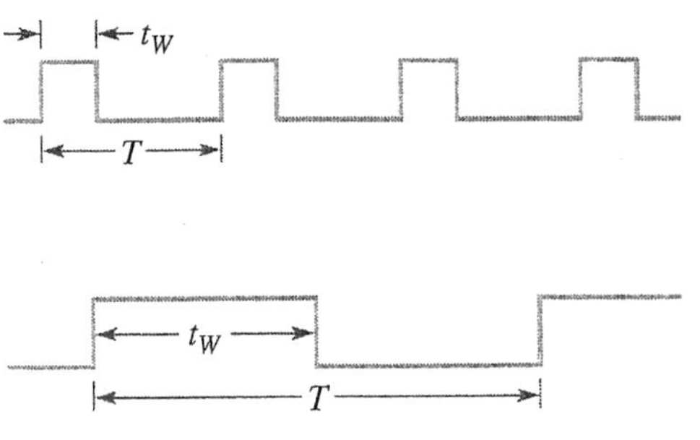

[그림 22-6] Duty cycle

[실험장비 및 부품]

사용장비	품 목	규 격	수량
DC power supply Oscilloscope Function generator Breadboard	IC Resistor Potentiometer Capacitor LED	555 *Timer* 470Ω, $3.3k\Omega$, $6.8k\Omega$ $10k\Omega$ $0.01\mu F$, $0.1\mu F$, $100\mu F$ Red	1개 각 1개 1개 각 1개 1개

[PSPICE 시뮬레이션]

1) 555 타이머 특성분석 회로

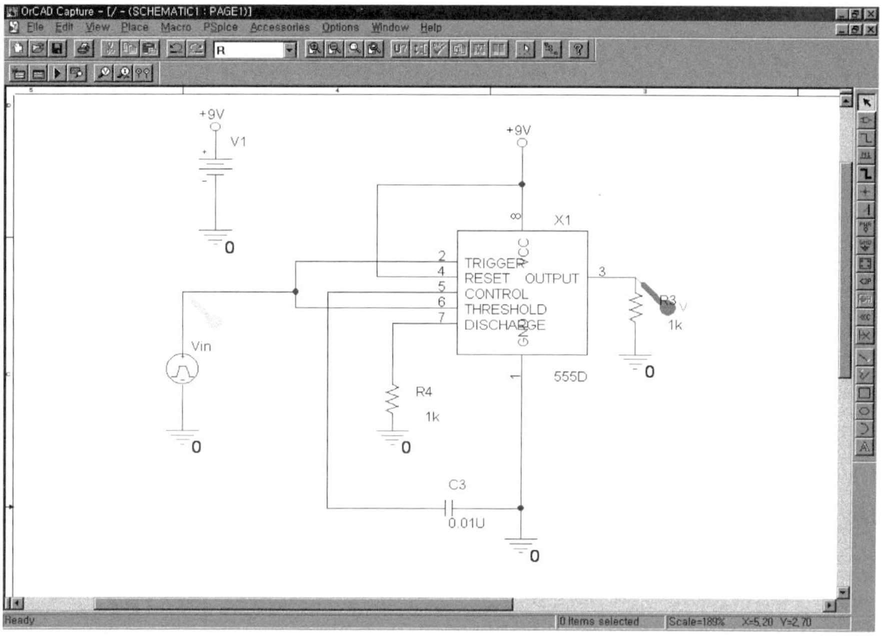

2) 삼각파 입력에 따른 과도해석

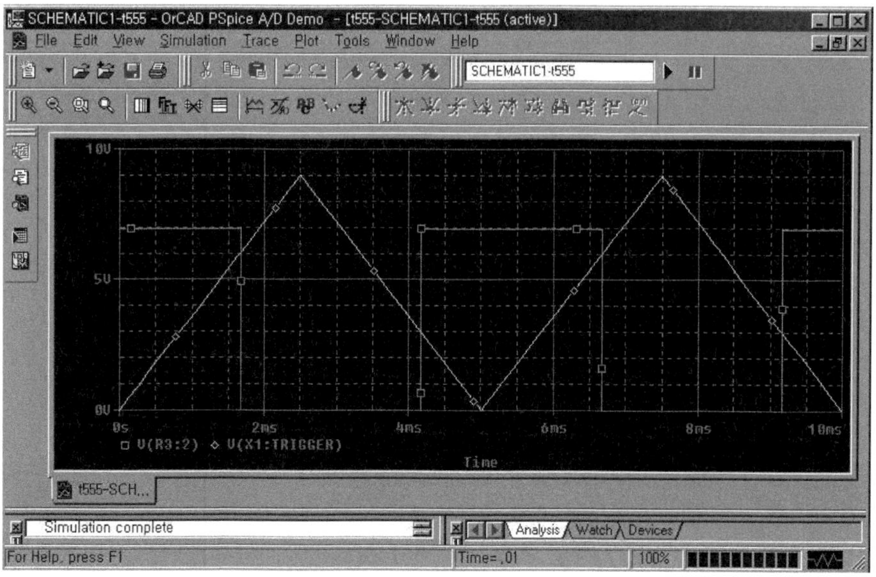

3〉 비안정 멀티바이브레이터 회로설계

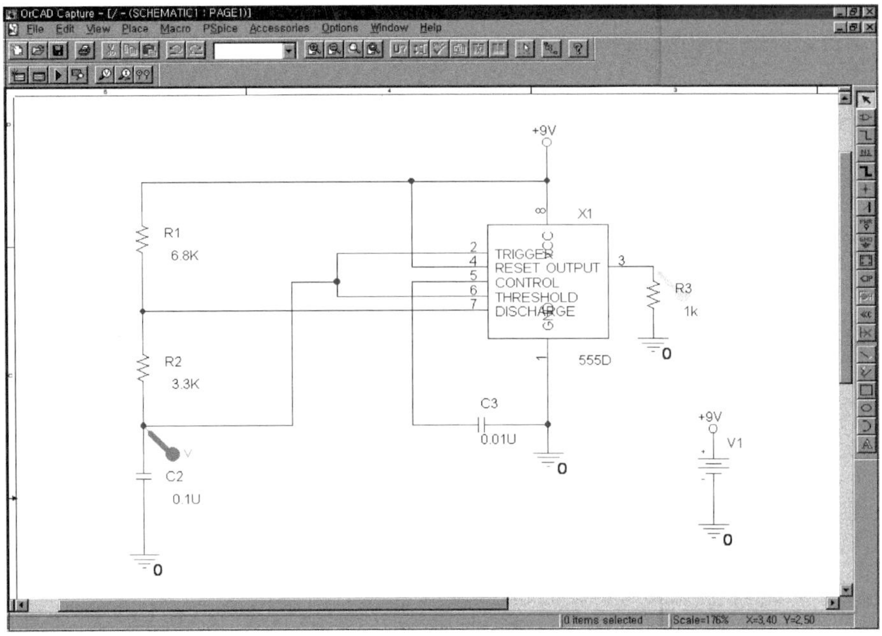

4〉 비안정 멀티바이브레이터 과도특성

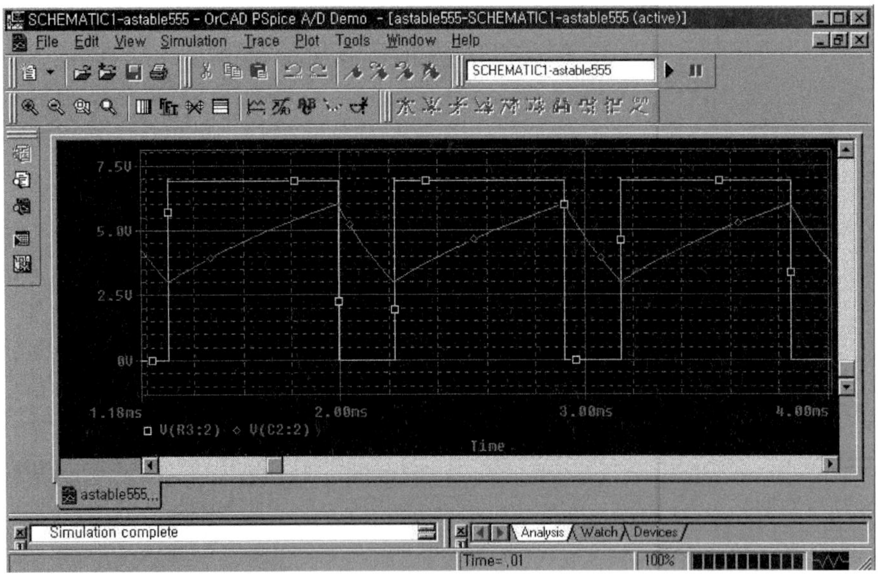

[예비보고서]

1. 다음 555 타이머 IC에 답하시오. 여기서 트리거단자 ②와 문턱전압단자 ⑥이 같이 연결되어 있다고 한다.

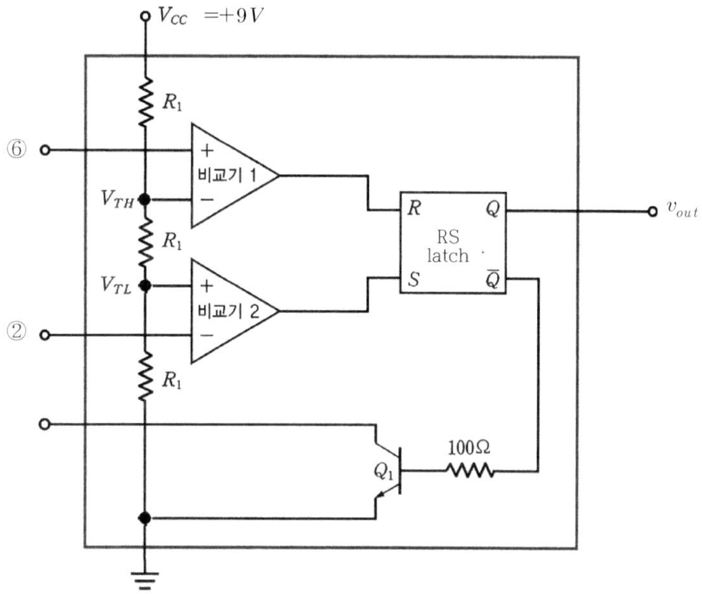

1〉 기준전압 V_{TL}과 V_{TH}를 구하시오.

〈1〉 $V_{TL} =$ 〈2〉 $V_{TH} =$

2〉 위의 자료를 바탕으로 RS 래치의 입력과 출력특성을 구하시오. 초기 $Q=0$이다.

〈1〉 $V_{②} = 1V$

〈2〉 $V_{②} = 4V$

〈3〉 $V_{②} = 7V$

2. 위의 출력결과와 그림 22-2를 참고하여 아래 표를 완성하시오.

1) 동작이 2V→5V→8V로 상승할 때

$V_{②}$	비교기 1	비교기 2	*RS* latch				기타
			S	R	Q	$\overline{Q}$	
2 V							
5 V							
8 V							

2) 동작이 8V→5V→2V로 하강할 때

$V_{②}$	비교기 1	비교기 2	*RS* latch				기타
			S	R	Q	$\overline{Q}$	
8 V							
5 V							
2 V							

3) 위의 1)과 2)로부터 아래의 진리표를 구하시오.

여기서 Q_n은 현재 출력상태이고 Q_{n-1}은 바로 전의 출력상태를 나타낸다.

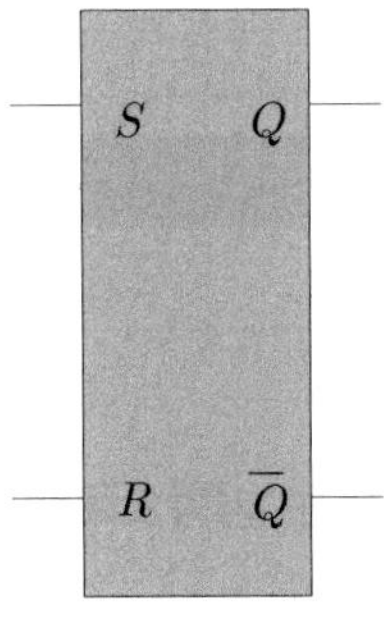

S	R	Q_{n-1}	Q_n
0	0		
0	1		
1	0		
1	1		

4) *RS* 래치에서 두 입력들이 $S=R=1$인 경우 왜 허용되지 않는가?

2. 그림과 같이 회로를 구성하시오.

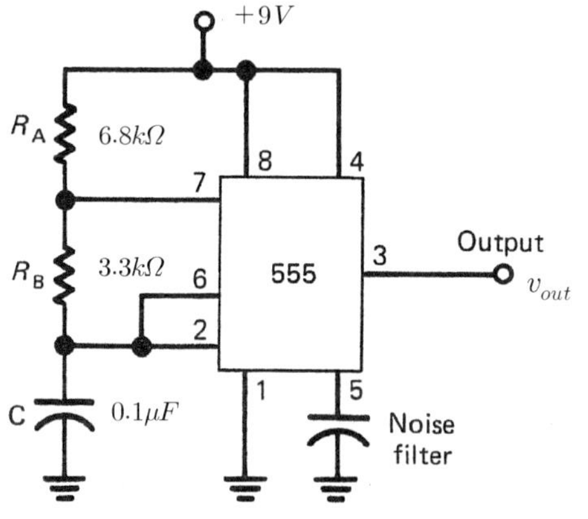

1〉 각 지점의 파형을 구하시오.

〈1〉 $v_c = v_{②}$, $v_{⑦}$

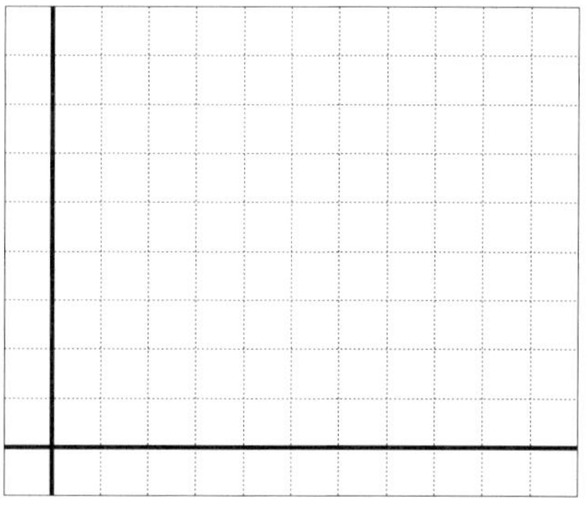

[설명]

〈2〉 $v_{②}$, v_{out}

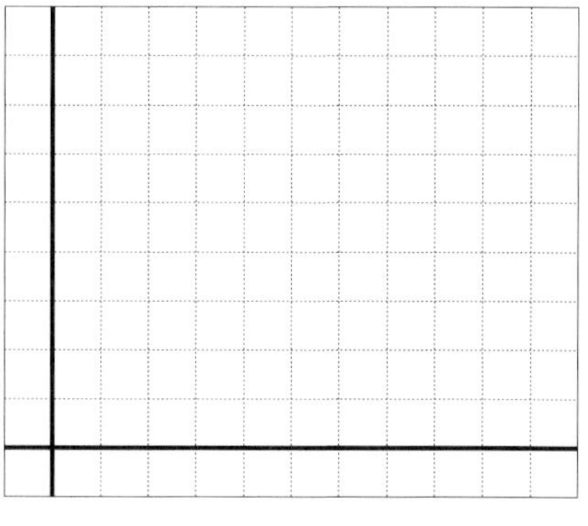

[설명]

2〉 다음 표를 완성하시오.

	충전(charge)		방전(discharge)		비 고
	시작전압	관련소자	시작전압	관련소자	
충전 및 방전					

3〉 출력파형에 대해 다음 표를 완성하시오.

	주 기(T)			Duty cycle
	T_1	T_2	T	
이론치				
측정치				
오차(%)				

4〉 전원을 끄고 앞의 회로에서 $R_B = 3.3k\Omega$과 병렬로 다이오드(1N4001)를 연결하고 앞의 실험을 반복하여 각 지점의 파형을 구하시오.

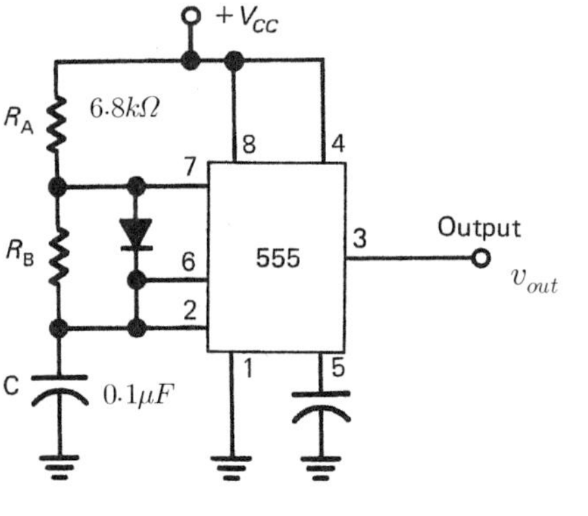

〈1〉 $v_c = v_{②}$, $v_{⑦}$

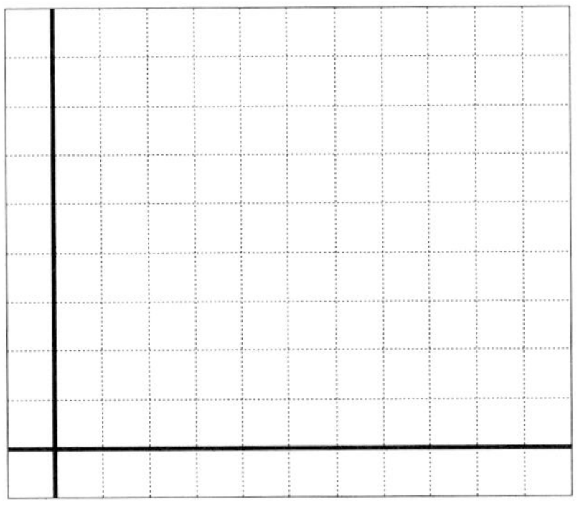

[설명] 경로를 그림에 나타내시오.

- 충전경로

- 방전경로

〈2〉 $v_{②}$, v_{out}

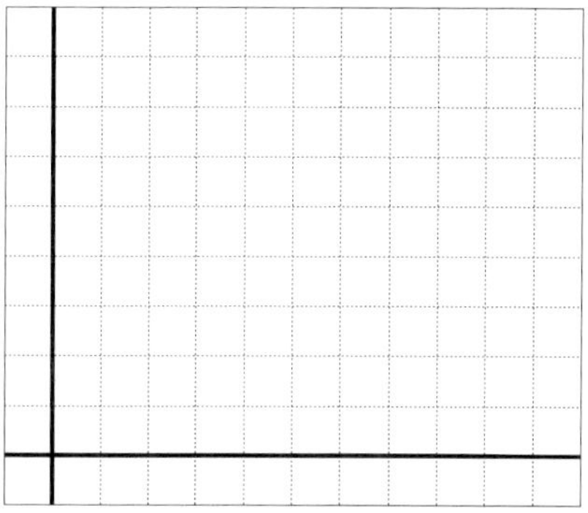

[설명]

〈3〉 출력파형에 대해 아래 표를 완성하시오.

	주기(T)			Duty cycle
	T_1	T_2	T	
이론치				
측정치				
오차(%)				

5〉 다이오드를 제거한 후, 원래 회로에서 출력파형의 출력주파수가 약 $f=1Hz$가 되도록 C값을 구하시오. 이 후 출력단자에 저항 R과 LED를 사용하여 확인하시오.

[토의 및 심화학습]

1. 다음과 같은 비안정 멀티바이브레이터에 대해 답하시오.

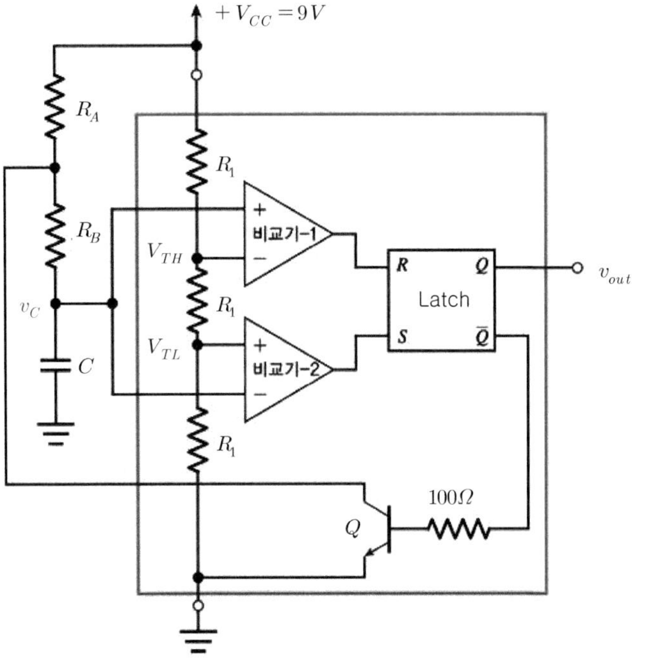

1〉 비안정(astable) 멀티바이브레이터의 정의는 무엇인가?

2〉 충전(charge)을 할 때 회로를 나타내고 다음을 구하시오.

〈1〉 시정수 τ_c:

〈2〉 커패시터 전압방정식 $v_C(t)$:

3〉 방전(discharge)을 할 때 회로를 나타내고 다음을 구하시오.

〈1〉 시정수 τ_d:

〈2〉 커패시터 전압방정식 $v_C(t)$:

4〉 출력 v_{out}의 동작주파수 f는?

5〉 출력파형의 출력주파수가 약 $f=10Hz$가 되도록 R_A, R_B, C 값을 구하시오.
단, $R_A = R_B/10$로 한다.

2. Flip-flop는 한 비트의 정보를 기억할 수 있는 회로로서 컴퓨터의 주기억장치 RAM이나 레지스터를 구성하는 기본 회로이다. 전원이 있을 때만 기억이 유지되며 전원이 차단되면 정보는 사라지는 휘발성 기억소자이다. 주로 NAND 또는 NOR를 이용한다. RS flip-flop은 RS latch에 클락펄스(CP)로 동작되도록 입력 게이트를 추가하여 만든 논리회로이다. 다음의 각 플립플랍(flip-flop: F/F)에 대해 논리회로와 진리표를 구하시오.

1〉 RS F/F

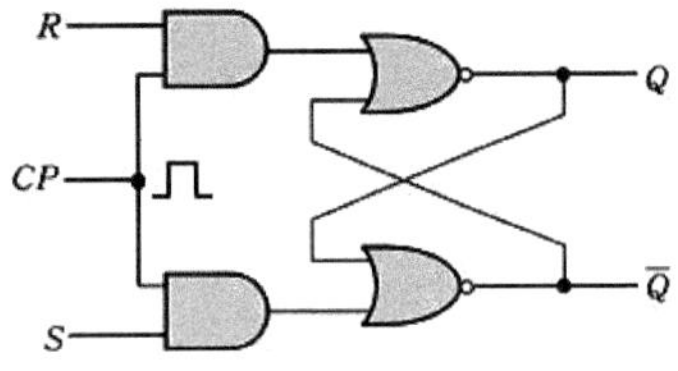

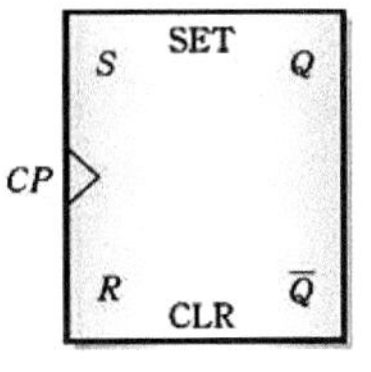

CP	R	S	Q(t+1)
1	0	0	
1	0	1	
1	1	0	
1	1	1	

2〉 JK F/F

3〉 D F/F

4〉 T F/F

실험23장

555를 이용한 펄스 및 Ramp 발생기

1. 단안정 멀티바이브레이터
2. 경사로(ramp) 발생기

Experiment 23

555를 이용한 펄스 및 Ramp 발생기

Monostable Multivibrator and Ramp Generator

실험목적

555 타이머 IC를 이용한 단안정 멀티바이브레이터인 펄스 발생기 및 시간에 따른 일정한 기울기를 가지고 변하는 경사로(ramp) 발생기를 구현하고 이의 동작특성을 익힌다.

기초이론

단안정 멀티바이브레이터는 하나의 안정한 출력상태를 가진다. 그림 23-1과 같이 외부의 트리거신호에 의해 출력이 준안정(quasi-stable)상태로 바뀌었다가 일정한 시간 후에 자동적으로 안정된 출력상태로 되돌아오는 동작을 수행한다. 또한 펄스발생기로도 불린다.

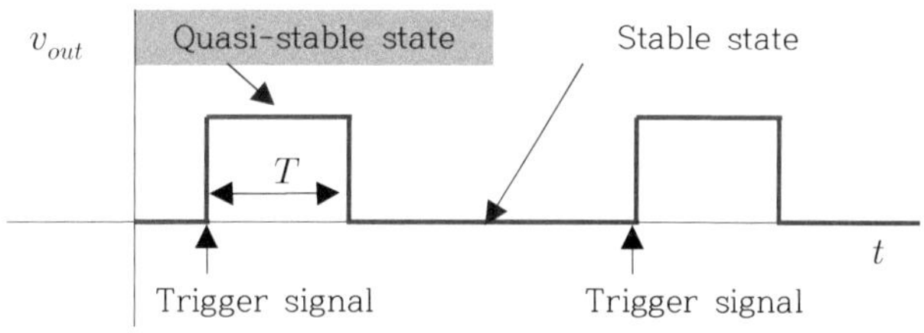

[그림 23-1] 단안정 멀티바이브레이터

1. 단안정 멀티바이브레이터

1〉 동작원리

〈1〉 비교기 1의 Threshold단자 ⑥과 방전 트랜지스터 ⑦을 C에 연결한다.

〈2〉 트리거되지 않으면 ②번 단자전압은 V_{CC}('1' 상태)이며 비교기 2의 출력이 0이다. 만약 $Q=0$, $\overline{Q}=1$이 되어 출력은 0V이라고 가정한다. 트리거전압이 V_{TL}을 유지하면 두 개의 비교기 출력은 모두 0이 어 안정한 상태인 $v_o=0$을 유지한다.

〈3〉 $t=0$에서 트리거신호가 가해져서 단자 ②의 트리거전압이 $\frac{1}{3}V_{CC}$보다 작아지면 비교기 2는 1상태, RS 래치는 $Q=1$되어 출력은 $v_o=+V_{CC}$가 된다. 방전 트랜지스터는 차단되어 C 양단전압은 $+V_{CC}$를 향해 지수함수적으로 충전된다. 이 때 시정수는 $\tau_1 = RC$이다.

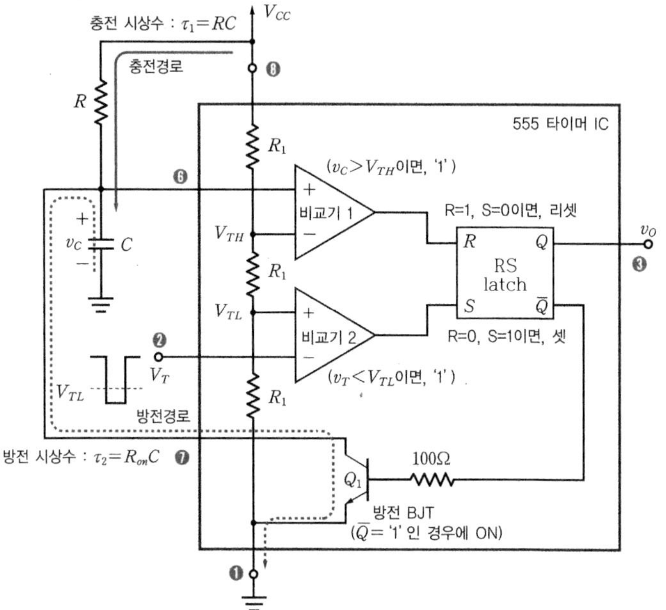

(a) 회로도

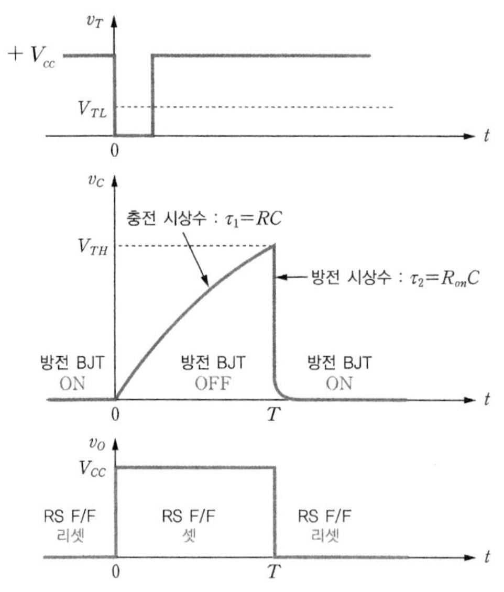

(b) 각 지점의 파형

[그림 23-2] 단안정 멀티바이브레이터 회로 및 입출력파형

〈4〉 커패시터 양단전압이 $\frac{2}{3}V_{CC}$보다 약간 크면 비교기 1이 '1' 상태로 되고 RS 래치는 리셋되어 출력은 $v_o = 0$이 된다. 방전 트랜지스터가 턴온되며 C양단전압은 0V를 향해 방전된다. 이 때 시정수에서 R이 너무 작아 지수전압이 $\tau_2 = R_{on}C$로 급격히 방전한다.

〈5〉 커패시터가 방전됨에 따라 비교기 1의 출력은 '0' 상태가 된다. 트리거신호가 복귀하면 비교기 2는 트리거전압이 V_{TL}보다 크므로 출력은 '0' 상태를 유지한다.

〈6〉 짧은 트리거펄스가 가해질 때마다 1개의 구형펄스가 출력에 나타나고 얼마의 시간이 지나면 원래상태로 복귀한다. 즉, 단안정 멀티바이브레이터로 동작한다.

2〉 회로해석

$t = T$ 일 때 커패시터전압은 $v_c(t=T) = \frac{2}{3}V_{CC}$이고 전류가 흐르는 방향에 관련되는 소자는 R과 C이다. 지수종단해석법을 도입하면 다음과 같다.

$$v_C(t) = v_C(\text{최종값}) + \{v_C(\text{초기값}) - v_C(\text{최종값})\}e^{-t/\text{시정수}} \tag{23-1}$$

$$v_C(t) = v_C(t=\infty) + \{v_C(t=0^+) - v_C(t=\infty)\}e^{-t/\tau}$$

$$\frac{2}{3}V_{CC} = V_{CC} + (0 - V_{CC})e^{-T/\tau}$$

$$\therefore T = 1.1\tau = 1.1RC \tag{23-2}$$

2. 경사로(ramp) 발생기

우선 용어 램프(ramp)를 익히자. Ramp란 전압 또는 전류의 선형적인 증가 또는 감소를 나타내는 것이다. 즉, 삼각파와 톱니파는 기울기(slope)를 가진다는 것을 의미한다.

삼각파는 동일한 기울기로 증가하는 램프와 감소하는 램프로 이루어진다.

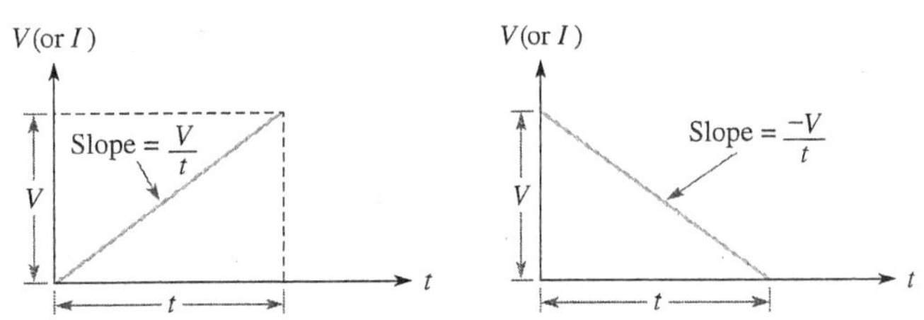

[그림 23-3] Ramp의 정의

1〉 동작원리

〈1〉 트리거되지 않으면 ②번 단자전압은V_{CC}('1' 상태)이며 비교기 2의 출력이 0이다. 만약 $Q=0$, $\overline{Q}=1$이면 S=1, R=0이므로 결국 최종적으로 $Q=1$, $\overline{Q}=0$로 되어 안정한 상태를 유지한다. 방전 트랜지스터는 턴온되어 출력전압은 $0V$를 나타낸다.

〈2〉 555 타이머가 트리거 되면 비교기 2가 '1' 상태로 되며 $Q=0$이 된다. 전류원인 PNP트랜지스터로부터 전류 I가 흘러 커패시터 C로 충전된다.

충전경로와 방전경로는 그림에 표시하였으며 관련소자는 그 경로를 따라 나타내었다.

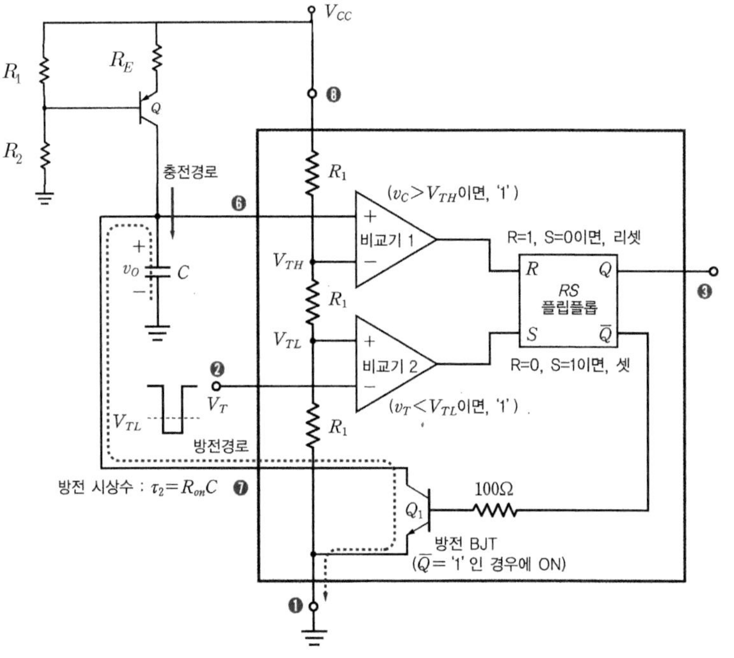

(a) 회로도

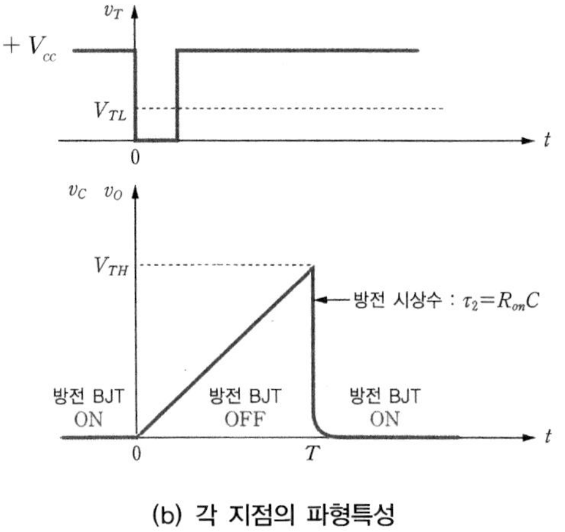

(b) 각 지점의 파형특성

[그림 23-4] Ramp 발생회로 및 트리거에 따른 출력파형

〈3〉 충전되면서 비교기 1의 ⑥번 단자전압이 $\frac{2}{3}V_{CC}$를 넘는 순간 비교기 1의 출력이 RS 래치를 $Q=1$, $\overline{Q}=0$로 된다.

〈4〉 이때 단자 ⑦에 연결된 방전 트랜지스터는 턴온되며 C에 충전된 전압이 $0V$를 향해 급격히 방전된다. 이는 시정수(τ)가 아주 작기 때문이다.

2〉 회로해석

〈1〉 근사해석을 하면 그림 23-4의 PNP 트랜지스터의 베이스전압(Thevenin 등가전압)과 이미터전압은 각각 다음과 같다.

$$V_B = V_{CC} \times \frac{R_2}{R_1 + R_2} \qquad (23-3)$$

$$V_E = V_B + V_{BE} \qquad (23-4)$$

〈2〉 이미터전류는 컬렉터전류와 같으므로 이것이 전류원으로부터 충전전류이다.

$$I_E = \frac{V_{CC} - V_E}{R_E} = I \qquad (23-5)$$

〈3〉 출력전압은 커패시터 양단의 전압이며 시간적인 전압변화는 $\frac{v_C(t)}{t} = \frac{I}{C}$ 이다.

커패시터 전압이 증가하여 $2V_{CC}/3$가 되면 방전트랜지스터가 턴온되어 전압이 $0V$를 향해 급격히 방전된다. 따라서 상승시간은 다음과 같다.

$$T = \frac{2}{3}V_{CC} \times \frac{C}{I} \qquad (23-6)$$

[실험장비 및 부품]

사용장비	품 목	규 격	수량
DC power supply Oscilloscope Function generator Breadboard	IC Transistor Resistor Capacitor	555 *Timer* 2N3906 $1k\Omega$, $10k\Omega$, $27k\Omega$ $2.7k\Omega$, 300Ω $1nF$, $1\mu F$, $0.01\mu F$	1개 1개 각 1개 각 1

[PSPICE 시뮬레이션]

1. 단안정 멀티바이브레이터(펄스 발생기)

1〉 회로설계

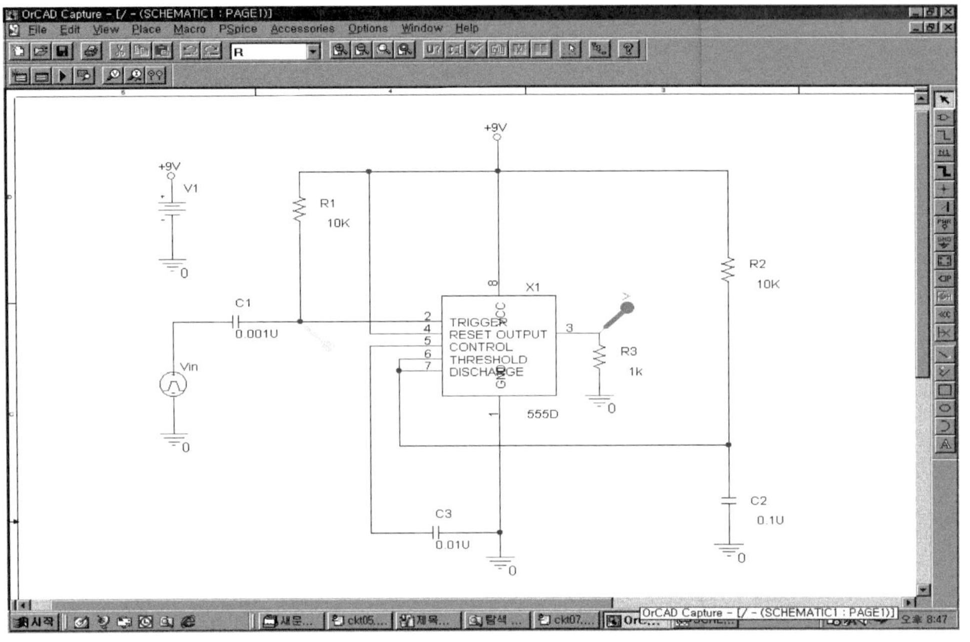

2〉 과도해석

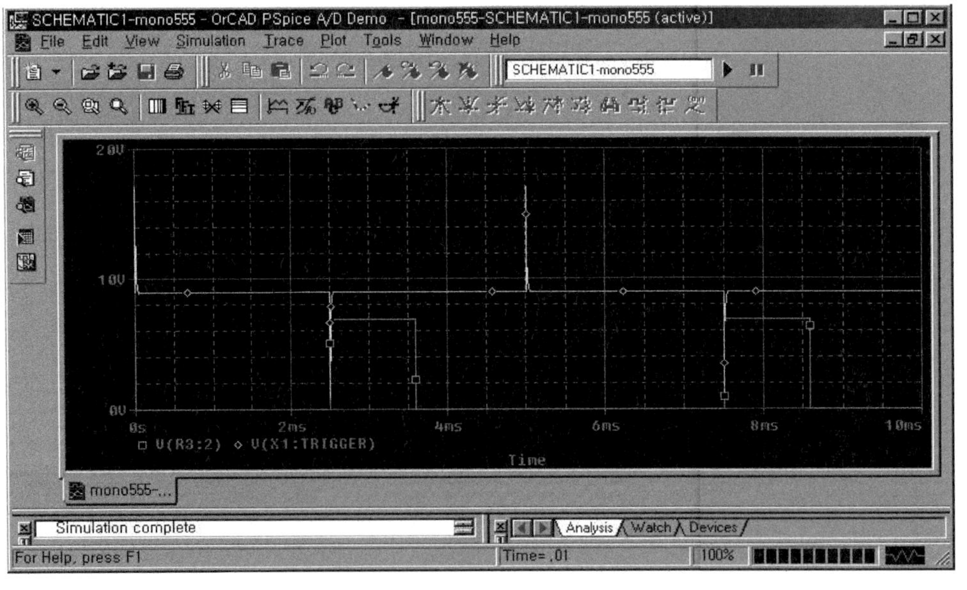

2. Ramp 발생기

1) 회로설계

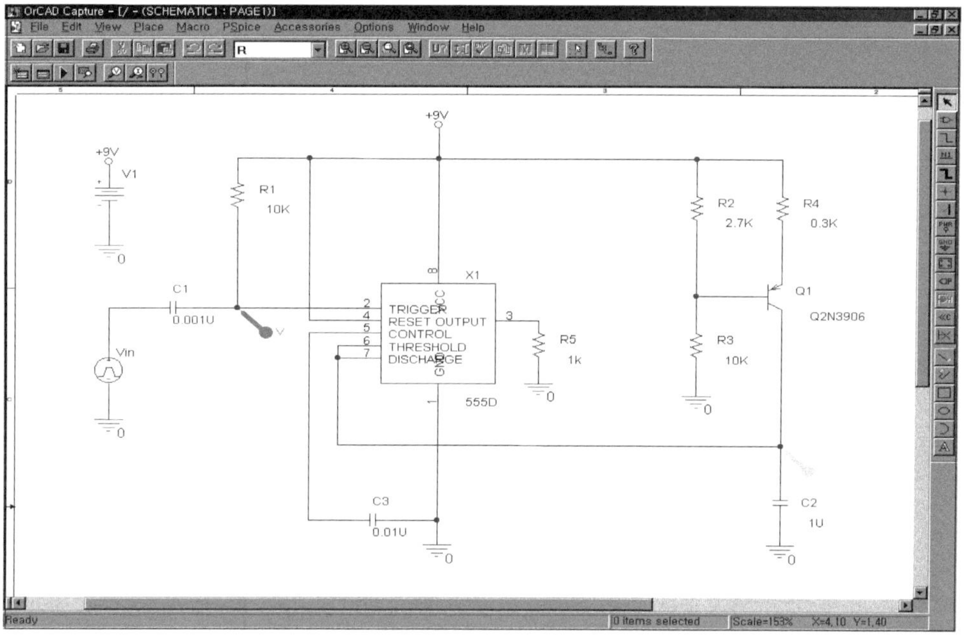

2) 과도해석

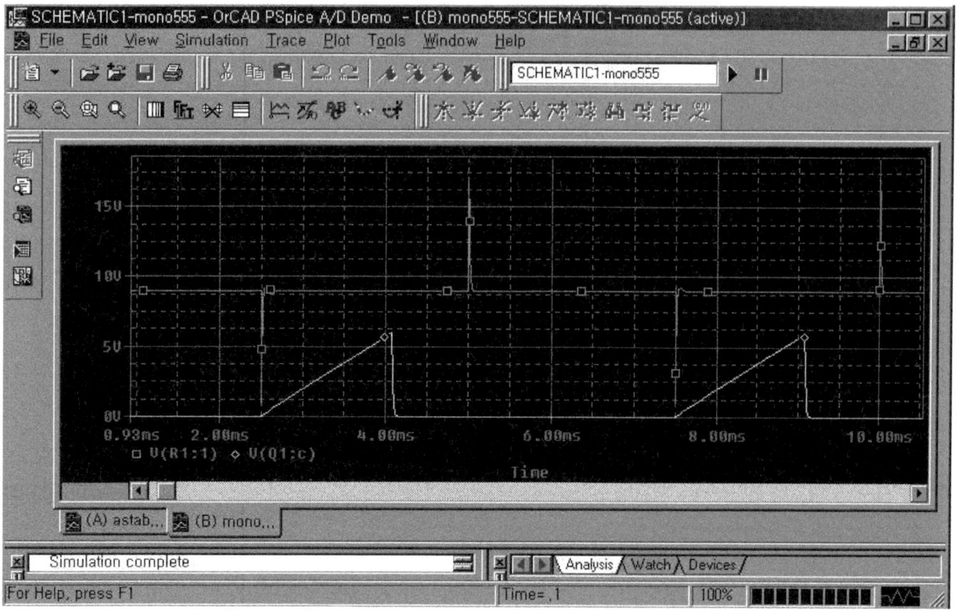

[예비보고서]

1. 다음은 사각파를 트리거펄스로 바꾸는 방법 및 그에 따른 단안정 멀티바이브레이터의 출력파형을 나타낸 것이다.

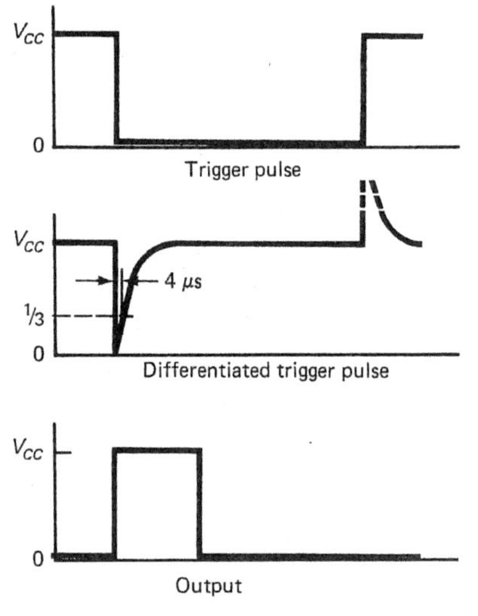

1〉 그림과 같이 트리거 신호(triggering signal)를 구현하는 회로를 그리시오.

2〉 두 번째 그림에서 미분된 트리거펄스가 $V_{CC}/3$이 되는 시간이 $4\mu s$이다. 증명하시오.

3〉 만약 사각파의 전압이 $5V_{pp}$이면 트리거할 수 있는가 아니면 되지 않는가?

2. 다음은 555 타이머를 이용하여 구현된 어떤 경사로(ramp) 발생기이다.

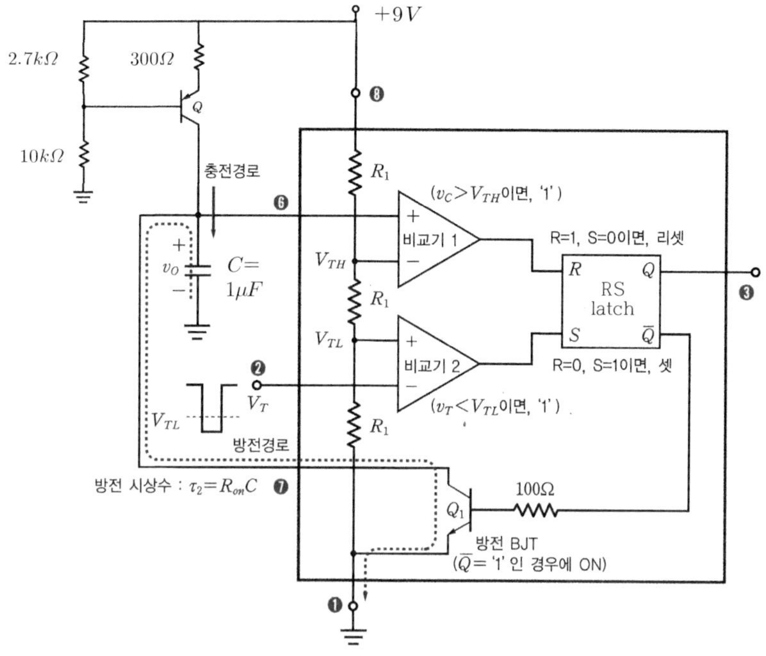

1〉 트랜지스터 Q의 베이스전압에서 Thevenin 등가전압과 등가저항을 구하시오.

2〉 충전을 수행할 경우, 트랜지스터 Q의 이미터전압 V_E와 컬렉터전류 I_C를 구하시오.

3〉 커패시터에 전압이 충전될 때, 충전속도는?

[결과보고서]

실험제목					
실험일자	년 월 일(요일)			담당교수	㊞
성 명		학 번		평 가	

1. 그림과 같이 회로를 구성하시오.

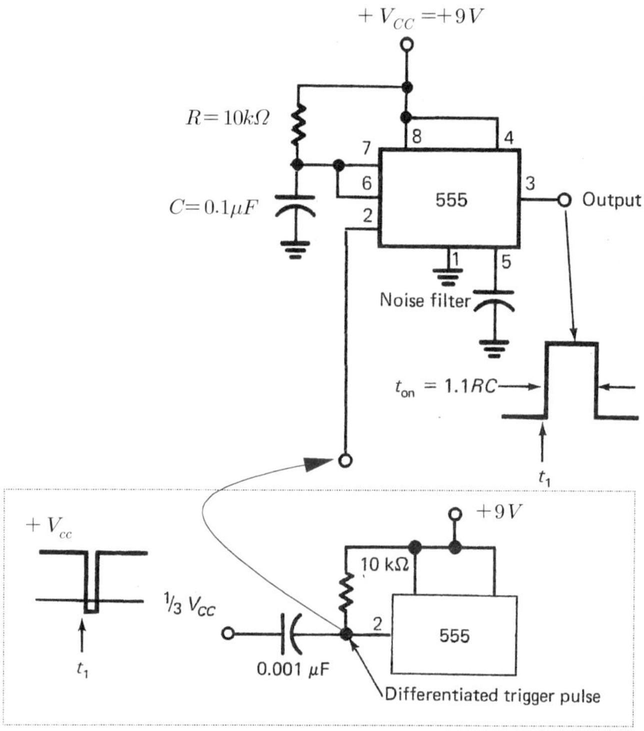

1) 트리거신호가 없는 경우(구형파가 인가되지 않은 경우) 각 지점의 파형을 그려라.

〈1〉 $v_{②}$, $v_{③}$

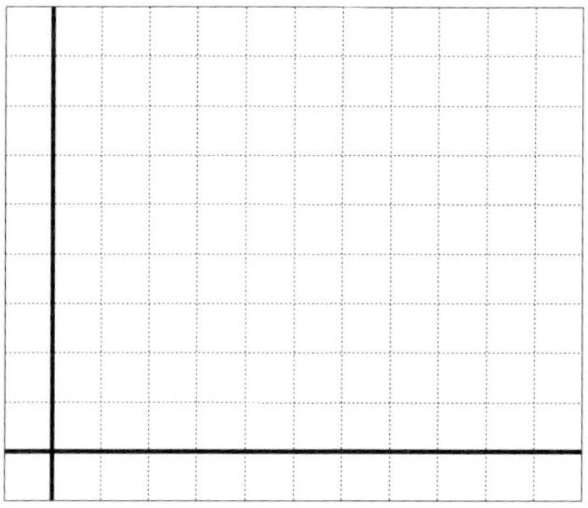

[설명]

〈2〉 $v_C = v_⑥$, $v_③$

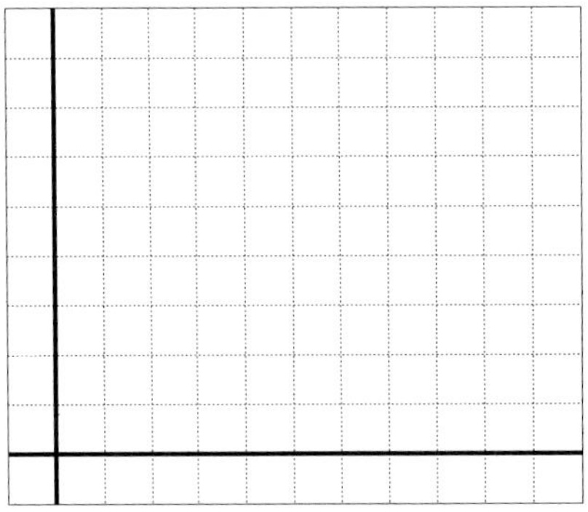

[설명]

2〉 입력 구형파는 $v_{in} = 8\,V_{pp}$, $f = 200\,\mathrm{Hz}$로 하여 트리거신호가 가해지는 경우에 답하시오.

〈1〉 구형파신호(v_{in}) 및 트리거신호($v_②$)

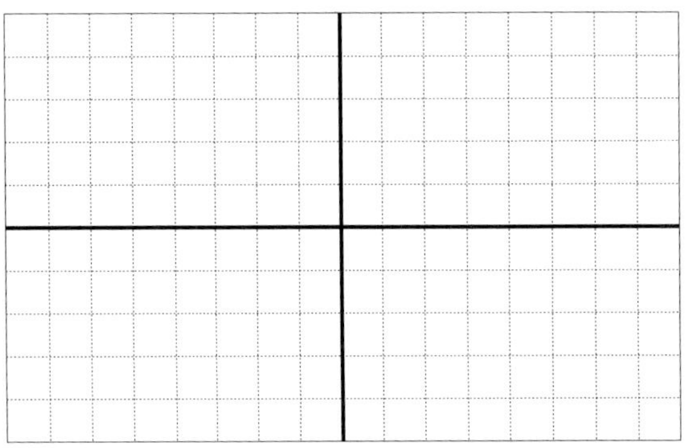

——— : v_{in}
volt/div: ______

●●●●● : v_{out}
volt/div: ______

〈2〉 각 지점의 파형을 구하시오.

\- $v_②$, $v_③$

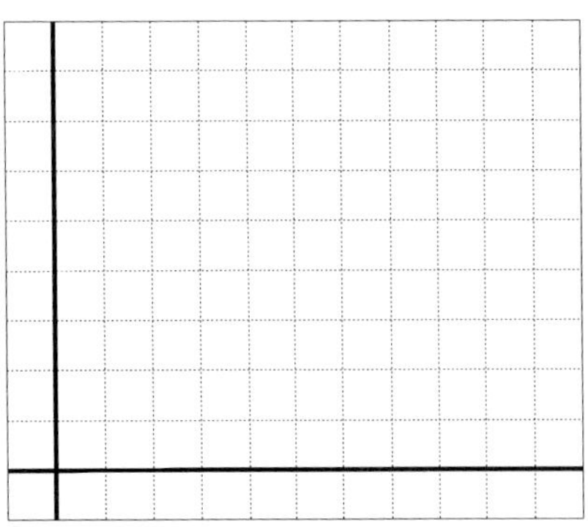

[설명]

- $v_C = v_{⑥}$, $v_{③}$

[설명]

〈3〉 위의 측정파형으로부터 아래표를 완성하시오.

여기서 T는 출력 펄스폭을 나타내며 v_C는 출력이 1상태에서 0상태로 변할 때의 커패시터 양단전압을 나타낸다.

	T	v_C (High→Low)
이론치		
측정치		
오차(%)		

3〉 위의 실험의 트리거신호 회로에서 다이오드(D)를 $10k\Omega$에 병렬로 삽입하고 입력 구형파를 $v_{in} = 1V_{pp}$, $f = 200\,\text{Hz}$로 하면 어떻게 되나?

〈1〉 입력구형파 v_{in} 및 $v_{②}$의 파형을 그리시오.

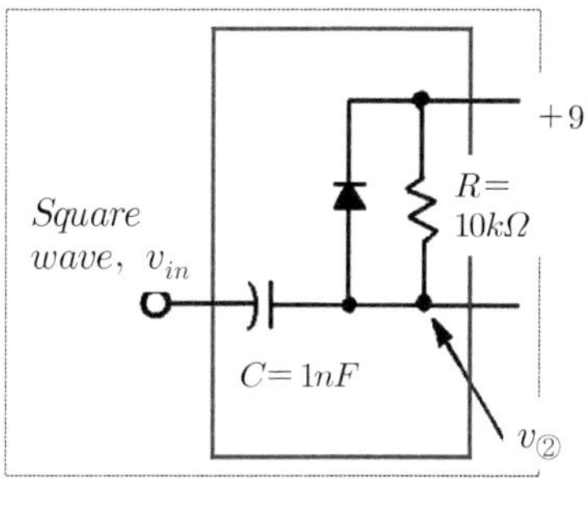

〈2〉 $v_{②}$, $v_{③}$

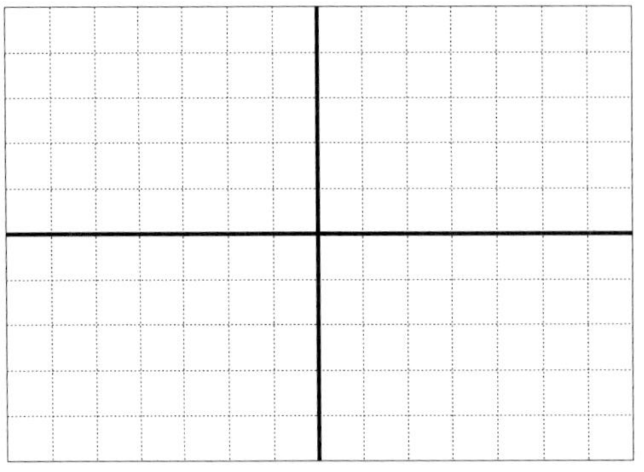

: v_{in}
volt/div: ______

: v_{out}
volt/div: ______

〈3〉 v_C, $v_{③}$

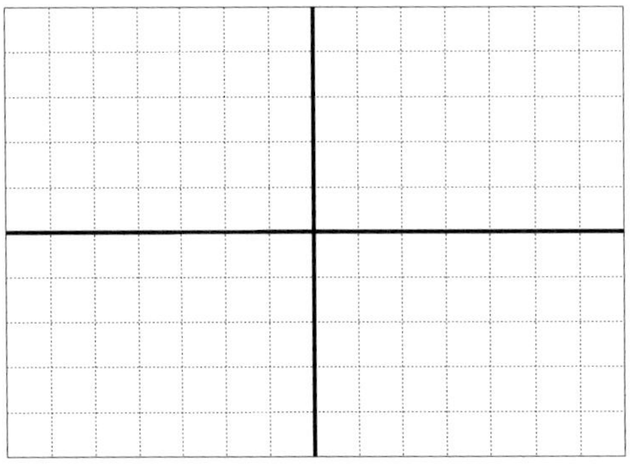

: v_{in}
volt/div: ______

: v_{out}
volt/div: ______

〈4〉 구형파 입력신호 v_{in} 가 각각 $8V_{pp}$ 와 $1V_{pp}$ 일 때, 출력파형의 차이점은?
또한 그 이유를 설명하시오.

2. 그림과 같이 회로를 구성하시오.

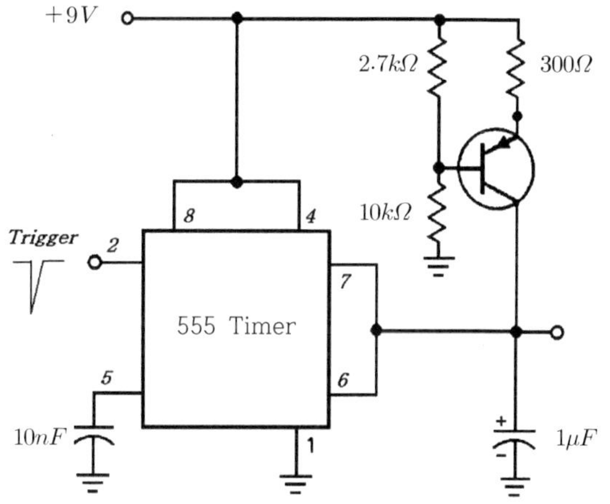

1〉 트리거신호가 없을 경우

이 경우 단자②의 초기전압 $v_{②}$는 +9V(High 상태)로 바이어스되어 있음에 유의하시오.

〈1〉 V_B, V_E

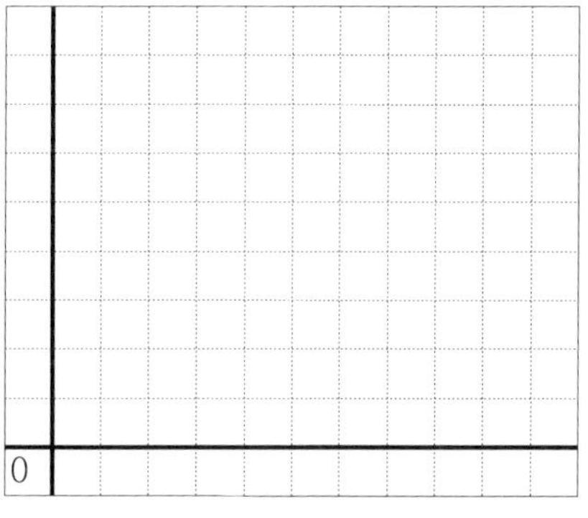

[설명]

〈2〉 v_{out}

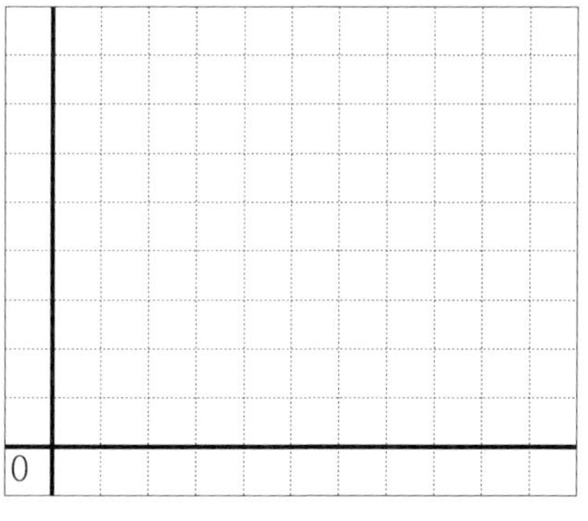

[설명]

2〉 다음 값을 측정하여 기록하시오.

	V_B	V_E	I	V_{CE}
이론치				
측정치				
오차(%)				

3〉 PNP 트랜지스터의 역할은?

4〉 입력 구형파는 $v_{in} = 8V_{pp}$, $f = 200\text{Hz}$의 트리거신호가 가해지는 경우에 답하시오.

트리거신호는 단안정 멀티바이브레이터를 참고하시오. 오실로스코프는 기준전압을 설정하고 직류모드에 놓고 측정하시오.

〈1〉 V_B, V_E

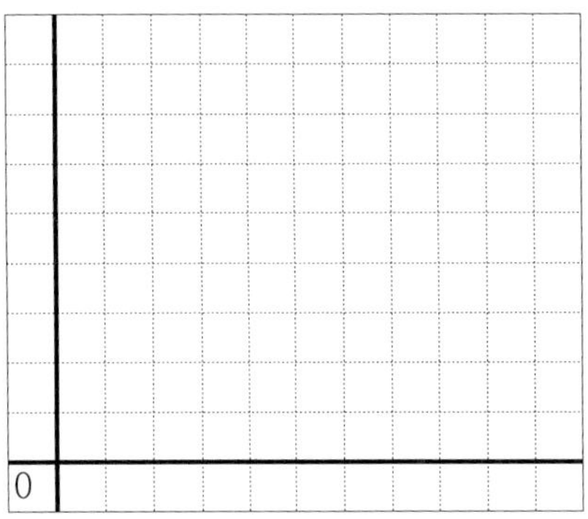

[설명]

〈2〉 $v_{trigger}$, v_{out}

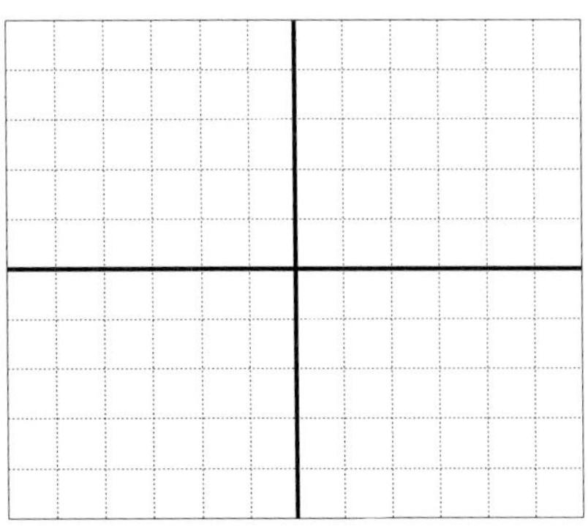

[설명]

[토의 및 심화학습]

1. 다음 단안정(monostable) 멀티바이브레이터에 대해 답하시오.

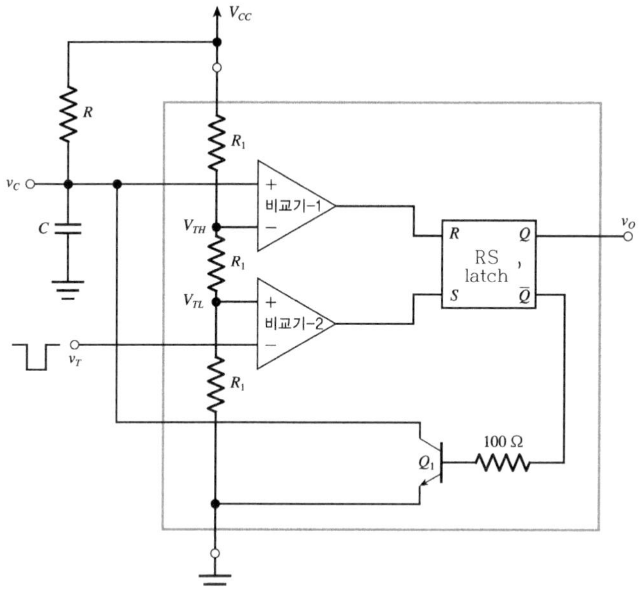

1〉 단안정 멀티바이브레이터란 무엇인가?

2〉 위의 회로동작을 소자별로 설명하시오.

3〉 준안정(quasi-stable)상태가 지속되는 주기(T)를 구하시오.

2. 연산증폭기로 구현된 적분기를 이용하여 Ramp 파형을 만들고자 한다. 물음에 답하시오.

1〉 다음 RC회로에서 스위치 SW는 $30\mu s$마다 닫힌다고 한다.

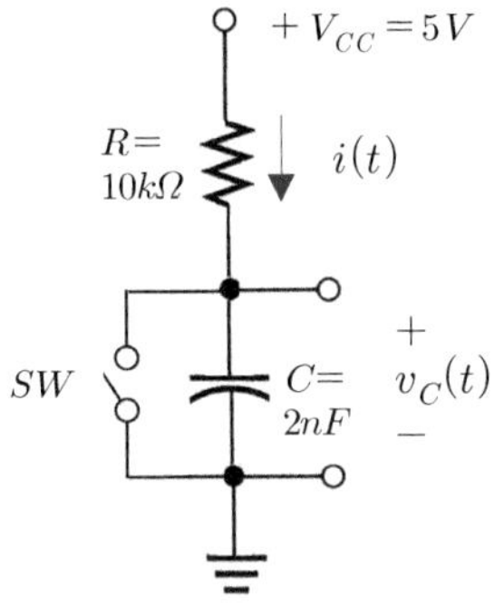

〈1〉 커패시터 C에 충전되는 전압 및 흐르는 전류 $i(t)$를 구하시오.

- $v_C(t)=$
- $i(t)=$

〈2〉 시정수 τ가 적고 큰 것에 따라 개략적인 출력파형 $v_{out}(t)$을 그리시오.

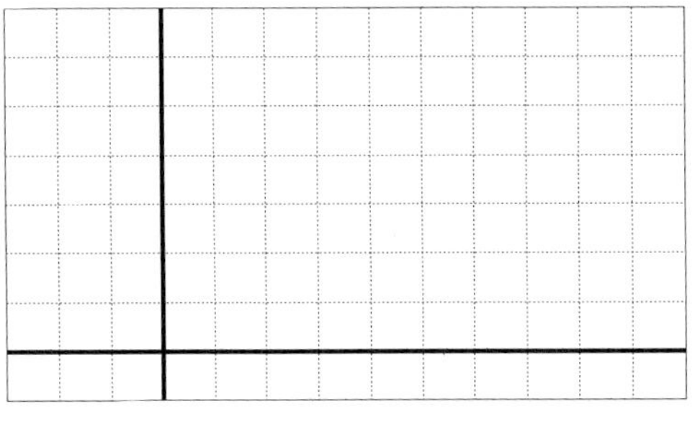

2〉 연산증폭기로 구현된 적분기이다. 경사(ramp)파형을 만드는 방법을 설명하시오. 전원 전압, 저항 및 커패시터는 위와 같은 값을 가진다.

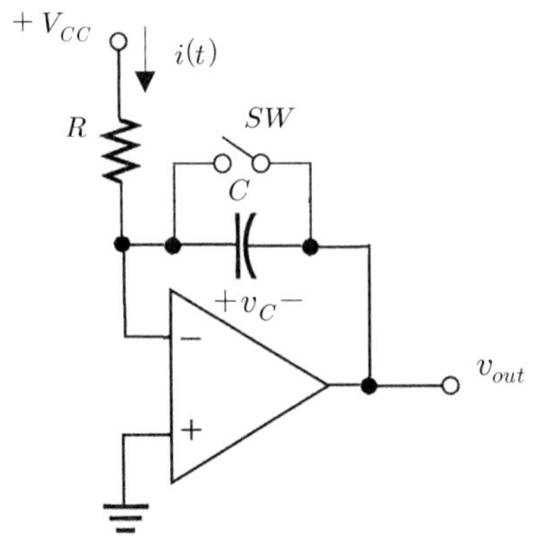

〈1〉 연산증폭기로 구현된 적분기는 출력파형의 직선성(linearity)을 가진다면 그 이유를 설명하시오.

〈2〉 커패시터 양단전압 $v_C(t)$ 및 출력파형 v_{out}을 그리고 기울기(ramp)를 그래프에 나타내시오.

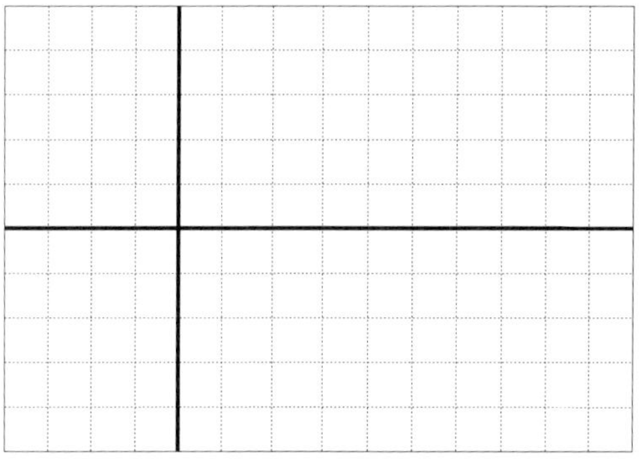

——— : v_c
volt/div: ______

•–•–•–•–• : v_{out}
volt/div: ______

부 록

PSPICE

Professional SPICE

1. PSPICE 설치
2. Project 생성
3. Schematic 구성
4. Simulation 방법
   : DC 해석, Transient 해석, AC 해석

전기전자 및 디지털회로 등을 설계할 경우에는 회로특성을 평가할 수 있는 정확한 방법이 반드시 필요하다. 이러한 전기전자회로를 직접 제작하여 실험할 수도 있으나 시간과 장비 및 비용이 상당하므로 회로를 제작하기 전에 컴퓨터를 이용하여 계산, 측정 및 평가하는 과정을 거치는 것이 필수사항이 되었다.

SPICE(Simulation Program with Integrated Circuit Emphasis)는 컴퓨터를 이용하여 전기전자 및 디지털 회로해석과 설계를 위해 1972년 미국 버클리 소재 캘리포니아 대학에서 개발한 컴퓨터 시뮬레이션 프로그램이다. 이를 통해 복잡하고 다양한 해석이 가능하게 되었다. 1984년 Microsim사의 PSpice가 상용화되어 PC에서도 사용할 수 있게 되었다. 이 후 1998년 회로작성 및 Layout의 대명사로 알려진 OrCAD사에서 PSPICE를 인수하였으며, 2000년에는 회로작성 프로그램(OrCAD capture)과 PCB설계 프로그램(OrCAD PCB)의 형태로 사용되었고 현재는 통합되어 활용된다.

1. PSPICE 설치

OrCAD Demo 프로그램을 관련 사이트에서 다운로드하여 설치하면 그림 A-1과 같다. 이 프로그램에서는 노드 25개, 트랜지스터 20개, 디지털소자 65개의 사용범위에서 활용가능하다. Capture CIS를 선택한다. 이는 시뮬레이션 회로를 시작하는 것이다.

[그림 A-1] Capture CIS 선택화면

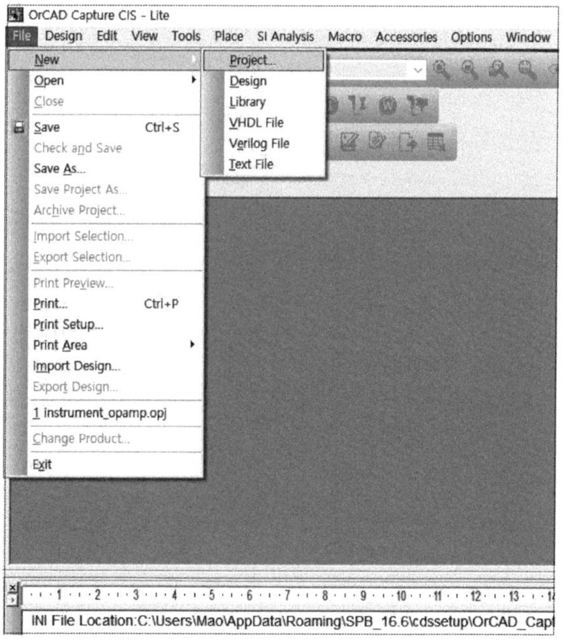

[그림 A-2] File메뉴에서 Project 메뉴선택

2. 프로젝트(project) 생성

그림 A-2와 같이 에서 File/New 메뉴를 클릭하고 Project를 클릭하면 그림 A-3와 같은 New Project 대화상자가 나타난다. 각 기능은 다음과 같다.

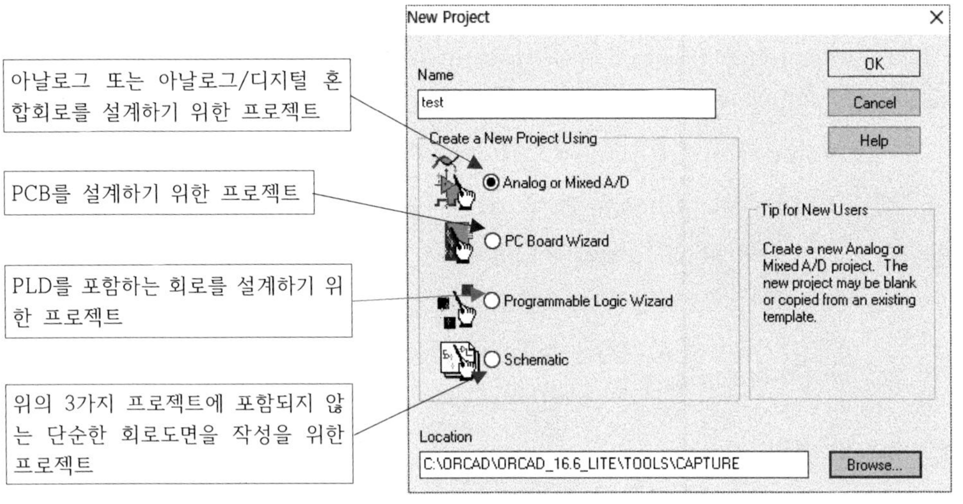

[그림 A-3] Project 생성 설정사항

Name에 파일명 혹은 폴더명이든지 영어로 작성한다. 임의로 test를 입력하고 그 아래 네 가지 선택사항이 있으며 시뮬레이션을 목적으로 한 프로젝트는 그림과 같이 Analog or Mixed A/D를 선택한다. 또한 그 아래 Location에는 프로젝트가 저장될 폴더의 경로를 지정하면 된다. 이후 OK버튼을 클릭하면 그림 A-4가 나타난다.

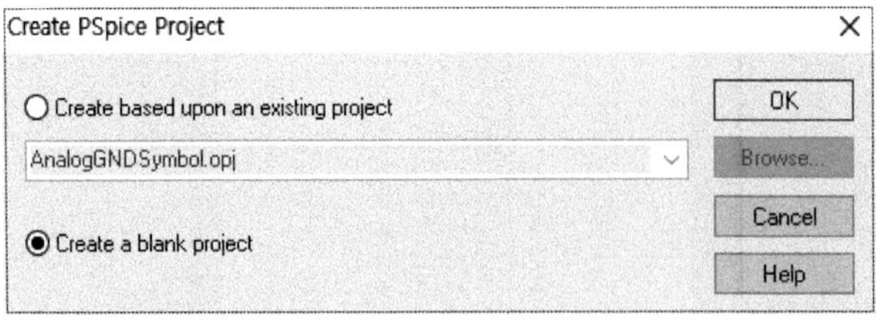

[그림 A-4] Create PSpice Project 화면

위와 같이 Create a blank project를 클릭하면 그림 A-5와 같이 Project Manager가 나타난다. Project Manager는 새로운 도면을 만들거나 삭제할 수 있다. Design Resources 아래에 ₩test.dsn이 나타나고, 이를 클릭하면 그림 A-6와 같이 하위 폴더 두 가지가 표시되며 그 중 한 가지가 SCHEMATIC1이다. SCHEMATIC1을 클릭하면 PAGE1이라는 폴더가 표시되며 이를 더블클릭하면 그림과 같이 표시된다.

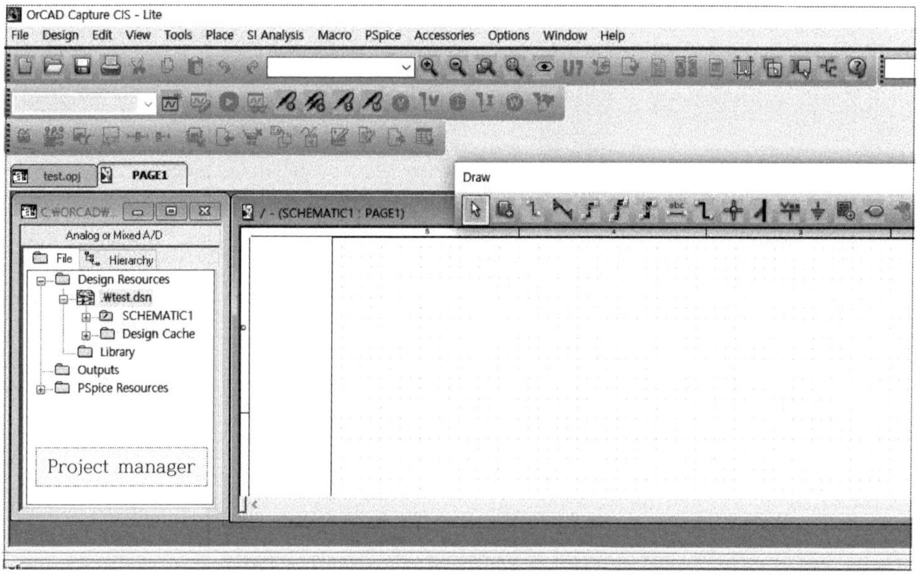

[그림 A-5] 프로젝트명 test로 주어진 통합화면 환경

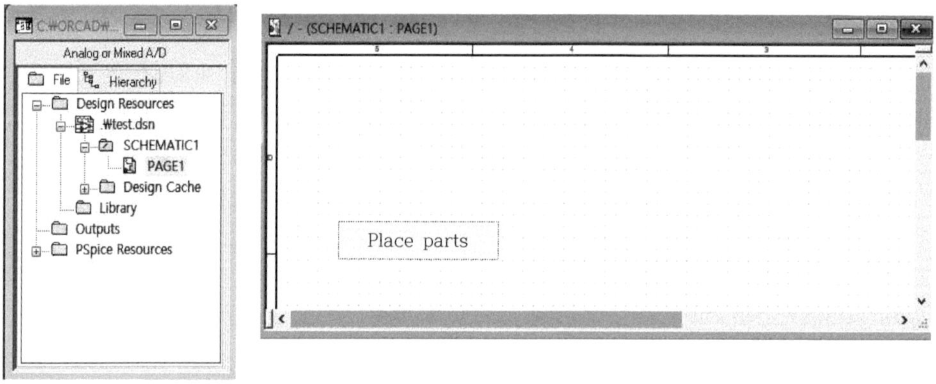

[그림 A-6] 작성하는 Project 체계 및 회로를 배치할 Schematic 화면

3. 회로도 구성

PAGE1은 시뮬레이션을 위한 회로를 작성하는 부분으로 SCHEMATIC1 아래에 위치한다. 그림 A-7에 표시된 것과 같이 화면에 SCHEMATIC을 위한 메뉴버튼들이 있다.

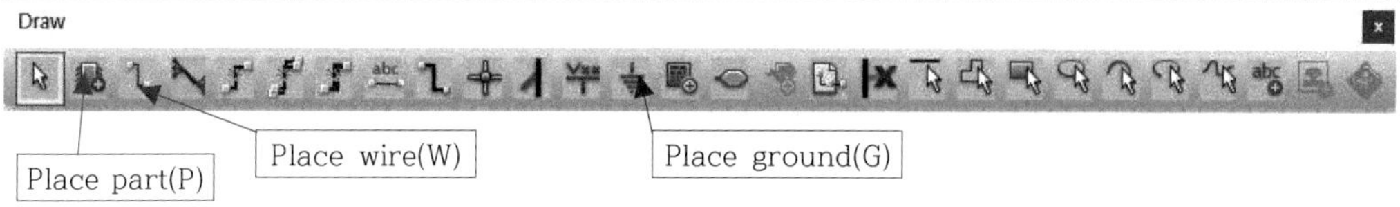

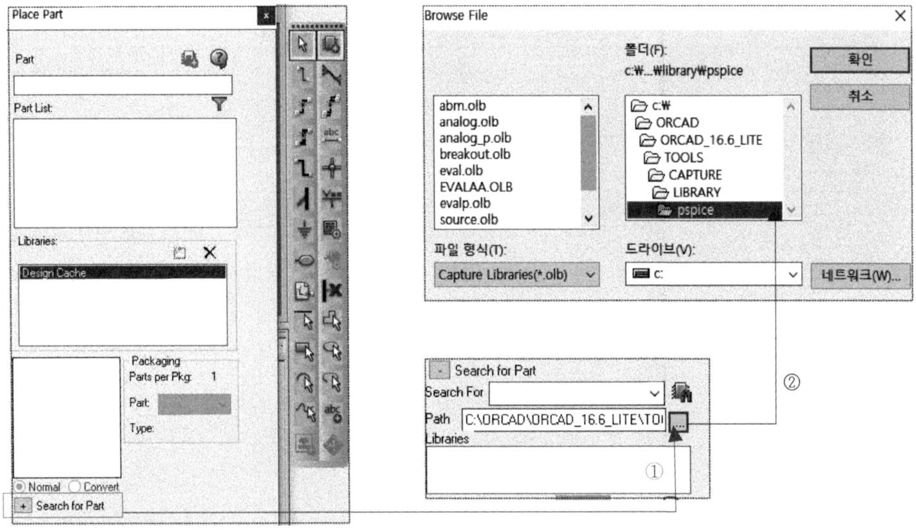

[그림 A-7] 부품넣기를 위한 과정

그림의 버튼들 중에서 IC 소자로 표시된 것이 부품을 나타낸다. 이를 클릭하면 PSpice에 모형화된 소자들을 보여주며 우리는 이 중에서 검색하여 필요한 소자를 선택하여 PAGE1에 둘 수 있다. 처음 시작할 때, 반드시 다음 사이트에서 Libraries를 포함시켜야 시뮬레이션이 가능하다. 아래에 표시된 Search for part의 ⊞를 클릭하고 path: OrCAD/OrCAD_16.6_Lite/Tools/Capture/Library/pspice로 한다.

그림 A-8의 대화상자에서 Part는 부품들을 연결한 것이며 각 부품은 그 아래 Part List 중에서 하나를 선택하면 우측 아래에 빈 공간에 그 소자의 심벌이 표시된다. 좌측 아래에 표시된 Libraries는 모델링하고자 하는 부품들의 프로그램을 가진 파일명들이다. 많이 활용하는 소자는 각종 Source, R, L, C, 다이오드, 트랜지스터 등이 있다.

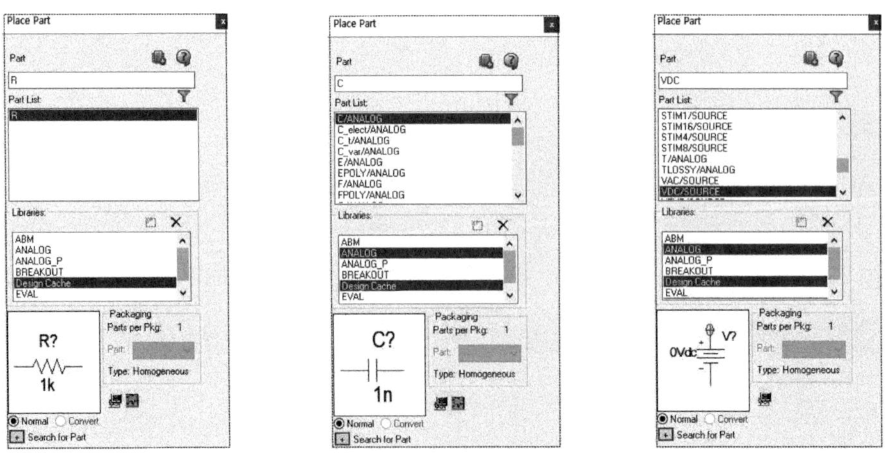

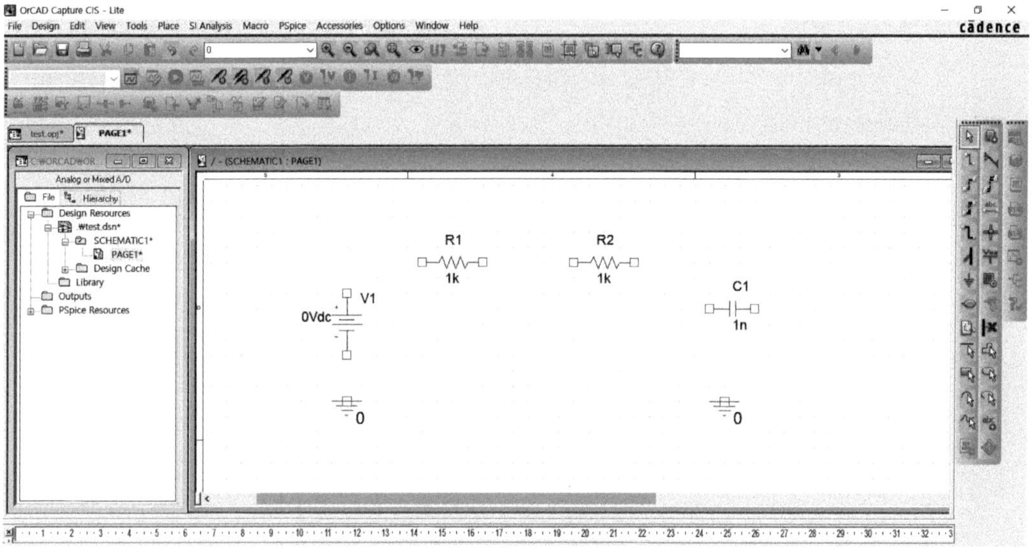

(a) 부품선택 및 가져오기

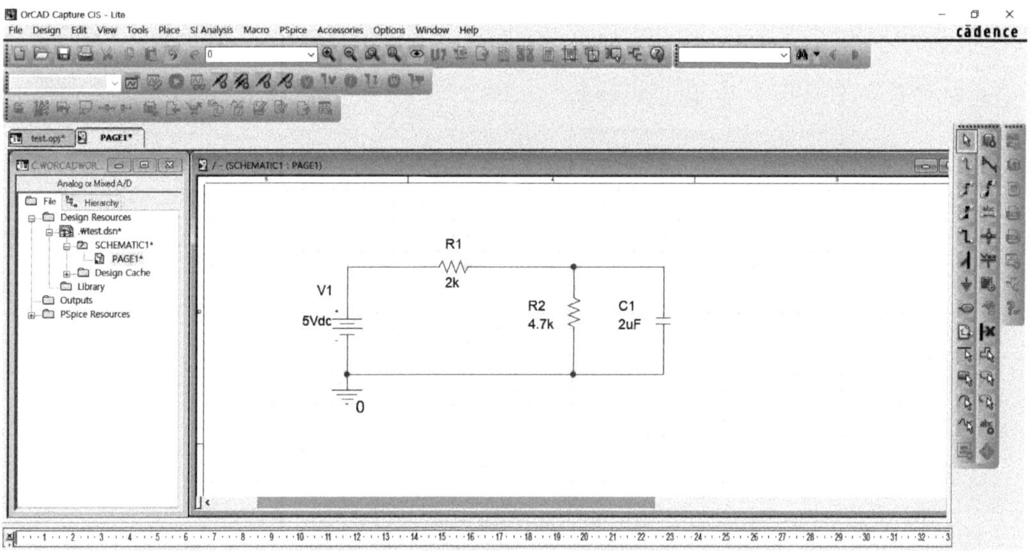

(b) 각 부품배치 및 값 수정

[그림 A-8] 부품으로 구성된 직류 전압원, 저항, 접지 및 선연결된 회로

4. 시뮬레이션 방법

그림 A-9에 표시된 것과 같이 다음 2개의 메뉴를 이용하여 시뮬레이션을 수행한다. 몇 번을 시행착오방법으로 시도하면 어렵지 않게 활용할 수 있다.

- 그룹 ①: 시뮬레이션 초기설정, 옵션, 수행, 파형확인
- 그룹 ②: 시뮬레이션 전압 프로브, 차동 프로브, 전류 프로브, 전력 프로브로 설정

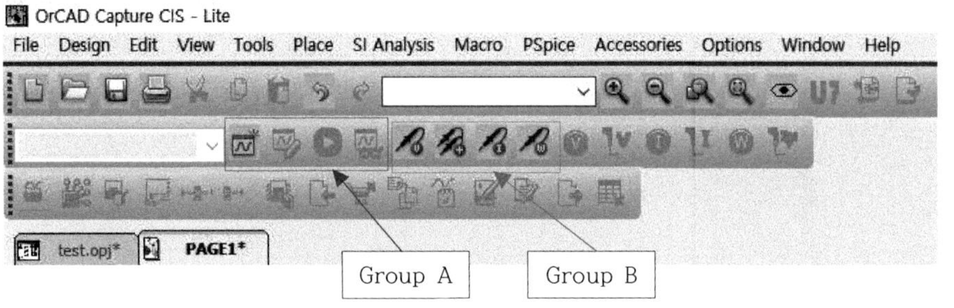

[그림 A-9] 시뮬레이션에 활용되는 설정조건 및 전압, 전류측정 도구

그림 A-10는 시뮬레이션을 위한 입력 전압원들의 종류를 나타낸다. 해당값은 수정하고자 할 부분을 클릭하고 써 넣으면 된다.

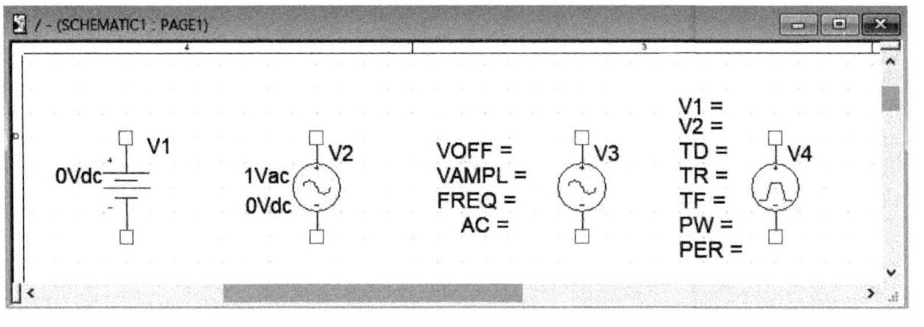

(a) DC 전압원 (b) AC 전압원 (c) 정현파 및 펄스파 전압원

[그림 A-10] 입력전원으로 자주 활용되는 전압원

- DC 전압원: 직류전압의 크기만 변경한다.
- AC 전압원: 교류전압의 최대치는 $1V$, 반드시 기준 바이어스 전압을 표기한다.
- 정현파 전압원: 4가지 요소들을 입력한다.
  VOFF(옵셋전압:기준 바이어스전압), *VAMPL*(최대치), *FREQ*(동작 주파수),
- 펄스파 전압원: 7가지 요소들을 입력한다.
  V1(펄스파의 낮은 값), *V2*(펄스파의 높은 값),
  TD(지연시간), *TR*(상승시간), *TF*(하강시간) : 통상 0으로 설정
  PW(펄스파의 폭), *PER*(펄스파의 주기)

신호원들의 종류는 크게 전압원들과 전류원들이 있으며 그림에 표시된 전압원 파트명에서 전류원으로 바꾸려면 V를 I로 변경하면 된다. 지금부터 더욱 유의하여 이들을 정리해 보자.

1) DC 전압원은 DC 시뮬레이션(직류해석)에 적용

트랜지스터의 대신호 등가모형을 적용한 해석으로서 DC 전압원이 인가되면 회로상의 노드 및 출력단자의 직류값을 구하는데 사용한다. 입력으로 직류전압을 바꾸면서 원하는 단자의 전압을 구하려면 DC Sweep를 사용한다. 전압원으로 *VDC*를 사용한다.

2) Transient 전압원은 Transient 시뮬레이션(과도해석)에 적용: 시간영역 해석

회로상의 어떤 지점의 전압 또는 전류가 시간적으로 어떻게 변하는 지를 구하고자 할 경우에 사용한다. 입력으로 Transient 전압이 인가된다. 주로 전압원으로서 *VSIN*, *VPULSE*, *VPWL* 등을 사용한다.

3) AC 전압원은 AC 시뮬레이션(교류해석)에 적용: 주파수영역 해석

트랜지스터의 DC 동작점 부근의 입력에 교류 소신호가 인가될 경우에 소신호 등가모형(small signal equivalent circuit)이 적용된 해석이다. 주로 주파수에 따른 전압이득, 전류이득, 전력이득을 구하기 위해 사용한다. 전압원으로 *VAC*가 사용된다.

그림 A-11은 DC 해석을 위한 회로도이다. 먼저 DC 해석을 위해 NMOSFET로서 2N7000을 사용하여 회로를 구성하고 바이어스 전압 $V_{DD}=12V$, 게이트에 가하는 최대입력전압 $V_{in(DC)}=5V$를 인가하고 드레인 저항 $R_1=10k\Omega$으로 설계하고자 한다. 기준접지도 유념한다. 필요한 부품을 넣게 위해 그림 A-14에서 부품메뉴를 클릭하고, Libraries에서 해당 부품을 찾아 N채널 MOSFET로 M2N7000을 사용한다. 원하는 지점의 파형을 관찰하기 위해 그 지점에 프로브를 두는 것이다.

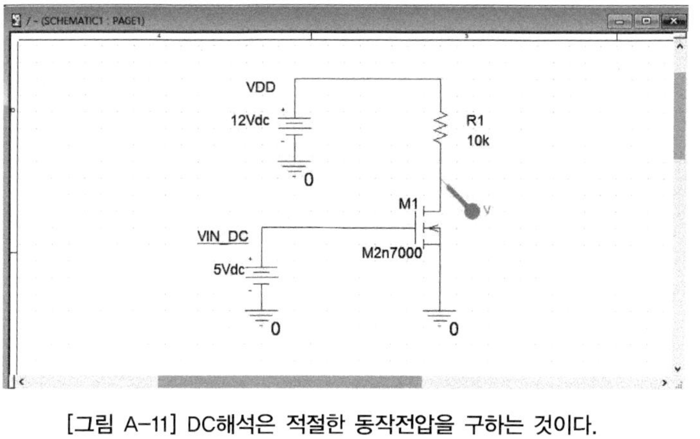

[그림 A-11] DC해석은 적절한 동작전압을 구하는 것이다.

그림 A-12와 같이 시뮬레이션 설정화면에서 Analysis type을 DC Sweep로 선택하고, Sweep variable을 VIN_DC로 하고 Sweep type를 Linear로 한다.

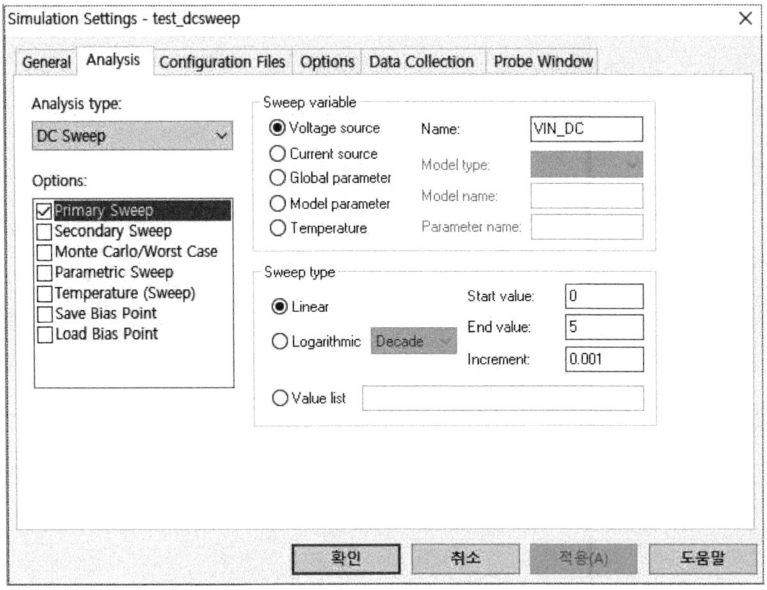

[그림 A-12] DC sweep 해석을 위한 조건설정

그림 A-13은 DC 출력파형을 나타낸다. X축은 증폭기의 DC 입력 전압값이고 Y축은 DC 출력 전압값이므로 입력-출력의 전달함수를 나타낸 것이다.

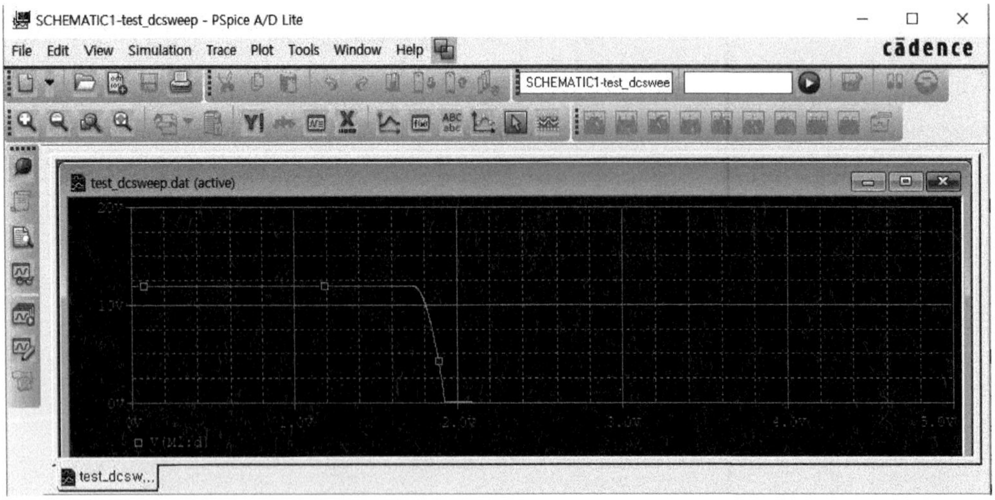

[그림 A-13] DC sweep에 따른 출력파형

그래프에서 바이어스전압은 1.9V로 정하고 이후 과도해석 및 주파수해석에서 활용한다.

두 번째로 Transient 해석을 수행하려면 그림 A-14와 같이 MOSFET의 게이트 입력으로 DC 옵셋전압을 $1.9V$이고 주파수 $1kHz$, 최대치 $10mV$인 정현파를 인가한다. 여기서 DC 옵셋전압은 DC 해석에서 최적 입력전압값을 $1.9V$로 되었기 때문이다. Transient 해석은 DC 실험과 밀접한 관계가 있으므로 먼저 DC 실험을 통해 동작을 미리 알아두어야 한다.

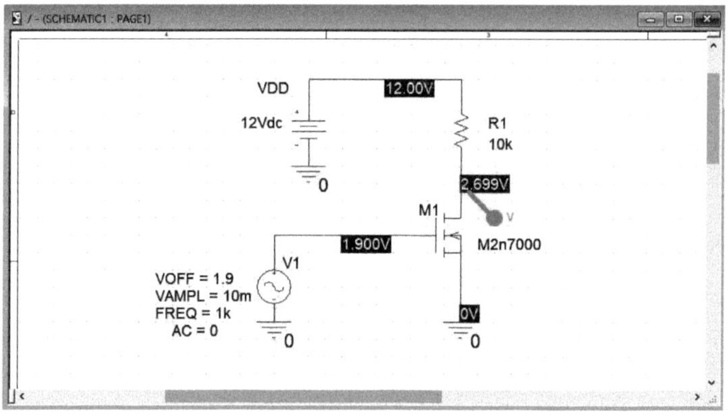

[그림 A-14] Transient 해석을 위한 회로도

Transient 해석으로 출력을 구하려면 그림 A-15와 같이 Analysis type를 Time Domain으로 설정한다. Run to time은 Transient 실험 수행시간이며 Maximum step size는 간격을 나타낸다. 이 값이 작을수록 정확도는 높지만 시간이 걸리므로 적절한 값으로 선택하면 된다. 입력주파수에 맞추어 3~5주기 정도 출력되도록 설정한다.

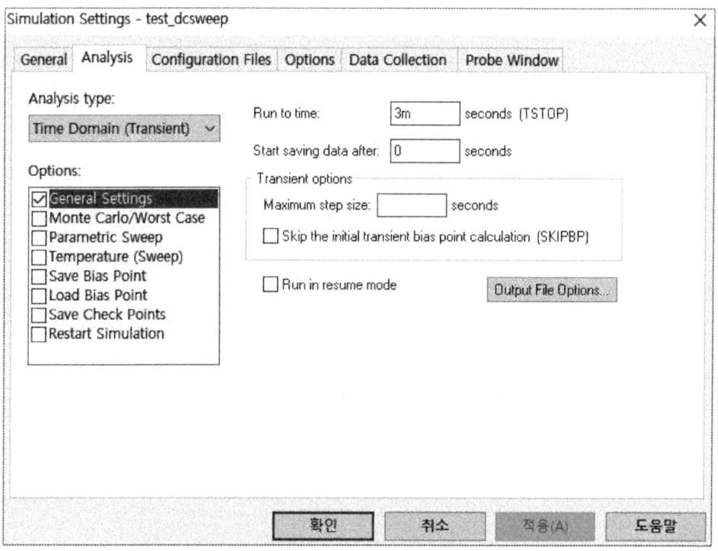

[그림 A-15] Transient 해석을 위한 조건설정

그림 A-16은 Transient 실험결과를 나타낸 것이다. 교류입력으로 $10mV$인 정현파가 가해지고 출력으로 기준 DC전압은 $2.69V$, 교류진폭 $1.06V$의 정현파가 관측된다. 이로부터 오실로스코프에서와 같이 전압이득 $A = v_o/v_i = 1.06V/10mV = 106$이 된다.

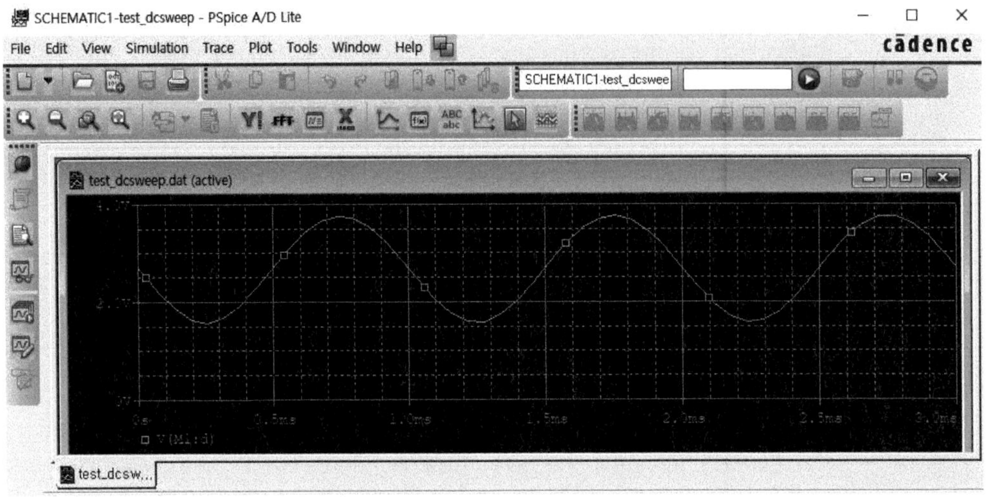

[그림 A-16] 시간영역에서 출력파형

마지막으로 그림 A-17과 같이 주파수특성을 구하기 위한 AC 실험을 수행한다. 역시 AC 실험은 DC 바이어스전압에서 소신호를 인가하므로 DC 전압은 DC해석에서 결정한 최적값을 인가한다. 그리고 AC 전압크기는 통상 1로 설정한다.

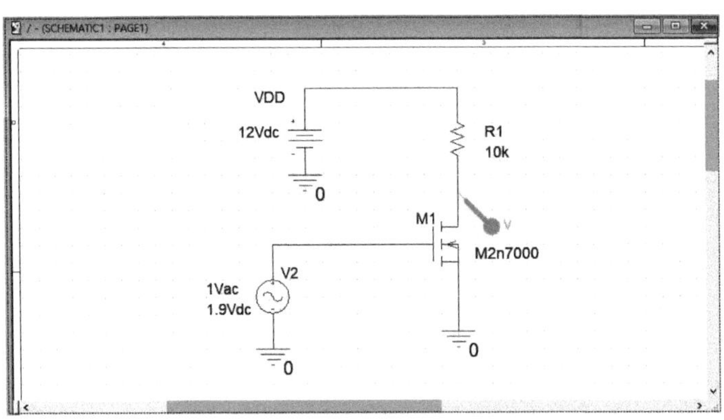

[그림 A-17] AC 해석을 위한 회로

AC 실험을 위해서 그림 A-18과 같이 Analysis type를 AC Sweep/Noise로 한다. AC Sweep type를 Logarithmic/Decade에서 Logarithmic으로 하면 주파수를 대수눈금으로

나타낸다는 것을 의미한다. 주파수변화에서 Start Frequency와 End Frequency는 시작주파수와 끝 주파수를 나타낸다. Point/Decade를 증가시키면 정확한 결과를 나타내지만 실험시간이 증가되므로 적절한 값을 선택하면 된다. 통상 10이상의 값을 사용한다.

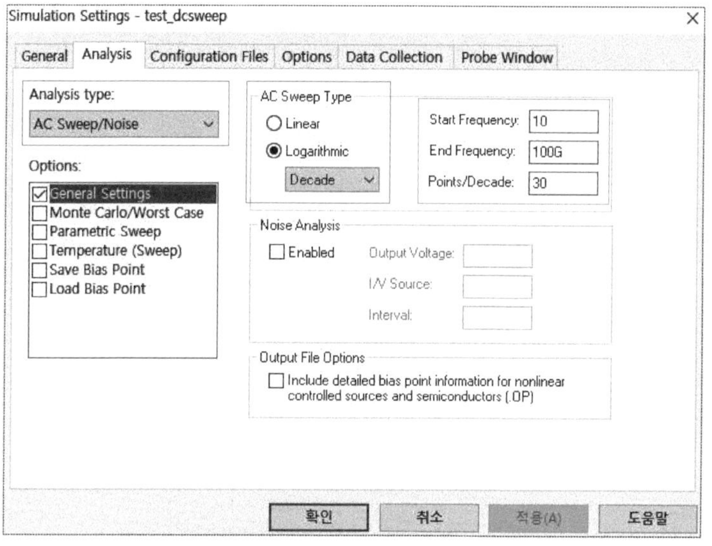

[그림 A-18] AC 해석을 위한 조건설정

그림 A-19는 AC 실험결과를 나타낸다. 입력으로 DC전압은 1.9V, AC 전압을 1V로 인가했을 경우 출력으로 저주파영역에서는 AC 전압 106V이로 전압이득은 106이 되며 고주파영역으로 이동함에 따라 점차 감소한다.

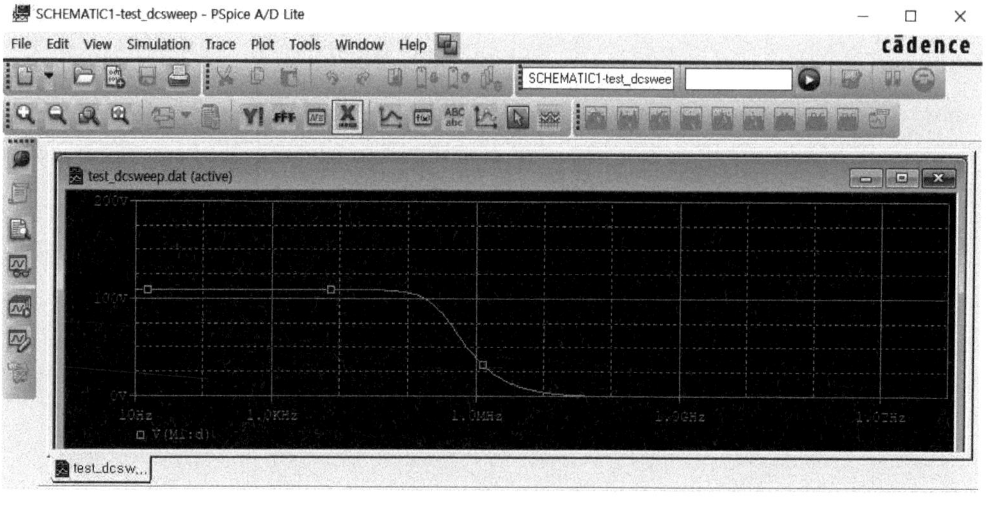

[그림 A-19] AC 시뮬레이션 결과

(ㄱ)

(ㄴ)

(ㄷ)

(ㄹ)

(ㅁ)

(ㅂ)

(ㅅ)

저자 소개

◉ 김준수

- 부경대학교 제어계측공학과 공학박사
- (現)한국폴리텍대학 전자과 교수

◉ 오상광

- 경북대학교 전자공학과 공학박사
- 경남대학교 전자공학과 교수
- 대호아이앤티 기술고문

도서출판
그린

실험으로 원리를 익히는

전자회로실험 [제2판]

저자와의
협의하에
인지생략

초 판 발행일 ▶	2018년 1월 30일
제2판 발행일 ▶	2018년 11월 30일
저 자 ▶	김준수, 오상광
발 행 처 ▶	도서출판 **그린**
발 행 인 ▶	윤 덕 우
출판등록 ▶	제8-161호(1995. 5. 3.)
주 소 ▶	서울시 서대문구 연희5길 50 (우) 03716
전 화 ▶	02)333-2574, 2575
Fax ▶	02)333-2561
E-mail ▶	greenpress@greenpress.co.kr
Homepage ▶	http://www.greenpress.co.kr

정가 : 21,000원

ISBN : 978-89-5727-286-2